普通高等教育农业农村部“十三五”规划教材
全国高等农林院校“十三五”规划教材
全 国 高 等 农 业 院 校 优 秀 教 材

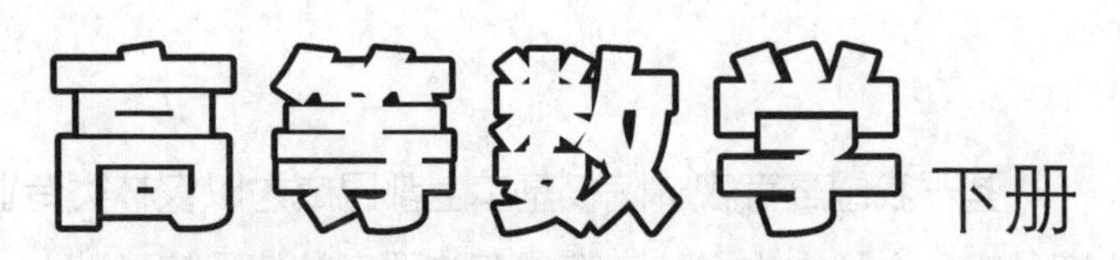

下册

GAODENG SHUXUE

第三版

王家军　总主编
叶彩儿　王家军　主编

中国农业出版社
北　京

内容简介

鉴于我国高等农林院校基本上都已成为以农林类专业为优势或特色的多学科性大学，本教材在体现农林特色的基础上，主要适应经管类、兼顾工科类专业教学，以“知识理论系统严谨，习题分层设置，注重基础能力训练，给学生预留学习空间”为原则．全套书(上、下册)可满足普通高校 96～160 学时、不同类别专业的本科教学需要，并为组织分级(或分层次)教学提供方便.

本教材分为上、下两册．上册内容包括：函数与极限、函数连续性、导数与微分、微分中值定理及导数应用、不定积分、定积分及其应用、微分方程等．下册内容包括：空间解析几何与向量代数初步、多元函数微分学、重积分、曲线与曲面积分、无穷级数等内容.

为方便学生学习和参考，将本册各章节练习题的答案或提示(思考或证明题除外)放在附录之中.

与本册教材相配套，我们编写有《高等数学学习指导与习题解析》(下册).

第三版编写人员名单

主　编　叶彩儿　王家军

副主编　方惠兰　贺志民　王胜奎　张立溥

参　编　张香云　顾庆凤　胡海龙　夏慧珠

第一版编写人员名单

主　编　王家军

副主编　徐光辉　王胜奎　贺志民

参　编　方惠兰　张立溥

第二版编写人员名单

主　编　叶彩儿　王家军

副主编　方惠兰　贺志民　王胜奎
　　　　张立溥

参　编　张香云　顾庆凤　胡海龙
　　　　夏慧珠

第三版前言

本教材是王家军主编的《高等数学》(下册)的第三版，由王家军为总主编统筹修订．原书分别是农业部“十一五”“十二五”规划教材，并于2014年被评为“全国高等农业院校优秀教材”．

在已经连续使用九年的基础上，本次修订主要是顺应加强本科教育、重视基础教学的改革要求，以及不同专业对高等数学课程教学要求的新变化，进行了一些调整和优化．主要体现在：

1. 调整

在保持原书理论体系的前提下，针对不同专业或层次的教学需要，对原版内容进行微调，章节中的“*”号表示选学或选讲内容．强调各专业依规定学时确定教学内容，对拓展性练习题予以标识(带“*”号)．

2. 精简

适当精简或降低理论难度(如泰勒公式、级数部分等)．同时删去了原版中一些难度较大的例题，改换或增加了应用性例题．

3. 优化

保持原书中习题按“基本、提高、综合”三个层次的设置，对原版习题进行了优化和适度调整，习题中虚线下方为选做题或提高题．

4. 勘误

对原版中的一些录入性错误和叙述表达作了进一步修正完善．

对于本教材仍可能存在的问题与不足，敬请读者一如既往地提出批评建议．

编　者

2018年3月于杭州

第一版前言

随着高等教育大众化的深入发展，特别是高校相继实行大类招生并组织教学的形势下，提高高等数学的教学质量和大学生的科学素养，已经成为人们关注的焦点．作为全国高等农林院校“十一五”规划教材，本教材以教育部高教司《经济数学基础》及《工科类本科数学基础课程的数学基本要求》为指导，为方便工、管兼用或实行分类(分层次)教学而编写．

在内容安排方面，我们力图体现如下特点：

1. 充分关注中学实施新课程标准的课改实际，注重与中学数学知识相衔接．考虑到中学文科学生的学习情况，书中增加了极限部分的内容和例题；将高等数学经常用到而中学强调不足的相关知识列在附录之中，为学生提供学习上的参考与帮助．

2. 方便组织教学，内容系统简练；叙述循序渐进，例题典范全面．基本概念尽量由实例引入，定理公式则注重由果索因．既降低难度，又使学生能够领略数学发现与发展的过程，有利于培养创新思维能力．

3. 突出学习指导，便于学生自学．行文尽量通俗易懂，公式使用交代了注意事项．作为对重要内容的诠释、强调、引申和方法指导，分别安排了说明、注意、附注和评注；对前后关联性较强的内容，如函数极限与数列极限、多元微积分和一元微积分的相关知识，则按照“对照理解，突出区别”的原则加强了联系与沟通．这既是培养学生认知能力、促进理解和掌握的需要，也是我们多年建设精品课程、坚持“改进教学方法与进行学习指导相结合”教改实践的成果体现．

4. 强调微积分理论与方法的应用(特别给出了经济或农林方面的例

子)，展现微积分理论的历史真实与现实活力．理论联系实际，满足专业需要，开阔学生视野，培养应用能力．

5. 每节内容之后，都安排有分类习题：思考题侧重对概念和定理的理解，练习题满足对基本概念和解题方法的训练；提高题(以虚线划分)和总练习题则为学有余力者(或进行总复习)提供进一步的练习题材．

此外，为体现数学文化教育的思想，附录中还安排了微积分简史，以期培养学生学习数学、热爱数学的兴趣，提高其科学素养．

必须指出，根据所在学校的课程教学大纲去选择材料和组织教学，是任课老师的义务和权利．本书在内容编排方面所做的安排，仅供参考．

本书由浙江农林大学与南京林业大学联合编写．在使用多年的讲稿基础上，结合参编者的教学经验和教改成果修订而成．编写中受到了两所学校相关部门领导、教研室同仁的大力支持，在此表示衷心感谢！对所参照的众多同类书籍的作者，谨表示诚挚的敬意！

尽管我们做出了较大努力，但限于水平，错误或不足之处在所难免，敬请读者或同行批评指正．

编　者

2009 年 5 月

目 录

第八章 空间解析几何与向量代数初步

本章是多元微积分学的预备和基础．

前面各章所讨论的函数只有一个自变量，称为一元函数．但客观世界是复杂的，所遇到的问题往往受到多因素的影响，这就需要用多元函数来刻画．正像一元微积分需要平面解析几何的知识一样，空间解析几何对于讨论多元函数的微积分问题也是必需的．

本章以建立空间坐标系为出发点，主要展开对空间平面、直线、曲面、曲线等几何形状及其相关问题的解析研究．

第1节 空间直角坐标系和向量代数

一、空间直角坐标系

在三维空间取一定点O，过点O作三条相互垂直的数轴(各数轴的长度单位可以相同，也可以不同)，依次称为x轴、y轴、z轴(统称为**坐标轴**)，它们的正方向通常采用右手法则来确定(图 8-1，称为**右手系**)，即伸出右手，拇指与其余并拢的四指垂直，四指指向x轴的正方向，然后让四指从x轴正向向y轴的正向紧握时，拇指指向z轴的正向，这样的三条坐标轴就构成了一个**空间直角坐标系**，记为$Oxyz$或$[O;\ x,\ y,\ z]$，其中点O称为**坐标原点**．有时根据需要，也可递转y轴的正向类似构造空间直角坐标的**左手系**．

在空间直角坐标系中，每两条坐标轴确定一个平面，称为**坐标平面**．如由x轴和y轴所确定的坐标平面称为xOy面，由y轴和z轴所确定的坐标平面称为yOz面，由z轴和x轴所确定的坐标平面称为zOx面．三个坐标面将空间分成八个部分，每个部分叫作坐标系的一个**卦限**：由x、y、z的正半轴所构成的卦限是第一卦限，其余卦限编号如图 8-2 所示，并分别用罗马字母Ⅰ、Ⅱ、Ⅲ、Ⅳ、Ⅴ、Ⅵ、Ⅶ、Ⅷ表示．

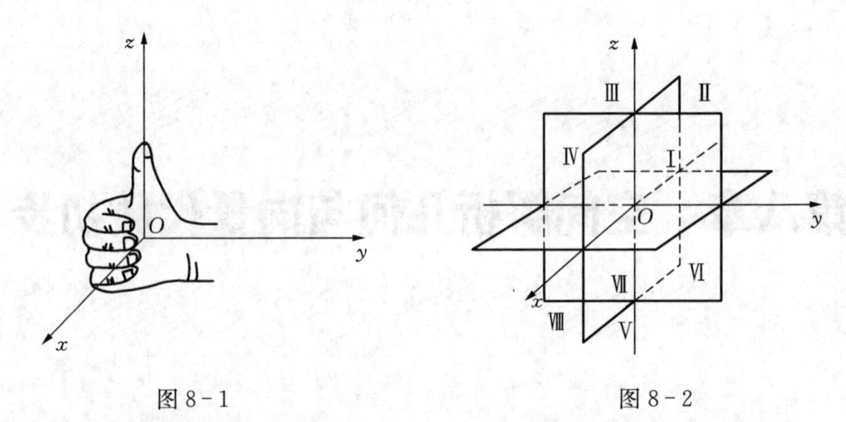

图 8－1　　　　图 8－2

定义了空间直角坐标系，就可以建立空间点和三维有序数组之间的一一对应关系，即确定空间点的直角坐标了．

如图 8－3 所示，设 M 为空间中任意一点，过点 M 作三个平面分别垂直于 x 轴、y 轴和 z 轴，并交 x 轴、y 轴和 z 轴于点 P、Q、R，假设这三点在 x 轴、y 轴和 z 轴上的坐标依次为 x、y、z，则空间点 M 就唯一对应于一个三维有序数组 (x, y, z)；反之，对给定的三维有序数组 (x, y, z)，只要在 x 轴、y 轴和 z 轴上依次取坐标为 x、y、z 的点 P、Q、R，并过点 P、Q、R 分别作与 x 轴、y 轴和 z 轴垂直的平面，则这三个平面也必然交于唯一的点 M. 这样，就在空间点 M 与三维有序数组 (x, y, z) 之间建立了一一对应关系．正如数轴上的点与实数不加区别一样，这里的三维有序数组 (x, y, z) 与空间点 M 也可以不加区别．通常，将坐标为 (x, y, z) 的点 M 记为 $M(x, y, z)$；其中 x、y、z 依次称为点 M 的**横坐标**、**纵坐标**、**竖坐标**．

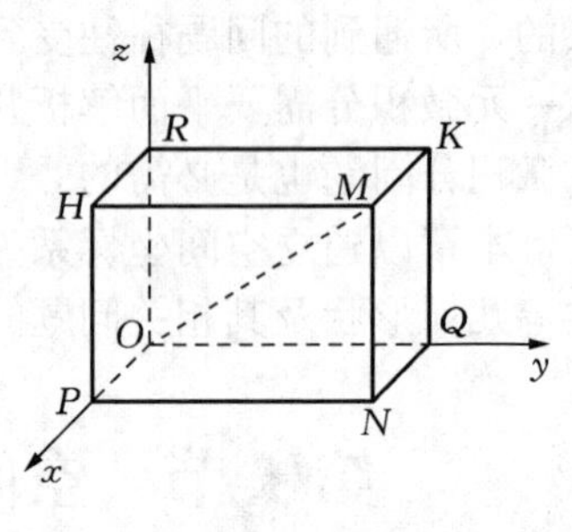

图 8－3

二、向量的概念

客观世界中，既有大小、又有方向的量叫作**向量**(或矢量)，如速度、力、位移等．

向量常用有向线段表示．有向线段的长度表示向量的大小，有向线段的方向表示向量的方向．如图 8－4 所示，以 M_1 为起点、M_2 为终点的有向线段所表示的向量记作 $\overrightarrow{M_1M_2}$. 向量也常用粗体字母来表示，如向量 $\boldsymbol{a}$，$\boldsymbol{b}$ 等．特别地，以坐标原点 O 为起点、M 为终点的向量 $\overrightarrow{OM}$ 称为**向径**或**矢径**，记为 $\boldsymbol{r}$.

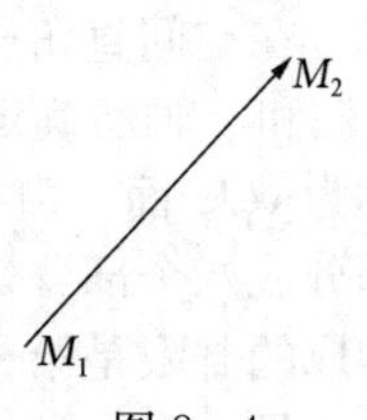

图 8－4

向量的大小叫作向量的**模**，向量$\overrightarrow{M_1M_2}$或$\boldsymbol{a}$的模分别记为$|\overrightarrow{M_1M_2}|$或$|\boldsymbol{a}|$. 模为1的向量叫作**单位向量**，模为0的向量叫作**零向量**，记作$\boldsymbol{0}$. 零向量的方向可看作是任意的. 由于零向量的这种特殊性，我们约定：以后只要不加说明，所涉及的向量均指非零向量.

如果两个向量$\boldsymbol{a}$，$\boldsymbol{b}$的模相等且方向相同，则称这两个向量**相等**，记作$\boldsymbol{a}=\boldsymbol{b}$.

与向量$\boldsymbol{a}$大小相等、方向相反的向量，叫作向量$\boldsymbol{a}$的**负向量**，记作$-\boldsymbol{a}$.

与向量$\boldsymbol{a}$同方向的单位向量，记作$\boldsymbol{e}_a$.

如果向量与起点的位置无关(保持长度和方向不变)，则叫作**自由向量**.

在给定的空间直角坐标系中，取三个分别与x轴、y轴和z轴正方向相同的单位向量$\boldsymbol{i}$，$\boldsymbol{j}$，$\boldsymbol{k}$，称为该空间直角坐标系的三个**基本单位向量**. 由此出发，可给出空间向量的坐标表示：任给向量$\boldsymbol{r}$，作$\overrightarrow{OM}=\boldsymbol{r}$，且以$OM$为对角线，以$x$轴、$y$轴、$z$轴为棱作长方体$RHMK-OPNQ$(图8-3)，有：

$$\boldsymbol{r}=\overrightarrow{OM}=\overrightarrow{OP}+\overrightarrow{PN}+\overrightarrow{NM}=\overrightarrow{OP}+\overrightarrow{OQ}+\overrightarrow{OR},$$

若记$\overrightarrow{OP}=x\boldsymbol{i}$，$\overrightarrow{OQ}=y\boldsymbol{j}$，$\overrightarrow{OR}=z\boldsymbol{k}$，则有$\boldsymbol{r}=x\boldsymbol{i}+y\boldsymbol{j}+z\boldsymbol{k}$，或直接记为$\boldsymbol{r}=(x, y, z)$，分别称为向量$\boldsymbol{r}$的**坐标分解式**或**坐标式**；而$x\boldsymbol{i}$，$y\boldsymbol{j}$，$z\boldsymbol{k}$或有序数$x$，$y$，$z$分别称为向量$\boldsymbol{r}$在三个坐标轴上的**分向量**或**坐标**.

由此可知，向量$\boldsymbol{r}$也与三维有序数组(x, y, z)一一对应，从而在空间点M、向量$\boldsymbol{r}$和三维有序数组这三者之间，构成了如下的一一对应：

$$M\xleftrightarrow{1-1}\boldsymbol{r}=\overrightarrow{OM}=x\boldsymbol{i}+y\boldsymbol{j}+z\boldsymbol{k}\xleftrightarrow{1-1}(x, y, z).$$

三、向量的线性运算

设向量$\boldsymbol{a}=a_x\boldsymbol{i}+a_y\boldsymbol{j}+a_z\boldsymbol{k}=(a_x, a_y, a_z)$，$\boldsymbol{b}=b_x\boldsymbol{i}+b_y\boldsymbol{j}+b_z\boldsymbol{k}=(b_x, b_y, b_z)$，则向量的加减法运算定义为

$$\begin{aligned}\boldsymbol{a}\pm\boldsymbol{b}&=(a_x\boldsymbol{i}+a_y\boldsymbol{j}+a_z\boldsymbol{k})\pm(b_x\boldsymbol{i}+b_y\boldsymbol{j}+b_z\boldsymbol{k})\\&=(a_x\pm b_x)\boldsymbol{i}+(a_y\pm b_y)\boldsymbol{j}+(a_z\pm b_z)\boldsymbol{k}\\&=(a_x\pm b_x, a_y\pm b_y, a_z\pm b_z).\end{aligned}$$

设λ为非零常数，则有向量的数乘运算：

$$\lambda\boldsymbol{a}=\lambda(a_x\boldsymbol{i}+a_y\boldsymbol{j}+a_z\boldsymbol{k})=\lambda a_x\boldsymbol{i}+\lambda a_y\boldsymbol{j}+\lambda a_z\boldsymbol{k}=(\lambda a_x, \lambda a_y, \lambda a_z).$$

例1　已知$\boldsymbol{a}=3\boldsymbol{i}+2\boldsymbol{j}-\boldsymbol{k}$，$\boldsymbol{b}=-2\boldsymbol{j}+5\boldsymbol{k}$，求$\boldsymbol{c}=2\boldsymbol{a}-3\boldsymbol{b}$.

解　由上面的定义，有

$$\begin{aligned}\boldsymbol{c}=2\boldsymbol{a}-3\boldsymbol{b}&=2(3\boldsymbol{i}+2\boldsymbol{j}-\boldsymbol{k})-3(-2\boldsymbol{j}+5\boldsymbol{k})\\&=6\boldsymbol{i}+(4+6)\boldsymbol{j}-(2+15)\boldsymbol{k}=6\boldsymbol{i}+10\boldsymbol{j}-17\boldsymbol{k}.\end{aligned}$$

四、向量的模、方向角、方向余弦

利用向量的坐标表示，可以给出向量及其运算简便实用的表述方法．

1. 向量的模与两点间的距离公式

对给定向量 $\boldsymbol{r}=(x,\ y,\ z)$，作向径 $\overrightarrow{OM}=\boldsymbol{r}$（图 8-3），则由

$$\boldsymbol{r}=\overrightarrow{OM}=\overrightarrow{OP}+\overrightarrow{OQ}+\overrightarrow{OR},$$

根据勾股定理

$$|\boldsymbol{r}|=|OM|=\sqrt{|OP|^2+|OQ|^2+|OR|^2},$$

以及 $|OP|=|x|,\quad |OQ|=|y|,\quad |OR|=|z|$

的坐标定义，即得向量 $\boldsymbol{r}=(x,\ y,\ z)$ 的模的坐标表示

$$|\boldsymbol{r}|=\sqrt{x^2+y^2+z^2}.$$

由此可知：$\boldsymbol{r}$ 的模可以看作原点 O 与点 M 之间的距离．

一般地，点 $M_1(x_1,\ y_1,\ z_1)$ 和 $M_2(x_2,\ y_2,\ z_2)$ 之间的距离 $|M_1M_2|$ 就是向量 $\overrightarrow{M_1M_2}$ 的模．因为

$$\overrightarrow{M_1M_2}=\overrightarrow{OM_2}-\overrightarrow{OM_1}=(x_2,\ y_2,\ z_2)-(x_1,\ y_1,\ z_1)$$
$$=(x_2-x_1,\ y_2-y_1,\ z_2-z_1),$$

借助上述关于向量模的坐标表示，即得空间**两点间的距离公式**：

$$|M_1M_2|=|\overrightarrow{M_1M_2}|=\sqrt{(x_2-x_1)^2+(y_2-y_1)^2+(z_2-z_1)^2}.$$

例 2 设点 P 在 x 轴上，它到点 $P_1(0,\ \sqrt{2},\ 3)$ 的距离为到点 $P_2(0,\ 1,\ -1)$ 的距离的两倍，求点 P 的坐标．

解 设 P 的坐标为 $(x,\ 0,\ 0)$，则

$$|PP_1|=\sqrt{(0-x)^2+(\sqrt{2})^2+3^2}=\sqrt{x^2+11},$$
$$|PP_2|=\sqrt{(0-x)^2+1^2+(-1)^2}=\sqrt{x^2+2},$$

由题意知 $|PP_1|=2|PP_2|$，即

$$\sqrt{x^2+11}=2\sqrt{x^2+2}，解得\ x=\pm 1,$$

故 P 的坐标为 $(1,\ 0,\ 0)$ 或 $(-1,\ 0,\ 0)$．

注意到单位向量 $\boldsymbol{e}_a$ 与向量 $\boldsymbol{a}$ 同方向，因此

$$|\boldsymbol{a}|\boldsymbol{e}_a=\boldsymbol{a}\ 或\ \boldsymbol{e}_a=\frac{\boldsymbol{a}}{|\boldsymbol{a}|}.$$

例 3 求与向量 $\boldsymbol{a}=(2\sqrt{3},\ -3,\ \sqrt{15})$ 同方向的单位向量．

解 向量的模为 $|\boldsymbol{a}|=\sqrt{(2\sqrt{3})^2+(-3)^2+\sqrt{15}^2}=6$，所以

$$\boldsymbol{e}_a=\frac{\boldsymbol{a}}{|\boldsymbol{a}|}=\frac{(2\sqrt{3},\ -3,\ \sqrt{15})}{6}=\left(\frac{\sqrt{3}}{3},\ -\frac{1}{2},\ \frac{\sqrt{15}}{6}\right).$$

2. 向量的方向角、方向余弦

为确定向量的方向，先引入空间两向量间夹角的概念．

设 $\boldsymbol{a}$ 和 $\boldsymbol{b}$ 是任意两个非零向量．任取空间一点 O，作 $\overrightarrow{OA}=\boldsymbol{a}$，$\overrightarrow{OB}=\boldsymbol{b}$，规定不超过 π 的 $\angle AOB$ 为向量 $\boldsymbol{a}$ 与 $\boldsymbol{b}$ 的**夹角**，记作 $(\widehat{\boldsymbol{a},\ \boldsymbol{b}})$ 或 $(\widehat{\boldsymbol{b},\ \boldsymbol{a}})$（图 8－5）．

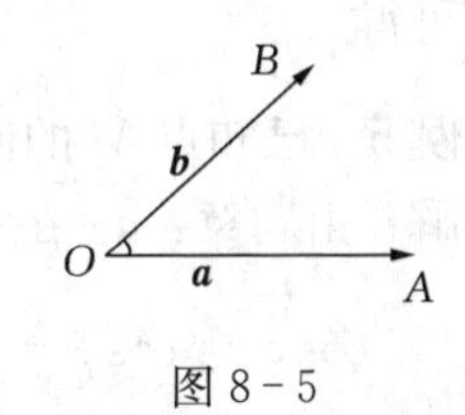

图 8－5

如果向量 $\boldsymbol{a}$ 和 $\boldsymbol{b}$ 中有一个为零向量，则规定它们的夹角可以在 0 到 π 之间任意取值．

如果 $(\widehat{\boldsymbol{a},\ \boldsymbol{b}})=0$ 或 π，就称向量 $\boldsymbol{a}$ 与 $\boldsymbol{b}$ **平行**，记作 $\boldsymbol{a}/\!/\boldsymbol{b}$. 如果 $(\widehat{\boldsymbol{a},\ \boldsymbol{b}})=\frac{\pi}{2}$，则称向量 $\boldsymbol{a}$ 与 $\boldsymbol{b}$ **垂直**，记作 $\boldsymbol{a}\perp\boldsymbol{b}$.

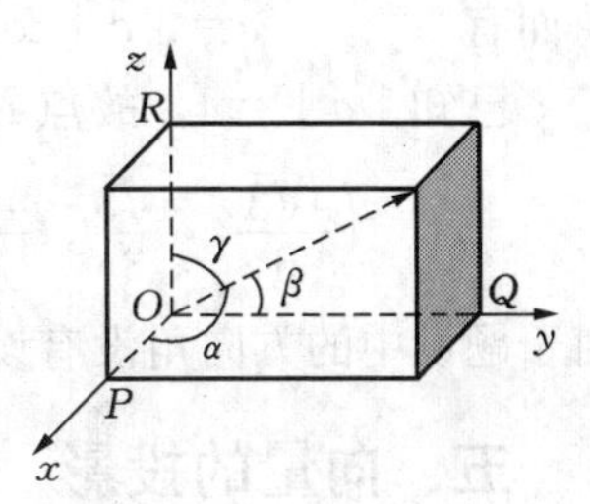

图 8－6

任给向量 $\boldsymbol{a}=(x,\ y,\ z)$，称 $\boldsymbol{a}$ 与 x 轴、y 轴、z 轴正向间的夹角 α，β，γ 为向量 $\boldsymbol{a}$ 的**方向角**（图 8－6）.

方向角的余弦 $\cos\alpha$，$\cos\beta$，$\cos\gamma$ 称为向量 $\boldsymbol{a}$ 的**方向余弦**．显然，向量 $\boldsymbol{a}$ 的方向角唯一确定，且它们完全确定了 $\boldsymbol{a}$ 的方向．由图 8－6 可知

$$\cos\alpha=\frac{x}{|\boldsymbol{a}|}=\frac{x}{\sqrt{x^2+y^2+z^2}},\ \cos\beta=\frac{y}{|\boldsymbol{a}|}=\frac{y}{\sqrt{x^2+y^2+z^2}},$$

$$\cos\gamma=\frac{z}{|\boldsymbol{a}|}=\frac{z}{\sqrt{x^2+y^2+z^2}}$$

也唯一确定，且容易验证

$$\cos^2\alpha+\cos^2\beta+\cos^2\gamma=1.$$

由方向余弦的上述表示还可推知：与 $\boldsymbol{a}$ 同方向的单位向量可以表示为

$$\boldsymbol{e}_a=\frac{\boldsymbol{a}}{|\boldsymbol{a}|}=(\cos\alpha,\ \cos\beta,\ \cos\gamma),$$

故通常使用向量 $\boldsymbol{a}$ 的方向余弦 $(\cos\alpha,\ \cos\beta,\ \cos\gamma)$ 表示向量 $\boldsymbol{a}$ 的方向．

例 4　已知两点 $M_1(2,\ 2,\ \sqrt{2})$、$M_2(1,\ 3,\ 0)$，试求向量 $\overrightarrow{M_1M_2}$ 的模、方向角和方向余弦，以及与 $\overrightarrow{M_1M_2}$ 方向相同的单位向量 $\boldsymbol{e}_{\overrightarrow{M_1M_2}}$.

解　已知 $M_1(2,\ 2,\ \sqrt{2})$，$M_2(1,\ 3,\ 0)$，由于

$$\overrightarrow{M_1M_2}=(1,\ 3,\ 0)-(2,\ 2,\ \sqrt{2})=(-1,\ 1,\ -\sqrt{2}),$$

所以

$$|\overrightarrow{M_1M_2}|=\sqrt{(-1)^2+1^2+(-\sqrt{2})^2}=2,$$

而

$$\boldsymbol{e}_{\overrightarrow{M_1M_2}}=\frac{\overrightarrow{M_1M_2}}{|\overrightarrow{M_1M_2}|}=\frac{(-1,\ 1,\ -\sqrt{2})}{2}=\left(-\frac{1}{2},\ \frac{1}{2},\ -\frac{\sqrt{2}}{2}\right),$$

故
$$\cos\alpha=-\frac{1}{2},\ \cos\beta=\frac{1}{2},\ \cos\gamma=-\frac{\sqrt{2}}{2},$$
从而可得
$$\alpha=\frac{2\pi}{3},\ \beta=\frac{\pi}{3},\ \gamma=\frac{3\pi}{4}.$$

例 5　已知点 M 的向径与三坐标轴的夹角都相等，且模为 4，求点 M.

解　由题意：$\alpha=\beta=\gamma$，故由 $\cos^2\alpha+\cos^2\beta+\cos^2\gamma=1$ 得
$$\cos\alpha=\cos\beta=\cos\gamma=\frac{\sqrt{3}}{3}\text{ 或 }\cos\alpha=\cos\beta=\cos\gamma=-\frac{\sqrt{3}}{3},$$
从而有
$$x=|\boldsymbol{a}|\cos\alpha,\ y=|\boldsymbol{a}|\cos\beta,\ z=|\boldsymbol{a}|\cos\gamma.$$
已知 $|\boldsymbol{a}|=4$，故点 M 的坐标为
$$\left(\frac{4\sqrt{3}}{3},\frac{4\sqrt{3}}{3},\frac{4\sqrt{3}}{3}\right)\quad\text{或}\quad\left(-\frac{4\sqrt{3}}{3},-\frac{4\sqrt{3}}{3},-\frac{4\sqrt{3}}{3}\right),$$
由于题设中的方向角没有设定大小，故补角范围内的对称点也属所求.

五、向量的投影

如图 8-7 所示，设点 O 及单位向量 $\boldsymbol{e}$ 确定了 u 轴，任意给定向量 $\boldsymbol{r}$，作 $\overrightarrow{OM}=\boldsymbol{r}$，过点 M 作与 u 轴垂直的平面交 u 轴于点 M'（点 M' 称为点 M 在 u 轴上的投影），则向量 $\overrightarrow{OM'}$ 称为向量 $\boldsymbol{r}$ 在 u 轴上的**分向量**. 设 $\overrightarrow{OM'}=\lambda\boldsymbol{e}$，则称数 λ 为向量 $\boldsymbol{r}$ 在 u 轴上的**投影**，记为 $\mathrm{Prj}_u\boldsymbol{r}$ 或 $(\boldsymbol{r})_u$.

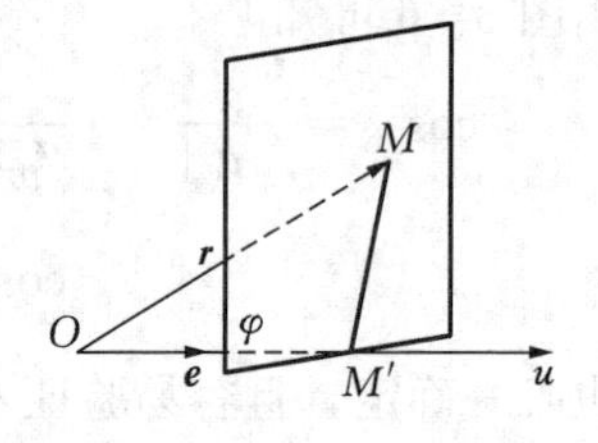

图 8-7

由此定义，向量 $\boldsymbol{a}$ 在空间直角坐标系 $[O;x,y,z]$ 中的坐标 a_x，a_y，a_z 实际上就是 $\boldsymbol{a}$ 在三条坐标轴上的投影，即
$$a_x=\mathrm{Prj}_x\boldsymbol{a},\ a_y=\mathrm{Prj}_y\boldsymbol{a},\ a_z=\mathrm{Prj}_z\boldsymbol{a},$$
或
$$a_x=(\boldsymbol{a})_x,\ a_y=(\boldsymbol{a})_y,\ a_z=(\boldsymbol{a})_z.$$

由定义不难证明，向量的投影具有与坐标相同的性质：

性质 1　$\mathrm{Prj}_u\boldsymbol{a}=|\boldsymbol{a}|\cos\varphi$，其中 φ 为向量 $\boldsymbol{a}$ 与 u 轴的夹角.

性质 2　$\mathrm{Prj}_u(\boldsymbol{a}+\boldsymbol{b})=\mathrm{Prj}_u\boldsymbol{a}+\mathrm{Prj}_u\boldsymbol{b}$.

说明　此结论可推广到任意有限个向量之和的情形：
$$\mathrm{Prj}_u(\boldsymbol{a}_1+\boldsymbol{a}_2+\cdots+\boldsymbol{a}_n)=\mathrm{Prj}_u\boldsymbol{a}_1+\mathrm{Prj}_u\boldsymbol{a}_2+\cdots+\mathrm{Prj}_u\boldsymbol{a}_n.$$

性质 3　$\mathrm{Prj}_u(\lambda\boldsymbol{a})=\lambda\mathrm{Prj}_u\boldsymbol{a}$.

例 6　已知向量 $\boldsymbol{a}=(1,2,3)$，且 $\boldsymbol{a}$ 与 u 轴的夹角为 $\frac{\pi}{3}$，求 $\boldsymbol{a}$ 在 u 轴上的投影.

解　已知 $\mathrm{Prj}_u\boldsymbol{a}=|\boldsymbol{a}|\cos\varphi$，及

$$|\boldsymbol{a}|=\sqrt{1^2+2^2+3^3}=\sqrt{14}，\cos\varphi=\frac{1}{2}，$$

所以
$$\mathrm{Prj}_u\boldsymbol{a}=\frac{\sqrt{14}}{2}.$$

习题 8-1

思考题

1. 在空间直角坐标系中，指出下列各点所在的卦限：

$A(1，-2，3)$，$B(3，1，-5)$，$C(2，-3，-4)$，$D(-1，4，5)$.

2. 求点 $M(4，-3，2)$关于下列条件的对称点的坐标：

(1) 各坐标面；　(2) 各坐标轴；　(3) 坐标原点．

3. 当点 M 的坐标$(x，y，z)$分别满足下列条件时，点 M 的位置如何？

(1) $x=0，y=0$；　(2) $x=a$；

(3) $x=a，y=b$；　(4) $x^2+y^2+z^2=1$.

4. 在下列三元数组中，哪些可以作为一个向量的方向余弦？

(1) $\frac{2}{3}，\frac{1}{3}，-\frac{2}{3}$；　(2) $1，-\frac{1}{2}，\frac{1}{2}$；　(3) $\frac{5}{8}，\frac{1}{3}，\frac{1}{2}$.

5. 设向量的方向余弦分别满足：

(1) $\cos\alpha=0$；　(2) $\cos\beta=1$；　(3) $\cos\alpha=\cos\beta=0$

时，问这些向量与坐标面或坐标轴的关系如何？

练习题

1. 某向量的坐标依次为 4，-4，7，终点为 $B(2，-1，7)$，求其始点 A 的坐标．

2. 设 $\boldsymbol{a}=(3，-1，2)$，$\boldsymbol{b}=(1，2，-1)$，求：

(1) $\boldsymbol{a}+\boldsymbol{b}$；　(2) $3\boldsymbol{a}-2\boldsymbol{b}$；　(3) $|\boldsymbol{a}|\boldsymbol{b}-\boldsymbol{a}|\boldsymbol{b}|$.

3. 设 $A(1，-1，2)$，$B(1，1，0)$，$C(-1，4，2)$，求$\overrightarrow{AB}+3\overrightarrow{BC}-4\overrightarrow{CA}$.

4. 求与向量 $\boldsymbol{a}=(3，-1，2)$同方向的单位向量．

5. 已知两点 $A(4，\sqrt{2}，1)$和 $B(3，0，2)$，计算向量$\overrightarrow{AB}$的模、方向余弦和方向角．

6. 设向量 $\boldsymbol{a}$ 的方向余弦 $\cos\beta=\frac{2}{3}$，$\cos\gamma=\frac{2}{3}$，$|\boldsymbol{a}|=3$，求向量 $\boldsymbol{a}$ 的坐标表示式．

7. 已知向量$\overrightarrow{AB}$的长度为 6，方向余弦为$-\frac{2}{3}$，$\frac{1}{3}$，$\frac{2}{3}$，点 A 的坐标为(3，0，4)，求点 B 的坐标．

8. 设向量 $\boldsymbol{r}$ 的模为 4，它与 u 轴的夹角为$\frac{\pi}{3}$，求 $\boldsymbol{r}$ 在 u 轴上的投影．

9. 已知点 $A(2, -1, 3)$ 是向量 $\boldsymbol{a}$ 的终点，向量 $\boldsymbol{b}=(-3, 4, 7)$ 和 $\boldsymbol{c}=(0, 0, 5)$ 与 $\boldsymbol{a}$ 满足 $\boldsymbol{a}=3\boldsymbol{b}-2\boldsymbol{c}$，求向量 $\boldsymbol{a}$ 的起点 B 及 $\boldsymbol{a}$ 在各坐标轴上的投影．

---

10. 求与向量 $\boldsymbol{r}=(16, -15, 12)$ 平行、方向相反，且长度为 75 的向量．

11. 点 M 的向径与 x 轴成 $45°$ 角，与 y 轴成 $60°$ 角，长度为 6 个单位，若其在 z 轴上的坐标为负值，求点 M 的坐标．

12. 在 $\triangle ABC$ 中，已知点 $A(1, -2, 3)$，$B(-2, -2, 7)$，$C(6, -4, -11)$，从点 A 出发的中线交 BC 于 D，求与 $\overrightarrow{AD}$ 同方向的单位向量．

13. 向量 $\boldsymbol{a}$ 的方向角 α，β，γ 满足 $\alpha=\beta$，$\gamma=2\alpha$，求 $\boldsymbol{e}_a$.

第2节　数量积　向量积　混合积*

前面给出了向量的线性运算及其坐标表示，本节讨论更复杂的向量运算．

一、两向量的数量积

1. 定义

在中学物理学已知，恒力 $\boldsymbol{F}$ 使物体产生直线位移 $\boldsymbol{s}$ 时，所做的功表示为 $W=|\boldsymbol{F}||\boldsymbol{s}|\cos\theta$，其中 θ 是 $\boldsymbol{F}$ 与 $\boldsymbol{s}$ 之间的夹角．这表明：两向量在特定作用下，其结果形式是一个“数”，这种现象具有普遍性．

定义1　向量 $\boldsymbol{a}$、$\boldsymbol{b}$ 的模及其夹角的余弦的连乘积，称为向量 $\boldsymbol{a}$ 和 $\boldsymbol{b}$ 的**数量积**，记为 $\boldsymbol{a}\cdot\boldsymbol{b}$(或 $\boldsymbol{a}\boldsymbol{b}$)，即

$$\boldsymbol{a}\cdot\boldsymbol{b}=|\boldsymbol{a}||\boldsymbol{b}|\cos\theta,$$

其中 $\theta=(\widehat{\boldsymbol{a}, \boldsymbol{b}})$(图 8-8).

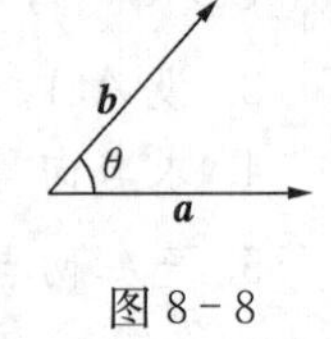

图 8-8

说明　当 $\boldsymbol{a}$ 和 $\boldsymbol{b}$ 中至少一个是零向量时，其数量积为 0.

习惯上，数量积亦称“**内积**”或“**点积**”．注意到向量 $\boldsymbol{b}$ 在 $\boldsymbol{a}(\boldsymbol{a}\neq\boldsymbol{0})$ 上的投影表示为

$$|\boldsymbol{b}|\cos\theta=|\boldsymbol{b}|\cos(\widehat{\boldsymbol{a}, \boldsymbol{b}})=\mathrm{Prj}_{\boldsymbol{a}}\boldsymbol{b},$$

故由上面定义，$\boldsymbol{a}\cdot\boldsymbol{b}=|\boldsymbol{a}|\mathrm{Prj}_{\boldsymbol{a}}\boldsymbol{b}$.

同理对 $\boldsymbol{b}\neq\boldsymbol{0}$，也有 $\boldsymbol{a}\cdot\boldsymbol{b}=|\boldsymbol{b}|\mathrm{Prj}_{\boldsymbol{b}}\boldsymbol{a}$.

这表明：两向量的数量积等于甲向量的模与乙向量在甲向量上的投影的乘积．这为实现数量积的坐标运算提供了依据和方便(见后).

由定义还可得到两向量夹角的常用公式

$$\cos\theta=\cos(\widehat{\boldsymbol{a},\boldsymbol{b}})=\frac{\boldsymbol{a}\cdot\boldsymbol{b}}{|\boldsymbol{a}||\boldsymbol{b}|}\ (0\leqslant\theta\leqslant\pi).$$

2. 性质

由上面数量积的定义，立得

性质1　设 $\boldsymbol{a}$，$\boldsymbol{b}$ 为两向量，则

(1) $\boldsymbol{a}\cdot\boldsymbol{a}=|\boldsymbol{a}|^2$；　　(2) $\boldsymbol{a}\perp\boldsymbol{b}\Leftrightarrow\boldsymbol{a}\cdot\boldsymbol{b}=0$.

证明　(1) 由于 $\boldsymbol{a}$，$\boldsymbol{a}$ 同向，故其夹角 $\theta=0\Rightarrow\cos\theta=1$，从而

$$\boldsymbol{a}\cdot\boldsymbol{a}=|\boldsymbol{a}|\cdot|\boldsymbol{a}|=|\boldsymbol{a}|^2.$$

(2) **必要性**　由 $\boldsymbol{a}\perp\boldsymbol{b}$ 知$(\widehat{\boldsymbol{a},\boldsymbol{b}})=\theta=\frac{\pi}{2}\Rightarrow\cos\theta=0$，故有 $\boldsymbol{a}\cdot\boldsymbol{b}=0$；

充分性　对 $\boldsymbol{a}$，$\boldsymbol{b}\neq\boldsymbol{0}$，而 $\boldsymbol{a}\cdot\boldsymbol{b}=0$，由定义知：

$$|\boldsymbol{a}|,\ |\boldsymbol{b}|\neq0\Rightarrow\cos\theta=\cos(\widehat{\boldsymbol{a},\boldsymbol{b}})=0\Rightarrow\theta=\frac{\pi}{2}，故\ \boldsymbol{a}\perp\boldsymbol{b}.$$

性质2　数量积符合下列运算律：

(1) $\boldsymbol{a}\cdot\boldsymbol{b}=\boldsymbol{b}\cdot\boldsymbol{a}$(交换律)；

(2) $(\boldsymbol{a}+\boldsymbol{b})\cdot\boldsymbol{c}=\boldsymbol{a}\cdot\boldsymbol{c}+\boldsymbol{b}\cdot\boldsymbol{c}$(分配律)；

(3) $(\lambda\boldsymbol{a})\cdot\boldsymbol{b}=\lambda(\boldsymbol{a}\cdot\boldsymbol{b})=\boldsymbol{a}\cdot(\lambda\boldsymbol{b})$，$(\lambda\boldsymbol{a})\cdot(\mu\boldsymbol{b})=\lambda\mu(\boldsymbol{a}\cdot\boldsymbol{b})$(结合律).

证明　(1) 由定义及“数乘交换律”立得.

(2) 若 $\boldsymbol{c}=\boldsymbol{0}$，结论显然成立；否则，亦有

$$\begin{aligned}(\boldsymbol{a}+\boldsymbol{b})\cdot\boldsymbol{c}&=|\boldsymbol{c}|\,\mathrm{Prj}_{\boldsymbol{c}}(\boldsymbol{a}+\boldsymbol{b})=|\boldsymbol{c}|\,(\mathrm{Prj}_{\boldsymbol{c}}\boldsymbol{a}+\mathrm{Prj}_{\boldsymbol{c}}\boldsymbol{b})\\&=|\boldsymbol{c}|\,\mathrm{Prj}_{\boldsymbol{c}}\boldsymbol{a}+|\boldsymbol{c}|\,\mathrm{Prj}_{\boldsymbol{c}}\boldsymbol{b}=\boldsymbol{a}\cdot\boldsymbol{c}+\boldsymbol{b}\cdot\boldsymbol{c}.\end{aligned}$$

(3) 若 $\boldsymbol{b}=\boldsymbol{0}$，结论显然成立；否则，亦有

$$(\lambda\boldsymbol{a})\cdot\boldsymbol{b}=|\boldsymbol{b}|\,\mathrm{Prj}_{\boldsymbol{b}}(\lambda\boldsymbol{a})=\lambda\,|\boldsymbol{b}|\,\mathrm{Prj}_{\boldsymbol{b}}\boldsymbol{a}=\lambda(\boldsymbol{a}\cdot\boldsymbol{b}).$$

其余式子类似可证.

3. 数量积的坐标表示

设 $\boldsymbol{a}=(a_x,a_y,a_z)$，$\boldsymbol{b}=(b_x,b_y,b_z)$，则由定义：

$$\begin{aligned}\boldsymbol{a}\cdot\boldsymbol{b}&=(a_x\boldsymbol{i}+a_y\boldsymbol{j}+a_z\boldsymbol{k})\cdot(b_x\boldsymbol{i}+b_y\boldsymbol{j}+b_z\boldsymbol{k})\\&=a_xb_x\boldsymbol{i}\cdot\boldsymbol{i}+a_xb_y\boldsymbol{i}\cdot\boldsymbol{j}+a_xb_z\boldsymbol{i}\cdot\boldsymbol{k}+a_yb_x\boldsymbol{j}\cdot\boldsymbol{i}+a_yb_y\boldsymbol{j}\cdot\boldsymbol{j}+\\&\quad a_yb_z\boldsymbol{j}\cdot\boldsymbol{k}+a_zb_x\boldsymbol{k}\cdot\boldsymbol{i}+a_zb_y\boldsymbol{k}\cdot\boldsymbol{j}+a_zb_z\boldsymbol{k}\cdot\boldsymbol{k}\\&=a_xb_x+a_yb_y+a_zb_z,\end{aligned}$$

此即两向量数量积的坐标表示.进而可得两向量夹角的计算公式

$$\cos\theta=\cos(\widehat{\boldsymbol{a},\boldsymbol{b}})=\frac{\boldsymbol{a}\cdot\boldsymbol{b}}{|\boldsymbol{a}||\boldsymbol{b}|}=\frac{a_xb_x+a_yb_y+a_zb_z}{\sqrt{a_x^2+a_y^2+a_z^2}\ \sqrt{b_x^2+b_y^2+b_z^2}}.$$

例1　已知点 $A(1,1,2)$，$B(1,2,1)$，$C(2,1,2)$，求$\overrightarrow{AB}\cdot\overrightarrow{AC}$及$\overrightarrow{AB}$与$\overrightarrow{AC}$的夹角.

解　$\overrightarrow{AB}=(0, 1, -1)$，$\overrightarrow{AC}=(1, 0, 0)$，$|\overrightarrow{AB}|=\sqrt{2}$，$|\overrightarrow{AC}|=1$，

故
$$\overrightarrow{AB}\cdot\overrightarrow{AC}=0\cdot1+1\cdot0+(-1)\cdot0=0,$$
由此算得
$$\cos\theta=\frac{\overrightarrow{AB}\cdot\overrightarrow{AC}}{|\overrightarrow{AB}||\overrightarrow{AC}|}=0,$$
所以 $\theta=\frac{\pi}{2}$.

例 2　在 xOy 平面上，求与 $\boldsymbol{a}=(-4, 3, 7)$ 垂直的单位向量．

解　设 xOy 平面上的向量为 $(x, y, 0)$，它与 $\boldsymbol{a}=(-4, 3, 7)$ 垂直，即
$$(x, y, 0)\cdot(-4, 3, 7)=-4x+3y=0,$$
而 $|(x, y, 0)|=\sqrt{x^2+y^2}=1$，由此解得 $x=\pm\frac{3}{5}$，$y=\pm\frac{4}{5}$，故所求向量为 $\left(\frac{3}{5}, \frac{4}{5}, 0\right)$ 或 $\left(-\frac{3}{5}, -\frac{4}{5}, 0\right)$.

二、两向量的向量积

1. 定义

向量积也是向量相乘的一种形式或结果，但仍是一个向量．

定义 2　两向量 $\boldsymbol{a}$ 与 $\boldsymbol{b}$ 的**向量积**是一个向量，记为 $\boldsymbol{a}\times\boldsymbol{b}$. 当 $\boldsymbol{a}\not\parallel\boldsymbol{b}$ 时，规定：

(1) $|\boldsymbol{a}\times\boldsymbol{b}|=|\boldsymbol{a}||\boldsymbol{b}|\sin(\widehat{\boldsymbol{a}, \boldsymbol{b}})$（大小）；

(2) $\boldsymbol{a}\times\boldsymbol{b}\perp\boldsymbol{a}$，$\boldsymbol{a}\times\boldsymbol{b}\perp\boldsymbol{b}$（方向）；

(3) $\boldsymbol{a}$，$\boldsymbol{b}$，$\boldsymbol{a}\times\boldsymbol{b}$ 依次构成右手坐标系；

当 $\boldsymbol{a}\parallel\boldsymbol{b}$ 时，规定 $\boldsymbol{a}\times\boldsymbol{b}=\boldsymbol{0}$.

习惯上，向量积也称为**叉积**或**外积**．其几何意义如图 8－9 所示．当 $\boldsymbol{a}\not\parallel\boldsymbol{b}$ 时，$\boldsymbol{a}\times\boldsymbol{b}$ 的模具有如图 8－10 的几何意义：以 $\boldsymbol{a}$，$\boldsymbol{b}$ 为邻边作平行四边形，$|\boldsymbol{b}|\sin(\widehat{\boldsymbol{a}, \boldsymbol{b}})$ 正是边 $\boldsymbol{a}$ 上的高，故该平行四边形的面积就是 $\boldsymbol{a}\times\boldsymbol{b}$ 的模．从而以 $\boldsymbol{a}$，$\boldsymbol{b}$ 为邻边的三角形面积可表示为
$$S=\frac{1}{2}|\boldsymbol{a}\times\boldsymbol{b}|.$$

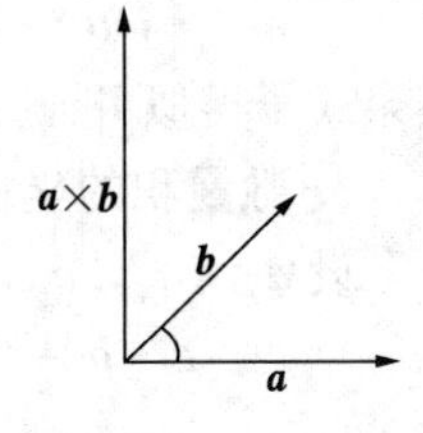

图 8－9

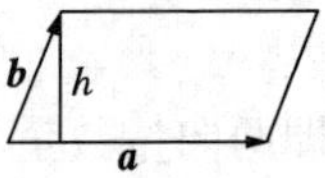

图 8－10

2. 性质

由定义，向量积具有如下性质：

性质 3　(1) $\boldsymbol{a}\times\boldsymbol{a}=\boldsymbol{0}$；

(2) $\boldsymbol{a}\parallel\boldsymbol{b}\Leftrightarrow\boldsymbol{a}\times\boldsymbol{b}=\boldsymbol{0}$.

证明　(1) 由于 $(\widehat{\boldsymbol{a}, \boldsymbol{a}})=0$，故 $|\boldsymbol{a}\times\boldsymbol{a}|=|\boldsymbol{a}|^2\sin0=0$，从而
$$\boldsymbol{a}\times\boldsymbol{a}=\boldsymbol{0}.$$

(2) 对 $\boldsymbol{a}$ 或 $\boldsymbol{b}=\boldsymbol{0}$ 显然成立．若 $\boldsymbol{a}$，$\boldsymbol{b}\neq\boldsymbol{0}$，则一方面，因为 $\boldsymbol{a}/\!/\boldsymbol{b}\Rightarrow\theta=0$ 或 π，所以 $\boldsymbol{a}\times\boldsymbol{b}=\boldsymbol{0}$；而另一方面，由 $\boldsymbol{a}\times\boldsymbol{b}=\boldsymbol{0}$，而 $|\boldsymbol{a}|$，$|\boldsymbol{b}|\neq 0\Rightarrow\sin\theta=0$，故知 $\theta=0$ 或 π，即 $\boldsymbol{a}/\!/\boldsymbol{b}$.

性质 4　(1) $\boldsymbol{a}\times\boldsymbol{b}=-\boldsymbol{b}\times\boldsymbol{a}$，$\boldsymbol{a}$，$\boldsymbol{b}\neq\boldsymbol{0}$(反交换律)；

(2) $(\boldsymbol{a}+\boldsymbol{b})\times\boldsymbol{c}=\boldsymbol{a}\times\boldsymbol{c}+\boldsymbol{b}\times\boldsymbol{c}$(分配律)；

(3) $(\lambda\boldsymbol{a})\times\boldsymbol{b}=\boldsymbol{a}\times(\lambda\boldsymbol{b})=\lambda(\boldsymbol{a}\times\boldsymbol{b})$，$\lambda\in\mathbf{R}$(结合律).

证明从略．

3. 向量积的坐标表示

由上述向量积的定义，对空间直角坐标系$[O;\ \boldsymbol{i},\ \boldsymbol{j},\ \boldsymbol{k}]$的单位向量，有

$$\boldsymbol{i}\times\boldsymbol{i}=\boldsymbol{j}\times\boldsymbol{j}=\boldsymbol{k}\times\boldsymbol{k}=\boldsymbol{0},$$

$$\boldsymbol{i}\times\boldsymbol{j}=\boldsymbol{k},\ \boldsymbol{j}\times\boldsymbol{k}=\boldsymbol{i},\ \boldsymbol{k}\times\boldsymbol{i}=\boldsymbol{j},$$

$$\boldsymbol{j}\times\boldsymbol{i}=-\boldsymbol{k},\ \boldsymbol{k}\times\boldsymbol{j}=-\boldsymbol{i},\ \boldsymbol{i}\times\boldsymbol{k}=-\boldsymbol{j},$$

于是对向量 $\boldsymbol{a}=(a_x,\ a_y,\ a_z)$，$\boldsymbol{b}=(b_x,\ b_y,\ b_z)$，有

$$\begin{aligned}\boldsymbol{a}\times\boldsymbol{b}&=(a_x\boldsymbol{i}+a_y\boldsymbol{j}+a_z\boldsymbol{k})\times(b_x\boldsymbol{i}+b_y\boldsymbol{j}+b_z\boldsymbol{k})\\&=a_xb_x\boldsymbol{i}\times\boldsymbol{i}+a_xb_y\boldsymbol{i}\times\boldsymbol{j}+a_xb_z\boldsymbol{i}\times\boldsymbol{k}+a_yb_x\boldsymbol{j}\times\boldsymbol{i}+a_yb_y\boldsymbol{j}\times\boldsymbol{j}+\\&\quad a_yb_z\boldsymbol{j}\times\boldsymbol{k}+a_zb_x\boldsymbol{k}\times\boldsymbol{i}+a_zb_y\boldsymbol{k}\times\boldsymbol{j}+a_zb_z\boldsymbol{k}\times\boldsymbol{k}\\&=(a_yb_z-a_zb_y)\boldsymbol{i}+(a_zb_x-a_xb_z)\boldsymbol{j}+(a_xb_y-a_yb_x)\boldsymbol{k}.\end{aligned}$$

引用行列式的形式，则向量积可表示为

$$\boldsymbol{a}\times\boldsymbol{b}=\begin{vmatrix}\boldsymbol{i}&\boldsymbol{j}&\boldsymbol{k}\\a_x&a_y&a_z\\b_x&b_y&b_z\end{vmatrix}=\begin{vmatrix}a_y&a_z\\b_y&b_z\end{vmatrix}\boldsymbol{i}-\begin{vmatrix}a_x&a_z\\b_x&b_z\end{vmatrix}\boldsymbol{j}+\begin{vmatrix}a_x&a_y\\b_x&b_y\end{vmatrix}\boldsymbol{k}.$$

说明　由上述结果容易推得：两向量平行的充要条件是对应坐标成比例，即 $\boldsymbol{a}/\!/\boldsymbol{b}\Leftrightarrow\dfrac{a_x}{b_x}=\dfrac{a_y}{b_y}=\dfrac{a_z}{b_z}$.

例 3　已知向量 $\boldsymbol{a}=(3,\ -12,\ 4)$，$\boldsymbol{b}=(1,\ 0,\ -2)$，求 $\boldsymbol{a}\times\boldsymbol{b}$.

解　由上面公式，$\boldsymbol{a}\times\boldsymbol{b}=\begin{vmatrix}\boldsymbol{i}&\boldsymbol{j}&\boldsymbol{k}\\3&-12&4\\1&0&-2\end{vmatrix}=(24,\ 10,\ 12)$.

例 4　求以点 $A(3,\ 4,\ 2)$，$B(1,\ 2,\ 3)$，$C(7,\ 8,\ 10)$为顶点的三角形的面积．

解　因　　$\overrightarrow{AB}=(-2,\ -2,\ 1)$，$\overrightarrow{AC}=(4,\ 4,\ 8)$，

$$\overrightarrow{AB}\times\overrightarrow{AC}=\begin{vmatrix} \boldsymbol{i} & \boldsymbol{j} & \boldsymbol{k} \\ -2 & -2 & 1 \\ 4 & 4 & 8 \end{vmatrix}=(-20,\ 20,\ 0),$$

故所求三角形面积为

$$S=\frac{1}{2}\left|\overrightarrow{AB}\times\overrightarrow{AC}\right|=10\sqrt{2}.$$

*三、三向量的混合积

1. 形式与定义

对于三个向量相“乘”的形式，大致有如下四种情形：

$$(\boldsymbol{a}\times\boldsymbol{b})\cdot\boldsymbol{c},\ (\boldsymbol{a}\times\boldsymbol{b})\times\boldsymbol{c},\ (\boldsymbol{a}\cdot\boldsymbol{b})\cdot\boldsymbol{c},\ (\boldsymbol{a}\cdot\boldsymbol{b})\times\boldsymbol{c},$$

其后面的两种形式实质上是“数与向量相乘”的变形，这在前面已有结论；第二种形式显然是双重的向量积，可参照前面向量积的概念分两次进行．故本节只讨论第一种形式．

定义 3　称$(\boldsymbol{a}\times\boldsymbol{b})\cdot\boldsymbol{c}$为三向量$\boldsymbol{a}$、$\boldsymbol{b}$与$\boldsymbol{c}$的**混合积**，记为$[\boldsymbol{a}\boldsymbol{b}\boldsymbol{c}]$．

这种先求“外积”后求“内积”的形式，其结果显然是一个“数”（因其最终结果是“内积”）．设$\boldsymbol{a}=(a_x,\ a_y,\ a_z)$，$\boldsymbol{b}=(b_x,\ b_y,\ b_z)$，$\boldsymbol{c}=(c_x,\ c_y,\ c_z)$，则由

$$\boldsymbol{a}\times\boldsymbol{b}=\begin{vmatrix} \boldsymbol{i} & \boldsymbol{j} & \boldsymbol{k} \\ a_x & a_y & a_z \\ b_x & b_y & b_z \end{vmatrix}=\begin{vmatrix} a_y & a_z \\ b_y & b_z \end{vmatrix}\boldsymbol{i}-\begin{vmatrix} a_x & a_z \\ b_x & b_z \end{vmatrix}\boldsymbol{j}+\begin{vmatrix} a_x & a_y \\ b_x & b_y \end{vmatrix}\boldsymbol{k},$$

有

$$(\boldsymbol{a}\times\boldsymbol{b})\cdot\boldsymbol{c}=[\boldsymbol{a}\boldsymbol{b}\boldsymbol{c}]=c_x\begin{vmatrix} a_y & a_z \\ b_y & b_z \end{vmatrix}-c_y\begin{vmatrix} a_x & a_z \\ b_x & b_z \end{vmatrix}+c_z\begin{vmatrix} a_x & a_y \\ b_x & b_y \end{vmatrix}$$

$$=\begin{vmatrix} a_x & a_y & a_z \\ b_x & b_y & b_z \\ c_x & c_y & c_z \end{vmatrix}.$$

这就是混合积的坐标计算公式．

2. 几何意义与应用

注意到$\boldsymbol{a}\times\boldsymbol{b}$是与$\boldsymbol{a}$，$\boldsymbol{b}$垂直的向量，类似于向量积的几何意义，$|[\boldsymbol{a}\boldsymbol{b}\boldsymbol{c}]|$可表示以$\boldsymbol{a}$，$\boldsymbol{b}$，$\boldsymbol{c}$为棱的平行六面体的体积(图 8-11)．其中

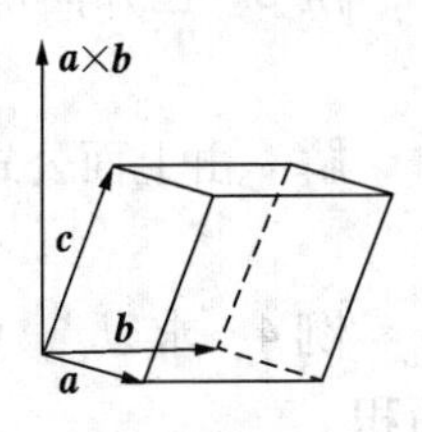

图 8-11

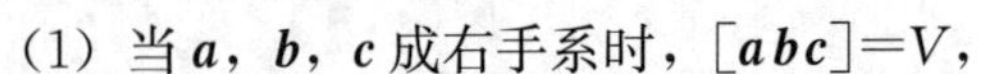

(1) 当$\boldsymbol{a}$，$\boldsymbol{b}$，$\boldsymbol{c}$成右手系时，$[\boldsymbol{a}\boldsymbol{b}\boldsymbol{c}]=V$，

(2) 当$\boldsymbol{a}$，$\boldsymbol{b}$，$\boldsymbol{c}$成左手系时，$[\boldsymbol{a}\boldsymbol{b}\boldsymbol{c}]=-V$．

事实上，设$V=Sh$，由于

$$(\boldsymbol{a}\times\boldsymbol{b})\cdot\boldsymbol{c}=|\boldsymbol{a}\times\boldsymbol{b}||\boldsymbol{c}|\cos(\widehat{\boldsymbol{a}\times\boldsymbol{b},\ \boldsymbol{c}}),$$

其中$(\widehat{\boldsymbol{a}\times\boldsymbol{b},\ \boldsymbol{c}})=\theta$，而$S=|\boldsymbol{a}\times\boldsymbol{b}|$，故当$\boldsymbol{a}$，$\boldsymbol{b}$，$\boldsymbol{c}$成右手系时，由于$0<\theta<\frac{\pi}{2}$，故

$$|\boldsymbol{c}|\cos\theta>0\Rightarrow V=Sh=[\boldsymbol{abc}].$$

而当$\boldsymbol{a}$，$\boldsymbol{b}$，$\boldsymbol{c}$成左手系时，显然$\frac{\pi}{2}<\theta<\pi$，故

$$|\boldsymbol{c}|\cos\theta<0\Rightarrow V=Sh=-[\boldsymbol{abc}].$$

这就是说：当向量$\boldsymbol{a}$，$\boldsymbol{b}$，$\boldsymbol{c}$不共面时，其混合积的几何意义是：$|[\boldsymbol{abc}]|=V$. 由此立得

$$\boldsymbol{a},\ \boldsymbol{b},\ \boldsymbol{c}\text{ 共面}\Leftrightarrow[\boldsymbol{abc}]=0.$$

例5　已知向量$\boldsymbol{a}$，$\boldsymbol{b}$，$\boldsymbol{c}$满足$\boldsymbol{a}\times\boldsymbol{b}+\boldsymbol{b}\times\boldsymbol{c}+\boldsymbol{c}\times\boldsymbol{a}=\boldsymbol{0}$，求证它们共面.

证明　在题设等式的两边分别与$\boldsymbol{c}$作内积，得

$$[\boldsymbol{abc}]+[\boldsymbol{bcc}]+[\boldsymbol{cac}]=0.$$

注意其中的$[\boldsymbol{bcc}]=[\boldsymbol{cac}]=0$，即得$[\boldsymbol{abc}]=0$，所以三向量$\boldsymbol{a}$，$\boldsymbol{b}$，$\boldsymbol{c}$共面.

由于以$\boldsymbol{a}$，$\boldsymbol{b}$，$\boldsymbol{c}$为棱长的四面体体积等于以$\boldsymbol{a}$，$\boldsymbol{b}$，$\boldsymbol{c}$为棱长的六面体体积的$\frac{1}{6}$，故由此得到四面体的体积公式

$$V_4=\frac{1}{6}|[\boldsymbol{abc}]|.$$

例6　求异面四点所形成四面体的体积.

解　设顶点为$A(x_a,\ y_a,\ z_a)$，$B(x_b,\ y_b,\ z_b)$，$C(x_c,\ y_c,\ z_c)$，$D(x_d,\ y_d,\ z_d)$，有

$$\overrightarrow{AB}=(x_b-x_a,\ y_b-y_a,\ z_b-z_a),$$
$$\overrightarrow{AC}=(x_c-x_a,\ y_c-y_a,\ z_c-z_a),$$
$$\overrightarrow{AD}=(x_d-x_a,\ y_d-y_a,\ z_d-z_a),$$

所以

$$V=\frac{1}{6}|(\overrightarrow{AB}\times\overrightarrow{AC})\cdot\overrightarrow{AD}|=\frac{1}{6}\left|\begin{vmatrix}x_b-x_a & y_b-y_a & z_b-z_a\\ x_c-x_a & y_c-y_a & z_c-z_a\\ x_d-x_a & y_d-y_a & z_d-z_a\end{vmatrix}\right|.$$

习题 8-2

思考题

1. 判断下列结论是否成立，不成立时请举例说明．

(1) 若 $\boldsymbol{a}\cdot\boldsymbol{b}=0$，则 $\boldsymbol{a}=\boldsymbol{0}$ 或 $\boldsymbol{b}=\boldsymbol{0}$；

(2) 若 $\boldsymbol{a}\times\boldsymbol{b}=\boldsymbol{a}\times\boldsymbol{c}$，则必有 $\boldsymbol{b}=\boldsymbol{c}$；

(3) 两单位向量的数量积必等于1，向量积必等于一单位向量．

2. 已知$\overrightarrow{OA}=(2, 4, 1)$，$\overrightarrow{OB}=(3, 7, 5)$，$\overrightarrow{OC}=(4, 10, 9)$，问 A，B，C 三点是否共线？

3. 设 $\boldsymbol{a}=(-2, 3, \beta)$，$\boldsymbol{b}=(\alpha, -6, 2)$，问 α，β 为何值时两向量共线？

练习题

1. 已知向量 $\boldsymbol{a}=(2, 0, -1)$，$\boldsymbol{b}=(3, 1, 4)$，求：

(1) $\boldsymbol{a}\cdot\boldsymbol{b}$；　　(2) $(3\boldsymbol{a}-2\boldsymbol{b})\cdot(\boldsymbol{a}+5\boldsymbol{b})$；

(3) $|\boldsymbol{a}|$，$|\boldsymbol{b}|$，$\cos(\widehat{\boldsymbol{a}, \boldsymbol{b}})$；　　(4) $\boldsymbol{a}$ 在 $\boldsymbol{b}$ 上的投影．

2. 求与向量 $\boldsymbol{a}=(2, 1, -1)$ 共线且与 $\boldsymbol{a}$ 的数量积为 3 的向量 $\boldsymbol{b}$.

3. 设 $\boldsymbol{a}$，$\boldsymbol{b}$，$\boldsymbol{c}$ 为单位向量，且满足 $\boldsymbol{a}+\boldsymbol{b}+\boldsymbol{c}=\boldsymbol{0}$，求 $\boldsymbol{a}\cdot\boldsymbol{b}+\boldsymbol{b}\cdot\boldsymbol{c}+\boldsymbol{c}\cdot\boldsymbol{a}$.

4. 已知 $|\boldsymbol{a}|=4$，$|\boldsymbol{b}|=2$，$|\boldsymbol{a}-\boldsymbol{b}|=2\sqrt{7}$，求向量 $\boldsymbol{a}$ 与 $\boldsymbol{b}$ 的夹角．

5. 设 $\boldsymbol{a}=(2, -3, 1)$，$\boldsymbol{b}=(1, -2, 5)$，$\boldsymbol{c}\perp\boldsymbol{a}$，$\boldsymbol{c}\perp\boldsymbol{b}$，$\boldsymbol{c}\cdot(\boldsymbol{i}+2\boldsymbol{j}-\boldsymbol{k})=10$，求 $\boldsymbol{c}$.

6. 已知向量 $\boldsymbol{a}$，$\boldsymbol{b}$ 的模分别为 $|\boldsymbol{a}|=4$，$|\boldsymbol{b}|=2$，且 $\boldsymbol{a}\cdot\boldsymbol{b}=4\sqrt{2}$，求 $|\boldsymbol{a}\times\boldsymbol{b}|$.

7. 已知 $|\boldsymbol{a}|=3$，$|\boldsymbol{b}|=26$，$|\boldsymbol{a}\times\boldsymbol{b}|=72$，求 $\boldsymbol{a}\cdot\boldsymbol{b}$.

---

8. 设向量 $\boldsymbol{m}$，$\boldsymbol{n}$ 都是单位向量，且 $(\widehat{\boldsymbol{m}, \boldsymbol{n}})=\frac{\pi}{3}$，以向量 $\boldsymbol{a}=2\boldsymbol{m}+\boldsymbol{n}$，$\boldsymbol{b}=\boldsymbol{m}-2\boldsymbol{n}$ 为边作平行四边形，求该平行四边形对角线的长度．

9. 已知 $|\boldsymbol{a}|=2$，$|\boldsymbol{b}|=5$，$(\widehat{\boldsymbol{a}, \boldsymbol{b}})=\frac{2\pi}{3}$，问系数 λ 为何值时，向量 $\lambda\boldsymbol{a}+17\boldsymbol{b}$ 与 $3\boldsymbol{a}-\boldsymbol{b}$ 垂直？

10. 设 $\boldsymbol{a}=(3, -1, 2)$，$\boldsymbol{b}=(2, -1, 2)$，求 $\boldsymbol{a}\cdot\boldsymbol{b}$，$\boldsymbol{a}\times\boldsymbol{b}$，$\mathrm{Prj}_{\boldsymbol{b}}\boldsymbol{a}$.

11. 设$\overrightarrow{OM}=(2, 2, 5)$，从点 $P(1, 2, 1)$ 出发向$\overrightarrow{OM}$作垂线 PQ，求$\overrightarrow{PQ}$及其长度．

第3节　曲面及其方程

一、曲面方程的概念

在平面解析几何中，平面曲线是作为特殊点的运动轨迹来定义的，空间解析几何中仍然采用这样的观点和方法．

定义　设S是某空间曲面，而三元方程

$$F(x,\ y,\ z)=0 \tag{1}$$

称为**曲面S的方程**，如果：

① 曲面S上任一点的坐标都满足方程(1)；

② 不在曲面S上的点的坐标都不满足方程(1)．

此时，亦称曲面S是方程(1)的几何图形(图8－12)．

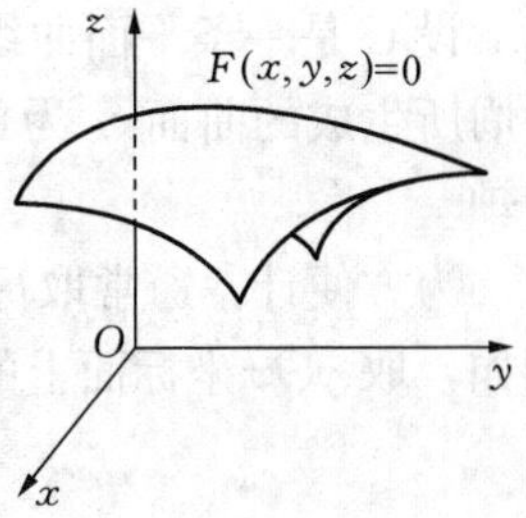

$F(x,y,z)=0$

图8－12

解析几何的**两个基本问题**是：

① 对已知曲面，通过其上各点所满足的条件去建立曲面方程，并通过方程研究曲面的几何性质；

② 由已知曲面方程确定该曲面的几何形状，并通过图形直观地理解方程．

例1　建立球心在原点O、半径为R的球面方程．

解　设$M(x,\ y,\ z)$是球面上任一点，根据题意

$$|OM|=\sqrt{x^2+y^2+z^2}=R,$$

化简即得所求方程

$$x^2+y^2+z^2=R^2.$$

例2　求与原点O及点$A(1,\ 1,\ 2)$的距离之比为$1:\sqrt{2}$的全体点所在的曲面方程．

解　设$M(x,\ y,\ z)$是曲面上任一点，根据题意，有$\dfrac{|OM|}{|AM|}=\dfrac{1}{\sqrt{2}}$，即

$$\frac{\sqrt{x^2+y^2+z^2}}{\sqrt{(x-1)^2+(y-1)^2+(z-2)^2}}=\frac{1}{\sqrt{2}},$$

化简整理，得

$$(x+1)^2+(y+1)^2+(z+2)^2=12,$$

故所求曲面是以点$(-1, -1, -2)$为球心、$\sqrt{12}$为半径的球面．

例 3 方程$x^2+y^2+z^2-2x+4y+2z=0$表示什么曲面？

解 对原方程配方，得

$$(x-1)^2+(y+2)^2+(z+1)^2=6,$$

故原方程表示球心在$(1, -2, -1)$、半径为$\sqrt{6}$的球面．

下面介绍几种常见的曲面．

二、旋转曲面

旋转曲面是生产、生活中常见的曲面类型，我们曾在“定积分应用”中有所论及．其定义复述如下：

设C是一条平面曲线，L是同平面上的定直线．称曲线C绕直线L旋转一周所生成的曲面S为**旋转曲面**．其中平面曲线C称为**母线**，直线L称为**转轴**．

为方便计，通常取母线C所在平面为坐标面，而直线L是一条坐标轴．例如，取yOz坐标面上的曲线

$$C: f(y, z)=0, \tag{2}$$

则直线L是z轴或y轴．

假设直线L是z轴，则上述旋转曲面S的形状特征是：在曲线C所展布的区间$[a, b]$上，任取$z_1\in[a, b]$，平面$z=z_1$与曲面S相交的截痕均为圆周（图 8－13）．由此我们可以建立旋转曲面的方程．

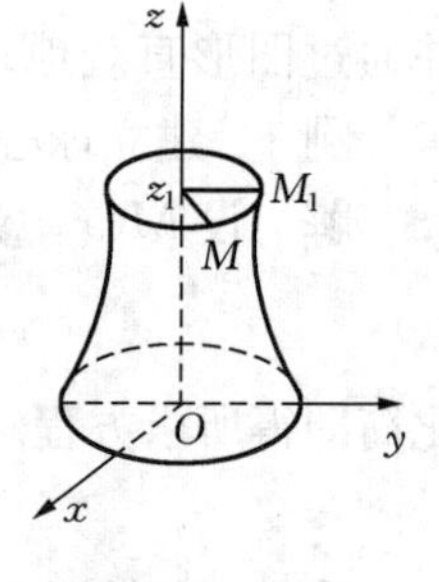

图 8－13

设$M_1(0, y_1, z_1)$是曲线C上的任意一点，显然

$$f(y_1, z_1)=0. \tag{3}$$

如图 8－13 所示，假定在曲线C绕z轴的旋转过程中M_1到达的任意位置为$M(x, y, z)$，由于M_1与M都位于垂直于z轴的同一个圆周上，故有$z_1=z$，且M_1与M到z轴的距离均为$d=\sqrt{x^2+y^2}=|y_1|$，以此代入(3)式，得

$$f(\pm\sqrt{x^2+y^2}, z)=0.$$

此即所求旋转曲面的方程．以yOz坐标面上的曲线C：$f(y, z)=0$为例，上述求曲面方程的过程可分别简化为

① 以z轴为转轴时，在$f(y, z)=0$中保留z，将y换为$\pm\sqrt{x^2+y^2}$，即得旋转曲面的方程：$f(\pm\sqrt{x^2+y^2}, z)=0$.

② 以 y 轴为转轴时，在 $f(y, z)=0$ 中保留 y，将 z 换为 $\pm\sqrt{z^2+x^2}$，即得旋转曲面的方程：$f(y, \pm\sqrt{z^2+x^2})=0$.

该结论同样适用于其他坐标面上的曲线情形，读者可自行写出相应的旋转曲面方程.

例 4　将 xOy 坐标面上的椭圆 $\frac{x^2}{a^2}+\frac{y^2}{b^2}=1$ 绕 x 轴旋转一周，求所生成曲面的方程.

解　在所给方程中保留 x 不变，以 y^2+z^2 代替 y^2，即得所求曲面方程(称为**旋转椭球面**，如图 8－14 所示)：

$$\frac{x^2}{a^2}+\frac{y^2+z^2}{b^2}=1 \text{ 或 } \frac{x^2}{a^2}+\frac{y^2}{b^2}+\frac{z^2}{b^2}=1.$$

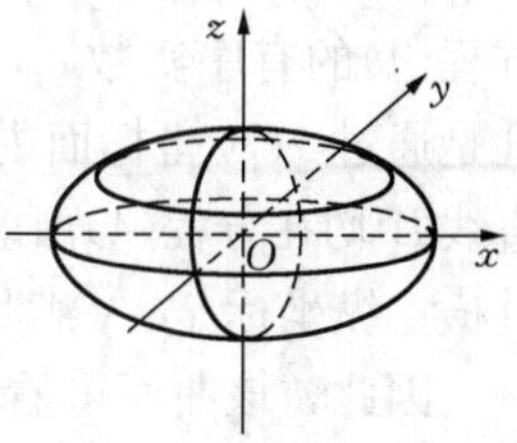

图 8－14

例 5　将 xOz 坐标面上的双曲线 $\frac{x^2}{a^2}-\frac{z^2}{c^2}=1$ 绕 x 轴或 z 轴旋转一周，求所生成曲面的方程.

解　以 x 轴为转轴，类似可得

$$\frac{x^2}{a^2}-\frac{y^2+z^2}{c^2}=1.$$

称为**旋转双叶双曲面**(图 8－15).

以 z 轴为转轴，同上有

$$\frac{x^2+y^2}{a^2}-\frac{z^2}{c^2}=1.$$

称为**旋转单叶双曲面**(图 8－16).

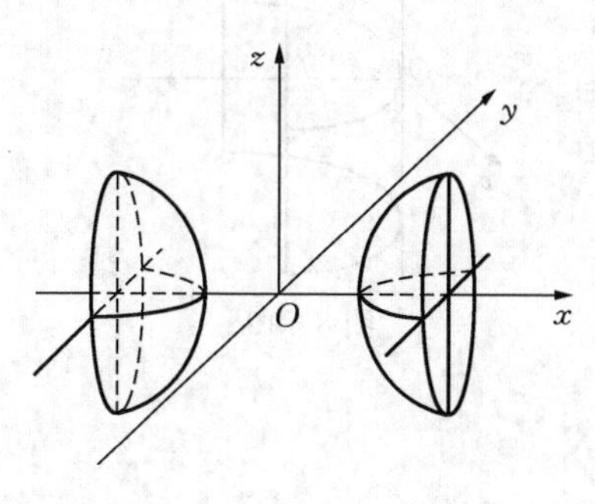

图 8－15

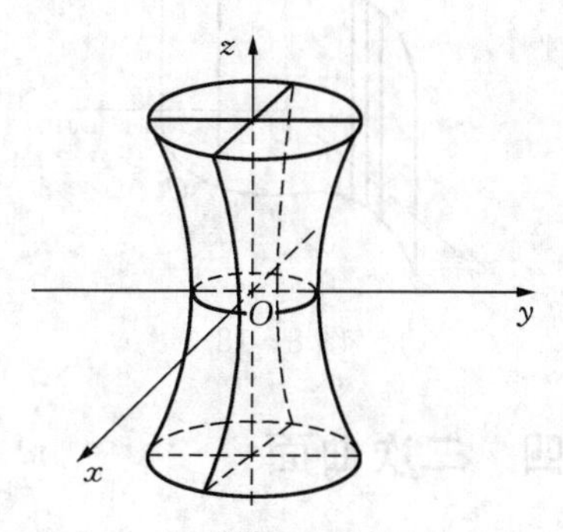

图 8－16

三、柱面

在平面直角坐标系中，方程

$$x^2+y^2=a^2 \tag{4}$$

当然表示圆心在原点、半径为 a 的圆．

但在空间直角坐标系中，由于该方程不含竖坐标 z，故任意实数 z 与满足方程(4)的有序实数 x，y 所组成的三维点 (x, y, z) 依然满足方程(4)．即：凡是通过 xOy 坐标面内的圆 $x^2+y^2=a^2$ 上的点 $(x, y, 0)$，及平行于 z 轴的直线 L 均在方程(4)所表示的曲面上；反之，上述曲面上的任意点 (x, y, z)，其横、纵坐标 x，y 满足方程(4)，而 z 可取任意实数．

因此，该曲面可看成是由平行于 z 轴的直线 L 沿圆周 $x^2+y^2=a^2$ 移动而形成，不妨将之称为**圆柱面**(图 8－17)．其中，方程(4)为该圆柱面的**准线**方程，而平行于 z 轴的任意直线 L 称为该圆柱面的**母线**．

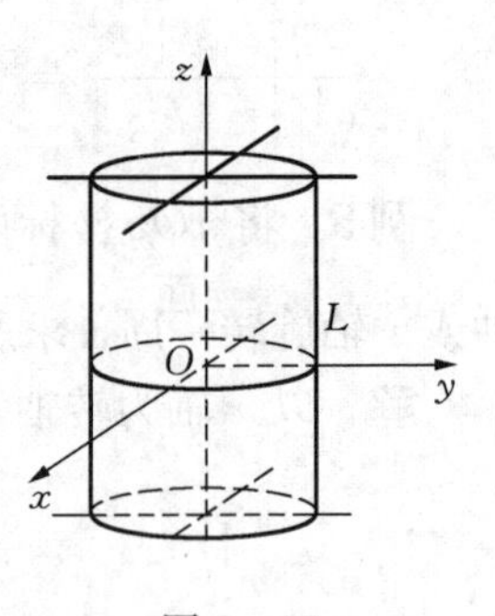

图 8－17

一般地，空间直角坐标系中只含 x，y 而缺少 z 的方程 $F(x, y)=0$ 表示以 xOy 坐标面上的曲线 C：$F(x, y)=0$ 为准线、以平行于 z 轴的任意直线 L 为母线(沿 z 轴无限延伸)的**柱面**(图 8－18)．

比如方程 $x^2=2y$ 表示以 xOy 坐标面上的抛物线 $x^2=2y$ 为准线、母线平行于 z 轴的**抛物柱面**(图 8－19)；而 $y-z=0$ 则表示以 yOz 坐标面上的直线 $y-z=0$ 为准线、通过 x 轴的平(柱)面等．

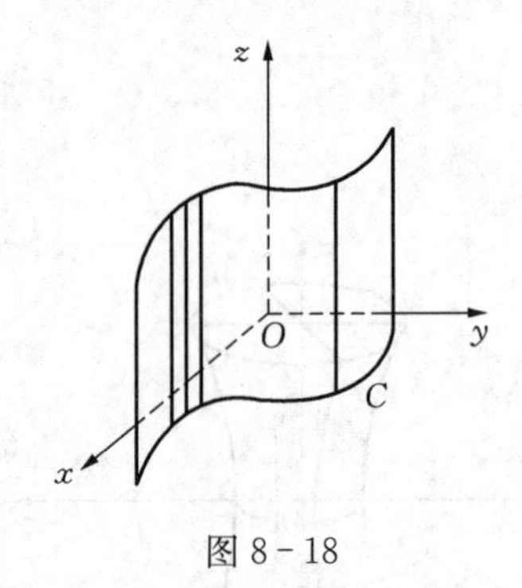

图 8－18

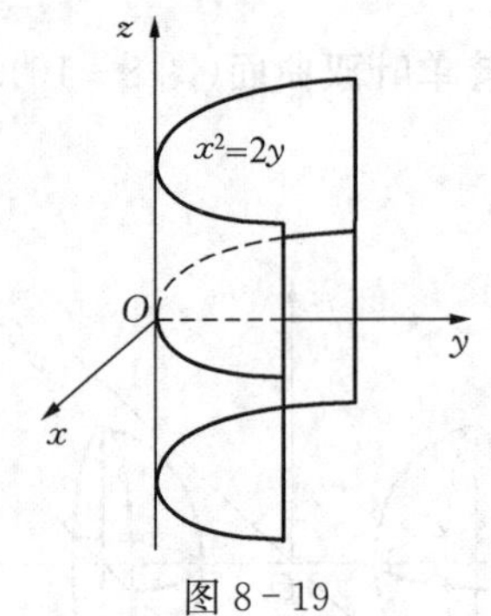

图 8－19

四、二次曲面

与上面的讨论相类似，在平面解析几何中，二元一次方程表示直线，二元二次方程表示曲线；而在空间解析几何中，三元一次方程表示平面，而三元二次方程则表示曲面，称为**二次曲面**.

本节只介绍常见或常用的几种二次曲面．它们各有特色：或图形具有非常突出的特征，或方程有十分简洁的表达形式.

先介绍两种研究曲面形状的常用方法.

截痕法　根据所给曲面 S 的方程特点，适当选择平面 $z=t$(或 $y=t$，$x=t$)去截曲面 S，所得截面曲线称为曲面 S 的**截痕**．如果能够写出该截痕的方程，并根据其曲线形状进行综合分析，即可确定曲面 S 的图形特征.

伸缩法　将所给曲面沿特定的轴进行拉伸变形：如将 $x^2+y^2=a^2$ 沿 y 轴拉伸$\dfrac{b}{a}$倍，则可将圆 $x^2+y^2=a^2$ 变化为椭圆$\dfrac{x^2}{a^2}+\dfrac{y^2}{b^2}=1$.

伸缩法对圆锥曲面的讨论较为方便.

以下是常用的九种曲面.

1. 椭圆锥面　$\dfrac{x^2}{a^2}+\dfrac{y^2}{b^2}=z^2\left(或\dfrac{y^2}{b^2}+\dfrac{z^2}{c^2}=x^2，\dfrac{z^2}{c^2}+\dfrac{x^2}{a^2}=y^2\right)$

以平行于 xOy 坐标面的平面 $z=t$ 截此曲面(即以 $z=t(t\neq0)$ 代入上面方程)，可得位于平面 $z=t$ 上的椭圆曲线

$$\frac{x^2}{(at)^2}+\frac{y^2}{(bt)^2}=1.$$

当 $|t|$ 取值由大到小，特别当 $z=t=0$ 时，方程变化为 $x=y=0$，这表明曲面 S 蜕化为原点 $O(0, 0, 0)$(图 8-20).

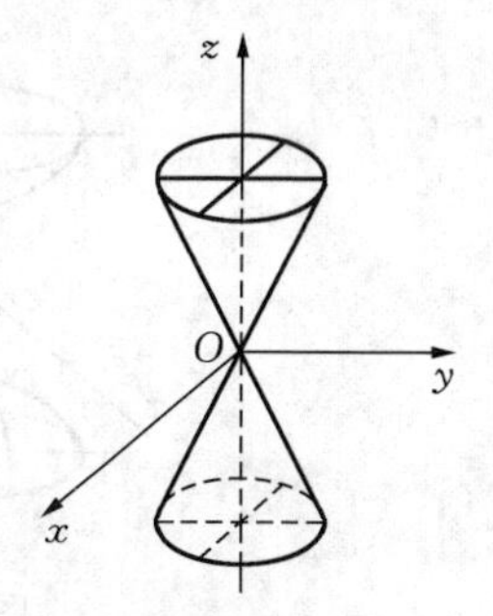

图 8-20

特别地，当 $a=b$ 时，成为圆锥面

$$x^2+y^2=(az)^2.$$

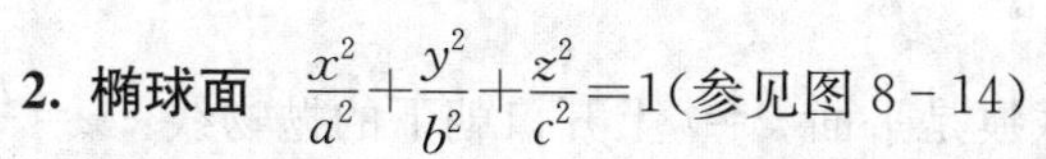

2. 椭球面　$\dfrac{x^2}{a^2}+\dfrac{y^2}{b^2}+\dfrac{z^2}{c^2}=1$(参见图 8-14)

用平面 $x=0$(或 $y=0$ 或 $z=0$)截上述椭球面，所得截痕是在 yOz(或 zOx，xOy)坐标面上的椭圆．用平行于 xOy 坐标面的平面 $z=t$ 截此曲面，所得截痕是平面 $z=t$ 上的椭圆——该椭圆的半轴会随着 t 的取值大小而改变．特别当$t=c$ 时，该截口曲线蜕化为一个点．用平面 $x=t$，$y=t$ 截此曲面，有类似结果.

特别当 $a=b=c$ 时，该椭球面化成以 $O(0, 0, 0)$为球心、a 为半径的球面

$$x^2+y^2+z^2=a^2.$$

3. 单叶双曲面　$\frac{x^2}{a^2}+\frac{y^2}{b^2}-\frac{z^2}{c^2}=1$(参见图 8－16)

用平面 $z=0$ 截此曲面，所得截痕$\frac{x^2}{a^2}+\frac{y^2}{b^2}=1$ 是 xOy 坐标面上的椭圆；而以平面 $x=t$ 或 $y=t$ 截之，其截痕分别是相应平面(分别与 yOz 或 zOx 坐标面平行)上的双曲线.

4. 双叶双曲面　$\frac{x^2}{a^2}+\frac{y^2}{b^2}-\frac{z^2}{c^2}=-1$

用平面 $x=t$ 或 $y=t$(可以取 $t=0$)截此曲面，所得截痕分别是相应平面(分别与 yOz 或 zOx 坐标面平行)上的双曲线；以平面 $z=t(t>c$ 或 $t<-c)$截之，其截痕则是平面 $z=t$ 上的椭圆(图 8－21).

5. 椭圆抛物面　$\frac{x^2}{a^2}+\frac{y^2}{b^2}=z$

用平面 $x=t$ 或 $y=t$(可以取 $t=0$)截此曲面，所得截痕分别是相应平面(分别与 yOz 或 zOx 坐标面平行)上的抛物线；以平面 $z=t(t>0)$截之，则截痕是平面$z=t$上的椭圆(图 8－22).

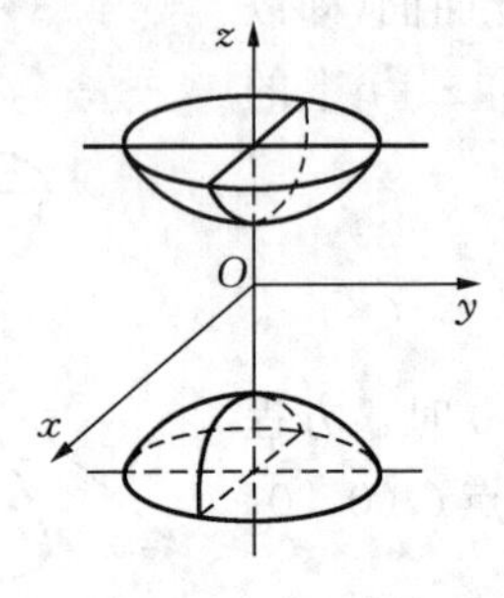

图 8－21

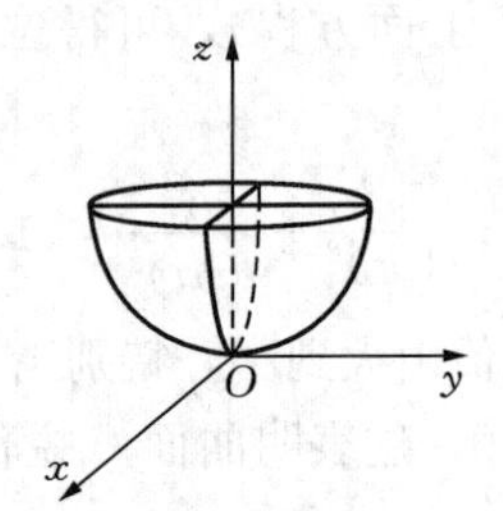

图 8－22

6. 双曲抛物面(马鞍面)　$\frac{x^2}{a^2}-\frac{y^2}{b^2}=z$

用平面 $x=t$ 截之，所得截痕是平面 $x=t$ 上开口朝下的抛物线：$z=\frac{t^2}{a^2}-\frac{y^2}{b^2}$，其顶点坐标为 $x=t$，$y=0$，$z=\frac{t^2}{a^2}$.

以平面 $z=c$ 与该曲面相交，所得截痕为平面 $z=c$ 上的双曲线(图 8－23).

7. 椭圆柱面　$\frac{x^2}{a^2}+\frac{y^2}{b^2}=1$

用平面 $z=c$ 截之，所得截痕为平面 $z=c$ 上的椭圆：$\frac{x^2}{a^2}+\frac{y^2}{b^2}=1$；这是以

xOy 坐标面上的椭圆$\frac{x^2}{a^2}+\frac{y^2}{b^2}=1$ 为准线、以平行于 z 轴的直线为母线的柱面(图 8－24).

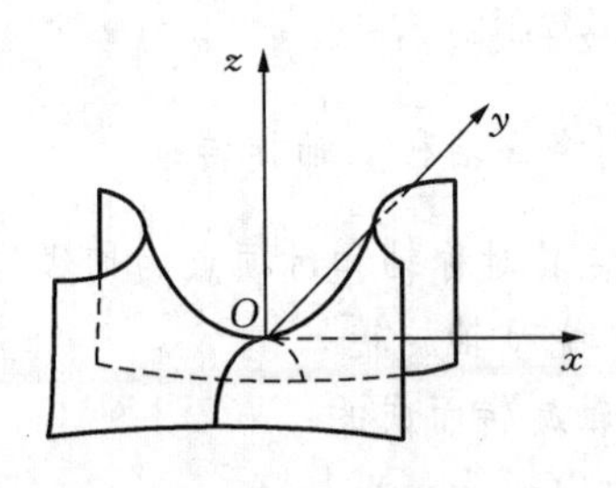

图 8－23

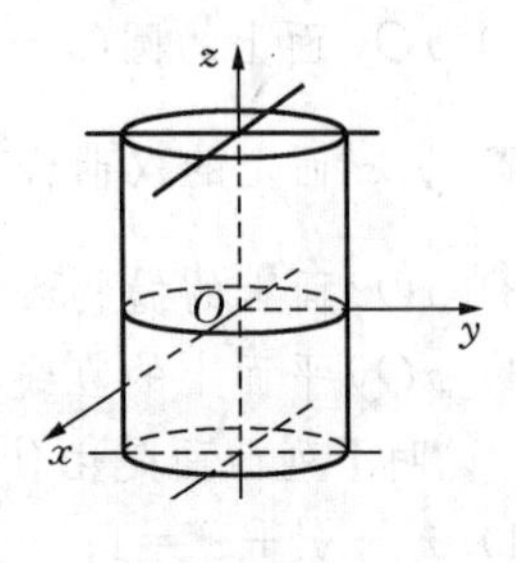

图 8－24

8. 双曲柱面　$\frac{x^2}{a^2}-\frac{y^2}{b^2}=1$

用平面 $z=c$ 截之，所得截痕为平面 $z=c$ 上的双曲线：$\frac{x^2}{a^2}-\frac{y^2}{b^2}=1$；这是以 xOy 坐标面上的双曲线$\frac{x^2}{a^2}-\frac{y^2}{b^2}=1$ 为准线、以平行于 z 轴的直线为母线的柱面(图 8－25).

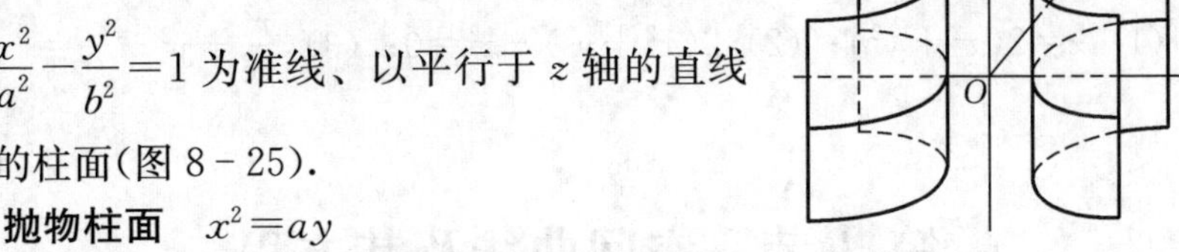

图 8－25

9. 抛物柱面　$x^2=ay$

用平面 $z=c$ 截之，所得截痕为平面 $z=c$ 上的抛物线：$x^2=ay$；这是以 xOy 坐标面上的抛物线 $x^2=ay$ 为准线，以平行于 z 轴的直线为母线的柱面(参见图 8－19).

习题 8－3

思考题

1. yOz 坐标面上的曲线 C：$f(y, z)=0$ 绕 z 轴旋转所成旋转体的特征是什么？

2. 是否所有的三元二次方程都对应着空间中的一个曲面？

练习题

1. 求以两点 $A(1, 2, 3)$，$B(1, 3, 6)$连线为直径的球面方程.

2. 一动点到坐标原点的距离等于它到平面 $z-4=0$ 的距离，求其轨迹方程.

3. 一动点到点(0，0，5)的距离等于它到 x 轴的距离，求其轨迹方程.

4. 下列方程在平面解析几何和空间解析几何中分别表示什么图形？并画图.

(1) $x=3$；　(2) $y=x^2+2$；　(3) $x^2+\frac{y^2}{4}=1$；　(4) $x^2-y^2=1$.

5. 写出下列旋转曲面的方程：

(1) xOy 面上的圆 $(x-2)^2+y^2=1$ 绕 x 轴旋转；

(2) yOz 面上的双曲线 $\frac{z^2}{4}-\frac{y^2}{9}=1$ 分别绕 z 轴和 y 轴旋转；

(3) xOz 面上的抛物线 $z^2=2px$ 分别绕其对称轴和过顶点的切线旋转；

(4) xOy 平面上的直线 $3x-2y+4=0$ 绕 y 轴旋转.

6. 说明下列曲面是由什么曲线绕什么轴旋转而成的：

(1) $x^2+y^2+z^2=1$；　(2) $z=2(x^2+y^2)$；

(3) $\frac{x^2}{9}+\frac{y^2}{9}-\frac{z^2}{16}=-1$；　(4) $4(x^2+y^2)+z^2=36$.

---

7. 已知两点 $A(5,\ 4,\ 0)$，$B(-4,\ 3,\ 4)$，且点 P 满足条件 $\sqrt{2}\,|PA|=|PB|$，求点 P 的轨迹方程.

8. 画出下列方程所表示的曲面：

(1) $z=2(x^2+y^2)$；(2) $2(x^2+y^2)-z^2=0$；(3) $\frac{x^2}{16}+y^2-\frac{z^2}{9}=-1$.

第4节　空间曲线及其方程

本节讨论空间曲线的方程表述与形状特征.

一、空间曲线与方程

1. 空间曲线的一般方程

空间曲线被定义为两个曲面的交线，若已知两曲面

S_1:$F(x,\ y,\ z)=0$，S_2:$G(x,\ y,\ z)=0$，

则它们的交线 C（图 8-26）表示为

$$C:\begin{cases}F(x,\ y,\ z)=0,\\ G(x,\ y,\ z)=0,\end{cases}\qquad(1)$$

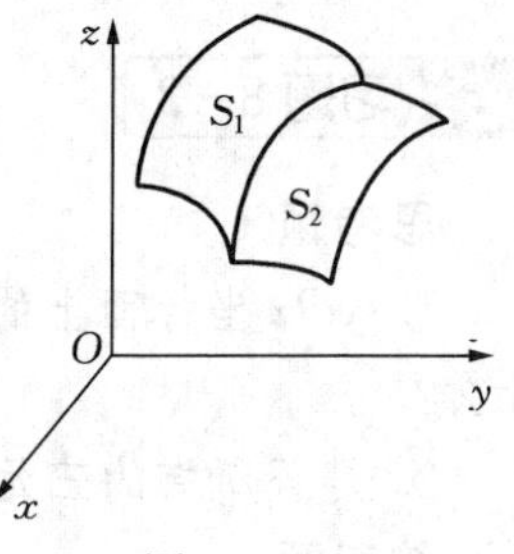

图 8-26

这称为空间曲线的一般方程.

例1　描绘 $\begin{cases}x^2+y^2+z^2=2,\\ z=1\end{cases}$ 所确定的曲线.

解　由于方程 $x^2+y^2+z^2=2$ 表示球心在原点，半径为$\sqrt{2}$的球面；而 $z=1$ 表示平行于坐标面 xOy 的平面，所以它们的交线是在平面 $z=1$ 上以点(0，0，1)为圆心的单位圆(图 8－27).

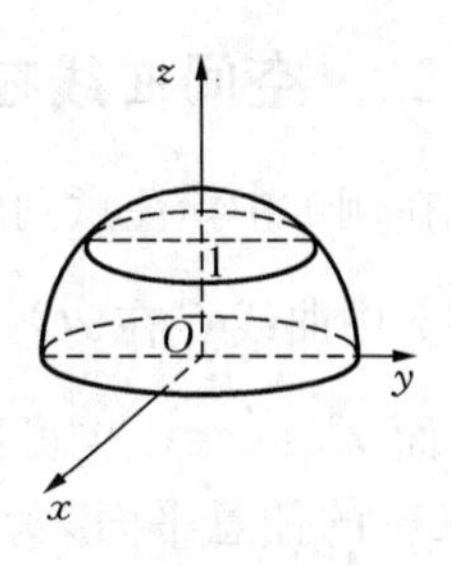

图 8－27

评注　曲线的一般方程全面而直观地提供了空间曲线的相关信息，这对于曲线的形状描绘或特征讨论，都是比较方便的．但对于曲线性质的研究，更为重要和方便的是空间曲线的参数方程．

2. 空间曲线的参数方程

将空间曲线视为动点的运动轨迹，选择适当参数 t，使得曲线上点(x, y, z)依 t 而变化，则

$$\begin{cases} x=x(t), \\ y=y(t), \quad t\in[\alpha, \beta], \\ z=z(t), \end{cases} \tag{2}$$

称为曲线的**参数方程**．

选择适当的参数变换，可将曲线的一般方程化为参数方程．如：

例 2　化曲线$\begin{cases} \left(x-\dfrac{a}{2}\right)^2+y^2=\left(\dfrac{a}{2}\right)^2, \\ z=\sqrt{a^2-x^2-y^2} \end{cases}$为参数方程，其中 $a>0$.

解　对

$$\begin{cases} \left(x-\dfrac{a}{2}\right)^2+y^2=\left(\dfrac{a}{2}\right)^2, & (3) \\ z=\sqrt{a^2-x^2-y^2} & (4) \end{cases}$$

中的(3)式作参数变换(以圆心角 θ 为参数)，有

$$\begin{cases} x=\dfrac{a}{2}+\dfrac{a}{2}\cos\theta=\dfrac{a}{2}(1+\cos\theta), \\ y=\dfrac{a}{2}\sin\theta, \end{cases}$$

代入(4)式，得 $z=a\sin\dfrac{\theta}{2}$，从而曲线的参数方程为

$$\begin{cases} x=\dfrac{a}{2}(1+\cos\theta), \\ y=\dfrac{a}{2}\sin\theta, \qquad \theta\in[0, 2\pi]. \\ z=a\sin\dfrac{\theta}{2}, \end{cases}$$

二、空间曲线在坐标面上的投影

在例 1 中，注意到曲线 C 在 xOy 平面上的投影正是平面曲线 $x^2+y^2=1$，而例 2 中曲线 C 在 xOy 平面上的投影亦为圆周 $\left(x-\frac{a}{2}\right)^2+y^2=\left(\frac{a}{2}\right)^2$. 因此，圆柱面 $x^2+y^2=1$ 也可看成圆周 $x^2+y^2=1$ 沿 z 轴上下拉伸所生成. 而用平行于 xOy 的任意平面 $z=t$ 与该圆柱面相交，其截痕就是空间曲线

$$\begin{cases}x^2+y^2=1,\\ z=t.\end{cases}$$

一般地，过空间曲线 C 的每一点向某坐标平面作垂线，所得垂足曲线 C_1 称为曲线 C 在该平面上的**投影曲线**，简称**投影**. 而准线为 C、母线垂直于该坐标面的柱面称为曲线 C 在该坐标面的**投影柱面**(图 8 - 28).

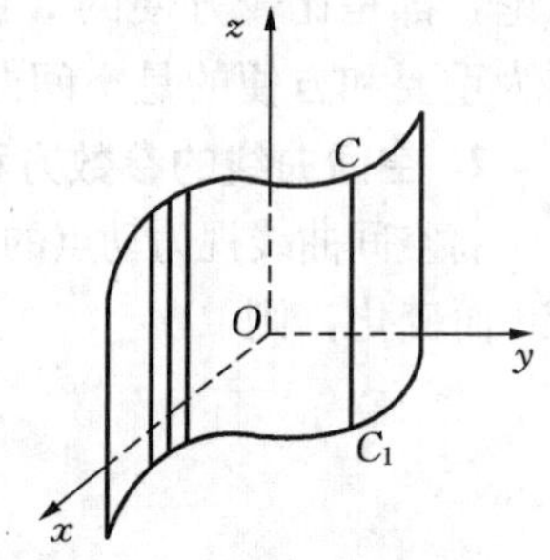

图 8 - 28

因此，**投影曲线亦即投影柱面与坐标面的交线**.

现在给出投影曲线的方程表示. 由上讨论，在空间曲线

$$C:\begin{cases}F(x,\ y,\ z)=0,\\ G(x,\ y,\ z)=0\end{cases}\tag{5}$$

中消去某变量 z，所得二元方程 $H(x,\ y)=0$ 就是以曲线 C 为准线、以平行于 z 轴的直线为母线的柱面. 于是，曲线 C 在 xOy 面上的投影方程可表示为

$$\begin{cases}H(x,\ y)=0,\\ z=0.\end{cases}$$

同理，在空间曲线(5)中分别消去 y，x，可得曲线 C 在 zOx 或 yOz 坐标面上的投影方程

$$\begin{cases}R(z,\ x)=0,\\ y=0\end{cases} \text{及} \begin{cases}T(y,\ z)=0,\\ x=0.\end{cases}$$

例 3　求曲线 $\begin{cases}x^2+y^2=1,\\ 2x+3z=6\end{cases}$ 在各坐标面上的投影.

解　在曲线方程组中消去 z，即得曲线在 xOy 坐标面上的投影方程

$$\begin{cases}x^2+y^2=1,\\ z=0;\end{cases}$$

在曲线方程组中消去 x，即得曲线在 yOz 坐标面上的投影

$$\begin{cases}\dfrac{(z-2)^2}{4/9}+y^2=1,\\ x=0;\end{cases}$$

在曲线方程组中消去 y，即得曲线在 zOx 坐标面上的投影

$$\begin{cases}2x+3z=6,\\ y=0,\end{cases} x\in[-1,\ 1].$$

例4　求由上半球面 $z=\sqrt{a^2-x^2-y^2}$、柱面 $\left(x-\dfrac{a}{2}\right)^2+y^2=\left(\dfrac{a}{2}\right)^2$ 及平面 $z=0$ 所围成立体在第一卦限的部分在 xOy 坐标面上的投影区域.

解　由于上半球面与柱面的交线为

$$\begin{cases}z=\sqrt{a^2-x^2-y^2},\\ \left(x-\dfrac{a}{2}\right)^2+y^2=\left(\dfrac{a}{2}\right)^2,\end{cases}$$

从方程组中消去 z，即得投影柱面方程

$$x^2+y^2=ax.$$

将其与 $z=0$ 联立，即得到投影曲线的方程

$$\begin{cases}x^2+y^2=ax,\\ z=0.\end{cases}$$

所围成立体在第一卦限的部分如图 8－29 所示：其投影曲线是 xOy 坐标面上的半圆 $x^2+y^2=ax$，$y\geqslant 0$；而该立体在 xOy 平面上的投影即该半圆所围的平面区域 D.

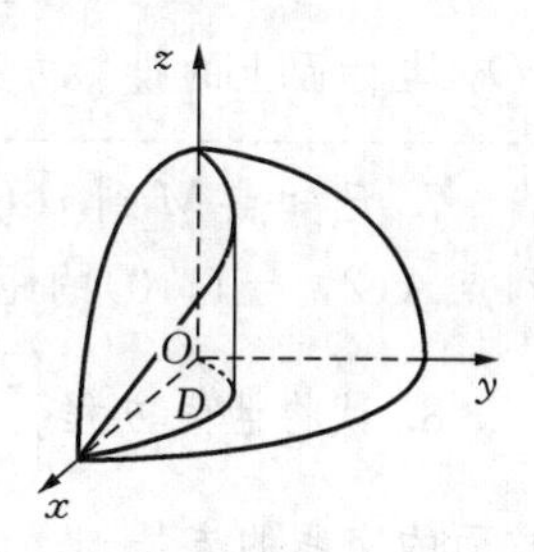

图 8－29

习题 8－4

思考题

1. 指出下列各方程组表示什么曲线，并作出它们的图形.

(1) $\begin{cases}x+2=0,\\ y-3=0;\end{cases}$　　(2) $\begin{cases}x+y+z=2,\\ y=2;\end{cases}$

(3) $\begin{cases}x^2+y^2+z^2=4,\\ x=y;\end{cases}$　　(4) $\begin{cases}x^2-4y^2+9z^2=36,\\ y=1.\end{cases}$

2. 指出下列曲面和各坐标面交线的名称：

(1) $x^2+4y^2+16z^2=64$；　　(2) $x^2+9y^2=10z$.

练习题

1. 求与点 $A(2,\ 3,\ 7)$，$B(3,\ -4,\ 6)$ 及 $C(4,\ 3,\ -2)$ 等距离的点的轨

迹方程．

2. 求曲线$\begin{cases}z=4-x^2,\\x^2+y^2=2\end{cases}$在坐标平面 zOx 上的投影曲线方程．

3. 已知柱面的母线平行于 z 轴，准线方程为$\begin{cases}\dfrac{x^2}{4}+\dfrac{y^2}{9}+\dfrac{z^2}{9}=1,\\z=2,\end{cases}$求此柱面的方程．

4. 求通过曲面 $x^2+y^2+4z^2=1$ 与曲面 $x^2=y^2+z^2$ 的交线，且母线平行于 z 轴的柱面方程．

5. 将曲线$\begin{cases}x^2+y^2+z^2=9,\\y=x\end{cases}$化为参数方程．

6. 求曲线$\begin{cases}x^2+y^2-z^2=0,\\x-z+1=0\end{cases}$关于 xOy 坐标面的投影柱面方程及此曲线在 xOy 坐标面上的投影方程．

---

7. 已知点 M 到 xOy 坐标面的距离等于它到 z 轴的距离的 2 倍，又点 M 到点 $A(2,-1,0)$的距离为 1，求点 M 的轨迹方程．

8. 试将曲线方程$\begin{cases}2y^2+z^2+4x=4z,\\y^2+3z^2-8x=12z\end{cases}$换成母线分别平行于 y 轴及 z 轴的柱面的交线的方程．

9. 求曲线$\begin{cases}x^2+y^2=1,\\x+y+z=1\end{cases}$在 xOy 平面的投影柱面方程、投影方程以及该曲线的参数方程．

10. 求旋转抛物面 $z=x^2+y^2(0\leqslant z\leqslant 4)$在三个坐标面上的投影区域．

第5节　平面及其方程

在空间解析几何中，平面是曲面的特殊形式．因而上节有关曲面的讨论结果也适用于平面．

一、平面的点法式方程

对给定的平面Π，垂直于平面Π的非零向量$\boldsymbol{n}$称为该平面的**法线向量**，简称法向量．显然，法向量$\boldsymbol{n}$与位于平面Π上的任一向量均垂直．

由于“过空间一点有且仅有一个平面与过该点的已知直线相垂直”，所以当点$M_0(x_0, y_0, z_0)\in \Pi$及向量$\boldsymbol{n}=(A, B, C)$均给定时，$\Pi$的位置也随之唯一确定．由此可建立该平面$\Pi$的方程．

设$M_0\in \Pi$，取Π上任意一点$M(x, y, z)$，由于$\boldsymbol{n}\perp \overrightarrow{M_0M}$，而

$$\begin{aligned}\boldsymbol{n}\perp \overrightarrow{M_0M} &\Leftrightarrow (A, B, C)\cdot(x-x_0, y-y_0, z-z_0)=0\\ &\Leftrightarrow A(x-x_0)+B(y-y_0)+C(z-z_0)=0,\end{aligned}$$

所以
$$A(x-x_0)+B(y-y_0)+C(z-z_0)=0 \tag{1}$$
即为所求平面的方程．

事实上，平面Π上任意点$M(x, y, z)$的坐标必满足方程(1)，这由上述推导即可知；反之，若$M\notin \Pi$，则$\overrightarrow{M_0M}$不与$\boldsymbol{n}$垂直，从而方程(1)必不成立．

附注　由于方程(1)主要由平面Π上的已知法向量和已知点(的坐标)所决定，故称之为**点法式方程**．而寻求这两个要素，就是求该平面方程的关键．

例1　求过点$(2, -3, 0)$且以$\boldsymbol{n}=(1, -2, 3)$为法向量的平面方程．

解　将已知点的坐标及法向量的分量直接代入方程(1)，得

$$1\cdot(x-2)+(-2)\cdot[y-(-3)]+3\cdot(z-0)=0,$$

化简即为所求的平面方程

$$x-2y+3z-8=0.$$

例2　已知点$A(x_1, y_1, z_1)$，$B(x_2, y_2, z_2)$及$C(x_3, y_3, z_3)$在同一平面上，求该平面的方程．

解　已知$\overrightarrow{AB}=(x_2-x_1, y_2-y_1, z_2-z_1)$，$\overrightarrow{AC}=(x_3-x_1, y_3-y_1, z_3-z_1)$，而与$\overrightarrow{AB}$、$\overrightarrow{AC}$均垂直的向量即所求平面的法向量：

$$\boldsymbol{n}=\overrightarrow{AB}\times\overrightarrow{AC}=\begin{vmatrix}\boldsymbol{i} & \boldsymbol{j} & \boldsymbol{k}\\ x_2-x_1 & y_2-y_1 & z_2-z_1\\ x_3-x_1 & y_3-y_1 & z_3-z_1\end{vmatrix}$$

$$=\left(\begin{vmatrix}y_2-y_1 & z_2-z_1\\ y_3-y_1 & z_3-z_1\end{vmatrix}, -\begin{vmatrix}x_2-x_1 & z_2-z_1\\ x_3-x_1 & z_3-z_1\end{vmatrix}, \begin{vmatrix}x_2-x_1 & y_2-y_1\\ x_3-x_1 & y_3-y_1\end{vmatrix}\right),$$

从而所求的平面方程为

$$\begin{vmatrix}y_2-y_1 & z_2-z_1\\ y_3-y_1 & z_3-z_1\end{vmatrix}(x-x_1)-\begin{vmatrix}x_2-x_1 & z_2-z_1\\ x_3-x_1 & z_3-z_1\end{vmatrix}(y-y_1)+\begin{vmatrix}x_2-x_1 & y_2-y_1\\ x_3-x_1 & y_3-y_1\end{vmatrix}(z-z_1)=0.$$

这种形式的平面方程，称为平面的**三点式方程**．

例3　求过点$(1, 2, 3)$且与z轴垂直的平面方程．

解 由题意，取 z 轴上的单位向量$\boldsymbol{k}=(0,0,1)$为法向量，则由

$$(0,0,1)\cdot(x-1,y-2,z-3)=0,$$

即得所求平面方程：$z-3=0$.

二、平面的一般方程

如上所知，平面方程必为三元一次方程的形式．所以任何空间平面都可以用三元一次方程来表示；反之，对任意给定的三元一次方程

$$Ax+By+Cz+D=0, \tag{2}$$

任取满足该方程的一组数 x_0，y_0，z_0，有

$$Ax_0+By_0+Cz_0+D=0, \tag{3}$$

将(2)、(3)两式相减，得

$$A(x-x_0)+B(y-y_0)+C(z-z_0)=0. \tag{4}$$

显然，(4)式正是过点 $M_0(x_0,y_0,z_0)$且以 $\boldsymbol{n}=(A,B,C)$为法向量的平面方程．

由此可知，任意一个三元一次方程 $Ax+By+Cz+D=0$ 总表示空间的一个平面，故称为平面的**一般方程**．其中三个变元的系数正好组成法向量 $\boldsymbol{n}=(A,B,C)$.

平面一般方程(2)的特殊情形如下：

(1) 若 $D=0$，则 $Ax+By+Cz=0$ 表示过原点的平面．

(2) 若 $A=0$，则 $By+Cz+D=0$ 是平行于 x 轴的平面；

而 $B=0$，则 $Ax+Cz+D=0$ 是平行于 y 轴的平面；

而 $C=0$，则 $Ax+By+D=0$ 是平行于 z 轴的平面．

(3) 若 $A=B=0$，则 $Cz+D=0$ 是平行于 xOy 面的平面；

而 $B=C=0$，则 $Ax+D=0$ 是平行于 yOz 面的平面；

而 $A=C=0$，则 $By+D=0$ 是平行于 zOx 面的平面．

(4) 若 $x=0$ 或 $y=0$ 或 $z=0$，则分别表示三个坐标面 yOz、zOx、xOy.

例 4 设平面 Π 与 x，y，z 轴分别交于 $P(a,0,0)$，$Q(0,b,0)$及 $R(0,0,c)$，a，b，$c\neq0$，求平面 Π 的方程．

解 假设所求平面为

$$Ax+By+Cz+D=0.$$

由题设，点 P，Q，R 均在该平面上(图 8-30)，故

$$\begin{cases}aA+D=0,\\ bB+D=0,\\ cC+D=0,\end{cases}$$

由此解得 $\begin{cases} A=-\dfrac{D}{a}, \\ B=-\dfrac{D}{b}, \\ C=-\dfrac{D}{c}, \end{cases}$

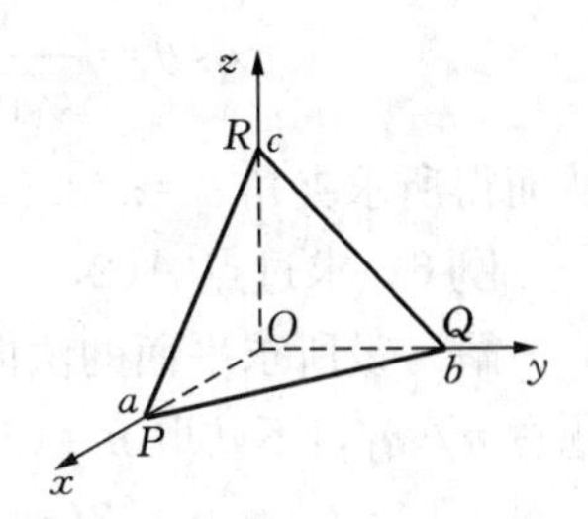

图 8－30

代入所设方程，并消去 D 即得 Π 的方程

$$\frac{x}{a}+\frac{y}{b}+\frac{z}{c}=1. \tag{5}$$

附注　注意到上述平面的特殊位置，这里的 a，b，c 分别称为平面 Π 在坐标轴上的截距，故方程(5)又称为平面的**截距式方程**．由题设条件确定出其中的 a，b，c 是求该平面方程的关键．

三、两平面的夹角

1. 两面角

两面角是立体几何中的重要概念．显然，两平面相交的位置关系可由其法向量来研究．于是规定：两平面的法向量之夹角(取锐角)，称为**两面角**(图 8－31)．

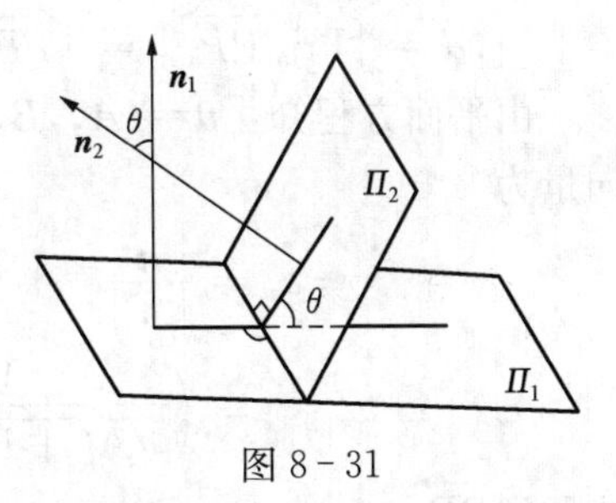

图 8－31

设 Π_1：$\boldsymbol{n}_1=(A_1,\ B_1,\ C_1)$，$\Pi_2$：$\boldsymbol{n}_2=(A_2,\ B_2,\ C_2)$，则由两向量夹角的公式，$\Pi_1$ 与 Π_2 的夹角可由

$$\cos\theta=\left|\cos(\widehat{\boldsymbol{n}_1,\ \boldsymbol{n}_2})\right|=\frac{|\boldsymbol{n}_1\cdot\boldsymbol{n}_2|}{|\boldsymbol{n}_1||\boldsymbol{n}_2|}$$

$$=\frac{|A_1A_2+B_1B_2+C_1C_2|}{\sqrt{A_1^2+B_1^2+C_1^2}\sqrt{A_2^2+B_2^2+C_2^2}} \tag{6}$$

来确定(取锐角)．

2. 两平面的位置关系

根据两向量垂直或平行的条件，立得如下重要的结论：

定理　(1) $\Pi_1\perp\Pi_2\Leftrightarrow A_1A_2+B_1B_2+C_1C_2=0$；

(2) $\Pi_1/\!/\Pi_2\Leftrightarrow\dfrac{A_1}{A_2}=\dfrac{B_1}{B_2}=\dfrac{C_1}{C_2}$．

例 5　求 $x-y+2z-6=0$ 与 $2x+y+z-5=0$ 的夹角．

解　由题设已知 $\boldsymbol{n}_1=(1,\ -1,\ 2)$，$\boldsymbol{n}_2=(2,\ 1,\ 1)$，代入(6)式得

$$\cos\theta=\frac{|1\times2-1\times1+2\times1|}{\sqrt{1^2+(-1)^2+2^2}\sqrt{2^2+1^2+1^2}}=\frac{1}{2},$$

从而得所求夹角 $\theta=\pi/3$.

例 6 求过点 $A(2,-1,5)$且平行于 $3x+y-z+2=0$ 的平面.

解 设所求平面的法向量为 $\boldsymbol{n}$，已知平面的法向量 $\boldsymbol{n}_1=(3,1,-1)$，由题意 $\boldsymbol{n}/\!/\boldsymbol{n}_1$，不妨取 $\boldsymbol{n}=(3,1,-1)$，代入平面的点法式方程，有

$$3(x-2)+(y+1)-(z-5)=0,$$

化简即得所求的平面方程：$3x+y-z=0$.

四、点到平面的距离

如图 8-32 所示，设 $P_0(x_0,y_0,z_0)$是平面 Π：$Ax+By+Cz+D=0$ 之外的一个定点．任取 $P(x,y,z)\in\Pi$，过 P_0 作法向量 $\boldsymbol{n}\perp\Pi$，则 P_0 到该平面的距离为

$$d=|\mathrm{Prj}_{\boldsymbol{n}}\overrightarrow{PP_0}|=|\overrightarrow{PP_0}\cdot\boldsymbol{e}_{\boldsymbol{n}}|.$$

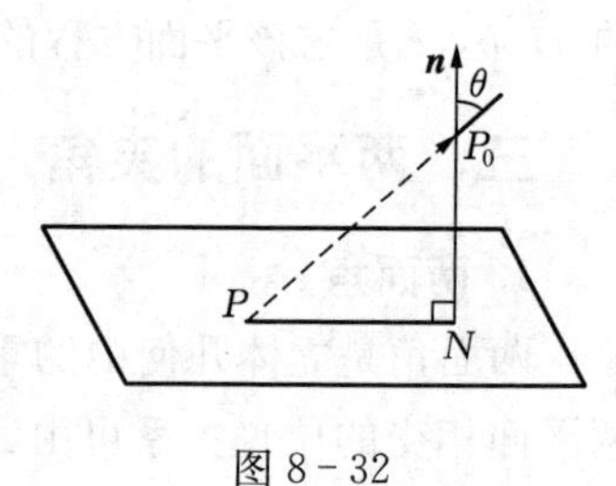

图 8-32

由平面方程知：$\boldsymbol{n}=(A,B,C)$，故其单位向量为

$$\boldsymbol{e}_{\boldsymbol{n}}=\frac{\boldsymbol{n}}{|\boldsymbol{n}|}=\left(\frac{A}{\sqrt{A^2+B^2+C^2}},\frac{B}{\sqrt{A^2+B^2+C^2}},\frac{C}{\sqrt{A^2+B^2+C^2}}\right).$$

注意到$\overrightarrow{PP_0}=(x_0-x,y_0-y,z_0-z)$，则有

$$\begin{aligned}d&=\frac{|A(x_0-x)+B(y_0-y)+C(z_0-z)|}{\sqrt{A^2+B^2+C^2}}\\&=\frac{|Ax_0+By_0+Cz_0-(Ax+By+Cz)|}{\sqrt{A^2+B^2+C^2}}\\&=\frac{|Ax_0+By_0+Cz_0+D|}{\sqrt{A^2+B^2+C^2}}.\end{aligned}\tag{7}$$

此即空间**点到平面的距离公式**.

例 7 求点$(1,1,4)$到平面 $2x+y-z+3=0$ 的距离.

解 将点$(1,1,4)$的坐标及平面的法向量 $\boldsymbol{n}=(2,1,-1)$等有关数据代入公式(7)，即得

$$d=\frac{1}{\sqrt6}|2+1-4+3|=\frac{2}{\sqrt6}=\frac{\sqrt6}{3}.$$

习题 8-5

思考题

1. 指出下列各平面的特殊位置.

(1) $2x-3y-4=0$; (2) $y+2z=1$; (3) $3x+2y+z=0$.

2. 平面的表示方式共有多少种，各有什么特点?

练习题

1. 一平面通过点(2，-5，3)，且平行于 zOx 平面，求此平面的方程.

2. 设平面过原点及点(6，-3，2)，且与平面 $4x-y+2z=8$ 垂直，求此平面方程.

3. 已知一个平面过点(0，0，1)，平面上有 $\boldsymbol{a}=(-2,1,1)$ 和 $\boldsymbol{b}=(-1,0,0)$，求此平面方程.

4. 一平面通过三点 $A(1,-1,0)$，$B(2,3,-1)$，$C(-1,0,2)$，求此平面方程.

5. 求下列各对平面间的夹角.

(1) $x+y-11=0$ 与 $3x+8=0$;

(2) $4x-3y-1=0$ 与 $4x-3y+5z-8=0$.

6. 在 y 轴上求一点，使它与两平面 $2x+3y+6z=6$，$8x+9y-72z+73=0$ 的距离相等.

---

7. 求通过 z 轴，且与平面 $2x+y-\sqrt{5}z=7$ 的夹角为 $\frac{\pi}{3}$ 的平面方程.

8. 已知某平面与原点的距离为 6，且在三坐标面上的截距之比为 1∶3∶2，求该平面的方程.

9. 求过原点的平面，使它与平面 $x-4y+8z=3$ 成夹角 $\frac{\pi}{4}$，且垂直于平面 $x+z+3=0$.

10. 已知三点 $A(-5,10,3)$，$B(1,10,-6)$，$C(1,-2,-2)$，求与该三点所在平面平行，且距离为 2 的平面.

第6节 空间直线及其方程

仿照前面对于空间曲线的定义，空间直线被定义为两平面的交线.

一、空间直线的一般方程

设已知平面

$$\Pi_1: A_1x+B_1y+C_1z+D_1=0,$$
$$\Pi_2: A_2x+B_2y+C_2z+D_2=0,$$

且$\dfrac{A_1}{A_2}=\dfrac{B_1}{B_2}=\dfrac{C_1}{C_2}$不成立，则

$$L:\begin{cases}A_1x+B_1y+C_1z+D_1=0,\\ A_2x+B_2y+C_2z+D_2=0\end{cases}\tag{1}$$

即表示Π_1与Π_2的交线方程，称为**直线的一般方程**．

虽然，过空间一条已知直线的平面有无数多个，但对两个确定的平面，其交线唯一确定．因而方程(1)也唯一确定．

上述方程虽然直观，但其表述和应用却不太方便．为此给出直线的几种常用方程．

二、空间直线的几种常用方程

1. 点向式方程

由于过空间已知点M_0且与已知向量$\boldsymbol{s}$平行的直线L唯一确定，故常以向量$\boldsymbol{s}$作为直线的方向，并称为该直线的**方向向量**．当然：

(1) 任何与L平行的向量均可作为L的方向；

(2) L上的任何向量也可作为L的方向向量．

为建立方程，先建立坐标系(图 8－33)，设

$$\boldsymbol{s}=(m,\ n,\ p),\ M_0(x_0,\ y_0,\ z_0)\in L,$$

且$M(x,\ y,\ z)$是L上的任意一点．由于$\overrightarrow{M_0M}/\!/\boldsymbol{s}$，故直线$L$上的点均满足

$$\frac{x-x_0}{m}=\frac{y-y_0}{n}=\frac{z-z_0}{p}.\tag{2}$$

反之，若点$M\notin L$，则由$\overrightarrow{M_0M}$不平行于$\boldsymbol{s}$，故方程(2)必不成立．

这表明：方程(2)就是直线L的方程．注意到该方程主要由直线上已知点(坐标)和已知向量所决定，故称之为**点向式方程**．

说明　① 需要指出的是：如果方程(2)中至少一个为0，如$m=0$，而n，$p\neq0$；或$m=n=0$，而$p\neq0$，则应分别理解为

$$\begin{cases}x-x_0=0,\\ \dfrac{y-y_0}{n}=\dfrac{z-z_0}{p}\end{cases}\text{或}\begin{cases}x-x_0=0,\\ y-y_0=0.\end{cases}$$

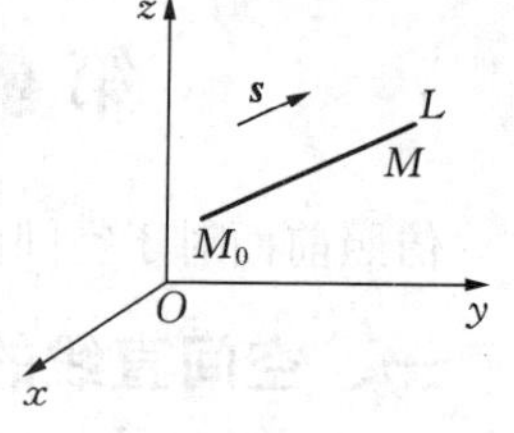

图 8－33

② 由上面等式的对称性，点向式方程也常称为**对称式方程**．

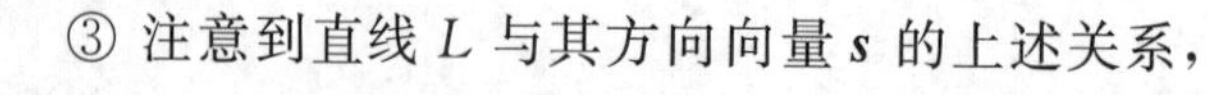

③ 注意到直线L与其方向向量$\boldsymbol{s}$的上述关系，

通常将 $\boldsymbol{s}$ 的坐标 m，n，p 称为 L 的一组**方向数**，而 $\boldsymbol{s}$ 的方向余弦亦称为 L 的方向余弦

$$\cos\alpha=\frac{m}{\sqrt{m^2+n^2+p^2}},\ \cos\beta=\frac{n}{\sqrt{m^2+n^2+p^2}},\ \cos\gamma=\frac{p}{\sqrt{m^2+n^2+p^2}}.$$

于是，确定直线 L 的方向数 m，n，p 及已知点的坐标，就成为求点向式方程(2)的主要内容．

例 1　求过点 $M_1(x_1, y_1, z_1)$ 及 $M_2(x_2, y_2, z_2)$ 的直线方程．

解　由题设，所求直线 L 的方向向量可取为

$$\boldsymbol{s}=\overrightarrow{M_1M_2}=(x_2-x_1, y_2-y_1, z_2-z_1),$$

代入方程(2)即得

$$\frac{x-x_1}{x_2-x_1}=\frac{y-y_1}{y_2-y_1}=\frac{z-z_1}{z_2-z_1}.$$

此即所求直线的方程．由其来历及表达形式，也称之为**两点式方程**．

直线的点向式方程与一般式方程可以互相转化．

例 2　已知两平面 Π_1：$x+y+z+2=0$，Π_2：$2x-y+3z+10=0$，求其交线的点向式方程．

解法一　联立两平面方程，由

$$\begin{cases}x+y+z+2=0,\\ 2x-y+3z+10=0,\end{cases}\text{化简为}\begin{cases}z=-\dfrac{3}{4}(x+4),\\ z=3(y-2),\end{cases}$$

由此即得所求交线的点向式方程：

$$\frac{x+4}{-4/3}=\frac{y-2}{1/3}=\frac{z}{1}\ \text{或}\ \frac{x+4}{-4}=\frac{y-2}{1}=\frac{z}{3}.$$

解法二　先在两平面的交线上找一点：取 $x_0=0$ 代入方程组，有

$$\begin{cases}y+z=-2,\\ 3z-y=-10,\end{cases}$$

解这个二元一次方程组，得 $y_0=1$，$z_0=-3$，即 $(0, 1, -3)$ 为交线上的点．

现在确定交线的方向向量 $\boldsymbol{s}$：由于两平面的交线必与该两平面的法向量 $\boldsymbol{n}_1=(1, 1, 1)$，$\boldsymbol{n}_2=(2, -1, 3)$ 都垂直，故可取交线的方向向量为

$$\boldsymbol{s}=\boldsymbol{n}_1\times\boldsymbol{n}_2=\begin{vmatrix}\boldsymbol{i} & \boldsymbol{j} & \boldsymbol{k}\\ 1 & 1 & 1\\ 2 & -1 & 3\end{vmatrix}=(4, -1, -3).$$

将上述点的坐标及所求方向向量代入方程(2)，即得交线的点向式方程：

$$\frac{x}{4}=\frac{y-1}{-1}=\frac{z+3}{-3}.$$

2. 参数式方程

由方程(2)中的等比关系，若令

$$\frac{x-x_0}{m}=\frac{y-y_0}{n}=\frac{z-z_0}{p}=\lambda,$$

即得该直线的**参数式方程**

$$\begin{cases}x=x_0+\lambda m,\\ y=y_0+\lambda n,\\ z=z_0+\lambda p.\end{cases} \tag{3}$$

例 3　把例 1、例 2 中的直线方程转化为参数方程．

解　在例 1 中，令$\frac{x-x_1}{x_2-x_1}=\frac{y-y_1}{y_2-y_1}=\frac{z-z_1}{z_2-z_1}=\lambda$，即得该直线的参数方程：

$$\begin{cases}x=\lambda(x_2-x_1)+x_1,\\ y=\lambda(y_2-y_1)+y_1,\\ z=\lambda(z_2-z_1)+z_1;\end{cases}$$

而在例 2 中令$\frac{x}{4}=\frac{y-1}{-1}=\frac{z+3}{-3}=\lambda$，可得该直线的参数方程：

$$\begin{cases}x=4\lambda,\\ y=1-\lambda,\\ z=-3-3\lambda.\end{cases}$$

三、两直线的夹角——空间直线的位置关系

对空间的两条直线 L_1，L_2，通常规定其方向向量之间的夹角(取锐角)为**两直线的夹角**．如果 L_1 与 L_2 的方向分别是 $\boldsymbol{s}_1=(m_1, n_1, p_1)$，$\boldsymbol{s}_2=(m_2, n_2, p_2)$，则由

$$\begin{aligned}\cos\varphi&=|\cos(\widehat{\boldsymbol{s}_1, \boldsymbol{s}_2})|=\frac{|\boldsymbol{s}_1\cdot\boldsymbol{s}_2|}{|\boldsymbol{s}_1||\boldsymbol{s}_2|}\\ &=\frac{|m_1m_2+n_1n_2+p_1p_2|}{\sqrt{m_1^2+n_1^2+p_1^2}\sqrt{m_2^2+n_2^2+p_2^2}}\end{aligned} \tag{4}$$

可求得该夹角 φ 的值(取锐角)．

例 4　求 L_1：$\frac{x-1}{-4}=\frac{y}{1}=\frac{z+3}{1}$与 L_2：$\begin{cases}x+y+2=0,\\ x-2z=0\end{cases}$的夹角．

解　直线 L_1 和 L_2 的方向向量分别为 $\boldsymbol{s}_1=(-4, 1, 1)$及

$$\boldsymbol{s}_2=\begin{vmatrix}\boldsymbol{i} & \boldsymbol{j} & \boldsymbol{k}\\ 1 & 1 & 0\\ 1 & 0 & -2\end{vmatrix}=(-2, 2, -1),$$

代入上面公式即得

$$\cos\varphi=\frac{|(-4)\times(-2)+1\times2+1\times(-1)|}{\sqrt{(-4)^2+1^2+1^2}\sqrt{(-2)^2+2^2+(-1)^2}}=\frac{\sqrt{2}}{2},$$

故所求角为$\varphi=\frac{\pi}{4}$.

由此出发，类同上节的相应结果，有如下重要的定理．

定理 1　(1) $L_1 /\!/ L_2 \Leftrightarrow \frac{m_1}{m_2}=\frac{n_1}{n_2}=\frac{p_1}{p_2}$；

(2) $L_1 \perp L_2 \Leftrightarrow m_1m_2+n_1n_2+p_1p_2=0$.

四、直线与平面的夹角——直线与平面的位置关系

直线与平面的位置关系，也可通过它们相应的向量来刻画．为此先规定：

直线L与其在平面Π上的投影L'之间的夹角(取锐角)φ，称为**直线与平面的夹角**．特别当直线L与平面Π垂直时，规定$\varphi=\frac{\pi}{2}$(图 8－34).

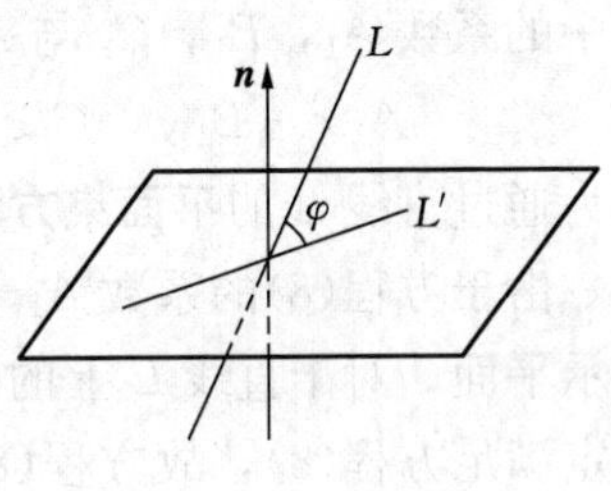

图 8－34

在直线L与平面Π的交点M处，设Π有法向量$\boldsymbol{n}=(A,B,C)$，而L的方向为$\boldsymbol{s}=(m,n,p)$，则有：

$$(\widehat{\boldsymbol{n},\boldsymbol{s}})=\frac{\pi}{2}-\varphi \text{ 或 } (\widehat{\boldsymbol{n},\boldsymbol{s}})=\frac{\pi}{2}+\varphi,$$

$$\begin{aligned}\sin\varphi&=|\cos(\widehat{\boldsymbol{n},\boldsymbol{s}})|=\frac{|\boldsymbol{n}\cdot\boldsymbol{s}|}{|\boldsymbol{n}||\boldsymbol{s}|}\\&=\frac{|Am+Bn+Cp|}{\sqrt{A^2+B^2+C^2}\sqrt{m^2+n^2+p^2}}.\end{aligned}\tag{5}$$

由此即可求得该夹角φ(取锐角).

例 5　求直线$\frac{x+3}{-4}=\frac{y+4}{1}=\frac{z}{1}$与平面$2x-2y+z-1=0$的夹角．

解　由题设，已知直线L的方向向量及平面的法向量分别为

$$\boldsymbol{s}=(-4,1,1) \text{ 和 } \boldsymbol{n}=(2,-2,1),$$

则由

$$\sin\varphi=\frac{|-4\times2+1\times(-2)+1\times1|}{\sqrt{(-4)^2+1^2+1^2}\sqrt{2^2+(-2)^2+1^2}}=\frac{\sqrt{2}}{2},$$

即得所求夹角$\varphi=\frac{\pi}{4}$.

例 6　求过(1，－1，2)且与平面$x+y-z-2=0$垂直的直线方程．

解　因所求直线垂直于平面，故可取平面的法向量为直线的方向向量，即

$\boldsymbol{s}=\boldsymbol{n}=(1,\ 1,\ -1)$，于是所求直线的方程为

$$\frac{x-1}{1}=\frac{y+1}{1}=\frac{z-2}{-1}.$$

仿向量平行与垂直的关系讨论，这里也有

定理 2　(1) $L\perp\Pi\Leftrightarrow\frac{A}{m}=\frac{B}{n}=\frac{C}{p}\left(\varphi=\frac{\pi}{2}\right)$；

(2) $L/\!/\Pi\Leftrightarrow Am+Bn+Cp=0(\varphi=0)$.

五、平面束及其应用

设直线 L 的一般方程为

$$\begin{cases}A_1x+B_1y+C_1z+D=0, & (6)\\ A_2x+B_2y+C_2z+D=0, & (7)\end{cases}$$

其中的系数 A_1，B_1，C_1 与 A_2，B_2，C_2 不成比例．由此建立的三元一次方程

$$A_1x+B_1y+C_1z+D+\lambda(A_2x+B_2y+C_2z+D_2)=0, \quad (8)$$

称为通过直线 L 的**平面束方程**，其中 λ 为任意常数．

由于方程(8)的系数 $A_1+\lambda A_2$，$B_1+\lambda B_2$，$C_1+\lambda C_2$ 不全为零，故该方程仍表示平面．对于直线 L 上的任意点，其坐标必同时满足方程(6)和(7)，因而必定满足方程(8)，故方程(8)表示通过直线 L 的平面；而且对于 λ 的任意取值，方程(8)表示通过 L 的任意平面．

反之，通过 L 的任意平面(平面(7)除外)，显然都包含在方程(8)所表示的平面族内．因而方程(8)就是通过直线 L 的所有平面(平面(7)除外)的方程，故称为平面束方程．

平面束方程是研究与平面有关的直线问题的有力工具．比如

例 7　求直线 $\begin{cases}2x-4y+z=0,\\ 3x-y-2z-9=0\end{cases}$ 在平面 $4x-y+z=1$ 上的投影直线的方程.

解　过直线 $\begin{cases}2x-4y+z=0,\\ 3x-y-2z-9=0\end{cases}$ 的平面束的方程为

$$2x-4y+z+\lambda(3x-y-2z-9)=0,$$

即

$$(2+3\lambda)x-(4+\lambda)y+(1-2\lambda)z-9\lambda=0, \quad (9)$$

其中 λ 为待定常数．利用两平面的垂直条件，对平面 $4x-y+z=1$，有

$$(2+3\lambda)\times4-(4+\lambda)\times(-1)+(1-2\lambda)\times1=0,$$

解得 $13+11\lambda=0$，即 $\lambda=-\frac{13}{11}$. 代入(9)式即得投影平面的方程

$$17x+31y-37z-117=0,$$

故所求投影直线的方程为

$$\begin{cases}17x+31y-37z-117=0,\\4x-y+z=1.\end{cases}$$

习题 8-6

思考题

1. 若直线的方向向量 $\boldsymbol{s}=(m, n, p)$ 中的某个分量为 0，该如何表示该直线方程？

2. 对直线的各种方程表示，如何实现互相转化？

练习题

1. 求过两点 $A(3, -5, 1)$，$B(-1, 0, 2)$ 的直线方程．

2. 把直线方程 $\begin{cases}x-2y+3z-4=0,\\3x+2y-5z-4=0\end{cases}$ 化为对称式及参数式方程．

3. 设某直线通过点 $A(2, 2, -1)$ 且与直线 $\begin{cases}x=3+t,\\y=t,\\z=1-2t\end{cases}$ 平行，求该直线的方程．

4. 证明直线 L_1：$\begin{cases}2x+y+3z-5=0,\\x-2y+5z+7=0\end{cases}$ 与直线 L_2：$\dfrac{x-1}{-11}=\dfrac{y+2}{7}=\dfrac{z}{5}$ 平行．

5. 求直线 $\dfrac{x-1}{-2}=\dfrac{y}{-1}=\dfrac{z-5}{2}$ 与平面 $x+y+5=0$ 的夹角．

6. 求直线 L_1：$\dfrac{x-1}{5}=\dfrac{y}{1}=\dfrac{z+3}{-2}$ 和直线 L_2：$\begin{cases}2x+5z=0,\\x+y+3z-6=0\end{cases}$ 的夹角．

7. 求点 $(-1, 2, 3)$ 在直线 $\dfrac{x}{2}=\dfrac{y-3}{3}=\dfrac{z+6}{-1}$ 上的垂足．

8. 求一过点 $(2, 7, 0)$ 且与直线 L：$\dfrac{x}{3}=\dfrac{y-1}{1}=\dfrac{z+1}{2}$ 垂直相交的直线方程．

---

9. 求过点 $A(1, 0, 5)$ 和直线 L：$\dfrac{x-2}{3}=\dfrac{y+1}{-1}=\dfrac{z}{4}$ 的平面方程．

10. 求点 $P(2, 1, 3)$ 在平面 $x-2y-z=6$ 上的投影．

11. 求过直线 L_1：$\begin{cases}x+3y=0,\\2x+y+4z=5\end{cases}$ 且与直线 L_2：$\dfrac{x-1}{2}=\dfrac{y-2}{1}=\dfrac{z-5}{5}$ 平行的平面方程．

12. 求点 $P(3, -1, 2)$ 到直线 L：$\begin{cases} x+y-z+1=0, \\ 2x-y+4z-4=0 \end{cases}$ 的距离．

13. 求异面直线 $\frac{x-1}{2}=\frac{y}{1}=\frac{z+1}{3}$ 和 $\frac{x}{1}=\frac{y-1}{3}=\frac{z+3}{4}$ 之间的距离．

14. 某直线过点 $M(-1, 0, 4)$ 与直线 L_1：$\frac{x+1}{3}=\frac{y-3}{1}=\frac{z}{2}$ 相交，且平行于平面 Π_1：$3x-4y+z-10=0$，求此直线方程．

总练习八

1. 选择题．

(1) 点 $M(x, y, z)$ 到 y 轴的距离为(　　)．

A. $|y|$； B. $\sqrt{x^2+y^2}$； C. $\sqrt{x^2+z^2}$； D. $\sqrt{y^2+z^2}$.

(2) 设向量的方向角为 α，β，γ，则 $\sin^2\alpha+\sin^2\beta+\sin^2\gamma=$(　　)．

A. 1； B. 2； C. 3； D. 4.

(3) 向量 $\boldsymbol{a}\perp\boldsymbol{b}$ 的充要条件是(　　)．

A. $\boldsymbol{a}+\boldsymbol{b}=\boldsymbol{0}$； B. $\boldsymbol{a}-\boldsymbol{b}=\boldsymbol{0}$； C. $\boldsymbol{a}\cdot\boldsymbol{b}=0$； D. $\boldsymbol{a}\times\boldsymbol{b}=\boldsymbol{0}$.

(4) 直线 L：$\begin{cases} x+3y+2z+1=0, \\ 2x-y-10z+3=0 \end{cases}$ 和平面 $4x-2y+z-2=0$ 的关系是直线 L(　　)．

A. 垂直于平面； B. 平行于平面，但不在平面上；

C. 在平面上； D. 与平面相交，但不垂直平面．

(5) 设向量 $\boldsymbol{a}$ 与 $\boldsymbol{b}$ 的夹角为 θ，则 $\frac{|\boldsymbol{a}\times\boldsymbol{b}|}{\boldsymbol{a}\cdot\boldsymbol{b}}=$(　　)．

A. $\sin\theta$； B. $\cos\theta$； C. $\tan\theta$； D. $\cot\theta$.

2. 填空题．

(1) 立体 Ω 由半球面 $z=\sqrt{4-x^2-y^2}$ 和锥面 $z=\sqrt{3(x^2+y^2)}$ 所围成，D 是 Ω 在 xOy 坐标面上的投影，用不等式表示的 D 是________．

(2) 已知向量 $\boldsymbol{a}=2\boldsymbol{i}-3\boldsymbol{j}+\boldsymbol{k}$，$\boldsymbol{b}=\boldsymbol{i}-\boldsymbol{j}+3\boldsymbol{k}$，则 $\boldsymbol{a}\times\boldsymbol{b}=$________．

(3) 设向量 $\boldsymbol{a}\perp\boldsymbol{b}$，且 $|\boldsymbol{a}|=1$，$|\boldsymbol{b}|=2$，记 $\boldsymbol{c}=\boldsymbol{a}+\boldsymbol{b}$，则 $|\boldsymbol{c}|=$________．

(4) 设 $|\boldsymbol{a}|=3$，$|\boldsymbol{b}|=4$，$|\boldsymbol{c}|=5$，且满足 $\boldsymbol{a}+\boldsymbol{b}+\boldsymbol{c}=\boldsymbol{0}$，则 $|\boldsymbol{a}\times\boldsymbol{b}+\boldsymbol{b}\times\boldsymbol{c}+\boldsymbol{c}\times\boldsymbol{a}|=$________．

(5) 设向量 $\boldsymbol{a}=(4, 5, -3)$，$\boldsymbol{b}=(2, 3, 6)$，若 $\lambda\boldsymbol{a}+\beta\boldsymbol{b}$ 与 z 轴垂直，则

实数λ，β满足条件________.

(6) 两平行平面 $x+y+z-1=0$ 与 $2x+2y+2z-3=0$ 之间的距离是________.

(7) 直线$\begin{cases}x+y+3z=0,\\x-y-z=0\end{cases}$与平面 $x-y-z+1=0$ 的夹角为________.

3. 已知 $|\boldsymbol{a}|=2\sqrt{2}$，$|\boldsymbol{b}|=3$，$(\widehat{\boldsymbol{a},\boldsymbol{b}})=\dfrac{\pi}{4}$，求以 $\boldsymbol{c}=5\boldsymbol{a}+2\boldsymbol{b}$ 和 $\boldsymbol{d}=\boldsymbol{a}-3\boldsymbol{b}$ 为邻边的平行四边形的面积.

4. 设$(\boldsymbol{a}+3\boldsymbol{b})\perp(7\boldsymbol{a}-5\boldsymbol{b})$，$(\boldsymbol{a}-4\boldsymbol{b})\perp(7\boldsymbol{a}-2\boldsymbol{b})$，求$(\widehat{\boldsymbol{a},\boldsymbol{b}})$.

5. 试求向量 $\boldsymbol{a}=(5,2,5)$在向量 $\boldsymbol{b}=(2,-1,2)$上的投影.

6. 计算顶点为$A(2,-1,1)$，$B(5,5,4)$，$C(3,2,-1)$，$D(4,1,3)$的四面体的体积.

7. 已知准线方程为$\begin{cases}x+y-z-2=0,\\x-y+z=0,\end{cases}$母线平行于直线 x 轴，求此柱面方程.

8. 设平面过原点及$(6,-3,2)$，且与平面 $4x-y+2z=8$ 互相垂直，求平面方程.

9. 在平面 $x+y+z-1=0$ 与三坐标平面所围成的四面体内求一点，使它到四个面的距离相等.

10. 设平面过原点，且垂直于平面 $x+2y+3z-2=0$，$6x-y+5z+2=0$，求该平面的方程.

11. 求过点$(2,0,-3)$且与直线$\begin{cases}x-2y+4z-7=0,\\3x+5y-2z+1=0\end{cases}$垂直的平面方程.

12. 用对称式方程和参数式方程表示直线$\begin{cases}x-y+z=0,\\2x+y+z=4.\end{cases}$

13. 求过点$(0,2,4)$，且与平面 $x+2z=1$，$y-2z=2$ 平行的直线方程.

14. 求曲线$\begin{cases}z=2-x^2-y^2,\\z=(x-1)^2+(y-1)^2\end{cases}$在三个坐标面上的投影曲线的方程.

---

15. 求点 $A(-1,2,0)$关于平面 $x+2y-z+1=0$ 的对称点.

16. 设直线通过点$(-3,5,-9)$，且和两直线 L_1：$\begin{cases}y=3x+5,\\z=2x-3,\end{cases}$ L_2：$\begin{cases}y=4x-7,\\z=5x+10\end{cases}$相交，求直线方程.

17. 设一平面垂直于平面 $z=0$，并通过从点 $(1, -1, 1)$ 到直线 $\begin{cases} x=0, \\ y-z+1=0 \end{cases}$ 的垂线，求此平面方程．

18. 求直线 l：$\dfrac{x-1}{1}=\dfrac{y}{1}=\dfrac{z-1}{-1}$ 在平面 Π：$x-y+2z=1$ 上的投影直线的方程．

19. 画出下列各组曲面所围成的立体图形：

(1) $\dfrac{x}{3}+\dfrac{y}{2}+z=1$，$x=0$，$y=0$，$z=0$；

(2) $z=x^2+y^2$，$x=0$，$y=0$，$z=0$，$x+y-1=0$；

(3) $z=\sqrt{x^2+y^2}$，$x^2+y^2+z^2=R^2$；

(4) $x^2+y^2+z^2=R^2$，$x^2+y^2+(z-R)^2=R^2$.

第九章　多元函数微分学

现实空间中的实际问题，往往表现为多个因素互相制约、相互影响的形式．如矩形面积 $S=xy$ 同时依赖于长与宽 x，y 两个相互独立的变量．

作为研究变量关系的强有力工具，本章要把一元函数微分学的理论与方法拓展到多元函数的场合．为方便，本章所有理论的阐述均以二元函数为主．事实上，从二元函数推广到更多元函数的情形，已经不再有本质性的区别了．

第1节　二元函数及其极限

作为多元函数微积分的研究基础，首先引入二元函数的概念并建立其极限理论．

一、二元函数的概念

我们已经熟悉了将数轴上的点与实数 x 不加区别，平面上的点与二元有序数组(x, y)不加区别，空间点与三元有序数组(x, y, z)不加区别．因此，如果将一元函数 $y=f(x)$中的自变量 x 看成“动点"，则该函数即成为一维点的**点函数**．由此可得

（一）二元函数的定义

将(x, y)可看成平面上的动点，仿照一元函数的定义形式，有

定义1　设 $D\subseteq\mathbf{R}^2$ 是平面点的非空集合．如果按照确定的对应法则 f，对任意$(x, y)\in D$，总存在唯一的 $z\in\mathbf{R}$ 与之对应，则称 f 是定义在 D 上的二元函数，记为

$$z=f(x, y),\ (x, y)\in D \text{ 或 } z=z(x, y),\ (x, y)\in D,$$

其中 x，y 称为自变量，z 称为因变量，D 称为 f 的定义域，而函数的值域记为 $f(D)=\{z \mid z=f(x, y), (x, y)\in D\}$.

特别地，当 D 无需指明时，二元函数可简记为 $z=f(x, y)$，$z=z(x, y)$ 或 $f(x, y)$.

注意　这里依然强调函数定义的两个要素：定义域和对应法则，特别是对应法则的“单值对应”：即由点 (x, y) 决定 z 的唯一性.

一元函数的定义域主要是区间形式，而平面上点的集合 D 应该如何表述？为此引入

（二）平面点集及其表述形式

顾名思义，“平面点集”即“平面上点的集合”，以后常用大写字母 A，B，…，E，F，…$\subseteq \mathbf{R}^2$ 来表示.

1. 平面特殊点

例 1　考察下面二元函数的定义域：

(1) $z=\ln(x+y)$；(2) $z=\arcsin(x^2+y^2)$.

解　(1) 按照对数函数的定义要求，应有 $D_1=\{(x, y) \mid x+y>0\}$(图9-1).

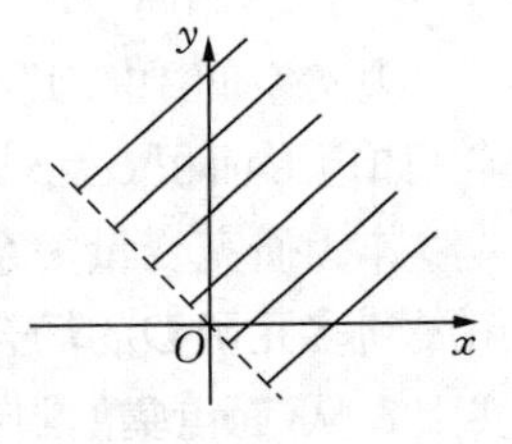

图 9-1

(2) 按照反正弦函数的定义要求，这里 $D_2=\{(x, y) \mid x^2+y^2\leqslant 1\}$(图 9-2).

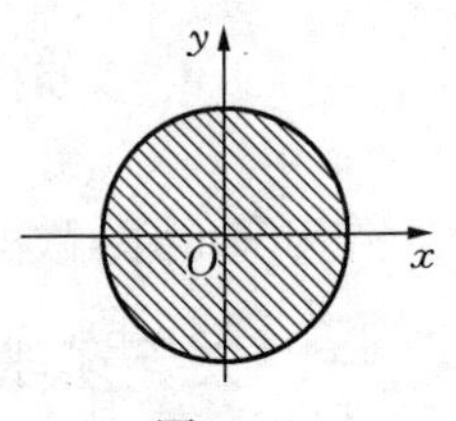

图 9-2

显然，它们都是由一条或多条曲线所围成的平面图形. 为方便讨论，先将一维点的邻域概念推广过来. 设 $P_0(x_0, y_0)$ 是给定的平面点，则有

定义 2　平面点集 $U(P_0, \delta)=\{(x, y) \mid \sqrt{(x-x_0)^2+(y-y_0)^2}<\delta\}$ 称为点 P_0 的 δ 邻域，而 $\mathring{U}(P_0, \delta)=\{(x, y) \mid 0<\sqrt{(x-x_0)^2+(y-y_0)^2}<\delta\}$ 称为点 P_0 的去心邻域(或空心邻域)，二者统称为平面点 P_0 的**邻域**，δ 称为该邻域的半径.

如果无需强调该邻域的半径大小，上述邻域可分别简记为 $U(P_0)$ 与 $\mathring{U}(P_0)$.

邻域是平面点集的重要概念，利用它可描述特殊的平面点，以及平面点与平面点集之间的关系.

定义 3　设 E 是平面点集，而 P_0 是与 E 同平面上的一个点.

(1) 若存在 $\delta>0$，使 $U(P_0, \delta)\subset E$，则称 P_0 是 E 的**内点**；

(2) 若存在 $\delta>0$，使 $U(P_0, \delta)\cap E=\varnothing$，则称 P_0 为 E 的**外点**；

(3) 若对任意 $\delta>0$，$U(P_0, \delta)$ 内既有 E 的点，也有非 E 的点，则称 P_0 为 E 的**界点**，E 的全体界点构成的集合称为 E 的**边界**(即 E 的边沿曲线)，记为 ∂E.

(4) 若对任意 $\delta>0$，$U(P_0, \delta)$内总有 E 的无穷多个点，则称 P_0 为 E 的**聚点**，E 的全体聚点构成的集合称为 E 的**导集**，记为 E'.

说明　由上面的定义可知，外点不具有讨论价值；而对其他三种特殊点，有

(1) 若 P_0 为内点，则必有 $P_0\in E$.

(2) P_0 为界点的充分必要条件是：任取 $\delta>0$，$U(P_0, \delta)\cap E\neq\varnothing$ 且 $U(P_0, \delta)\not\subset E$.

如例 1 中，$\partial D_1=\{(x, y) \mid y=-x, x\in\mathbf{R}\}$，但直线 $y=-x$ 上的全体点都不属于 D_1；而 $\partial D_2=\{(x, y) \mid x^2+y^2=1, x, y\in\mathbf{R}\}$，其中圆周 $x^2+y^2=1$ 上的全体点均属于 D_2.

(3) E 的聚点未必属于 E.

例 1 中，$D_1=\{(x, y) \mid x+y>0\}$的导集是 $D_1'=\{(x, y) \mid x+y\geqslant 0\}$，这里$D_1\subset D_1'$；

例 2 中，$D_2=\{(x, y) \mid x^2+y^2\leqslant 1\}$的导集是其自身，即 $D_2'=D_2$.

2. 平面点集的重要形式

定义 4　设 E 是平面点集，

(1) 若对任意点 $P\in E$，P 均为 E 的内点，则称 E 为**开集**；

(2) 若 E 的边界 $\partial E\subset E$，则称 E 为**闭集**；

(3) 若 E 中的任意两点均可用含于 E 内的折线相连接，则称 E 具有**连通性**(图 9-3)；

(4) 具有连通性的开集称为**开域**(或开区域，简称**区域**)，开域及其边界构成的集合称为**闭域**.

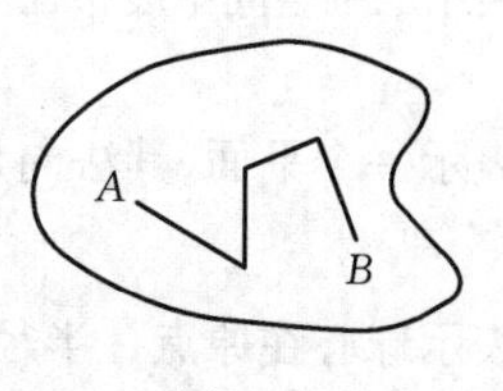

图 9-3

将“有限区间”或“无限区间”的定义推广到区域上，有

(5) 对区域 E，若存在 $r>0$，使 $E\subset U(O, r)$，其中 O 是坐标原点，则称 E 是**有界区域**；否则称 E 是**无界区域**.

如例 1，其中的 D_1 为开集、无界区域(简称**无界开域**)；而 D_2 为闭集、有界区域(简称**有界闭域**).

***3. 欧氏空间**

作为平面点集概念的推广，需要对空间形式加以扩充. 对正整数 n，称

$$\mathbf{R}^n=\underbrace{\mathbf{R}\times\mathbf{R}\times\cdots\times\mathbf{R}}_{n\text{个}}=\{\boldsymbol{x}=(x_1, x_2, \cdots, x_n) \mid x_k\in\mathbf{R}, k=1, 2, \cdots, n\}$$

为 n **维欧氏空间**.

如：数轴为一维空间，记为 $\mathbf{R}$，坐标平面为二维空间，记为 $\mathbf{R}^2$，…，如

此等等，而 $E\subset\mathbf{R}^n$ 则表示 E 是 n 维点集．

由于 $\mathbf{R}^n$ 中的元素 $\boldsymbol{x}=(x_1, x_2, \cdots, x_n)$ 可看成空间向量，从而与 n 维空间中的点构成了一一对应关系．于是有关 n 维空间中的特殊点、区域等概念，完全可以类似平面点集去定义；而类似于二元函数，可得 n 元函数的概念如下．

定义 5　设 $D\subseteq\mathbf{R}^n$ 为 n 维点集，按照确定的对应法则 f，若对任意的 $P(x_1, x_2, \cdots, x_n)\in D$，存在唯一的 $y\in\mathbf{R}$ 与之对应，则称 f 为 D 上的 n 元函数，记为

$$y=f(x_1, x_2, \cdots, x_n), (x_1, x_2, \cdots, x_n)\in D,$$

其中 $x_1, x_2, \cdots, x_n$ 称为自变量，y 称为因变量，而 D 称为 f 的定义域，其值域为 $f(D)=\{y \mid y=f(x_1, x_2, \cdots, x_n), (x_1, x_2, \cdots, x_n)\in D\}$.

此外，关于 n 维点集的结构，有如下规定：

(1) **线性运算**：设 $\boldsymbol{P}=(x_1, x_2, \cdots, x_n)$，$\boldsymbol{Q}=(y_1, y_2, \cdots, y_n)\in\mathbf{R}^n$，则

$$\boldsymbol{P}\pm\boldsymbol{Q}=(x_1\pm y_1, x_2\pm y_2, \cdots, x_n\pm y_n),$$

$$\lambda\boldsymbol{P}=(\lambda x_1, \lambda x_2, \cdots, \lambda x_n), \lambda\in\mathbf{R}.$$

(2) **距离**：$\rho(\boldsymbol{P}, \boldsymbol{Q})=\sqrt{(x_1-y_1)^2+(x_2-y_2)^2+\cdots+(x_n-y_n)^2}=\|\boldsymbol{P}-\boldsymbol{Q}\|$.

(三) 二元函数的几何意义

一元函数的图像是平面曲线，而按照空间解析几何的有关定义，二元函数

$$z=f(x, y), (x, y)\in D$$

表示三维空间中展布在区域 D 上的曲面．如在空间直角坐标系 $[O; x, y, z]$ 中，

$$z=ax+by+c$$

表示一个平面(其法向量为 $\boldsymbol{n}=(a, b, -1)$)．而

$$z=\sqrt{a^2-x^2-y^2}$$

表示球心在原点、半径为 a 的上半球面．

特别地，根据前述函数定义域 D 的表述，结合空间曲线的投影定义即知：二元函数的定义域 D，正是相应曲面 S 在 xOy 坐标面上的投影，而区域 D 的边界，即为曲面 S 在 xOy 坐标面上投影的边界曲线．

对更多元的函数有完全类似的理解．

二、二元函数的极限

取 $P_0(x_0, y_0)$，$P(x, y)\in\mathbf{R}^2$，将一元函数的极限条件"$x\to x_0$"改为"$P\to P_0$"，可得

定义 6　设函数 $f(x, y)$ 在 $D\subset\mathbf{R}^2$ 上有定义，$P_0(x_0, y_0)$ 为 D 的聚点，$A\in\mathbf{R}$. 若对任意 $\varepsilon>0$，存在 $\delta>0$，使对所有的点 $P\in D\cap\mathring{U}(P_0, \delta)$，恒有

$$|f(P)-A|=|f(x, y)-A|<\varepsilon,$$

则称 A 是函数 $f(x,\ y)$ 当 $P\to P_0$ 时的极限，记为

$$\lim_{P\to P_0}f(P)=A\text{ 或 }\lim_{(x,y)\to(x_0,y_0)}f(x,\ y)=A\text{ 或}\lim_{\substack{x\to x_0\\ y\to y_0}}f(x,\ y)=A.$$

说明　① 这里“$P\to P_0$”或“$(x,\ y)\to(x_0,\ y_0)$”是指点的整体实现，这样定义的极限形式也称为**“二重极限”**.

② 仿此可给出 n 元函数极限 $\lim\limits_{P\to P_0}f(P)=A$ 的定义(从略).

③ 在保持二维点**整体性**变化的形式下，可将一元函数极限的求解方法、证明方法及相关公式推广(借鉴)过来．下面通过例题来说明．

例 2　设 $f(x,\ y)=(x^2+y^2)\sin\dfrac{1}{x^2+y^2}$，求证：$\lim\limits_{(x,y)\to(0,0)}f(x,\ y)=0$.

分析　这里 $D=\mathbf{R}^2\setminus\{(0,\ 0)\}$，且 $O(0,\ 0)$ 是 D 的聚点．对任意 $\varepsilon>0$，由于不等式

$$|f(x,\ y)-0|=(x^2+y^2)\left|\sin\frac{1}{x^2+y^2}\right|\leqslant x^2+y^2<\varepsilon$$

中，x^2+y^2 正是平面动点 $P(x,\ y)$ 到原点 $O(0,\ 0)$ 的距离的平方，故只要取 $\delta=\sqrt{\varepsilon}$ 即可得到定义证明．

证明一(用定义)　对任意 $\varepsilon>0$，由于

$$|f(x,\ y)-0|=(x^2+y^2)\left|\sin\frac{1}{x^2+y^2}\right|\leqslant x^2+y^2<\varepsilon,$$

取 $\delta=\sqrt{\varepsilon}>0$，则对任意 $P(x,\ y)\in\mathring{U}(O,\ \delta)$，即有

$$|f(x,\ y)-0|=(x^2+y^2)\left|\sin\frac{1}{x^2+y^2}\right|<\varepsilon,$$

故由定义知 $\lim\limits_{(x,y)\to(0,0)}f(x,\ y)=0$.

而在平面点**整体性**变化的形式下，仿一元极限的迫敛法则，有

证明二　因为　$-(x^2+y^2)\leqslant(x^2+y^2)\sin\dfrac{1}{x^2+y^2}\leqslant x^2+y^2$，

而
$$\lim_{(x,y)\to(0,0)}(x^2+y^2)=\lim_{(x,y)\to(0,0)}[-(x^2+y^2)]=0,$$

所以
$$\lim_{(x,y)\to(0,0)}f(x,\ y)=0.$$

例 3　求 $\lim\limits_{(x,y)\to(0,2)}\dfrac{\sin xy}{x}$.

解　(用一元极限公式)注意到 $(x,\ y)\to(0,\ 2)\Rightarrow xy\to0$，故

$$\lim_{(x,y)\to(0,2)}\frac{\sin xy}{x}=\lim_{(x,y)\to(0,2)}\frac{\sin xy}{xy}\cdot y=1\cdot\lim_{(x,y)\to(0,2)}y=1\cdot2=2.$$

例 4　证明 $\lim\limits_{(x,y)\to(0,0)}\dfrac{x+y}{x-y}$ 不存在．

证明　取 $y=kx$，则

$$\lim_{(x,y)\to(0,0)} \frac{x+y}{x-y} = \lim_{x\to 0} \frac{x(1+k)}{x(1-k)} = \frac{1+k}{1-k},$$

此极限值随着 k 的取值不同而改变，故所证极限不存在．

三、二元函数的连续性

1. 连续性定义

定义 7　设函数 $f(x, y)$在 D 上有定义，点 $P_0(x_0, y_0)$为 D 的聚点，且 $P_0 \in D$，若

$$\lim_{(x,y)\to(x_0,y_0)} f(x, y) = f(x_0, y_0) \quad (\text{即} \lim_{P\to P_0} f(P) = f(P_0)),$$

则称 $f(x, y)$在点 P_0 连续，P_0 称为 $f(x, y)$的连续点；否则，称 $f(x, y)$在 P_0 处间断，并称 P_0 为 $f(x, y)$的间断点．

若对任意点 $P(x, y)\in D$，$f(x, y)$在 P 均连续，则称 $f(x, y)$在 D 上连续．

附注　记二元函数 $z=f(x, y)$在点 P_0 的增量(称为**全增量**)为

$$\Delta z = f(x, y) - f(x_0, y_0) = f(x_0+\Delta x, y_0+\Delta y) - f(x_0, y_0),$$

则由上面的定义，类似于一元函数连续性的充要条件，在此也有

$$f(x, y) \text{ 在点 } P_0 \text{ 连续} \Leftrightarrow \lim_{(\Delta x,\Delta y)\to(0,0)} \Delta z = 0.$$

2. 连续函数的性质

借助于点函数的形式，不难把一元函数连续性的所有性质(如四则运算、复合运算等)全部推广到多元函数的情形(读者可自行写出)．特别对于一元函数在闭区间上的连续性，这里也有类似的结果．

定理 1(最值定理)　设二元函数 $f(P)$在有界闭区域 D 上连续，则存在点 $P_1\in D$，$P_2\in D$，使得最小值 $f_{\min}=f(P_1)$，最大值 $f_{\max}=f(P_2)$．

定理 2(介值性定理)　设二元函数 $f(P)$在有界闭区域 D 上连续，m，M 分别是 $f(P)$在 D 上的最小值与最大值，则对任意 $\mu\in[m, M]$，存在 $P^*\in D$，使 $f(P^*)=\mu$.

此外，由二元基本初等函数(仿一元函数给出)经有限次四则运算、复合运算所得的函数(能表示为一个式子)称为**二元初等函数**．

定理 3　二元初等函数在其定义区域上连续．

这不仅为二元函数连续性的判断提供了极大方便，也为二元函数极限的求法提供了重要的方法依据．

例 5　求 $\displaystyle\lim_{(x,y)\to(0,0)} \frac{\sqrt{xy+1}-1}{xy}$.

解法一　先将分子有理化，得

$$\frac{\sqrt{xy+1}-1}{xy}=\frac{1}{\sqrt{xy+1}+1},$$

这已是在原点连续的函数，故所求极限为

$$\lim_{(x,y)\to(0,0)}\frac{\sqrt{xy+1}-1}{xy}=\lim_{(x,y)\to(0,0)}\frac{1}{\sqrt{xy+1}+1}=\frac{1}{2}.$$

解法二　令 $t=xy$，则有

$$\lim_{\substack{x\to0\\y\to0}}\frac{\sqrt{xy+1}-1}{xy}=\lim_{t\to0}\frac{\sqrt{t+1}-1}{t}=\lim_{t\to0}\frac{1}{2\sqrt{t+1}}=\frac{1}{2}.$$

这后面的等式使用了“$\frac{0}{0}$”的洛必达法则．

习题 9-1

思考题

1. $\mathbf{R}^n$ 中的聚点、内点、界点和多元函数连续的概念如何表述？

2. 有界闭区域上多元函数连续的性质如何表述？

练习题

1. 下列平面点集中哪些是开集、闭集、区域、有界集或无界集？并分别指出它们的导集和边界．

(1) $\{(x, y) \mid x\neq0，或 y\neq0\}$；　　(2) $\{(x, y) \mid x+y=0\}$；

(3) $\{(x, y) \mid 1<x^2+y^2\leqslant6\}$；　　(4) $\{(x, y) \mid y>x^2\}$．

2. 设 $f(x, y)=x^2+y^2-xy\tan\frac{x}{y}$，求 $f(tx, ty)$．

3. 设 $f(x+y, x-y)=x^2+y^2-xy$，求 $f(x, y)$．

4. 求下列函数的定义域．

(1) $z=\frac{1}{\ln(6-x^2-y^2)}$；　　(2) $z=\frac{\sqrt{x-\sqrt{y}}}{\sin x}$；

(3) $u=\arcsin\frac{x}{y^2}+\arcsin(1-y)$；　　(4) $u=\sqrt{\sin(x^2+y^2)}$．

5. 求下列各极限．

(1) $\lim\limits_{\substack{x\to0\\y\to0}}\frac{xy}{\sqrt{xy+9}-3}$；　　(2) $\lim\limits_{\substack{x\to2\\y\to1}}\frac{x^2+y}{x^2+y^2+xy}$；

(3) $\lim\limits_{\substack{x\to 0\\ y\to 0}} \dfrac{xy}{\sqrt{x^2+y^2}}$；　　(4) $\lim\limits_{\substack{x\to 0\\ y\to 0}} x\cos\dfrac{1}{xy}$；

(5) $\lim\limits_{(x,y)\to(0,0)} \dfrac{1-\cos(x^2+y^2)}{(x^2+y^2)\mathrm{e}^{(xy)^2}}$；　　(6) $\lim\limits_{\substack{x\to 0\\ y\to 0}}(x+y)\sin\dfrac{1}{x^2}\cos\dfrac{1}{y}$.

6. 证明$\lim\limits_{\substack{x\to 0\\ y\to 0}}\dfrac{x^2y}{x^4+y^2}$不存在．

7. 讨论 $f(x, y)=\begin{cases}\dfrac{x^3y}{x^6+y^2}, & x^2+y^2\neq 0,\\ 0, & x^2+y^2=0\end{cases}$在点(0，0)处的连续性．

---

8. 用极限的定义证明 $\lim\limits_{\substack{x\to 0\\ y\to 0}}\dfrac{xy}{\sqrt{x^2+y^2}}=0$.

第2节　偏导数

一、多元函数的偏导数

1. 偏导数的概念

多元函数的变化率也有其实际意义．如：矩形面积的变化率取决于长与宽两个因素的变化情况；理想气体体积的变化率不仅依赖于压强，也依赖于温度等环境因素的变化；而工厂多产品生产的利润当然与每种产品的产量均有关系．因此对于多元函数变化率的讨论，需要针对各个变量逐个进行．

为方便讨论，相对于前面定义的函数全增量，称

$$\Delta_x f(P_0)=\Delta_x z(P_0)=f(x_0+\Delta x, y_0)-f(x_0, y_0)$$

为函数 $z=f(x, y)$在点 P_0 关于 x 的偏增量．而

$$\Delta_y f(x_0, y_0)=\Delta_y z(P_0)=f(x_0, y_0+\Delta y)-f(x_0, y_0)$$

是函数 $z=f(x, y)$在点 P_0 关于 y 的偏增量．

定义1　设 $z=f(x, y)$在邻域 $U(P_0)$内有定义．固定 $y=y_0$ 而对 x_0 任取增量 Δx，使得$(x_0+\Delta x, y_0)\in U(P_0)$，若

$$\lim_{\Delta x\to 0}\frac{f(x_0+\Delta x, y_0)-f(x_0, y_0)}{\Delta x}=\lim_{\Delta x\to 0}\frac{\Delta_x f(x_0, y_0)}{\Delta x}=A$$

存在，则称 A 为 f 在点 P_0 处关于 x 的偏导数，记为

$$f_x(P_0),\ z_x(P_0)\ 或\left.\frac{\partial f}{\partial x}\right|_{P_0},\ \left.\frac{\partial z}{\partial x}\right|_{P_0}\ 等.$$

同理可定义 f 在点 P_0 处关于 y 的偏导数

$$\lim_{\Delta y\to 0}\frac{f(x_0,\ y_0+\Delta y)-f(x_0,\ y_0)}{\Delta y}=\lim_{\Delta y\to 0}\frac{\Delta_y f(x_0,\ y_0)}{\Delta y}=B,$$

并记为 $f_y(P_0)$，$z_y(P_0)$或$\left.\frac{\partial f}{\partial y}\right|_{P_0}$，$\left.\frac{\partial z}{\partial y}\right|_{P_0}$等.

说明　① 这里的偏导符号“∂”为区别于一元函数导数的符号而引入. 与一元函数导数的定义相比较，这里分别是用对自变量 x，y 的“偏增量”代替了一元函数“增量”的极限结果.

② 将本定义中的定点 P_0 改为动点 $P(x,\ y)$，则同上可得偏导函数的定义

$$f_x(x,\ y)=\frac{\partial f}{\partial x}=\lim_{\Delta x\to 0}\frac{f(x+\Delta x,\ y)-f(x,\ y)}{\Delta x},$$

$$f_y(x,\ y)=\frac{\partial f}{\partial y}=\lim_{\Delta y\to 0}\frac{f(x,\ y+\Delta y)-f(x,\ y)}{\Delta y}.$$

本定义给出了偏导数的具体求法，尤其当多元函数表示为分区域的不同形式时，其分界点处的偏导数必须用定义去求. 这与一元分段函数的要求相同.

③ 一元函数的公式化求导方法可推广为：只要分别把 x(或 y)视为常量，而对变量 y(或 x)去“求导”(因而一元函数的求导法则与方法均可使用)即可得到 f_y(或 f_x)，这不仅是求偏导函数的常用方法，也是求给定点处偏导数的方法. 一般情况下，可先求偏导函数，再代入具体的点求出偏导数.

④ 偏导函数也简称为偏导数，其符号$\frac{\partial f}{\partial x}$，$\frac{\partial f}{\partial y}$均为专门的整体性记号(单独记号“$\partial f$”或“$\partial x$”是没有意义的). 这与一元函数的导数符号$\frac{\mathrm{d}y}{\mathrm{d}x}$可以看成微分 $\mathrm{d}y$ 与 $\mathrm{d}x$ 的商不同.

例 1　求偏导数.

(1) $z=\ln(x+y^2)$；　　(2) $z=x^2\sin xy$；

(3) $z=x^y+y^x$；　　(4) $z=x^2+3x^2y+y^2$ 在(1，2)处.

解　分别把 y 或 x 看作常量，即有

(1) $\frac{\partial z}{\partial x}=\frac{1}{x+y^2}$，$\frac{\partial z}{\partial y}=\frac{2y}{x+y^2}$；

(2) $\frac{\partial z}{\partial x}=2x\sin xy+yx^2\cos xy$，$\frac{\partial z}{\partial y}=x^3\cos xy$；

(3) $\frac{\partial z}{\partial x}=yx^{y-1}+y^x\ln y$，$\frac{\partial z}{\partial y}=x^y\ln x+xy^{x-1}$；

(4) 由于$\frac{\partial z}{\partial x}=2x+6xy$，$\frac{\partial z}{\partial y}=3x^2+2y$，所以

$$\left.\frac{\partial z}{\partial x}\right|_{(x,y)=(1,2)}=(2x+6xy)\big|_{(x,y)=(1,2)}=14,$$

$$\left.\frac{\partial z}{\partial y}\right|_{(x,y)=(1,2)}=(3x^2+2y)\big|_{(x,y)=(1,2)}=7.$$

⑤ 上述定义可以推广到更多元函数的场合，如三元函数 $u=f(x, y, z)$ 的三个偏导数分别是

$$u_x=f_x=\lim_{\Delta x\to 0}\frac{f(x+\Delta x, y, z)-f(x, y, z)}{\Delta x},$$

$$u_y=f_y=\lim_{\Delta y\to 0}\frac{f(x, y+\Delta y, z)-f(x, y, z)}{\Delta y},$$

$$u_z=f_z=\lim_{\Delta z\to 0}\frac{f(x, y, z+\Delta z)-f(x, y, z)}{\Delta z}.$$

其求法也同二元函数完全一样．

例 2　求偏导数．

(1) $u=\sqrt{x^2+y^2+z^2}$在(1，1，1)处；(2) $u=\ln(x^2+y^2)+\frac{1}{x+y+z}$.

解　(1) 分别把 y，z、x，z 和 x，y 看作常量，即有

$$\frac{\partial u}{\partial x}=\frac{x}{\sqrt{x^2+y^2+z^2}}=\frac{x}{u},\quad \frac{\partial u}{\partial y}=\frac{y}{\sqrt{x^2+y^2+z^2}}=\frac{y}{u},$$

$$\frac{\partial u}{\partial z}=\frac{z}{\sqrt{x^2+y^2+z^2}}=\frac{z}{u},$$

而在给定的点(1，1，1)处，

$$\left.\frac{\partial u}{\partial x}\right|_{(1,1,1)}=\left.\frac{x}{u}\right|_{(1,1,1)}=\frac{1}{\sqrt{3}},\quad \left.\frac{\partial u}{\partial y}\right|_{(1,1,1)}=\left.\frac{y}{u}\right|_{(1,1,1)}=\frac{1}{\sqrt{3}},$$

$$\left.\frac{\partial u}{\partial z}\right|_{(1,1,1)}=\left.\frac{z}{u}\right|_{(1,1,1)}=\frac{1}{\sqrt{3}}.$$

(2) $\frac{\partial u}{\partial x}=\frac{2x}{x^2+y^2}-\frac{1}{(x+y+z)^2}$，$\frac{\partial u}{\partial y}=\frac{2y}{x^2+y^2}-\frac{1}{(x+y+z)^2}$，

$$\frac{\partial u}{\partial z}=-\frac{1}{(x+y+z)^2}.$$

说明　本例中(1)的后两个偏导数$\left.\frac{\partial u}{\partial y}\right|_{(1,1,1)}$和$\left.\frac{\partial u}{\partial z}\right|_{(1,1,1)}$，可利用自变量的对称性从$\left.\frac{\partial u}{\partial x}\right|_{(1,1,1)}$直接得到．

2. 偏导数的几何意义

由上面定义已经明确：$f_x(P_0)$事实上是一元函数 $f(x, y_0)$对 x 的“导

数”．而已知曲面 S：$z=f(x, y)$ 与平面 $y=y_0$ 相交的截痕曲线正是 $z=f(x, y_0)$．因而 $f_x(P_0)$ 仍然是该交线在点 P_0 处的切线（针对 x 轴的）斜率，如图 9－4 所示．

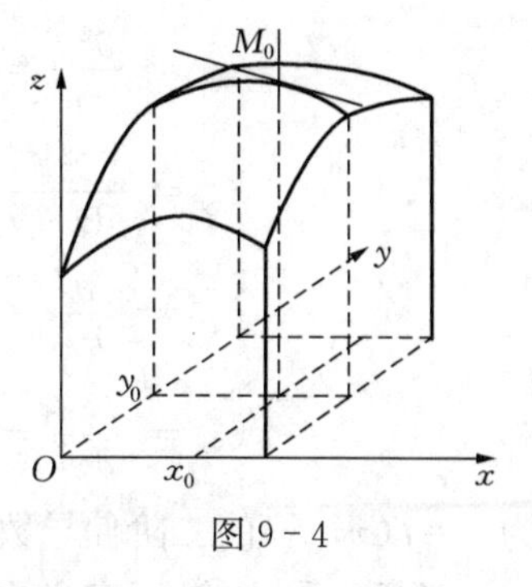

图 9－4

对 $f_y(P_0)$ 有同样解释．

3. 偏导数与连续性的关系

必须指出：一元函数“可导必连续”的结论在多元函数场合不再成立．

例 3　求 $f(x, y)=\begin{cases}\dfrac{xy}{x^2+y^2}, & x^2+y^2\neq 0,\\ 0, & x^2+y^2=0\end{cases}$ 的偏导数，并讨论在 $(0, 0)$ 的连续性．

解　当 $(x, y)\neq(0, 0)$ 时，有

$$f_x(x, y)=\frac{y(x^2+y^2)-2x^2y}{(x^2+y^2)^2}=\frac{y^3-x^2y}{(x^2+y^2)^2},$$

而对 $(x, y)=(0, 0)$，由定义，有

$$f_x(0, 0)=\lim_{\Delta x\to 0}\frac{f(0+\Delta x, 0)-f(0, 0)}{\Delta x}=\lim_{\Delta x\to 0}\frac{\dfrac{\Delta x\cdot 0}{(\Delta x)^2+0^2}-0}{\Delta x}=0,$$

综合即得

$$f_x(x, y)=\begin{cases}\dfrac{y^3-x^2y}{(x^2+y^2)^2}, & x^2+y^2\neq 0,\\ 0, & x^2+y^2=0.\end{cases}$$

由函数对自变量的对称性，类上可得

$$f_y(x, y)=\begin{cases}\dfrac{x^3-y^2x}{(x^2+y^2)^2}, & x^2+y^2\neq 0,\\ 0, & x^2+y^2=0.\end{cases}$$

由上节例 4，函数 $\dfrac{xy}{x^2+y^2}$ 在点 $(0, 0)$ 间断（因极限不存在）．

说明　由此可见，偏导数存在的函数未必连续．这正是多元函数与一元函数的又一个本质区别！

二、高阶偏导数

1. 定义

仿照一元函数高阶导数的概念，可定义多元函数的高阶偏导数．

定义 2　若二元函数 $z=f(x, y)$ 的一阶偏导数仍可偏导，则称

$$z_{xx}=\frac{\partial^2 f}{\partial x^2}=\lim_{\Delta x\to 0}\frac{f_x(x+\Delta x,\ y)-f_x(x,\ y)}{\Delta x},$$

$$z_{xy}=\frac{\partial^2 f}{\partial x\,\partial y}=\lim_{\Delta y\to 0}\frac{f_x(x,\ y+\Delta y)-f_x(x,\ y)}{\Delta y},$$

$$z_{yx}=\frac{\partial^2 f}{\partial y\,\partial x}=\lim_{\Delta x\to 0}\frac{f_y(x+\Delta x,\ y)-f_y(x,\ y)}{\Delta x},$$

$$z_{yy}=\frac{\partial^2 f}{\partial y^2}=\lim_{\Delta y\to 0}\frac{f_y(x,\ y+\Delta y)-f_y(x,\ y)}{\Delta y}$$

为 $z=f(x,\ y)$的二阶偏导数(共四个).

说明　① 类似可定义更高阶的偏导数，其意义仍是“逐阶求导”．只是应该注意所求高阶偏导数的个数．一般地，n 元函数的 m 阶偏导数共有 n^m 个!

② 上述定义中的 z_{xy} 和 z_{yx} 称为二阶混合偏导数，一般而言它们并不相等，但却有如下的结论(证明从略).

定理　若 z_{xy}，z_{yx} 在所给区域 D 上连续，则二者相等．

对于更高阶的混合偏导数，定理的结论依然成立(相应变量及其偏导的阶数必须相等，顺序可以不计)．基于此定理，在不加特别说明的情况下，以后对抽象函数的同阶混合偏导数，通常约定是相等的．

2. 高阶偏导数的求法

由定义可知，这里仍与一元高阶导数的求法一致：只要有针对性地逐阶去求偏导即可．

例 4　求下列函数的二阶偏导数．

(1) $z=x^3y-3x^2y^3$；　　　　(2) $\theta=ax\mathrm{e}^{-t}+bt$，$a$，$b\in\mathbf{R}$.

解　(1) 由于$\frac{\partial z}{\partial x}=3x^2y-6xy^3$，$\frac{\partial z}{\partial y}=x^3-9x^2y^2$，再求偏导，即有

$$\frac{\partial^2 z}{\partial x^2}=6xy-6y^3,\ \frac{\partial^2 z}{\partial y^2}=-18x^2y,\ \frac{\partial^2 f}{\partial y\,\partial x}=3x^2-18xy^2=\frac{\partial^2 f}{\partial x\,\partial y}.$$

(2) 由于$\frac{\partial\theta}{\partial x}=a\mathrm{e}^{-t}$，$\frac{\partial\theta}{\partial t}=-ax\mathrm{e}^{-t}+b$，故

$$\frac{\partial^2\theta}{\partial x^2}=0,\ \frac{\partial^2\theta}{\partial t^2}=ax\mathrm{e}^{-t}\ 及\ \frac{\partial^2\theta}{\partial t\,\partial x}=-a\mathrm{e}^{-t}=\frac{\partial^2\theta}{\partial x\,\partial t}.$$

例 5　验证所给函数与后面偏微分方程的结论．

(1) $z=\ln\sqrt{x^2+y^2}$ 是$\frac{\partial^2 z}{\partial x^2}+\frac{\partial^2 z}{\partial y^2}=0$ 的一个特解．

(2) $r=\sqrt{x^2+y^2+z^2}$，$u=\frac{1}{r}$是$\frac{\partial^2 u}{\partial x^2}+\frac{\partial^2 u}{\partial y^2}+\frac{\partial^2 u}{\partial z^2}=0$ 的一个特解．

分析　先求出相应的二阶偏导数，再代入所给方程进行验证即可．

解　(1) 因为 $z=\ln\sqrt{x^2+y^2}=\frac{1}{2}\ln(x^2+y^2)$，所以

$$\frac{\partial z}{\partial x}=\frac{x}{x^2+y^2},\ \frac{\partial z}{\partial y}=\frac{y}{x^2+y^2},$$

以及

$$\frac{\partial^2 z}{\partial x^2}=\frac{(x^2+y^2)-x\cdot 2x}{(x^2+y^2)^2}=\frac{y^2-x^2}{(x^2+y^2)^2},$$

$$\frac{\partial^2 z}{\partial y^2}=\frac{(x^2+y^2)-y\cdot 2y}{(x^2+y^2)^2}=\frac{x^2-y^2}{(x^2+y^2)^2},$$

从而

$$\frac{\partial^2 z}{\partial x^2}+\frac{\partial^2 z}{\partial y^2}=\frac{y^2-x^2}{(x^2+y^2)^2}+\frac{x^2-y^2}{(x^2+y^2)^2}=0.$$

(2) 由复合函数求导法，有

$$\frac{\partial u}{\partial x}=-\frac{1}{r^2}\cdot\frac{\partial r}{\partial x}=-\frac{x}{r^3},\ \frac{\partial^2 u}{\partial x^2}=-\frac{1}{r^3}+\frac{3x}{r^4}\cdot\frac{\partial r}{\partial x}=-\frac{1}{r^3}+\frac{3x^2}{r^5}.$$

由函数中自变量的对称性，类上可得

$$\frac{\partial^2 u}{\partial y^2}=-\frac{1}{r^3}+\frac{3y^2}{r^5},\ \frac{\partial^2 u}{\partial z^2}=-\frac{1}{r^3}+\frac{3z^2}{r^5},$$

从而

$$\frac{\partial^2 u}{\partial x^2}+\frac{\partial^2 u}{\partial y^2}+\frac{\partial^2 u}{\partial z^2}=-\frac{3}{r^3}+\frac{3(x^2+y^2+z^2)}{r^5}=-\frac{3}{r^3}+\frac{3r^2}{r^5}=0.$$

附注　本例中的两个方程称为拉普拉斯(Laplace)方程，该方程在物理学中有重要应用．

习题 9-2

思考题

将本节定理的结果："若 z_{xy}，z_{yx} 在所给区域 D 上连续，则二者相等"，推广到三元三阶的情形．

练习题

1. 求下列函数的偏导数．

(1) $z=xy+e^{xy}-\cos(xy^2)$；　　(2) $u=\ln(x+\ln y)$；

(3) $u=z^{\frac{x}{y}}$；　　(4) $u=\arctan(x-y)^z$.

2. 求下列函数的二阶偏导数．

(1) $u=x\ln(x+y)$；　　(2) $u=\arctan x^2e^y$；

(3) $z=\ln\tan\frac{y}{x}$；　　(4) $z=x^2y+6xy^3+\cos(xy^2)$.

3. 已知函数 $f(x,y)=\begin{cases}\frac{2xy}{3x^2+y^2}, & x^2+y^2\neq 0,\\ 0, & x^2+y^2=0,\end{cases}$ 求偏导数 $f_x(0,0)$，

$f_x(1, -3)$，$f_y(0, 0)$，$f_y(0, 2)$.

4. 设 $z=\ln(x^2+y^2)$，求 $\left.\dfrac{\partial^2 z}{\partial x^2}\right|_{(1,-1)}$，$\left.\dfrac{\partial^2 z}{\partial x\,\partial y}\right|_{(1,-1)}$.

5. 试证 $y=\mathrm{e}^{-kn^2 t}\sin nx$ 为偏微分方程 $\dfrac{\partial y}{\partial t}=k\dfrac{\partial^2 y}{\partial x^2}$ 的一个特解.

---

6. 设 $u=\left(\dfrac{x}{y}\right)^z$，求：$\dfrac{\partial^2 u}{\partial x^2}$，$\dfrac{\partial^2 u}{\partial y^2}$，$\dfrac{\partial^2 u}{\partial z^2}$，$\dfrac{\partial^2 u}{\partial x\,\partial y}$，$\dfrac{\partial^3 u}{\partial x\,\partial y\,\partial z}$，$\dfrac{\partial^3 u}{\partial y\,\partial z\,\partial x}$，$\dfrac{\partial^3 u}{\partial z^2\,\partial x}$，$\dfrac{\partial^3 u}{\partial z\,\partial x\,\partial y}$.

7. 设 $f(x, y)=\begin{cases}\dfrac{x^2 y}{x^4+y^2}, & x^2+y^2\neq 0,\\ 0, & x^2+y^2=0,\end{cases}$ 讨论 $f(x, y)$ 在点 $(0, 0)$ 的连续性与偏导数的存在性，并分析这里的事实说明了什么？

第3节　全　微　分

一、二元函数的全微分概念

1. 全微分

在二元函数连续性的讨论中，我们曾给出了函数 $f(x, y)$ 全增量的概念与形式

$$\Delta z = f(P)-f(P_0)=f(x_0+\Delta x, y_0+\Delta y)-f(x_0, y_0).$$

这反映了二元函数对自变量整体变化的取值差异(注意：全增量显然不是对两个自变量的偏增量之和). 例如，矩形面积函数的全增量为

$$\Delta S=(x_0+\Delta x)(y_0+\Delta y)-x_0 y_0=y_0\Delta x+x_0\Delta y+\Delta x\Delta y.$$

由此可以看出：当 Δx，Δy 均为无穷小时，其积 $\Delta x\Delta y$ 即为高阶无穷小，从而矩形面积的全增量 ΔS 主要取决于其表示式中的线性组合“$y\Delta x+x\Delta y$”——这与一元函数微分概念的“线性主部”十分相似！于是类似于一元函数的微分概念，可得二元函数的全微分概念.

定义　设 $z=f(x, y)$ 在 $P_0(x_0, y_0)$ 的某邻域内有定义，而 A，$B\in\mathbf{R}$. 如果恒有

$$\begin{aligned}\Delta z &= f(x_0+\Delta x, y_0+\Delta y)-f(x_0, y_0)\\ &= A\Delta x+B\Delta y+o\left(\sqrt{(\Delta x)^2+(\Delta y)^2}\right)\end{aligned}$$

成立，则称 $f(x, y)$ 在 P_0 处可微，并称 $A\Delta x+B\Delta y$ 为 $f(x, y)$ 在 P_0 处的全微分，记为

$$dz|_{P_0}=A\Delta x+B\Delta y. \tag{1}$$

评注 ① 在(1)式中改 P_0 为动点 $P\in D$，而 $f(x, y)$在 P 均可微，则称 $f(x, y)$在 D 上可微，此即全微分函数．其中的 A，B 分别是 x，y 的二元函数，且与 Δx，Δy 无关．

② 记 $\rho=\sqrt{(\Delta x)^2+(\Delta y)^2}$，注意到 $\rho\to 0\Leftrightarrow(\Delta x, \Delta y)\to(0, 0)$，故定义等价于

$$f\text{ 在 }P_0\text{ 处可微}\Leftrightarrow\Delta z=A\Delta x+B\Delta y+o(\Delta x)+o(\Delta y)$$

或
$$f\text{ 在 }P_0\text{ 处可微}\Leftrightarrow\Delta z=A\Delta x+B\Delta y+o(\rho). \tag{2}$$

③ 与前面"偏导数存在与连续无关"所不同的是，由上面式子可以推出：

$$f\text{ 在 }P_0\text{ 处可微,则 }\lim_{(\Delta x, \Delta y)\to(0, 0)}\Delta z=0,$$

即**可微必连续**！但反之不真(而其逆否命题：**不连续必不可微**是判断二元函数"不可微"的重要方法).

④ 本定义可推广到更多元函数的场合．例如三元函数

$$u=f(x, y, z)\text{ 在 }P_0\text{ 处可微}\Leftrightarrow$$

$$\Delta u=A\Delta x+B\Delta y+C\Delta z+o\left(\sqrt{(\Delta x)^2+(\Delta y)^2+(\Delta z)^2}\right),$$

其中 A，B，C 为常数，且将全微分记为 $du=A\Delta x+B\Delta y+C\Delta z$.

2. 全微分的求法

既然二元函数的全微分有着与一元微分完全类似的形式，那么在"全微分存在"的前提下，其计算主要是对 A，B 值的确定．现讨论如下．

在(2)式中令 $\Delta y=0$，得到二元函数"关于 x 的偏增量"

$$\Delta_x z=A\Delta x+o(\Delta x),$$

这时 $\rho=\sqrt{(\Delta x)^2+(\Delta y)^2}=|\Delta x|$，故 $\rho\to 0\Leftrightarrow\Delta x\to 0$，根据偏导数定义即有

$$z_x(P_0)=\lim_{\Delta x\to 0}\frac{\Delta_x z}{\Delta x}=A.$$

同理可得
$$z_y(P_0)=\lim_{\Delta y\to 0}\frac{\Delta_y z}{\Delta y}=B.$$

代入全微分的定义(1)即得

$$dz|_{P_0}=\left.\frac{\partial z}{\partial x}\right|_{P_0}\Delta x+\left.\frac{\partial z}{\partial y}\right|_{P_0}\Delta y. \tag{3}$$

注意到对自变量，有 $\Delta x=dx$，$\Delta y=dy$，从而全微分可写为

$$dz|_{P_0}=f_x(x_0, y_0)dx+f_y(x_0, y_0)dy. \tag{4}$$

这就是**全微分的计算公式**(称为叠加原理：全微分等于其所有偏微分之和).

以上推导也是**全微分存在性定理**中"必要性条件"的证明，该结论可表示为

定理 1 $f(x, y)$在 P_0 处可微，则 $f(x, y)$在 P_0 处的两个偏导数都存

在，且 $\mathrm{d}z = f_x(x_0, y_0)\mathrm{d}x + f_y(x_0, y_0)\mathrm{d}y$.

注意　该定理的逆命题不成立，即使 $f(x, y)$ 在 P_0 处的两个偏导数都存在，也不能保证函数 $f(x, y)$ 在该点可微．例如上节例 4 中 $f(x, y)=\dfrac{xy}{x^2+y^2}$ 在点 $(0, 0)$ 不连续，从而在点 $(0, 0)$ 不可微，但却有

$$f_x(0, 0) = f_y(0, 0) = 0.$$

虽然如此，但在函数的偏导数和全微分之间还是具有如下的关系：

定理 2（全微分存在的充分性条件）　若偏导数 $f_x(x, y)$，$f_y(x, y)$ 都在点 P_0 处连续，则 $f(x, y)$ 在点 P_0 处可微．

证明　由题设，在某 $U(P_0)$ 内 $f_x(x, y)$，$f_y(x, y)$ 都存在，全增量可表示为

$$\begin{aligned}\Delta z &= f(x_0+\Delta x, y_0+\Delta y) - f(x_0, y_0+\Delta y) + f(x_0, y_0+\Delta y) - f(x_0, y_0)\\ &= f_x(x_0+\theta_1\Delta x, y_0+\Delta y)\Delta x + f_y(x_0, y_0+\theta_2\Delta y)\Delta y,\\ &\qquad 0<\theta_1, \theta_2<1,\end{aligned}$$

其中分别针对 x，y 用了拉格朗日微分中值定理．将上述结果化简如下：

由题设中的连续性，有

$$\lim_{(\Delta x, \Delta y)\to(0, 0)} f_x(x_0+\theta_1\Delta x, y_0+\Delta y) = f_x(x_0, y_0),$$

再由极限与无穷小的关系，得

$$f_x(x_0+\theta_1\Delta x, y_0+\Delta y) = f_x(x_0, y_0)+\alpha，其中 \lim_{(\Delta x, \Delta y)\to(0, 0)} \alpha = 0.$$

同理　$\displaystyle\lim_{(\Delta x,\Delta y)\to(0,0)} f_y(x_0, y_0+\theta_2\Delta y) = f_y(x_0, y_0)$，

以及　$f_y(x_0, y_0+\theta_2\Delta y) = f_y(x_0, y_0)+\beta$，其中 $\displaystyle\lim_{(\Delta x,\Delta y)\to(0,0)} \beta = 0$，

代入上面结果，即得

$$\Delta z = f_x(x_0, y_0)\Delta x + f_y(x_0, y_0)\Delta y + \alpha\Delta x + \beta\Delta y.$$

结合微分定义，这已表明 $f(x, y)$ 在点 P_0 处可微．

评注　① 二元初等函数在其定义区域上必连续的结论，为上述全微分存在性的判别提供了理论基础和方便而实用的方法．

② 上述结论可推广到三元函数以及更多元函数的场合．例如对三元函数 $u=f(x, y, z)$，如果 $f_x(x, y, z)$，$f_y(x, y, z)$，$f_z(x, y, z)$ 都在点 P_0 处连续，则 $f(x, y, z)$ 在点 P_0 处可微，且全微分可表为

$$\mathrm{d}u=\frac{\partial u}{\partial x}\mathrm{d}x+\frac{\partial u}{\partial y}\mathrm{d}y+\frac{\partial u}{\partial z}\mathrm{d}z.$$

例 1　求下列函数在指定点的全微分．

(1) $z=x^2-xy+y^2$ 在点 $(1, 1)$，$\Delta x=0.2$，$\Delta y=-0.05$；

(2) $z=e^{xy}$在点(2，1).

分析　可先求出全微分函数，再求给定点处的微分值.

解　(1) 由$\frac{\partial z}{\partial x}=2x-y$，$\frac{\partial z}{\partial y}=-x+2y$，得

$$dz=\frac{\partial z}{\partial x}dx+\frac{\partial z}{\partial y}dy=(2x-y)dx+(-x+2y)dy,$$

所以　$dz\mid_{(1,1)}=(2\times1-1)\times0.2+(-1+2)\times(-0.05)=0.15.$

(2) 由$\frac{\partial z}{\partial x}=ye^{xy}$，$\frac{\partial z}{\partial y}=xe^{xy}$，有

$$dz=\frac{\partial z}{\partial x}dx+\frac{\partial z}{\partial y}dy=ye^{xy}dx+xe^{xy}dy,$$

所以　$dz\mid_{(2,1)}=1\times e^{2\times1}dx+2\times e^{2\times1}dy=e^2dx+2e^2dy.$

例2　求下列函数的全微分.

(1) $z=e^{x+y^2}+\arctan\frac{x}{y}$；　　(2) $u=xz+\sin xy+e^{yz}$；

(3) $u=x^{yz}$.

解　(1) 因为$\frac{\partial z}{\partial x}=e^{x+y^2}+\frac{1}{1+\left(\frac{x}{y}\right)^2}\cdot\frac{1}{y}=e^{x+y^2}+\frac{y}{x^2+y^2}$，

$$\frac{\partial z}{\partial y}=e^{x+y^2}\cdot2y+\frac{1}{1+\left(\frac{x}{y}\right)^2}\cdot\left(-\frac{x}{y^2}\right)=2ye^{x+y^2}-\frac{x}{x^2+y^2},$$

所以

$$\begin{aligned}dz&=\frac{\partial z}{\partial x}dx+\frac{\partial z}{\partial y}dy\\&=\left(e^{x+y^2}+\frac{y}{x^2+y^2}\right)dx+\left(2ye^{x+y^2}-\frac{x}{x^2+y^2}\right)dy.\end{aligned}$$

(2) 因为$\frac{\partial u}{\partial x}=z+y\cos xy$，$\frac{\partial u}{\partial y}=x\cos xy+ze^{yz}$，$\frac{\partial u}{\partial z}=x+ye^{yz}$，

所以

$$\begin{aligned}du&=\frac{\partial u}{\partial x}dx+\frac{\partial u}{\partial y}dy+\frac{\partial u}{\partial z}dz\\&=(z+y\cos xy)dx+(x\cos xy+ze^{yz})dy+(x+ye^{yz})dz.\end{aligned}$$

(3) 因为　$\frac{\partial u}{\partial x}=yz\cdot x^{yz-1}$，$\frac{\partial u}{\partial y}=zx^{yz}\ln x$，$\frac{\partial u}{\partial z}=yx^{yz}\ln x$，

所以　$du=\frac{\partial u}{\partial x}dx+\frac{\partial u}{\partial y}dy+\frac{\partial u}{\partial z}dz=x^{yz}\left(\frac{yz}{x}dx+z\ln xdy+y\ln xdz\right).$

*二、全微分在近似计算中的应用举例

与一元函数一样，二元函数全微分也给出了近似计算的理论根据和方法：

$$\Delta z \approx \mathrm{d}z = \frac{\partial z}{\partial x}\Delta x + \frac{\partial z}{\partial y}\Delta y，(\Delta x，\Delta y) \to (0，0)$$

或 $f(x_0+\Delta x，y_0+\Delta y) \approx f(x_0，y_0)+f_x(x_0，y_0)\Delta x+f_y(x_0，y_0)\Delta y.$　(5)

这里应用的关键是：根据具体问题建立二元函数，在判断其全微分存在的前提下，再选择适当的增量形式，代入上面的近似计算公式即可．其中必须注意：

① 选取的点$(x_0，y_0)$应使$f(x_0，y_0)$，$f_x(x_0，y_0)$，$f_y(x_0，y_0)$的计算较为容易．

② $|\Delta x|$，$|\Delta y|$要尽可能地小(其值越小，计算的精度就越高).

例3　用全微分近似计算 $\sin 29° \cdot \tan 46°$与$1.04^{2.01}$的值．

解　(1) 由 $\sin 29°\tan 46° = \sin\frac{29}{180}\pi\tan\frac{46}{180}\pi$

$$= \sin\frac{30-1}{180}\pi\tan\frac{45+1}{180}\pi$$

$$= \sin\left(\frac{\pi}{6}-\frac{\pi}{180}\right)\tan\left(\frac{\pi}{4}+\frac{\pi}{180}\right),$$

令 $f(x，y)=\sin x\tan y$，并取 $x_0=\frac{\pi}{6}$，$y_0=\frac{\pi}{4}$，$\Delta x=-\frac{\pi}{180}$，$\Delta y=\frac{\pi}{180}$.

由于 $f_x(x，y)=\cos x\tan y$，$f_y(x，y)=\sin x\sec^2 y$，所以

$$f_x(x_0，y_0)=\cos\frac{\pi}{6}\tan\frac{\pi}{4}=\frac{\sqrt{3}}{2}，\ f_y(x_0，y_0)=\sin\frac{\pi}{6}\sec^2\frac{\pi}{4}=1.$$

代入全微分的近似计算公式(5)，即有

$$\sin 29°\tan 46° \approx \frac{1}{2}+\frac{\sqrt{3}}{2}\left(-\frac{\pi}{180}\right)+1\times\frac{\pi}{180}\approx 0.5023.$$

(2) 同上，令 $f(x，y)=x^y$，且选取 $x_0=1$，$y_0=2$ 及 $\Delta x=0.04$，$\Delta y=0.01$，由于 $f_x(x，y)=yx^{y-1}$，$f_y(x，y)=x^y\ln x$，代入近似计算公式(5)，得

$$\begin{aligned}1.04^{2.01} &= f(1+0.04，2+0.01)\\ &\approx f(1，2)+f_x(1，2)\times 0.04+f_y(1，2)\times 0.01\\ &=1.08.\end{aligned}$$

习题 9 - 3

思考题

1. 讨论二元函数的极限、连续、偏导数及全微分概念之间的关系，并与一元函数的极限、连续、导数、微分概念进行比较．

2. 构造一个函数 $z=f(x，y)$，使得“$z_x(x，y)$，$z_y(x，y)$在点$(x_0，y_0)$不连续，但$z=f(x，y)$在点$(x_0，y_0)$可微”．

练习题

1. 求下列函数的全微分.

(1) $z=\ln(1+x^2+y^2)+e^{xy}$ 在点(1, 1);

(2) $z=x^2y+xy^2$ 在点(1, 1).

2. 求下列函数的全微分.

(1) $z=\dfrac{y}{x}+xy^2$;　　(2) $u=\ln\dfrac{y}{x}$;

(3) $u=x^y$;　　(4) $u=\cos(xyz)$.

3. 求函数 $z=\dfrac{x+y}{x}+xy$ 当 $x=2$, $y=1$, $\Delta x=-0.2$, $\Delta y=0.1$ 时的全增量和全微分.

4. 求 $\sqrt{1.05^3+0.994^4}$, $\tan(0.998-1.02)$ 的值.

---

5. 设 $f(x, y)=\begin{cases}(x^2+y^2)\sin\dfrac{1}{x^2+y^2}, & x^2+y^2\neq 0,\\ 0, & x^2+y^2=0,\end{cases}$ 讨论函数 $f(x, y)$ 在点(0, 0)处的可微性和偏导数的连续性.

第4节　多元复合函数的求导法则

本节要将一元复合函数求导法推广到多元复合函数的场合.

一、求导公式的建立

多元复合函数的形式比较复杂，我们先以"纯二元形式"

$$z=f(u, v),\ u=\varphi(x, y),\ v=\psi(x, y),\ (x, y)\in D \quad (1)$$

为代表，来建立复合函数的求导公式.

上述复合函数的变量之间的关系如图 9-5 所示.

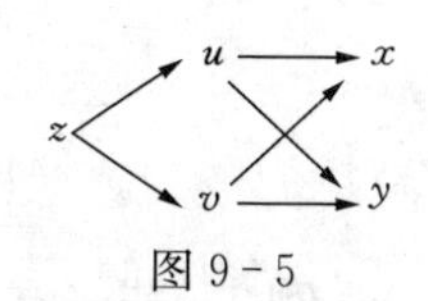

图 9-5

定理　对复合函数(1)，设

① $u=\varphi(x, y)$, $v=\psi(x, y)$在(x, y)有偏导数;

② $z=f(u, v)$在(u, v)可微,

则 $z=f(\varphi(x, y), \psi(x, y))=g(x, y)$对 x, y 的偏导数均存在，且

$$\frac{\partial z}{\partial x}=\frac{\partial f}{\partial u}\cdot\frac{\partial u}{\partial x}+\frac{\partial f}{\partial v}\cdot\frac{\partial v}{\partial x},\ \frac{\partial z}{\partial y}=\frac{\partial f}{\partial u}\cdot\frac{\partial u}{\partial y}+\frac{\partial f}{\partial v}\cdot\frac{\partial v}{\partial y}. \quad (2)$$

这就是二元复合函数求偏导数的公式，亦称为**锁链法则**.

证明　由题设条件②：函数 $z=f(u, v)$在(u, v)可微，即有

$$\Delta z = f_u(u, v)\Delta u + f_v(u, v)\Delta v + \alpha\Delta u + \beta\Delta v, \qquad (3)$$

其中 $\lim\limits_{(\Delta u, \Delta v)\to(0,0)} \beta=0$, $\lim\limits_{(\Delta u, \Delta v)\to(0,0)} \alpha=0$.

在(x, y)处任取 Δx, Δy，注意到公式(3)是 x, y 的复合函数，特别令 $\Delta y=0$，以 Δx 除公式(3)的两边，有

$$\frac{\Delta_x z}{\Delta x} = f_u(u, v)\frac{\Delta_x u}{\Delta x} + f_v(u, v)\frac{\Delta_x v}{\Delta x} + \alpha\frac{\Delta_x u}{\Delta x} + \beta\frac{\Delta_x v}{\Delta x},$$

再由偏导定义及题设条件①即得

$$\begin{aligned}\frac{\partial z}{\partial x} &= f_u(u, v)\cdot\lim_{\Delta x\to 0}\frac{\Delta_x u}{\Delta x} + f_v(u, v)\cdot\lim_{\Delta x\to 0}\frac{\Delta_x v}{\Delta x} + \lim_{\substack{\Delta x\to 0\\ \Delta y=0}}\alpha\frac{\Delta_x u}{\Delta x} + \lim_{\substack{\Delta x\to 0\\ \Delta y=0}}\beta\frac{\Delta_x v}{\Delta x}\\ &= f_u(u, v)\cdot\frac{\partial u}{\partial x} + f_v(u, v)\cdot\frac{\partial v}{\partial x} + 0\cdot\frac{\partial u}{\partial x} + 0\cdot\frac{\partial v}{\partial x}\\ &= \frac{\partial f}{\partial u}\cdot\frac{\partial u}{\partial x} + \frac{\partial f}{\partial v}\cdot\frac{\partial v}{\partial x}.\end{aligned}$$

同理可证得另一结果：

$$\frac{\partial z}{\partial y} = \frac{\partial f}{\partial u}\cdot\frac{\partial u}{\partial y} + \frac{\partial f}{\partial v}\cdot\frac{\partial v}{\partial y}.$$

评注 ① 上面证明中用到了：当 $\Delta x\to 0$ 时，$\Delta_x u = \varphi(x+\Delta x, y) - \varphi(x, y)\to 0$. 事实上，偏导数存在能够保证函数对相应自变量的“偏”连续性.

② 多元复合函数求导的关键是：首先弄清所给函数的“变量关系分解图”，即可按照锁链法则由表及里、层层求导(由图 9-5 中所标路线与方向进行)，当然，这里需要注意偏导数的求法特点.

③ 公式中的“f”代表函数的具体表式，以后不再说明而直接应用.

例 1 求 $z=e^u\sin v$, $u=xy$, $v=x+y$ 的偏导数.

解 这里函数复合关系的分解同图 9-5，故有

$$\begin{aligned}\frac{\partial z}{\partial x} &= \frac{\partial f}{\partial u}\cdot\frac{\partial u}{\partial x} + \frac{\partial f}{\partial v}\cdot\frac{\partial v}{\partial x} = e^u\sin v\cdot y + e^u\cos v\cdot 1\\ &= e^{xy}[y\sin(x+y) + \cos(x+y)],\\ \frac{\partial z}{\partial y} &= \frac{\partial f}{\partial u}\cdot\frac{\partial u}{\partial y} + \frac{\partial f}{\partial v}\cdot\frac{\partial v}{\partial y} = e^u\sin v\cdot x + e^u\cos v\cdot 1\\ &= e^{xy}[x\sin(x+y) + \cos(x+y)].\end{aligned}$$

例 2 若 f 有连续的偏导数，试求 $z=f(x^2-y^2, xy)$ 的偏导数.

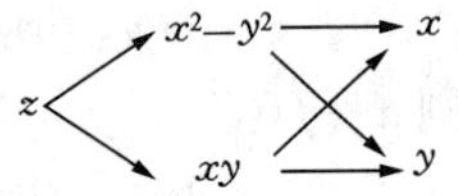

x^2-y^2 → x, y; xy → x, y; z → x^2-y^2, xy

图 9-6

解法一 复合关系分解见图 9-6，令 $u=x^2-y^2$, $v=xy$，则

$$\frac{\partial z}{\partial x} = \frac{\partial f}{\partial u}\cdot\frac{\partial u}{\partial x} + \frac{\partial f}{\partial v}\cdot\frac{\partial v}{\partial x} = f_u\cdot 2x + f_v\cdot y$$

$$= 2xf_u + yf_v,$$

$$\frac{\partial z}{\partial y} = \frac{\partial f}{\partial u} \cdot \frac{\partial u}{\partial y} + \frac{\partial f}{\partial v} \cdot \frac{\partial v}{\partial y} = f_u \cdot (-2y) + f_v \cdot x$$

$$= xf_v - 2yf_u.$$

解法二　为简便计，引入记号：$\frac{\partial f}{\partial(x^2-y^2)}=f_1$，$\frac{\partial f}{\partial(xy)}=f_2$，则无需引入中间变量 u，v 而可直接算得

$$\frac{\partial z}{\partial x} = \frac{\partial f}{\partial(x^2-y^2)} \cdot \frac{\partial(x^2-y^2)}{\partial x} + \frac{\partial f}{\partial(xy)} \cdot \frac{\partial(xy)}{\partial x} = 2xf_1 + yf_2,$$

$$\frac{\partial z}{\partial y} = \frac{\partial f}{\partial(x^2-y^2)} \cdot \frac{\partial(x^2-y^2)}{\partial y} + \frac{\partial f}{\partial(xy)} \cdot \frac{\partial(xy)}{\partial y} = xf_2 - 2yf_1.$$

上述锁链法则可推广到二元复合函数的其他形式，或者更多元复合函数的场合．现举例分述如下．

（一）全导数

当复合函数的最终结果形式中只含有一个自变量，如

$$z = f(u, v),\ u = \varphi(x),\ v = \psi(x)$$

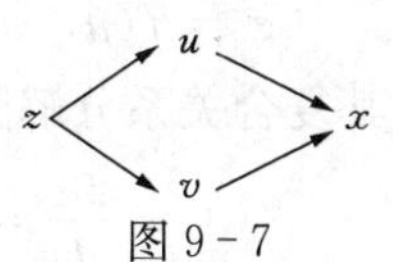

图 9－7

时(复合关系分解见图 9－7)，则按照锁链法则有：

$$\frac{\mathrm{d}z}{\mathrm{d}x} = \frac{\mathrm{d}f}{\mathrm{d}x} = \frac{\partial f}{\partial u} \cdot \frac{\mathrm{d}u}{\mathrm{d}x} + \frac{\partial f}{\partial v} \cdot \frac{\mathrm{d}v}{\mathrm{d}x} = f_u \cdot \frac{\mathrm{d}u}{\mathrm{d}x} + f_v \cdot \frac{\mathrm{d}v}{\mathrm{d}x}.$$

可见，尽管中间包含了复合求导的过程，但最终则是一元函数的导数，故称为**全导数**．

例 3　求全导数．

(1) $z=u^2v$，$u=\cos x$，$v=\sin x$；　(2) $z=u^v$，$u=f(x)$，$v=g(x)$；

(3) $z=f(u, v, w)$，$u=2x$，$v=\mathrm{e}^x$，$w=x^2$.

解　(1) $\frac{\mathrm{d}z}{\mathrm{d}x}=f_u \cdot \frac{\mathrm{d}u}{\mathrm{d}x}+f_v \cdot \frac{\mathrm{d}v}{\mathrm{d}x}=2uv \cdot (-\sin x)+u^2 \cdot \cos x$

$$=(\cos x)^3-\sin(2x) \cdot \sin x;$$

(2) $\frac{\mathrm{d}z}{\mathrm{d}x}=f_u \cdot \frac{\mathrm{d}u}{\mathrm{d}x}+f_v \cdot \frac{\mathrm{d}v}{\mathrm{d}x}=vu^{v-1} \cdot f'(x)+u^v\ln u \cdot g'(x)$

$$=[f(x)]^{g(x)-1}[g(x)f'(x)+f(x)g'(x)\ln f(x)];$$

(3) $\frac{\mathrm{d}z}{\mathrm{d}x}=f_u \cdot \frac{\mathrm{d}u}{\mathrm{d}x}+f_v \cdot \frac{\mathrm{d}v}{\mathrm{d}x}+f_w \cdot \frac{\mathrm{d}w}{\mathrm{d}x}=f_u \cdot 2+f_v \cdot \mathrm{e}^x+f_w \cdot 2x$

$$=2f_u+\mathrm{e}^x f_v+2xf_w.$$

（二）其他形式

由于多元复合函数的形式较为复杂，在此仅举几例以说明．

1. 中间变量或自变量个数不对称

如　$$z=f(u),\ u=\varphi(x, y),$$

其复合关系的分解图如图 9-8 所示．由锁链法则，有

$$\frac{\partial z}{\partial x}=\frac{\mathrm{d}f}{\mathrm{d}u}\cdot\frac{\partial u}{\partial x}=f'(u)\varphi_x,$$

$$\frac{\partial z}{\partial y}=\frac{\mathrm{d}f}{\mathrm{d}u}\cdot\frac{\partial u}{\partial y}=f'(u)\varphi_y.$$

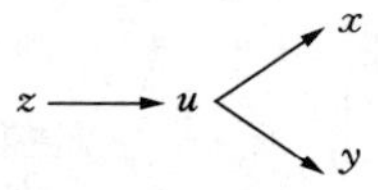

图 9-8

又如 $z=f(u,\ v),\ u=\varphi(x,\ y),\ v=g(x)$

的复合关系分解如图 9-9 所示，则有

$$\frac{\partial z}{\partial x}=\frac{\partial f}{\partial u}\cdot\frac{\partial u}{\partial x}+\frac{\partial f}{\partial v}\cdot\frac{\mathrm{d}v}{\mathrm{d}x},\ \frac{\partial z}{\partial y}=\frac{\partial f}{\partial u}\cdot\frac{\partial u}{\partial y}.$$

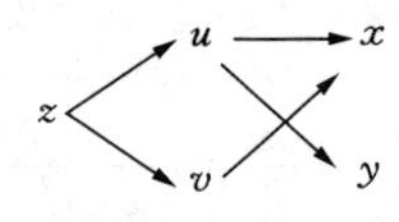

图 9-9

2. 交叉复合形式

如果中间变量和自变量交叉出现，如

$$z=f(u,\ v,\ x),\ u=\varphi(x,\ y),\ v=\psi(x,\ y),$$

其复合关系分解图如图 9-10 所示，则

$$\frac{\partial z}{\partial x}=\frac{\partial f}{\partial u}\cdot\frac{\partial u}{\partial x}+\frac{\partial f}{\partial v}\cdot\frac{\partial v}{\partial x}+\frac{\partial f}{\partial x},$$

$$\frac{\partial z}{\partial y}=\frac{\partial f}{\partial u}\cdot\frac{\partial u}{\partial y}+\frac{\partial f}{\partial v}\cdot\frac{\partial v}{\partial y}.$$

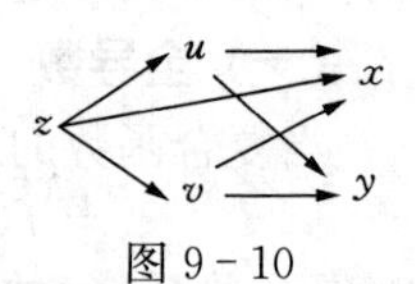

图 9-10

注意　在多元复合函数的求偏导运算中，必须注意各种偏导数符号的正确使用．比如上面的偏导数公式$\frac{\partial z}{\partial x}=\frac{\partial f}{\partial u}\cdot\frac{\partial u}{\partial x}+\frac{\partial f}{\partial v}\cdot\frac{\partial v}{\partial x}+\frac{\partial f}{\partial x}$中，$\frac{\partial z}{\partial x}$与$\frac{\partial f}{\partial x}$就有着完全不同的意义：等式左边的$\frac{\partial z}{\partial x}$表示复合的结果函数$z=f(\varphi(x,\ y),\ \psi(x,\ y),\ x)$对 x 的偏导数

$$\frac{\partial z}{\partial x}=\frac{\partial f(\varphi(x,\ y),\ \psi(x,\ y),\ x)}{\partial x},$$

而右边的$\frac{\partial f}{\partial x}=\frac{\partial f(u,\ v,\ x)}{\partial x}$则是外层函数$z=f(u,\ v,\ x)$直接对 x 的偏导数，且其中的 x 同时也具有中间变量的身份．

类似地，对于复合函数$z=f(u,\ v,\ x,\ y),\ u=\varphi(x,\ y),\ v=\psi(x,\ y)$，不难得到

$$\frac{\partial z}{\partial x}=\frac{\partial f}{\partial u}\cdot\frac{\partial u}{\partial x}+\frac{\partial f}{\partial v}\cdot\frac{\partial v}{\partial x}+\frac{\partial f}{\partial x},\ \frac{\partial z}{\partial y}=\frac{\partial f}{\partial u}\cdot\frac{\partial u}{\partial y}+\frac{\partial f}{\partial v}\cdot\frac{\partial v}{\partial y}+\frac{\partial f}{\partial y}.$$

例 4　求偏导数．

（1）$z=(x-y)^2$，$x=s^2-t^2$，$y=\mathrm{e}^{s+t}$，求$\frac{\partial z}{\partial s}$，$\frac{\partial z}{\partial t}$；

（2）$z=\arcsin xy$，$x=s\mathrm{e}^t$，$y=t^2$，求$\frac{\partial z}{\partial t}$；

(3) $u=\mathrm{e}^{x^2+y^2+z^2}$，$z=x^2\sin y$，求$\dfrac{\partial u}{\partial x}$.

解 (1) $\dfrac{\partial z}{\partial s}=f_x\cdot\dfrac{\partial x}{\partial s}+f_y\cdot\dfrac{\partial y}{\partial s}=2(x-y)\cdot(2s)+2(x-y)(-1)\cdot\mathrm{e}^{s+t}$

$$=4s(s^2-t^2-\mathrm{e}^{s+t})-2(s^2-t^2-\mathrm{e}^{s+t})\mathrm{e}^{s+t},$$

$$\frac{\partial z}{\partial t}=f_x\cdot\frac{\partial x}{\partial t}+f_y\cdot\frac{\partial y}{\partial t}=2(x-y)\cdot(-2t)+2(x-y)(-1)\cdot\mathrm{e}^{s+t}$$

$$=4t(t^2+\mathrm{e}^{s+t}-s^2)-2(s^2-t^2-\mathrm{e}^{s+t})\mathrm{e}^{s+t};$$

(2) $\dfrac{\partial z}{\partial t}=z_x\cdot\dfrac{\partial x}{\partial t}+z_y\cdot\dfrac{\mathrm{d}y}{\mathrm{d}t}=\dfrac{y}{\sqrt{1-(xy)^2}}\cdot s\mathrm{e}^t+\dfrac{x}{\sqrt{1-(xy)^2}}\cdot(2t)$

$$=\frac{t^2}{\sqrt{1-(st^2\mathrm{e}^t)^2}}\cdot s\mathrm{e}^t+\frac{s\mathrm{e}^t}{\sqrt{1-(st^2\mathrm{e}^t)^2}}\cdot(2t)=\frac{ts\mathrm{e}^t(t+2)}{\sqrt{1-s^2t^4\mathrm{e}^{2t}}};$$

(3) $\dfrac{\partial u}{\partial x}=\dfrac{\partial f}{\partial x}+\dfrac{\partial f}{\partial z}\cdot\dfrac{\partial z}{\partial x}=\mathrm{e}^{x^2+y^2+z^2}\cdot 2x+(\mathrm{e}^{x^2+y^2+z^2}\cdot 2z)\cdot(2x\sin y)$

$$=2x\mathrm{e}^{x^2+y^2+z^2}(1+2z\sin y)=2x\mathrm{e}^{x^2+y^2+x^4\sin^2 y}(1+2x^2\sin^2 y).$$

二、复合函数的高阶偏导数

由复合函数求偏导数的锁链法则以及高阶偏导数“逐阶求导”的方法特点，即可求得复合函数的高阶偏导数．当然，这里的情形会更加复杂，因而分清复合函数的变量关系也就更加重要．此外，混合偏导数“连续必相等”的结论也需要及时利用，以便简化运算．

例 5 设 f 具有连续的二阶偏导数，且 $u=f(x+y+z,\ xyz)$，求$\dfrac{\partial u}{\partial x}$，$\dfrac{\partial^2 u}{\partial x^2}$，$\dfrac{\partial^2 u}{\partial x\,\partial z}$.

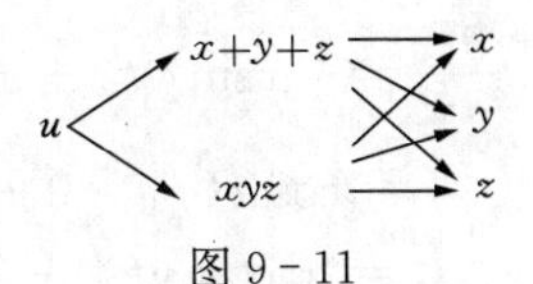

图 9-11

解 函数的复合关系分解如图 9-11 所示，所以

$$\frac{\partial u}{\partial x}=f_1\cdot 1+f_2\cdot yz=f_1+yzf_2,$$

$$\frac{\partial^2 u}{\partial x^2}=(f_{11}\cdot 1+f_{12}\cdot yz)+yz(f_{21}\cdot 1+f_{22}\cdot yz)$$

$$=f_{11}+2yzf_{12}+(yz)^2f_{22},$$

$$\frac{\partial^2 u}{\partial x\,\partial z}=(f_{11}\cdot 1+f_{12}\cdot xy)+yf_2+yz(f_{21}\cdot 1+f_{22}\cdot xy)$$

$$=f_{11}+y(x+z)f_{12}+yf_2+xy^2zf_{22}.$$

附注 如前所述，这里的 f_{11} 表示函数 $u=f(x+y+z,\ xyz)$ 对第一个中间变量 $x+y+z$ 的二阶偏导，而 f_{12} 表示先对第一中间变量 $x+y+z$，后对第二中间变量 xyz 的混合偏导，其余符号的含义有类似理解．

另外需要指出：所有这类一阶、二阶等各阶偏导数，都仍然是与 f 有相同复合形式的复合函数——这在求偏导数时需要特别注意．

例 6 设 $z=f(x, x\sin y, y\cos x)$，其中 f 具有二阶连续偏导数，求

$$\frac{\partial^2 z}{\partial x^2}, \frac{\partial^2 z}{\partial x \partial y}, \frac{\partial^2 z}{\partial y^2}.$$

解 由于 $\dfrac{\partial z}{\partial x}=f_1\cdot 1+f_2\cdot \sin y+f_3\cdot(-y\sin x)$，

$$\frac{\partial z}{\partial y}=f_1\cdot 0+f_2\cdot x\cos y+f_3\cdot \cos x,$$

所以

$$\begin{aligned}\frac{\partial^2 z}{\partial x^2}=&[f_{11}\cdot 1+f_{12}\sin y+f_{13}(-y\sin x)]+\\&\sin y[f_{21}\cdot 1+f_{22}\cdot \sin y+f_{23}\cdot(-y\sin x)]-\\&y\cos x f_3-y\sin x[f_{31}\cdot 1+f_{32}\cdot \sin y+f_{33}\cdot(-y\sin x)]\\=&f_{11}+2\sin y f_{12}-2y\sin x f_{13}+\sin^2 y f_{22}-2y\sin x\sin y f_{23}+\\&y^2\sin^2 x f_{33}-y\cos x f_3;\end{aligned}$$

$$\begin{aligned}\frac{\partial^2 z}{\partial x\partial y}=&(f_{11}\cdot 0+f_{12}\cdot x\cos y+f_{13}\cdot \cos x)+\\&\sin y(f_{21}\cdot 0+f_{22}\cdot x\cos y+f_{23}\cdot \cos x)+\cos y f_2-\\&\sin x f_3-y\sin x(f_{31}\cdot 0+f_{32}\cdot x\cos y+f_{33}\cdot \cos x)\\=&x\cos y f_{12}+\cos x f_{13}+x\sin y\cos y f_{22}+\\&(\sin y\cos x-xy\sin x\cos y)f_{23}-\\&y\cos x\sin x f_{33}+\cos y f_2-\sin x f_3;\end{aligned}$$

$$\begin{aligned}\frac{\partial^2 z}{\partial y^2}=&-x\sin y f_2+x\cos y(f_{21}\cdot 0+f_{22}\cdot x\cos y+f_{23}\cdot \cos x)+\\&\cos x(f_{31}\cdot 0+f_{32}\cdot x\cos y+f_{33}\cdot \cos x)\\=&x^2\cos^2 y f_{22}+2x\cos x\cos y f_{23}+\cos^2 x f_{33}-x\sin y f_2.\end{aligned}$$

三、全微分形式的不变性

二元函数也具有与一元函数相类似的微分形式不变性，在二元函数 $z=f(u, v)$的全微分

$$dz=f_u(u, v)du+f_v(u, v)dv$$

中，如果 $u=\varphi(x, y)$，$v=\psi(x, y)$，则由

$$du=\varphi_x dx+\varphi_y dy，dv=\psi_x dx+\psi_y dy,$$

仍有

$$\begin{aligned}dz&=z_x dx+z_y dy=(f_u\cdot u_x+f_v\cdot v_x)dx+(f_u\cdot u_y+f_v\cdot v_y)dy\\&=f_u(u, v)(\varphi_x dx+\varphi_y dy)+f_v(u, v)(\psi_x dx+\psi_y dy)\\&=f_u(u, v)du+f_v(u, v)dv.\end{aligned}$$

这就是复合函数的**全微分形式不变性**，亦即**一阶全微分形式的不变性**．

评注　全微分形式不变性的本质是：无论是否复合函数，其全微分的形式保持不变，即总有

$$\mathrm{d}z=f_u(u,v)\mathrm{d}u+f_v(u,v)\mathrm{d}v$$

成立．这性质不仅给出了对复合函数可以**逐层微分**的方法，而且给出了通过求全微分而求得复杂函数偏导数的方法(这对抽象形式的复合函数尤为方便)．

例7　设 $u=f(x,y,z)$，$y=\varphi(x,t)$，$t=\psi(x,z)$ 可偏导，求 $\frac{\partial u}{\partial x}$，$\frac{\partial u}{\partial z}$．

解　由 $\mathrm{d}u=\frac{\partial f}{\partial x}\mathrm{d}x+\frac{\partial f}{\partial y}\mathrm{d}y+\frac{\partial f}{\partial z}\mathrm{d}z=\frac{\partial f}{\partial x}\mathrm{d}x+\frac{\partial f}{\partial y}\left(\frac{\partial \varphi}{\partial x}\mathrm{d}x+\frac{\partial \varphi}{\partial t}\mathrm{d}t\right)+\frac{\partial f}{\partial z}\mathrm{d}z$

$$=\frac{\partial f}{\partial x}\mathrm{d}x+\frac{\partial f}{\partial y}\left[\frac{\partial \varphi}{\partial x}\mathrm{d}x+\frac{\partial \varphi}{\partial t}\left(\frac{\partial \psi}{\partial x}\mathrm{d}x+\frac{\partial \psi}{\partial z}\mathrm{d}z\right)\right]+\frac{\partial f}{\partial z}\mathrm{d}z.$$

注意到 x，z 是独立的自变量，所以

$$\mathrm{d}u=\left(\frac{\partial f}{\partial x}+\frac{\partial f}{\partial y}\cdot\frac{\partial \varphi}{\partial x}+\frac{\partial f}{\partial y}\cdot\frac{\partial \varphi}{\partial t}\cdot\frac{\partial \psi}{\partial x}\right)\mathrm{d}x+\left(\frac{\partial f}{\partial y}\cdot\frac{\partial \varphi}{\partial t}\cdot\frac{\partial \psi}{\partial z}+\frac{\partial f}{\partial z}\right)\mathrm{d}z,$$

从而 $\frac{\partial u}{\partial x}=\frac{\partial f}{\partial x}+\frac{\partial f}{\partial y}\cdot\frac{\partial \varphi}{\partial x}+\frac{\partial f}{\partial y}\cdot\frac{\partial \varphi}{\partial t}\cdot\frac{\partial \psi}{\partial x}$，$\frac{\partial u}{\partial z}=\frac{\partial f}{\partial y}\cdot\frac{\partial \varphi}{\partial t}\cdot\frac{\partial \psi}{\partial z}+\frac{\partial f}{\partial z}$．

习题 9－4

思考题

设 $z=f(u,v,x)$，$u=\varphi(x)$，$v=\psi(x)$，则 $\frac{\mathrm{d}z}{\mathrm{d}x}=\frac{\partial f}{\partial u}\cdot\frac{\mathrm{d}u}{\mathrm{d}x}+\frac{\partial f}{\partial v}\cdot\frac{\mathrm{d}v}{\mathrm{d}x}+\frac{\partial f}{\partial x}$，试问 $\frac{\mathrm{d}z}{\mathrm{d}x}$ 与 $\frac{\partial f}{\partial x}$ 是否相同？为什么？

练习题

1. 求下列函数的导数或偏导数．

(1) 设 $u=x^y$，$x=\sin t$，$y=\tan t$，求 $\frac{\mathrm{d}u}{\mathrm{d}t}$；

(2) 设 $u=\arctan\frac{xy}{z}$，$y=\mathrm{e}^{ax}$，$z=(ax+1)^2$，求 $\frac{\mathrm{d}u}{\mathrm{d}x}$；

(3) 设 $z=\mathrm{e}^{u^2-v}$，$u=xy$，$v=\frac{x}{y}$，求 $\frac{\partial z}{\partial x}$，$\frac{\partial z}{\partial y}$；

(4) 设 $u=(xy)^z$，$z=x^2-y^2$，求 $\frac{\partial u}{\partial x}$，$\frac{\partial u}{\partial y}$．

2. 设函数 f 具有一阶连续的偏导数，求下列函数的偏导数．

(1) $z=f\left(2x+3y,\frac{x}{y}\right)$；　　(2) $z=f[\arcsin(xy)]$；

(3) $z=f(e^{xy}, \cos x, y^2)$.

3. 求下列函数的二阶偏导数.

(1) $u=xy\cos(x+y^2)$; (2) $z=xe^{3xy}$.

4. 设 $z=f(x+2y, xy)$，其中 f 具有二阶连续偏导数，求 $\frac{\partial^2 z}{\partial x^2}$，$\frac{\partial^2 z}{\partial x \partial y}$，$\frac{\partial^2 z}{\partial y^2}$.

5. 设 $z=yf\left(x^2 y, \frac{y}{x}\right)$，其中 f 具有二阶连续偏导数，求 $\frac{\partial^2 z}{\partial x^2}$，$\frac{\partial^2 z}{\partial x \partial y}$.

6. 设 f 具有二阶连续偏导数，求复合函数 $u=f(x^2+y^2+z^2)$ 的二阶偏导数 $\frac{\partial^2 u}{\partial x^2}$，$\frac{\partial^2 u}{\partial x \partial z}$，$\frac{\partial^2 u}{\partial y^2}$.

---

7. 设 $\varphi(x, y)=\int_a^{xy} \frac{\sin t}{t} dt$，证明 $x\frac{\partial \varphi}{\partial x}+y\frac{\partial \varphi}{\partial y}=2\sin(xy)$.

8. 用全微分形式不变性求下列函数的偏导数.

(1) $u=f(x+y+z, xyz)$; (2) $z=f(x, x\sin y, y\cos x)$;

(3) $z=\arctan\frac{x+y}{x-y}$; (4) $z=\arcsin xy$，$x=se^t$，$y=t^2$.

第5节 隐函数的求导法

在一元函数微分学中，曾利用复合函数求导法讨论了由方程

$$F(x, y)=0 \tag{1}$$

所确定隐函数 $y=f(x)$ 的求导方法，但当时有两个重要的问题没有解决：

① 隐函数的存在性——什么条件能保证方程(1)有确定的隐函数?

② 隐函数的可导性——若隐函数不能显化，如何确定其可导性?

这些问题是隐函数理论的核心，其具体解决表示为下面的定理.

一、一个方程决定的隐函数情形

定理 1(隐函数存在性与可导性定理) 设

① $F(x, y)$ 在点 $P_0(x_0, y_0)$ 的邻域 $U(P_0)$ 内有连续偏导数；

② $F(x_0, y_0)=0$ 而 $F_y(x_0, y_0)\neq 0$，

则方程(1)在 $U(x_0)$ 内存在唯一的隐函数 $y=f(x)$，使得 $y_0=f(x_0)$ 及

$$f'(x)=\frac{\mathrm{d}y}{\mathrm{d}x}=-\frac{F_x}{F_y}, \tag{2}$$

且 $f'(x)$ 在点 $x=x_0$ 连续（从而 $y=f(x)$ 在点 $x=x_0$ 连续）.

证明　从略，这里仅给出求导公式(2)的推导.

设 $y=f(x)$ 为 $F(x,\ y)=0$ 所决定的隐函数，代入 $F(x,\ y)=0$ 得

$$F(x,\ f(x))=0.$$

这左边显然是 x 的复合函数．在等式两边对 x 求导，有

$$\frac{\partial F}{\partial x}+\frac{\partial F}{\partial y}\cdot\frac{\mathrm{d}y}{\mathrm{d}x}=0,$$

借助题设 $F_y(x_0,\ y_0)\neq 0$，可从上面的方程解得

$$\frac{\mathrm{d}y}{\mathrm{d}x}=f'(x)=-\frac{F_x}{F_y}.$$

说明　① 此定理不仅给出了“隐函数存在且可导”的充分性条件，还同时给出了隐函数求导的公式化方法.

② 在求得一阶导数的基础上，只要逐阶求导即可求得更高阶的导数——这与以前相同．需要注意的是，这里要逐步代入前一阶的导数结果并随时进行化简.

例 1　求下列方程所决定的隐函数的一阶或二阶导数.

(1) $x^2+y^2=1$，求 $\frac{\mathrm{d}^2y}{\mathrm{d}x^2}$，$\left.\frac{\mathrm{d}^2y}{\mathrm{d}x^2}\right|_{(0,1)}$，$\left.\frac{\mathrm{d}^2y}{\mathrm{d}x^2}\right|_{(0,-1)}$；

(2) $\ln\sqrt{x^2+y^2}=\arctan\frac{y}{x}$，求 $\frac{\mathrm{d}y}{\mathrm{d}x}$.

解　(1) 令 $F(x,\ y)=x^2+y^2-1$，则由公式(2)得

$$\frac{\mathrm{d}y}{\mathrm{d}x}=-\frac{F_x}{F_y}=-\frac{2x}{2y}=-\frac{x}{y},$$

所以 $$\frac{\mathrm{d}^2y}{\mathrm{d}x^2}=\frac{\mathrm{d}}{\mathrm{d}x}\left(-\frac{x}{y}\right)=-\frac{y-x\cdot\frac{\mathrm{d}y}{\mathrm{d}x}}{y^2}=-\frac{y-x\cdot\left(-\frac{x}{y}\right)}{y^2}=-\frac{1}{y^3},$$

从而 $$\left.\frac{\mathrm{d}^2y}{\mathrm{d}x^2}\right|_{(0,1)}=-1,\ \left.\frac{\mathrm{d}^2y}{\mathrm{d}x^2}\right|_{(0,-1)}=1.$$

(2) 令 $F(x,\ y)=\ln\sqrt{x^2+y^2}-\arctan\frac{y}{x}$，代入公式(2)得

$$\frac{\mathrm{d}y}{\mathrm{d}x}=-\frac{F_x}{F_y}=-\frac{\frac{x}{x^2+y^2}-\frac{\frac{-y}{x^2}}{1+\left(\frac{y}{x}\right)^2}}{\frac{y}{x^2+y^2}-\frac{\frac{1}{x}}{1+\left(\frac{y}{x}\right)^2}}=-\frac{\frac{x+y}{x^2+y^2}}{\frac{y-x}{x^2+y^2}}=\frac{x+y}{x-y}.$$

③ 上述结果可直接推广到三元及其以上函数的场合，如对三元函数

$$F(x,\ y,\ z)=0 \tag{3}$$

决定的隐函数 $z=f(x,\ y)$ 及其偏导数，也有类似的结论．

定理 2　设 $F(x,\ y,\ z)$ 在点 $P_0(x_0,\ y_0,\ z_0)$ 的某邻域 $U(P_0)$ 内有连续偏导数，且满足 $F(x_0,\ y_0,\ z_0)=0$ 而 $F_z(x_0,\ y_0,\ z_0)\neq 0$，则方程(3)在 $U((x_0,\ y_0))$ 内存在唯一隐函数 $z=f(x,\ y)$，使得 $z_0=f(x_0,\ y_0)$ 及

$$\frac{\partial z}{\partial x}=-\frac{F_x}{F_z},\ \frac{\partial z}{\partial y}=-\frac{F_y}{F_z}, \tag{4}$$

且 $\frac{\partial z}{\partial x}=-\frac{F_x}{F_z}$，$\frac{\partial z}{\partial y}=-\frac{F_y}{F_z}$ 均在点 $(x_0,\ y_0)$ 连续（从而 $z=f(x,\ y)$ 在点 $(x_0,\ y_0)$ 可微、连续）．

本定理的证明从略．

说明　① 在满足条件的前提下，本定理还可改为如下形式(见思考题 1)．

定理 2′　若 $F(x_0,\ y_0,\ z_0)=0$，$F_x(x_0,\ y_0,\ z_0)\neq 0$，则方程(3)在 $U((y_0,\ z_0))$ 内存在唯一隐函数 $x=f(y,\ z)$，使得 $x_0=f(y_0,\ z_0)$，$\frac{\partial x}{\partial y}=-\frac{F_y}{F_x}$，$\frac{\partial x}{\partial z}=-\frac{F_z}{F_x}$，且均在点 $(y_0,\ z_0)$ 连续．

定理 2″　若 $F(x_0,\ y_0,\ z_0)=0$，$F_y(x_0,\ y_0,\ z_0)\neq 0$，则方程(3)在 $U((z_0,\ x_0))$ 内存在唯一隐函数 $y=f(z,\ x)$，使得 $y_0=f(z_0,\ x_0)$，$\frac{\partial y}{\partial x}=-\frac{F_x}{F_y}$，$\frac{\partial y}{\partial z}=-\frac{F_z}{F_y}$，且均在点 $(z_0,\ x_0)$ 连续．

例 2　求下列方程所决定隐函数 $z=f(x,\ y)$ 的偏导数．

(1) $x^2+2y^2-3z^2-4=0$；　　　　(2) $x+2y-z=2\sqrt{xyz}$．

解　(1) 令 $F(x,\ y,\ z)=x^2+2y^2-3z^2-4$，则

$$F_x(x,\ y,\ z)=2x,\ F_y(x,\ y,\ z)=4y,\ F_z(x,\ y,\ z)=-6z,$$

由公式(4)得

$$\frac{\partial z}{\partial x}=-\frac{F_x}{F_z}=-\frac{2x}{-6z}=\frac{x}{3z},\ \frac{\partial z}{\partial y}=-\frac{F_y}{F_z}=-\frac{4y}{-6z}=\frac{2y}{3z}.$$

(2) 令 $F(x,\ y,\ z)=x+2y-z-2\sqrt{xyz}$，由

$$F_x(x,\ y,\ z)=1-\frac{yz}{\sqrt{xyz}},$$

$$F_y(x,\ y,\ z)=2-\frac{zx}{\sqrt{xyz}},$$

$$F_z(x, y, z)=-1-\frac{xy}{\sqrt{xyz}},$$

代入公式(4)，化简得

$$\frac{\partial z}{\partial x}=-\frac{F_x}{F_z}=\frac{\sqrt{xyz}-yz}{\sqrt{xyz}+xy}, \quad \frac{\partial z}{\partial y}=-\frac{F_y}{F_z}=\frac{2\sqrt{xyz}-xz}{\sqrt{xyz}+xy}.$$

例 3 设函数 $x=x(y, z, w)$，$y=y(z, w, x)$，$z=z(w, x, y)$，$w=w(x, y, z)$均为方程 $F(x, y, z, w)=0$ 所决定的具有连续偏导数的隐函数，证明 $\frac{\partial x}{\partial y}\cdot\frac{\partial y}{\partial z}\cdot\frac{\partial z}{\partial w}\cdot\frac{\partial w}{\partial x}=1$.

证明 由题设，函数 $x=x(y, z, w)$，$y=y(z, w, x)$，$z=z(w, x, y)$，$w=w(x, y, z)$均为方程 $F(x, y, z, w)=0$ 所决定的隐函数，且具有连续偏导数，分别应用公式(4)得

$$\frac{\partial x}{\partial y}=-\frac{F_y}{F_x}, \frac{\partial y}{\partial z}=-\frac{F_z}{F_y}, \frac{\partial z}{\partial w}=-\frac{F_w}{F_z}, \frac{\partial w}{\partial x}=-\frac{F_x}{F_w},$$

代入所求证的等式左边，即得

$$\frac{\partial x}{\partial y}\cdot\frac{\partial y}{\partial z}\cdot\frac{\partial z}{\partial w}\cdot\frac{\partial w}{\partial x}=\left(-\frac{F_y}{F_x}\right)\cdot\left(-\frac{F_z}{F_y}\right)\cdot\left(-\frac{F_w}{F_z}\right)\cdot\left(-\frac{F_x}{F_w}\right)=1.$$

② 类似于定理1，在一阶偏导数的基础上，按照逐阶求导的方法可求得更高阶的偏导数.

例 4 设 $x^2+y^2+z^2-4z=0$，求$\frac{\partial^2 z}{\partial x^2}$.

解 设 $F=x^2+y^2+z^2-4z$，则由 $F_x=2x$，$F_z=2z-4$ 代入公式(4)，得 $\frac{\partial z}{\partial x}=-\frac{F_x}{F_z}=\frac{x}{2-z}$，再次对 x 求偏导，并代入化简，得

$$\frac{\partial^2 z}{\partial x^2}=\frac{\partial}{\partial x}\left(\frac{x}{2-z}\right)=\frac{(2-z)+x\frac{\partial z}{\partial x}}{(2-z)^2}$$

$$=\frac{(2-z)+x\frac{x}{2-z}}{(2-z)^2}=\frac{(2-z)^2+x^2}{(2-z)^3}.$$

*二、方程组决定隐函数组的情形

现在将上述隐函数定理推广到方程组的情形，并以如下形式为代表

$$\begin{cases}F(x, y, u, v)=0,\\ G(x, y, u, v)=0\end{cases}$$

决定了隐函数组

$$\begin{cases}u=u(x, y),\\ v=v(x, y).\end{cases}$$

定理3　设$F(x, y, u, v)$及$G(x, y, u, v)$在点$P_0(x_0, y_0, u_0, v_0)$的某邻域$U(P_0)$内对各变量有连续的偏导数，$F(x_0, y_0, u_0, v_0)=0$，$G(x_0, y_0, u_0, v_0)=0$，而雅可比行列式

$$J=\left.\frac{\partial(F, G)}{\partial(u, v)}\right|_{P_0}=\left.\begin{vmatrix} F_u & F_v \\ G_u & G_v \end{vmatrix}\right|_{P_0}\neq 0,$$

则在$U((x_0, y_0))$内存在唯一隐函数组$\begin{cases} u=u(x, y), \\ v=v(x, y), \end{cases}$使得$\begin{cases} u_0=u(x_0, y_0), \\ v_0=v(x_0, y_0), \end{cases}$且函数$u=u(x, y)$，$v=v(x, y)$在点$(x_0, y_0)$具有连续偏导数(从而$u=u(x, y)$，$v=v(x, y)$也在点$(x_0, y_0)$连续)，且

$$\frac{\partial u}{\partial x}=-\frac{1}{J}\frac{\partial(F, G)}{\partial(x, v)}=-\frac{\begin{vmatrix} F_x & F_v \\ G_x & G_v \end{vmatrix}}{\begin{vmatrix} F_u & F_v \\ G_u & G_v \end{vmatrix}}, \quad \frac{\partial v}{\partial x}=-\frac{1}{J}\frac{\partial(F, G)}{\partial(u, x)}=-\frac{\begin{vmatrix} F_u & F_x \\ G_u & G_x \end{vmatrix}}{\begin{vmatrix} F_u & F_v \\ G_u & G_v \end{vmatrix}};$$

$$\frac{\partial u}{\partial y}=-\frac{1}{J}\frac{\partial(F, G)}{\partial(y, v)}=-\frac{\begin{vmatrix} F_y & F_v \\ G_y & G_v \end{vmatrix}}{\begin{vmatrix} F_u & F_v \\ G_u & G_v \end{vmatrix}}, \quad \frac{\partial v}{\partial y}=-\frac{1}{J}\frac{\partial(F, G)}{\partial(u, y)}=-\frac{\begin{vmatrix} F_u & F_y \\ G_u & G_y \end{vmatrix}}{\begin{vmatrix} F_u & F_v \\ G_u & G_v \end{vmatrix}}.$$

证明　仅给出其中求导公式的推导如下(其余从略).

设$\begin{cases} u=u(x, y), \\ v=v(x, y) \end{cases}$由$\begin{cases} F(x, y, u, v)=0, \\ G(x, y, u, v)=0 \end{cases}$唯一决定，且具有连续的偏导数，则对

$$\begin{cases} F(x, y, u(x, y), v(x, y))=0, \\ G(x, y, u(x, y), v(x, y))=0 \end{cases} \tag{5}$$

应用复合函数求导法则，在(5)的每个方程两边分别对x求偏导，得

$$\begin{cases} F_x+F_u\dfrac{\partial u}{\partial x}+F_v\dfrac{\partial v}{\partial x}=0, \\ G_x+G_u\dfrac{\partial u}{\partial x}+G_v\dfrac{\partial v}{\partial x}=0. \end{cases} \tag{6}$$

这是一个关于$\frac{\partial u}{\partial x}$，$\frac{\partial v}{\partial x}$的线性方程组，注意到

$$J=\left.\frac{\partial(F, G)}{\partial(u, v)}\right|_{P_0}=\left.\begin{vmatrix} F_u & F_v \\ G_u & G_v \end{vmatrix}\right|_{P_0}\neq 0,$$

由克莱姆法则即得

$$\frac{\partial u}{\partial x}=-\frac{1}{J}\frac{\partial(F,G)}{\partial(x,v)}=-\frac{\begin{vmatrix}F_x & F_v\\ G_x & G_v\end{vmatrix}}{\begin{vmatrix}F_u & F_v\\ G_u & G_v\end{vmatrix}},\quad \frac{\partial v}{\partial x}=-\frac{1}{J}\frac{\partial(F,G)}{\partial(u,x)}=-\frac{\begin{vmatrix}F_u & F_x\\ G_u & G_x\end{vmatrix}}{\begin{vmatrix}F_u & F_v\\ G_u & G_v\end{vmatrix}};$$

同理，有

$$\frac{\partial u}{\partial y}=-\frac{1}{J}\frac{\partial(F,G)}{\partial(y,v)}=-\frac{\begin{vmatrix}F_y & F_v\\ G_y & G_v\end{vmatrix}}{\begin{vmatrix}F_u & F_v\\ G_u & G_v\end{vmatrix}},\quad \frac{\partial v}{\partial y}=-\frac{1}{J}\frac{\partial(F,G)}{\partial(u,y)}=-\frac{\begin{vmatrix}F_u & F_y\\ G_u & G_y\end{vmatrix}}{\begin{vmatrix}F_u & F_v\\ G_u & G_v\end{vmatrix}}.$$

说明　① 这里给出了“隐函数组存在性且有偏导数”的充分性条件，同时也给出了具体求偏导数的求法——即上述公式.

当然，也可应用推导公式中解线性方程组的方法，直接求其偏导数.

例 5　设 $xu-yv=0$，$yu+xv=1$，求$\frac{\partial u}{\partial x}$，$\frac{\partial u}{\partial y}$及$\frac{\partial v}{\partial x}$，$\frac{\partial v}{\partial y}$.

解法一(直接用公式)　设$\begin{cases}F(x,y,u,v)=xu-yv,\\ G(x,y,u,v)=yu+xv-1,\end{cases}$则由于

$$J=\left.\frac{\partial(F,G)}{\partial(u,v)}\right|_{P_0}=\left.\begin{vmatrix}F_u & F_v\\ G_u & G_v\end{vmatrix}\right|_{P_0}=\left.\begin{vmatrix}x & -y\\ y & x\end{vmatrix}\right|_{P_0}=\left.(x^2+y^2)\right|_{P_0}\neq 0,$$

故由定理 3，可得

$$\frac{\partial u}{\partial x}=-\frac{1}{J}\frac{\partial(F,G)}{\partial(x,v)}=-\frac{xu+yv}{x^2+y^2},\quad \frac{\partial v}{\partial x}=-\frac{1}{J}\frac{\partial(F,G)}{\partial(u,x)}=\frac{yu-xv}{x^2+y^2};$$

$$\frac{\partial u}{\partial y}=-\frac{1}{J}\frac{\partial(F,G)}{\partial(y,v)}=\frac{xv-yu}{x^2+y^2},\quad \frac{\partial v}{\partial y}=-\frac{1}{J}\frac{\partial(F,G)}{\partial(u,y)}=-\frac{xu+yv}{x^2+y^2}.$$

解法二(解线性方程组法)　应用复合函数求偏导法则，将所给方程组两边分别对 x 求偏导，有

$$\begin{cases}u+x\dfrac{\partial u}{\partial x}-y\dfrac{\partial v}{\partial x}=0,\\ y\dfrac{\partial u}{\partial x}+x\dfrac{\partial v}{\partial x}+v=0.\end{cases}\tag{7}$$

这是一个关于$\frac{\partial u}{\partial x}$，$\frac{\partial v}{\partial x}$的线性方程组，由于

$$J=\left.\frac{\partial(F,G)}{\partial(u,v)}\right|_{P_0}=\left.\begin{vmatrix}F_u & F_v\\ G_u & G_v\end{vmatrix}\right|_{P_0}=\left.\begin{vmatrix}x & -y\\ y & x\end{vmatrix}\right|_{P_0}=\left.(x^2+y^2)\right|_{P_0}\neq 0,$$

由克莱姆法则解关于$\frac{\partial u}{\partial x}$，$\frac{\partial v}{\partial x}$的线性方程组(7)，得

$$\frac{\partial u}{\partial x}=-\frac{xu+yv}{x^2+y^2},\frac{\partial v}{\partial x}=\frac{yu-xv}{x^2+y^2};$$

同理，由 $J=\left.\dfrac{\partial(F,G)}{\partial(u,v)}\right|_{P_0}=\left.\begin{vmatrix}F_u & F_v\\G_u & G_v\end{vmatrix}\right|_{P_0}=\left.\begin{vmatrix}x & -y\\y & x\end{vmatrix}\right|_{P_0}=(x^2+y^2)\Big|_{P_0}\neq 0$，

可得
$$\frac{\partial u}{\partial y}=\frac{xv-yu}{x^2+y^2},\ \frac{\partial v}{\partial y}=-\frac{xu+yv}{x^2+y^2}.$$

② 上述结果可推广到更多元的函数、或更多个方程构成的方程组的场合.

③ 将定理改为以 x，y 为函数(可认为是原来 u，v 的反函数)的形式，则只要将定理 3 中的雅可比行列式条件改为 $J=\left.\dfrac{\partial(F,G)}{\partial(x,y)}\right|_{P_0}=\left.\begin{vmatrix}F_x & F_y\\G_x & G_y\end{vmatrix}\right|_{P_0}\neq 0$ 即可.

推论 3.1 设 $x=x(u,v)$，$y=y(u,v)$ 在点 (u,v) 的某邻域内有连续的偏导数，且 $J=\left.\dfrac{\partial(x,y)}{\partial(u,v)}\right|_{(u,v)}=\left.\begin{vmatrix}x_u & x_v\\y_u & y_v\end{vmatrix}\right|_{(u,v)}\neq 0$，则在点 (x,y) 的某邻域内存在唯一的反函数组 $u=u(x,y)$，$v=v(x,y)$，且有连续的偏导数：
$$\frac{\partial u}{\partial x}=\frac{1}{J}\cdot\frac{\partial y}{\partial v},\ \frac{\partial u}{\partial y}=-\frac{1}{J}\cdot\frac{\partial x}{\partial v};\ \frac{\partial v}{\partial x}=-\frac{1}{J}\cdot\frac{\partial y}{\partial u},\ \frac{\partial v}{\partial y}=\frac{1}{J}\cdot\frac{\partial x}{\partial u}.$$

证明 类似于定理 3 可得，从略.

习题 9-5

思考题

1. 将定理 2 分别推广到：①以 x 为函数的形式；②$F(x,y,z,w)=0$，且隐函数为 $w=f(x,y,z)$ 的情形.

2. 将定理 3 推广到 $\begin{cases}F(x,y,z)=0,\\G(x,y,z)=0,\end{cases}$ 其中 $J=\left.\dfrac{\partial(F,G)}{\partial(y,z)}\right|_{(x_0,y_0,z_0)}\neq 0$ 的情形.

练习题

1. 求下列方程所确定的隐函数的导数或偏导数.

(1) 设 $y\sin x-\cos(x-y)=0$，求 $\dfrac{\mathrm{d}y}{\mathrm{d}x}$；

(2) 设 $x^2z+2y^2z^2+y=1$，求 $\dfrac{\partial z}{\partial x}$，$\dfrac{\partial z}{\partial y}$.

2. 求由方程 $x-y-\mathrm{e}^y=0$ 所确定的隐函数 $y=y(x)$ 的导数 $\dfrac{\mathrm{d}y}{\mathrm{d}x}$，$\dfrac{\mathrm{d}^2y}{\mathrm{d}x^2}$.

3. 求下列方程所确定的函数 $z=z(x,y)$ 的一阶、二阶偏导数.

(1) $\frac{x}{z}=\ln\frac{z}{y}$，(2) $z=x+\arctan\frac{y}{z-x}$.

4. 设 $x=x(y,z)$，$y=y(z,x)$，$z=z(x,y)$ 均为方程 $F(x,y,z)=0$ 所决定的具有连续偏导数的隐函数，证明 $\frac{\partial x}{\partial y}\cdot\frac{\partial y}{\partial z}\cdot\frac{\partial z}{\partial x}=-1$.

5. 设 $\begin{cases}z=x^2+y^2,\\x^2+2y^2+3z^2=1,\end{cases}$ 求 $\frac{\mathrm{d}y}{\mathrm{d}x}$，$\frac{\mathrm{d}z}{\mathrm{d}x}$.

6. 设 $\begin{cases}x=\mathrm{e}^u+u\sin v,\\y=\mathrm{e}^u-u\cos v,\end{cases}$ 求 $\frac{\partial u}{\partial x}$，$\frac{\partial u}{\partial y}$ 及 $\frac{\partial v}{\partial x}$，$\frac{\partial v}{\partial y}$.

---

7. 设方程 $\mathrm{e}^z=3yx^2z$ 确定了隐函数 $z=z(x,y)$，求 $\frac{\partial^2 z}{\partial x^2}$，$\frac{\partial^2 z}{\partial x\partial y}$，$\left.\frac{\partial^2 z}{\partial x^2}\right|_{\substack{x=1/\sqrt{2}\\y=\mathrm{e}^2/3}}$ 及 $\left.\frac{\partial^2 z}{\partial x\partial y}\right|_{\substack{x=1/\sqrt{2}\\y=\mathrm{e}^2/3}}$.

8. 设函数 F 具有连续偏导数，由方程 $F\left(\frac{x}{z},\frac{z}{y}\right)=0$ 所确定的隐函数为 $z=z(x,y)$，求 $\frac{\partial z}{\partial x}$，$\frac{\partial z}{\partial y}$.

9. 函数 $z=z(x,y)$ 由方程 $x^2+y^2+z^2=yf\left(\frac{z}{y}\right)$ 所确定，其中 f 是可微函数，求证：$(x^2-y^2-z^2)\frac{\partial z}{\partial x}+2xy\frac{\partial z}{\partial y}=2xz$.

第6节　多元微分学的几何应用

解析几何对空间问题的讨论，主要采用向量法与解析法(坐标法)，其中有关空间曲线(直线)、曲面(平面)的内容具有重要意义.

本节给出以上内容新的讨论方法.

一、空间曲线的切线与法平面

现分以下几种情形来讨论.

1. 空间曲线表示为参数方程　C：$x=\varphi(t)$，$y=\psi(t)$，$z=\omega(t)$，$t\in[\alpha,\beta]$，其中 φ，ψ，ω 均对 t 可导，且导数不同时为 0.

借鉴平面曲线的切线定义，取 $M(x_0,y_0,z_0)$，$M'(x_1,y_1,z_1)\in C$，如图 9-12 所示. 设 $t=t_0$ 对应于点 M，$t=t_0+\Delta t$ 对应于点 M'，且 $x_1=x_0+\Delta x$，$y_1=y_0+\Delta y$，$z_1=z_0+\Delta z$，那么割线 $\overline{MM'}$ 的方向向量是

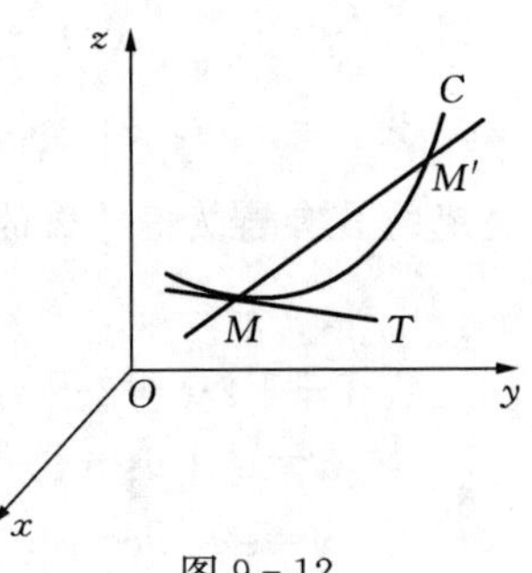

图 9 - 12

$(\Delta x, \Delta y, \Delta z)=(x_1-x_0, y_1-y_0, z_1-z_0)$,

故割线$\overline{MM'}$的方程表示为

$$\frac{x-x_0}{\Delta x}=\frac{y-y_0}{\Delta y}=\frac{z-z_0}{\Delta z}. \quad (1)$$

定义 1　令 M' 沿曲线 C 趋于 M，若割线$\overline{MM'}$的极限位置(即直线$\overline{MT}$)存在，则称为曲线 C 在 M 处的切线，该切线的方向向量称为**切向量**.

在(1)式两边同乘以 Δt

$$\frac{x-x_0}{\frac{\Delta x}{\Delta t}}=\frac{y-y_0}{\frac{\Delta y}{\Delta t}}=\frac{z-z_0}{\frac{\Delta z}{\Delta t}},$$

令 $\Delta t\to 0$，并注意到

$$\lim_{\Delta t\to 0}\frac{\Delta x}{\Delta t}=\varphi'(t_0),\ \lim_{\Delta t\to 0}\frac{\Delta y}{\Delta t}=\psi'(t_0),\ \lim_{\Delta t\to 0}\frac{\Delta z}{\Delta t}=\omega'(t_0),$$

由此即得切线(即直线$\overline{MT}$)的方程

$$\frac{x-x_0}{\varphi'(t_0)}=\frac{y-y_0}{\psi'(t_0)}=\frac{z-z_0}{\omega'(t_0)}. \quad (2)$$

定义 2　过曲线上某切点且与该切线垂直的平面称为曲线的**法平面**.

显然，曲线 C 上过点 M 的切向量 $\boldsymbol{T}=(\varphi'(t_0), \psi'(t_0), \omega'(t_0))$ 即为过点 M 相应法平面的法向量. 因此，曲线 C 上过点 M 的法平面方程(由点法式)为

$$\varphi'(t_0)(x-x_0)+\psi'(t_0)(y-y_0)+\omega'(t_0)(z-z_0)=0. \quad (3)$$

2. 空间曲线表示为　C：$\begin{cases} y=\varphi(x), \\ z=\psi(x). \end{cases}$

视 x 为参数，曲线 C 可改写为$\begin{cases} x=x, \\ y=\varphi(x), \\ z=\psi(x), \end{cases}$则曲线 C 上过点 $M(x_0, y_0, z_0)$ 的切向量

$$\boldsymbol{T}=\left(1, \frac{\mathrm{d}y}{\mathrm{d}x}, \frac{\mathrm{d}z}{\mathrm{d}x}\right)\Bigg|_{x_0}=(1, \varphi'(x_0), \psi'(x_0)),$$

从而过点 M 的切线方程为

$$\frac{x-x_0}{1}=\frac{y-y_0}{\varphi'(x_0)}=\frac{z-z_0}{\psi'(x_0)}, \quad (4)$$

而过点 M 的法平面方程为

$$(x-x_0)+\varphi'(x_0)(y-y_0)+\psi'(x_0)(z-z_0)=0. \quad (5)$$

例1　求曲线 $x=t$，$y=t^2$，$z=t^3$ 在(1，1，1)处的切线方程与法平面方程．

解　由于 $x'=1$，$y'=2t$，$z'=3t^2$，过(1，1，1)处的切向量为

$$\boldsymbol{T}=(x'(1),\ y'(1),\ z'(1))=(1,\ 2,\ 3),$$

故所求切线方程为

$$\frac{x-1}{1}=\frac{y-1}{2}=\frac{z-1}{3},$$

而所求法平面方程为

$$(x-1)+2(y-1)+3(z-1)=0, \text{即 } x+2y+3z-6=0.$$

例2　求螺线 $x=a\cos\theta$，$y=a\sin\theta$，$z=b\theta$ 过点$(a,\ 0,\ 0)$处的切线和法平面方程．

解　由于 $x'(\theta)=-a\sin\theta$，$y'(\theta)=a\cos\theta$，$z'(\theta)=b$，且在$(a,\ 0,\ 0)$处 $\theta=0$，故有切向量

$$\boldsymbol{T}=(x'(0),\ y'(0),\ z'(0))=(0,\ a,\ b),$$

从而所求切线方程及法平面方程分别为

$$\begin{cases} x=a, \\ \dfrac{y}{a}=\dfrac{z}{b} \end{cases} \text{及 } ay+bz=0.$$

***例3**　求过曲线 $\begin{cases} z=\sqrt{a^2-x^2-y^2}, \\ \left(x-\dfrac{a}{2}\right)^2+y^2=\left(\dfrac{a}{2}\right)^2 \end{cases}$ 上点$(0,\ 0,\ a)$处的切线方程与法平面方程．

解　(参数化)令 $x=\dfrac{a}{2}+\dfrac{a}{2}\cos\theta$，$y=\dfrac{a}{2}\sin\theta$，则 $z=a\sin\dfrac{\theta}{2}$，且与点$(0,\ 0,\ a)$对应地有 $\theta=\pi$，由

$$x'(\theta)=-\frac{a}{2}\sin\theta,\ y'(\theta)=\frac{a}{2}\cos\theta,\ z'(\theta)=\frac{a}{2}\cos\frac{\theta}{2},$$

得切向量　　$\boldsymbol{T}=(x'(\pi),\ y'(\pi),\ z'(\pi))=\left(0,\ -\dfrac{a}{2},\ 0\right),$

故所求切线方程是 $\begin{cases} x=0, \\ z=a, \end{cases}$ 法平面方程为 $y=0$.

***3. 空间曲线表示为一般方程** $\begin{cases} F(x,\ y,\ z)=0, \\ G(x,\ y,\ z)=0. \end{cases}$

上述例3给出了将一般曲线方程参数化，并求相应切线方程与法平面方程的方法．

更一般地，视 $\begin{cases} y=\varphi(x), \\ z=\psi(x) \end{cases}$ 为 $\begin{cases} F(x,\ y,\ z)=0, \\ G(x,\ y,\ z)=0 \end{cases}$ 所确定的隐函数组，由上节思考题2，

$$\left.\frac{\mathrm{d}y}{\mathrm{d}x}\right|_{x_0}=\varphi'(x_0)=-\frac{\begin{vmatrix}F_x & F_z\\ G_x & G_z\end{vmatrix}}{\begin{vmatrix}F_y & F_z\\ G_y & G_z\end{vmatrix}}\Bigg|_M,\quad \left.\frac{\mathrm{d}z}{\mathrm{d}x}\right|_{x_0}=\psi'(x_0)=\frac{\begin{vmatrix}F_x & F_y\\ G_x & G_y\end{vmatrix}}{\begin{vmatrix}F_y & F_z\\ G_y & G_z\end{vmatrix}}\Bigg|_M,$$

则曲线 C 上过点 M 的切向量为

$$\boldsymbol{T}=\left(\begin{vmatrix}F_y & F_z\\ G_y & G_z\end{vmatrix}_M,\ \begin{vmatrix}F_z & F_x\\ G_z & G_x\end{vmatrix}_M,\ \begin{vmatrix}F_x & F_y\\ G_x & G_y\end{vmatrix}_M\right),$$

于是曲线 C 在 M 处的切线方程与法平面方程分别为

$$\frac{x-x_0}{\begin{vmatrix}F_y & F_z\\ G_y & G_z\end{vmatrix}_M}=\frac{y-y_0}{\begin{vmatrix}F_z & F_x\\ G_z & G_x\end{vmatrix}_M}=\frac{z-z_0}{\begin{vmatrix}F_x & F_y\\ G_x & G_y\end{vmatrix}_M},$$

$$\begin{vmatrix}F_y & F_z\\ G_y & G_z\end{vmatrix}_M(x-x_0)+\begin{vmatrix}F_z & F_x\\ G_z & G_x\end{vmatrix}_M(y-y_0)+\begin{vmatrix}F_x & F_y\\ G_x & G_y\end{vmatrix}_M(z-z_0)=0.$$

例 4　求曲线 $\begin{cases}x^2+y^2+z^2=6,\\ x+y+z=0\end{cases}$ 过点(1，－2，1)处的切线方程与法平面方程.

解　设 $\begin{cases}F(x,\ y,\ z)=x^2+y^2+z^2-6,\\ G(x,\ y,\ z)=x+y+z,\end{cases}$ 由于

$$\left.\frac{\partial(F,\ G)}{\partial(y,\ z)}\right|_{(1,\ -2,\ 1)}=\begin{vmatrix}2y & 2z\\ 1 & 1\end{vmatrix}_{(1,\ -2,\ 1)}=-6\neq 0,$$

$$\left.\frac{\partial(F,\ G)}{\partial(z,\ x)}\right|_{(1,\ -2,\ 1)}=\begin{vmatrix}2z & 2x\\ 1 & 1\end{vmatrix}_{(1,\ -2,\ 1)}=0,$$

$$\left.\frac{\partial(F,\ G)}{\partial(x,\ y)}\right|_{(1,\ -2,\ 1)}=\begin{vmatrix}2x & 2y\\ 1 & 1\end{vmatrix}_{(1,\ -2,\ 1)}=6,$$

故曲线在点(1，－2，1)处的切向量为 $\boldsymbol{T}'(-6,\ 0,\ 6)$. 为方便计，取 $\boldsymbol{T}=(1,\ 0,\ -1)$，则所求切线方程为

$$\begin{cases}\dfrac{x-1}{1}=\dfrac{z-1}{-1},\\ y=-2;\end{cases}$$

而法平面方程为

$$(x-1)+0\cdot(y+2)-(z-1)=0,$$

即

$$x-z=0.$$

二、曲面的切平面和法线

我们分两种情形来讨论．

1. 曲面表示为隐函数　S：$F(x, y, z)=0$ (6)

先证明：在曲面 S 上过点 M 的任意光滑曲线的切线都在同一平面上．

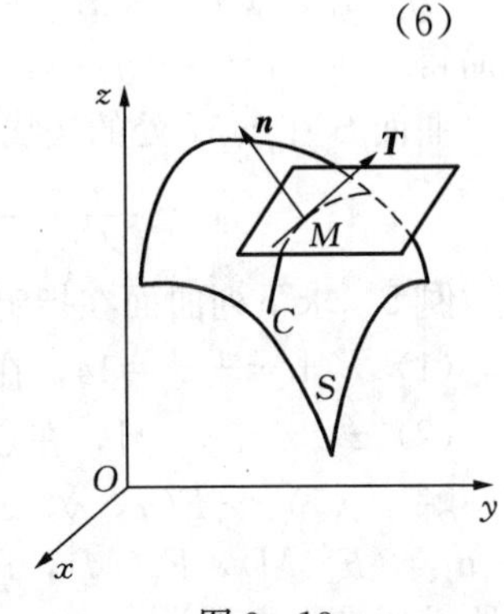

图 9-13

为此假定：在 $M(x_0, y_0, z_0)\in S$ 处，函数 F 的偏导数连续且不同时为 0；曲面 S 上过点 M 的任意曲线 C(图 9-13)：

$$x=\varphi(t),\ y=\psi(t),\ z=\omega(t),\ t\in[\alpha, \beta]$$

中，x，y，z 对 t 可导且导数不同时为 0，而 $t=t_0$ 对应于点 $M(x_0, y_0, z_0)$．

注意到曲线 $C\subset S$，由(6)知：

$$F(\varphi(t), \psi(t), \omega(t))\equiv 0,$$

所以
$$\left.\frac{\mathrm{d}F}{\mathrm{d}t}\right|_{t_0}=F_x(M)\varphi'(t_0)+F_y(M)\psi'(t_0)+F_z(M)\omega'(t_0)=0. \tag{7}$$

这恰是向量内积的形式．注意到 $\boldsymbol{T}=(\varphi'(t_0), \psi'(t_0), \omega'(t_0))$ 是曲线 C 过点 M 的切向量，故记 $\boldsymbol{n}=(F_x(M), F_y(M), F_z(M))$，则(7)式可改写为

$$\left.\frac{\mathrm{d}F}{\mathrm{d}t}\right|_{t_0}=F_x(M)\varphi'(t_0)+F_y(M)\psi'(t_0)+F_z(M)\omega'(t_0)=\boldsymbol{n}\cdot\boldsymbol{T}=0.$$

这就表明：$\boldsymbol{n}\perp\boldsymbol{T}$.

由上述曲线 C(及点 M)的任意性，这已表明：在曲线 S 上过点 M 的任意光滑曲线的切线均在同一平面上．这个平面称为曲面 S 过点 M 的**切平面**，切平面的法向量称为曲面 S 在点 M 处的**法向量**．由上已知，这里的法向量

$$\boldsymbol{n}=(F_x(M), F_y(M), F_z(M)), \tag{8}$$

从而曲面 S 在点 M 的切平面方程为

$$F_x(M)(x-x_0)+F_y(M)(y-y_0)+F_z(M)(z-z_0)=0. \tag{9}$$

过点 $M(x_0, y_0, z_0)$ 且与该处切平面垂直的直线，称为曲面 S 在点 M 的**法线**．而由点向式，曲面 S 在点 M 的法线方程为

$$\frac{x-x_0}{F_x(M)}=\frac{y-y_0}{F_y(M)}=\frac{z-z_0}{F_z(M)}. \tag{10}$$

2. 曲面表示为显函数 S：$z=f(x, y)$

将 $z=f(x, y)$ 改写为隐函数形式

$$F(x, y, z)=f(x, y)-z=0,$$

则由(8)式可得曲面 S 在点 M 处的法向量

$$\boldsymbol{n}=(F_x,\ F_y,\ F_z)=(f_x,\ f_y,\ -1),$$

从而曲面 S 在点 M 的切平面方程为

$$f_x(x_0,\ y_0)(x-x_0)+f_y(x_0,\ y_0)(y-y_0)+(-1)(z-z_0)=0,$$

化简得 $$z-z_0=f_x(x_0,\ y_0)(x-x_0)+f_y(x_0,\ y_0)(y-y_0).$$

曲面 S 在点 M 处的法线方程为

$$\frac{x-x_0}{f_x(x_0,\ y_0)}=\frac{y-y_0}{f_y(x_0,\ y_0)}=\frac{z-z_0}{-1}.$$

例 5 求下列曲面在指定点处的切平面方程和法线方程．

(1) $x^2+y^2+z^2=14$，在点(1，2，3)；

(2) $z=x^2+y^2-1$，在点(2，1，4)．

解 (1) 令 $F(x,\ y,\ z)=x^2+y^2+z^2-14$，得

$$\boldsymbol{n}=(F_x(M),\ F_y(M),\ F_z(M))=(2x,\ 2y,\ 2z)\big|_{(1,2,3)}=(2,\ 4,\ 6),$$

故所求切平面方程为

$$2(x-1)+4(y-2)+6(z-3)=0,$$

化简得 $$x+2y+3z-14=0;$$

所求法线方程为

$$\frac{x-1}{2}=\frac{y-2}{4}=\frac{z-3}{6},$$

化简得 $$\frac{x-1}{1}=\frac{y-2}{2}=\frac{z-3}{3}\text{或}\frac{x}{1}=\frac{y}{2}=\frac{z}{3},$$

这最后的结果中使用了合比定理．

(2) 令 $f(x,\ y)=x^2+y^2-1$，可得法向量

$$\boldsymbol{n}=(f_x,\ f_y,\ -1)\big|_{(2,\ 1,\ 4)}=(2x,\ 2y,\ -1)\big|_{(2,\ 1,\ 4)}=(4,\ 2,\ -1),$$

故所求切平面方程为

$$4(x-2)+2(y-1)-(z-4)=0,$$

亦即 $$4x+2y-z=6.$$

而法线方程为

$$\frac{x-2}{4}=\frac{y-1}{2}=\frac{z-4}{-1}.$$

习题 9－6

思考题

1. 写出空间曲线 C：$\begin{cases}x=\varphi(z),\\ y=\psi(z)\end{cases}$ 在 $z=z_0$ 时的切向量．

2. 写出空间曲线 C：$\begin{cases}F(x,\ y,\ z)=0,\\ G(x,\ y,\ z)=0\end{cases}$ 在点 $M(x_0,\ y_0,\ z_0)$ 处的切向量，

其中　$J=\left.\frac{\partial(F,\ G)}{\partial(y,\ z)}\right|_{(x_0,\ y_0,\ z_0)}=0$，$J=\left.\frac{\partial(F,\ G)}{\partial(x,\ y)}\right|_{(x_0,\ y_0,\ z_0)}\neq 0$.

练习题

1. 求曲线 $x=2t$，$y=3t^2$，$z=2t^3$ 在对应于 $t=1$ 的点处的切线方程与法平面方程.

2. 求曲线 $\begin{cases}y=2x,\\ z=x^2\end{cases}$ 在点(1，2，1)处的切线方程与法平面方程.

3. 求曲线 $\begin{cases}z=x^2+y^2,\\ x^2+2y^2+3z^2=15\end{cases}$ 在点(1，1，2)处的切线方程与法平面方程.

4. 求出曲线 $x=t$，$y=t^2$，$z=t^3$ 上的点，使得在该点处的切线平行于平面 $x+2y+z=4$.

5. 求曲面 $z=x+y^2$ 在点(1，−1，2)处的切平面方程和法线方程.

6. 求曲面 $e^z=3yx^2z$ 在点$\left(e,\ \frac{1}{6},\ 2\right)$处的切平面方程和法线方程.

---

7. 求曲面 $x^2+2y^2+3z^2=21$ 上平行于平面 $x+4y+6z=0$ 的切平面方程.

8. 试证曲面 $\sqrt{x}+\sqrt{y}+\sqrt{z}=\sqrt{a}\,(a>0)$ 上任何点处的切平面在各坐标轴上的截距之和等于 a.

第7节　方向导数与梯度

多元函数与一元函数相比，还有更为丰富的导数形式.

一、方向导数

偏导数反映了多元函数沿不同坐标轴的变化率，但在对实际问题的研究中，还需要考虑函数沿空间任意方向的变化率．比如温度的热传导需要研究不同方向上温度的变化，而天气预报则需要考察任意方向上气压的变化；在树种分布格局的研究中，也需要考虑地形图中沿给定方向海拔高度的变化等．为此引入方向导数的概念.

1. 方向导数的定义

先从平面问题谈起(图 9－14)，在由 $P_0(x_0,\ y_0)$引出的射线 $\boldsymbol{l}$

$$x=x_0+\rho\cos\alpha,\ y=y_0+\rho\cos\beta,\ \rho\geqslant 0$$

上任取一点 $P(x,\ y)\in U(P_0)\cap\boldsymbol{l}$，记 $|PP_0|=\rho$.

定义 1　设函数 $f(x, y)$ 在 $U(P_0)$ 内有定义，$\cos\alpha$，$\cos\beta$ 是由 $P_0(x_0, y_0)$ 引出射线 $\boldsymbol{l}$ 的方向余弦．若极限

$$\lim_{\rho\to0}\frac{f(P)-f(P_0)}{\rho}$$

$$=\lim_{\rho\to0}\frac{f(x_0+\rho\cos\alpha, y_0+\rho\cos\beta)-f(x_0, y_0)}{\rho}$$

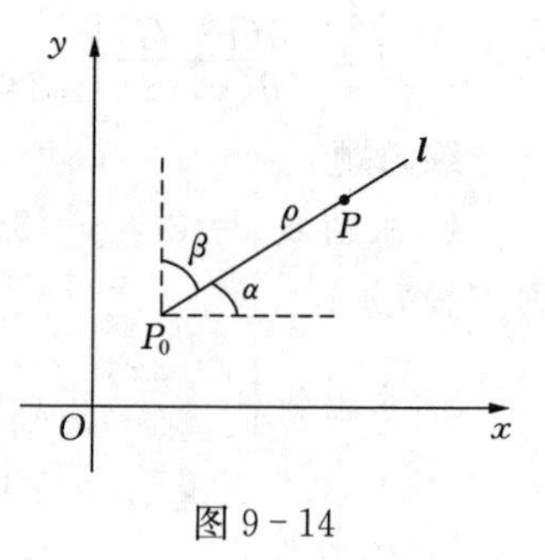

图 9-14

存在，则称该极限为函数 $f(x, y)$ 在点 P_0 沿射线 $\boldsymbol{l}$ 的方向导数，记为 $\left.\dfrac{\partial f}{\partial \boldsymbol{l}}\right|_{P_0}$，即

$$\left.\frac{\partial f}{\partial \boldsymbol{l}}\right|_{P_0}=\lim_{\rho\to0}\frac{f(P)-f(P_0)}{\rho}=\lim_{\rho\to0}\frac{f(x_0+\rho\cos\alpha, y_0+\rho\cos\beta)-f(x_0, y_0)}{\rho}.$$

由导数作为函数变化率的意义，方向导数恰好刻画了函数 $f(x, y)$ 沿给定方向 $\boldsymbol{l}$ 的变化率．

2. 方向导数的存在性及其求法

根据上述定义，如何确定方向导数存在，并且能够方便地求得它呢？

定理 1　若函数 $f(x, y)$ 在点 P_0 可微，则 $f(x, y)$ 在该点沿任何方向射线 $\boldsymbol{l}$ 的方向导数均存在，且

$$\left.\frac{\partial f}{\partial \boldsymbol{l}}\right|_{P_0}=f_x(P_0)\cos\alpha+f_y(P_0)\cos\beta, \tag{1}$$

其中 $\cos\alpha$，$\cos\beta$ 是 $\boldsymbol{l}$ 的方向余弦．

证明　由题设及其微分公式，注意到 P_0，P 在射线 $\boldsymbol{l}$ 上，

$$\begin{aligned}f(P)-f(P_0)&=f(x_0+\rho\cos\alpha, y_0+\rho\cos\beta)-f(x_0, y_0)\\&=f_x(x_0, y_0)\Delta x+f_y(x_0, y_0)\Delta y+o(\rho),\end{aligned}$$

其中 $\rho=|P_0P|=\sqrt{(\Delta x)^2+(\Delta y)^2}$，$\Delta x=\rho\cos\alpha$，$\Delta y=\rho\cos\beta$，故

$$\begin{aligned}\left.\frac{\partial f}{\partial \boldsymbol{l}}\right|_{P_0}&=\lim_{\rho\to0}\frac{f(x_0+\rho\cos\alpha, y_0+\rho\cos\beta)-f(x_0, y_0)}{\rho}\\&=f_x(P_0)\cos\alpha+f_y(P_0)\cos\beta.\end{aligned}$$

本定理不仅给出了方向导数存在的充分性条件，还给出了具体的求法及公式．

例 1　求 $z=xe^{2y}$ 在点 $P(1, 0)$ 沿 P 到 $Q(2, -1)$ 方向上的方向导数．

解　这里 $\boldsymbol{l}=\overrightarrow{PQ}=(1, -1)$，其方向余弦为

$$\cos\alpha=\frac{1}{\sqrt{1^2+(-1)^2}}=\frac{1}{\sqrt{2}}, \cos\beta=-\frac{1}{\sqrt{2}},$$

由于函数 $z=xe^{2y}$ 在点 $P(1,0)$ 可微，且

$$z_x(P)=e^{2y}|_{(1,0)}=1,\ z_y(P)=2xe^{2y}|_{(1,0)}=2,$$

故所求的方向导数为

$$\left.\frac{\partial z}{\partial \boldsymbol{l}}\right|_P=z_x(P)\cos\alpha+z_y(P)\cos\beta=1\times\frac{1}{\sqrt{2}}+2\times\left(-\frac{1}{\sqrt{2}}\right)=-\frac{\sqrt{2}}{2}.$$

说明　① 本定理不可逆. 如函数 $z=\sqrt{x^2+y^2}$ 在点 $(0,0)$ 处不可微(事实上，该函数在点 $(0,0)$ 处的偏导数不存在)，但在从点 $(0,0)$ 引出的任何方向射线 $\boldsymbol{l}=(\cos\alpha,\cos\beta)$ 上，都有

$$\left.\frac{\partial f}{\partial \boldsymbol{l}}\right|_{(0,0)}=\lim_{\rho\to 0}\frac{f(\rho\cos\alpha,\rho\cos\beta)-f(0,0)}{\rho}=\lim_{\rho\to 0}\frac{\rho}{\rho}=1,$$

即函数 $z=\sqrt{x^2+y^2}$ 在点 $(0,0)$ 处任何方向 $\boldsymbol{l}$ 上的方向导数都存在(均等于 1).

这同时说明：方向导数与偏导数在概念之间并无本质性的联系.

② 定理 1 可推广到三元函数(三维空间)和更多元函数(n 维空间)的场合.

定理 2　若函数 $f(x,y,z)$ 在点 P_0 可微，则在点 P_0 沿任何方向射线 $\boldsymbol{l}$ 的方向导数均存在，且

$$\left.\frac{\partial f}{\partial \boldsymbol{l}}\right|_{P_0}=f_x(P_0)\cos\alpha+f_y(P_0)\cos\beta+f_z(P_0)\cos\gamma,\qquad(2)$$

其中 $\cos\alpha$，$\cos\beta$，$\cos\gamma$ 是 $\boldsymbol{l}$ 的方向余弦.

例 2　求 $f(x,y,z)=xy+yz+zx$ 在点 $P_0(1,1,2)$ 沿射线 $\boldsymbol{l}$ 的方向导数，其中 $\boldsymbol{l}$ 的方向角分别为 $60°$，$45°$，$60°$.

解　由题设：$\boldsymbol{l}=(\cos 60°,\cos 45°,\cos 60°)=\left(\frac{1}{2},\frac{\sqrt{2}}{2},\frac{1}{2}\right)$，且

$$f_x(P_0)=(y+z)|_{(1,1,2)}=3,\ f_y(P_0)=(x+z)|_{(1,1,2)}=3,$$
$$f_z(P_0)=(y+x)|_{(1,1,2)}=2,$$

故所求的方向导数为

$$\left.\frac{\partial f}{\partial \boldsymbol{l}}\right|_{(1,1,2)}=3\times\frac{1}{2}+3\times\frac{\sqrt{2}}{2}+2\times\frac{1}{2}=\frac{1}{2}(5+3\sqrt{2}).$$

二、梯度

1. 梯度的定义

从一点引出的射线有无数多条，作为函数在不同方向变化的方向导数，其值的大小自然也会存在差别. 现在的问题是：对特定函数在给定点处，是否存在一个确定的方向，能使函数在该方向上的方向导数取最大值？如果这种方向存在，又该如何确定？这个最大值是多少？这些问题的解答，需要引入如下

定义：

定义2 设函数 $f(x, y, z)$ 在点 P_0 的一阶偏导数均存在，则称向量

$$(f_x(P_0), f_y(P_0), f_z(P_0)) = f_x(P_0)\boldsymbol{i} + f_y(P_0)\boldsymbol{j} + f_z(P_0)\boldsymbol{k}$$

为函数 $f(x, y, z)$ 在点 P_0 的**梯度**，记为 $\mathbf{grad} f(P_0)$ 或 $\nabla f(P_0)$.

2. 梯度与方向导数的关系

注意到射线 $\boldsymbol{l}$ 的单位向量可表为 $\boldsymbol{e}_l=(\cos\alpha, \cos\beta, \cos\gamma)$，于是按照向量内积和向量投影的定义，当 $f(x, y, z)$ 在点 P_0 可微时，梯度与方向导数之间有如下关系

$$\begin{aligned}\left.\frac{\partial f}{\partial \boldsymbol{l}}\right|_{P_0} &= f_x(P_0)\cos\alpha + f_y(P_0)\cos\beta + f_z(P_0)\cos\gamma \\ &= (f_x(P_0), f_y(P_0), f_z(P_0)) \cdot (\cos\alpha, \cos\beta, \cos\gamma) \\ &= \mathbf{grad} f(P_0) \cdot \boldsymbol{e}_l = |\mathbf{grad} f(P_0)| \cdot \cos\theta, \end{aligned} \tag{3}$$

其中 θ 是梯度 $\mathbf{grad} f(P_0)$ 与射线 $\boldsymbol{l}$ 之间的夹角．由此可得

定理3 方向导数在梯度方向上取最大值，其最大值是该梯度的模．

证明 在(3)式中取 $\theta=0$ 即得．

注意 ① 由(3)式亦知：若 $\theta=\pi$，即梯度与射线 $\boldsymbol{l}$ 反向时，方向导数取最小值，其最小值正是梯度模的相反数；当 $\theta=\frac{\pi}{2}$ 时，方向导数等于0.

② 上述结果自然适用于二元函数的场合(并可推广到 n 元函数)，即二元函数 $f(x, y)$ 在点 $P_0(x_0, y_0)$ 的方向导数和梯度之间，也有$\left(\text{其中 } \alpha+\beta=\frac{\pi}{2}\right)$：

$$\begin{aligned}\left.\frac{\partial f}{\partial \boldsymbol{l}}\right|_{P_0} &= f_x(P_0)\cos\alpha + f_y(P_0)\cos\beta \\ &= (f_x(P_0), f_y(P_0)) \cdot (\cos\alpha, \sin\alpha) \\ &= \mathbf{grad} f(P_0) \cdot \boldsymbol{e}_l.\end{aligned}$$

例3 求下列函数的梯度．

(1) $f(x, y)=\dfrac{1}{x^2+y^2}$；

(2) $f(x, y, z)=x^2+y^2+z^2$ 在点 $(1, -1, 2)$ 处．

解 (1) 由于 $\dfrac{\partial f}{\partial x}=-\dfrac{2x}{(x^2+y^2)^2}$，$\dfrac{\partial f}{\partial y}=-\dfrac{2y}{(x^2+y^2)^2}$，故所求梯度

$$\mathbf{grad} f(x, y) = -\frac{2x}{(x^2+y^2)^2}\boldsymbol{i} - \frac{2y}{(x^2+y^2)^2}\boldsymbol{j}.$$

(2) 由于 $\dfrac{\partial f}{\partial x}=2x$，$\dfrac{\partial f}{\partial y}=2y$，$\dfrac{\partial f}{\partial z}=2z$，所以

$$\left.\frac{\partial f}{\partial x}\right|_{(1,\ -1,\ 2)}=2,\ \left.\frac{\partial f}{\partial y}\right|_{(1,\ -1,\ 2)}=-2,\ \left.\frac{\partial f}{\partial z}\right|_{(1,\ -1,\ 2)}=4,$$

从而所求梯度

$$\mathbf{grad}f(1,\ -1,\ 2)=2\boldsymbol{i}-2\boldsymbol{j}+4\boldsymbol{k}=(2,\ -2,\ 4).$$

例 4　求 $f(x,\ y,\ z)=x^2+2y^2+3z^2+xy+3x-2y-6z$ 的梯度，并求梯度为 $\mathbf{0}$ 的点．

解　这里 $\frac{\partial f}{\partial x}=2x+y+3$，$\frac{\partial f}{\partial y}=4y+x-2$，$\frac{\partial f}{\partial z}=6z-6$，故梯度为

$$\mathbf{grad}f(x,\ y,\ z)=(2x+y+3,\ 4y+x-2,\ 6z-6).$$

由题意，令 $\mathbf{grad}f(x,\ y,\ z)=(2x+y+3,\ 4y+x-2,\ 6z-6)=\mathbf{0}$，则有

$$\begin{cases}2x+y+3=0,\\4y+x-2=0,\\6z-6=0,\end{cases}\text{由此解得}\begin{cases}x=-2,\\y=1,\\z=1,\end{cases}$$

即在点 $(-2,\ 1,\ 1)$ 处，所给函数的梯度为 $\mathbf{0}$.

***3. 梯度的意义与应用**

在几何上，$z=f(x,\ y)$ 表示一个曲面，曲面被平面 $z=c$ 所截得的曲线 $\begin{cases}z=f(x,\ y),\\z=c\end{cases}$ 在 xOy 平面上的投影曲线称为函数 $z=f(x,\ y)$ 的**等值线**（在表示地形时也称为**等高线**）.

如果 $z=f(x,\ y)$ 在点 $P_0(x_0,\ y_0)$ 的偏导数 $f_x(x_0,\ y_0)$，$f_y(x_0,\ y_0)$ 不同时为 0，则 $f(x,\ y)=c$ 在点 $P_0(x_0,\ y_0)$ 的切向量即为 $(f_y(x_0,\ y_0),\ -f_x(x_0,\ y_0))$．由此可知，梯度 $\nabla f(x_0,\ y_0)$ 正是等值线 $f(x,\ y)=c$ 在点 $P_0(x_0,\ y_0)$ 的法向量（图 9-15），而梯度的模 $|\nabla f(x_0,\ y_0)|$ 就是 $z=f(x,\ y)$ 在点 $P_0(x_0,\ y_0)$ 沿梯度方向的方向导数．

在森林生态系统中，对于植被分布与山坡海拔高度密切相关性的验证，需要分析山坡高度变化率最大的方向与植被分布类型变化最快的方向之间的关联性．如果视山坡的地形为函数 $f(x,\ y)$ 的图形，则问题就转为求函数 $f(x,\ y)$ 的梯度.

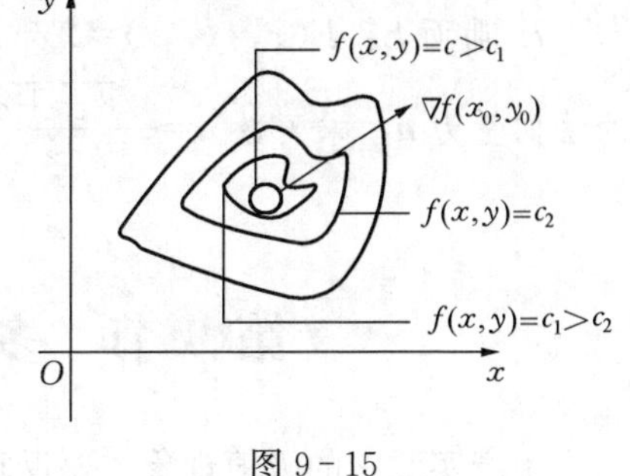

图 9-15

***例 5**　设某山坡的地形近似表示为函数 $f(x,\ y)=20-(x^2+y^2)+xy$ 的图形，试求在点 $(2,\ 2,\ 16)$ 处海拔高度增加最快的方向，并求该处海拔高度的变化率．

解　由题设$\frac{\partial f}{\partial x}=y-2x$，$\frac{\partial f}{\partial y}=x-2y$，故有

$$\mathbf{grad}f(2,2)=(y-2x,x-2y)|_{(2,2)}=(-2,-2).$$

为简便计，取所求最快方向为$(-1,-1)$，该处海拔高度的变化率则为梯度的模：

$$|(-2,-2)|=2\sqrt{2}.$$

习题 9-7

思考题

函数$f(x,y)$在点$P_0(0,0)$关于x的偏导数与方向为$\overrightarrow{P_0P_1}$或$\overrightarrow{P_0P_2}$(其中$P_1(-1,0)$，$P_2(1,0)$)的两个方向导数之间有什么关系？

练习题

1. 求函数$u=\ln(x^2+y^2)$在点$P(1,1)$沿从P到$Q(2,3)$的方向导数．

2. 求函数$u=x^2+y^2+z^2$在曲线$x=t$，$y=t^2$，$z=t^3$上点$P(1,1,1)$处，沿曲线在该点的切线正方向(对应于t增大的方向)上的方向导数．

3. 求下列函数的梯度．

(1) $u=x\ln(x+y)$；

(2) $f(x,y,z)=\sin(xy)+e^z+\cos(zx)$；

(3) $z=x^2y+6xy^3$在点$(1,-2)$处；

(4) $f(x,y,z)=x^2+zy^2+3xz^2$在点$(1,-2,1)$处．

4. 试求函数$f(x,y)=x^2-xy+y^2$在点$(1,1)$处沿与x轴正向夹角为α的方向上的方向导数．并讨论α怎样取值，可使此方向导数

(1) 取最大值；　　(2) 取最小值；　　(3) 等于零．

5. 求$f(x,y,z)=3x^2+y^3+6xy+z^2$的梯度，并讨论该梯度在何处为$\mathbf{0}$.

6. 函数$f(x,y,z)=x^3-xy^2-z$在点$(1,1,0)$处沿什么方向函数值减少最快？在这个方向上函数的变化率是多少？

---

7. 曲面S：$F(x,y,z)=2x^2+3y^2+z^2=6$上点$P(1,1,1)$处指向外侧的法向量为$\boldsymbol{n}$，求函数$u=\frac{\sqrt{6x^2+8y^2}}{z}$在点$P$处沿方向$\boldsymbol{n}$的方向导数．

第8节　多元函数的极值

生产实践中的极值现象主要反映为多元函数的极值问题，因而多元极值问

题的求解是数学应用的核心内容之一．本节以二元函数为例进行讨论，更多元函数的情形有类似的方法与结论．

一、二元函数的极值

1. 极值的定义

定义 1　设 $P_0(x_0, y_0)$ 是函数 $z=f(x, y)$ 定义域 D 的内点．若存在 $\delta>0$，使对任意 $P\in\mathring{U}(P_0, \delta)$，总有

$$f(P)<f(P_0) \quad (\text{或 } f(P)>f(P_0)),$$

则称 $f(P_0)$ 为函数 $z=f(x, y)$ 的一个极大值(或极小值)，点 $P_0(x_0, y_0)$ 称为该函数的极大(极小)值点．

极大值与极小值统称为**极值**，极大值点与极小值点统称为**极值点**．

说明　① 用此点函数的形式，不仅可借助一元函数的极值来理解二元函数的极值概念，而且可以非常方便地推广到更多元函数的场合．

② 一元函数极值的几何意义刻画了曲线的起伏态势，而二元函数的极值则描绘了曲面上的峰谷状态．

例 1　考查下列函数在原点 $O(0, 0)$ 处的极值．

(1) $f(x, y)=3x^2+4y^2$(椭圆抛物面)；

(2) $f(x, y)=1-\sqrt{x^2+y^2}$(顶点在(0, 0, 1)的锥面)；

(3) $f(x, y)=xy$(马鞍面).

解　对任意$(x, y)\in\mathring{U}(O)$，由于

(1) $f(x, y)=3x^2+4y^2>0=f(0, 0)$，故 $f(0, 0)$ 为极小值；

(2) $f(x, y)=1-\sqrt{x^2+y^2}<1=f(0, 0)$，故 $f(0, 0)$ 为极大值；

(3) $f(x, y)=xy$ 在 $O(0, 0)$ 处既无极大值、也无极小值，即 $f(0, 0)$ 不是极值．

2. 极值的存在性

类似于一元函数极值的情形，对多元函数有如下结论．

定理 1(极值的必要条件)　设函数 $z=f(x, y)$ 在点 $P_0(x_0, y_0)$ 的偏导数存在，且以 $f(P_0)$ 为极值，则有 $f_x(P_0)=0$，$f_y(P_0)=0$.

证明　由于 $f(P_0)$ 是二元函数的极值，特别取 $y=y_0$，则 $f(P_0)$ 也是一元函数 $z=f(x, y_0)$ 在 $x=x_0$ 处的极值，注意到 $z=f(x, y)$ 在 $P_0(x_0, y_0)$ 点有偏导数及一元函数极值存在的必要条件，即有

$$\left.\frac{\mathrm{d}f(x, y_0)}{\mathrm{d}x}\right|_{x_0}=0，\text{即 } f_x(P_0)=\left.\frac{\partial f(x, y)}{\partial x}\right|_{P_0}=0;$$

同理可证 $f_y(P_0)=0$.

说明　① 满足$\begin{cases} f_x(P_0)=0, \\ f_y(P_0)=0 \end{cases}$的点$P_0(x_0, y_0)$称为$z=f(x, y)$的驻点(或稳定点)，则本定理的意义与一元函数相同：如果二元函数的偏导都存在，其极值点必为驻点；但反之不真！

如$f(x, y)=xy$在点$(0, 0)$处不取得极值，但点$(0, 0)$是函数$f(x, y)=xy$的驻点．

② 由上可知：对偏导数存在的函数而言，**非稳定点必非极值点**——由此出发，我们可仿照一元函数求极值的“二阶导数判别法”，得到如下**二元函数的极值判定的充分性条件**．

定理 2　设点$P_0(x_0, y_0)$是函数$z=f(x, y)$的定义域D的内点，若

(1) $z=f(x, y)$在$U(P_0)$内有一阶和二阶连续的偏导数；

(2) $f_x(P_0)=f_y(P_0)=0$(即P_0为$z=f(x, y)$的驻点)；

(3) 记$\Delta=AC-B^2$，其中$A=f_{xx}(P_0)$，$B=f_{xy}(P_0)$，$C=f_{yy}(P_0)$，

则 (1) 若$\Delta>0$，当$A>0$时，$f(P_0)$为极小值；当$A<0$时，$f(P_0)$为极大值；

(2) 若$\Delta<0$，$f(P_0)$不是极值；

(3) 若$\Delta=0$，定理失效，需另行讨论．

证明(用二元函数的泰勒公式可证，从略)．

在本定理的基础上，有下列求二元函数极值的步骤：

① 解方程组$\begin{cases} f_x(P_0)=0, \\ f_y(P_0)=0, \end{cases}$求驻点；

② 在所求驻点处，分别求A，B，C及判别式Δ；

③ 根据Δ及A的符号判断极值．

例 2　求$z=x^3+y^3-3xy$的极值．

解　因$z_x=3x^2-3y$，$z_{xy}=-3$，$z_{xx}=6x$，$z_y=3y^2-3x$，$z_{yy}=6y$，由

$$\begin{cases} 3x^2-3y=0, \\ 3y^2-3x=0, \end{cases} \text{解得} \begin{cases} x_1=0, \\ y_1=0 \end{cases} \text{或} \begin{cases} x_2=1, \\ y_2=1, \end{cases}$$

而在$(0, 0)$处，$\Delta_1=-9<0$，从而$f(0, 0)$不是极值．

在$(1, 1)$处，由于$\Delta_2=27>0$且$A=6>0$，故$f(1, 1)=-1$为极小值．

二、最值问题

在多元连续函数的性质中，有界闭区域D上的连续函数必有最值．在此，我们仿照一元函数的讨论，总结出求最值的步骤如下：

① 在D上求函数$f(x, y)$的稳定点、连续而偏导数不存在的点，并计算相应的函数值；

② 在 D 的边界上，求函数 $f(x, y)$ 的最值(化为一元函数求之)；

③ 比较上述所求函数值的大小，以决定该函数在 D 上的最大(小)值．

例 3　求 $z=x^2y(5-x-y)$ 在 $x=0$，$y=0$，$x+y=4$ 所围区域 D 上的最值.

解　函数 $z=x^2y(5-x-y)$ 为二元多项式，在有界闭区域 D 上必连续且可微．由 $\begin{cases} z_x = xy(10-3x-2y) = 0, \\ z_y = x^2(5-x-2y) = 0, \end{cases}$ 解得 $(x, y) = \left(\frac{5}{2}, \frac{5}{4}\right)$，这是函数在 D 的内部的唯一驻点．在此处，$z\left(\frac{5}{2}, \frac{5}{4}\right)=\frac{625}{64}$.

在 D 的边界 $x=0$ 或 $y=0$ 上，显然 $z=0$；

在 D 的边界 $x+y=4$，有 $z=x^2(4-x)$，讨论如下：

① 在 $x=0$ 或 $x=4$ 处，$z=0$；

② 对 $0<x<4$，由 $z'=x(8-3x)=0$，解得 $x=\frac{8}{3}$，而 $z\left(\frac{8}{3}\right)=\frac{256}{27}$.

对以上函数值进行比较即知

$$z_{\max} = z\left(\frac{5}{2}, \frac{5}{4}\right) = \frac{625}{64},\ z_{\min} = z(x, 0) = z(0, y) = 0.$$

特别指出，求解多元函数最值应用题的方法与步骤也与一元函数相同：

① 分析题意，设定所求最值的目标函数(并明确其定义域)；

② 求出所有驻点及其对应的函数值；

③ 如果在定义域的内部驻点唯一存在，由问题的实际意义，相关的最值也存在且必然在定义域的内部取得，则该驻点即为所求最值点．

例 4　在平面 Π：$3x+4y+z=26$ 上求一点，使其到 $O(0, 0, 0)$ 的距离最短，并求其最短距离．

解　任取 $P(x, y, z)\in\Pi$，为方便讨论，取点 P 到 O 的距离平方为目标函数：$u(x, y, z) = x^2 + y^2 + z^2$.

由平面 Π 的方程解出 $z=26-3x-4y$，代入 $u(x, y, z)$，即将之化为二元函数：

$$u(x, y, z) = x^2 + y^2 + (26-3x-4y)^2,\ (x, y) \in \mathbf{R}^2,$$

由 $\begin{cases} u_x=4(5x+6y-39)=0, \\ u_y=2(12x+17y-104)=0, \end{cases}$ 解得唯一驻点 $\begin{cases} x=3, \\ y=4 \end{cases}$ (此时 $z=1$).

事实上，平面 Π 上的点到原点的最小距离的确存在，且(3，4，1)是唯一可能的极值点，故(3，4，1)即为所求点．此时的最短距离是

$$\sqrt{3^2+4^2+1^2} = \sqrt{26}.$$

*三、最小二乘法

在许多实际问题中，一组变量之间的关系只能通过实验数据(或观测数据)来获得，而且这些变量之间的关系也只能表示为一个近似函数(称为经验公式)．得到这个经验公式的简便方法之一，就是最小二乘法．

例 5　某林场内随机抽取 6 块 0.08 hm^2 大小的样地，测得样地内平均树高 x 与每公顷平均断面积 y 的关系如下：

表 9-1

样地号	1	2	3	4	5	6
平均树高 x_i(m)	20	22	24	26	28	30
断面积 y_i(m^2/hm^2)	24.3	26.5	28.7	30.5	31.7	32.9

试求：平均断面积 y 与平均树高 x 之间的经验公式(以 x 为自变量)．

解　将数据(x_1, y_1)，(x_2, y_2)，…，(x_6, y_6)描绘到平面直角坐标系上，得到图 9-16(称为散点图)．由图看出：平均树高 x 与每公顷平均断面积 y 之间近似于一种线性关系．假设为

$$y = ax + b.$$

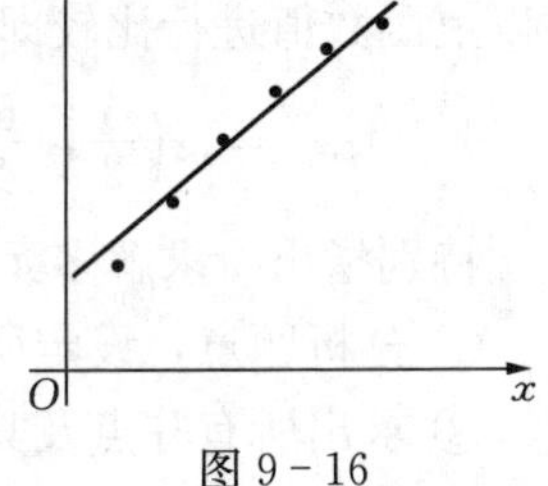

图 9-16

接下来的任务是，用已知数据求出其中的未知系数 a、b，并使所求直线 $y=ax+b$ 与已知数据之间整体拟合的效果最好(即该直线与所有的已知数据点都最为接近)．这一问题实际上可归结为求总偏差平方和

$$f(a, b) = \sum_{i=1}^{6}[y_i - (ax_i + b)]^2$$

的最小值问题(这就是所谓“最小二乘法”的由来)．为此，由

$$\begin{cases} \dfrac{\partial f(a, b)}{\partial a} = -2\sum_{i=1}^{6} x_i(y_i - (ax_i + b)) = 0, \\ \dfrac{\partial f(a, b)}{\partial b} = -2\sum_{i=1}^{6} (y_i - (ax_i + b)) = 0, \end{cases}$$

解得

$$\begin{cases} a = \left(\sum_{i=1}^{6} x_i y_i - \dfrac{1}{6}\left(\sum_{i=1}^{6} x_i\right)\left(\sum_{i=1}^{6} y_i\right)\right) \Big/ \left(\sum_{i=1}^{6} x_i^2 - \dfrac{1}{6}\left(\sum_{i=1}^{6} x_i\right)^2\right) = 0.863, \\ b = \dfrac{1}{6}\sum_{i=1}^{6} y_i - \dfrac{a}{6}\sum_{i=1}^{6} x_i = 7.525 \end{cases}$$

为唯一驻点．由问题的实际意义，总偏差平方和的确存在最小值，故必然在该

驻点处取得最小值，于是得到了平均断面积 y 与平均树高 x 之间的经验公式

$$y = 7.525 + 0.863x.$$

四、条件极值

由上面的例 4 可知，实际中的极值问题往往附带有一定的限制条件，即要求在满足对自变量的某些限制条件下求函数的极值，这就是所谓的条件极值问题．现仅以二元函数为例叙述如下．

定义 2　函数 $z=f(x, y)$ 在限制条件 $\varphi(x, y)=0$ 下的极值称为**条件极值**，其中 $\varphi(x, y)=0$ 称为**约束条件**，而 $z=f(x, y)$ 即前面所称的**目标函数**．

如前面的例 4，由于所求的点必须在所给定的平面上，因此所讨论的问题实质上是目标函数 $u=x^2+y^2+z^2$ 在约束条件 $3x+4y+z=26$ 下的条件极值问题.

关于条件极值的求解，通常有两种方法：

1. 化为无条件的极值问题

利用消元的思想方法，从约束条件的方程中解出所确定的隐函数 $y=g(x)$（或 $x=g(y)$），将其代入目标函数即可化为无条件的极值问题（如前面例 4 的求解过程即如此）.

2. 拉格朗日乘数法

由于用消元法化条件极值为普通极值的做法并非总能实现（比如隐函数并非总能显化），而且该做法也不尽科学合理（多个自变量之间的关系是相互独立的，在实际问题中不能也不应该互相代替）．为解决这些问题，法国数学家拉格朗日根据隐函数存在定理，提出了一种特殊方法：在保留全体自变量相互独立地位的前提下，通过增设变量来实现化条件极值为普通极值的目的——这就是所谓的**拉格朗日乘数法**．其方法和步骤如下：

① 根据目标函数 $z=f(x, y)$ 和约束条件 $\varphi(x, y)=0$，构造拉格朗日函数：

$$L(x, y, \lambda) = f(x, y) + \lambda\varphi(x, y),$$

其中的 λ 称为**拉格朗日乘数**（此即本方法的名字由来）；

② 视上面的拉格朗日函数为 x，y，λ 的三元函数，求出其驻点；

③ 在所求得的驻点坐标中略去所引入乘数 λ 的坐标，即得原条件极值问题的驻点（亦即原问题可能的极值点）；

④ 根据极值的充分性判别法，或直接由问题的实际意义确定极值．

以上概念和方法可以推广到任意多元函数或多个约束条件方程的情形，对多个约束条件的情形，需要相应增加拉格朗日乘数的个数．

例6 同例4，改用拉格朗日乘数法求解．

解 令$L(x,y,z,\lambda)=x^2+y^2+z^2+\lambda(3x+4y+z-26)$，则由

$$\begin{cases}L_x=2x+3\lambda=0,\\L_y=2y+4\lambda=0,\\L_z=2z+\lambda=0,\\L_\lambda=3x+4y+z-26=0,\end{cases}$$

解得唯一驻点

$$\begin{cases}x=-\dfrac{3}{2}\lambda,\\y=-2\lambda,\\z=-\dfrac{1}{2}\lambda,\\\lambda=-2,\end{cases}$$

由此得原问题唯一可能的极值点$(x,y,z)=(3,4,1)$．

由问题的实际意义，平面到原点的最短距离确实存在，故必在点$(3,4,1)$处达到，其最短距离为$\sqrt{3^2+4^2+1^2}=\sqrt{26}$．

例7 求表面积为a^2，而体积最大的长方体的体积．

解 设长方体的三条棱长分别为x，y，z，则问题即为在约束条件

$$2xy+2xz+2yz=a^2$$

之下，求目标函数$V=xyz$的最大值．为此，作拉格朗日函数：

$$L(x,y,z,\lambda)=xyz+\lambda(2xy+2xz+2yz-a^2),$$

由

$$\begin{cases}L_x=yz+2\lambda(y+z)=0,\\L_y=xz+2\lambda(x+z)=0,\\L_z=xy+2\lambda(y+x)=0,\\L_\lambda=2xy+2xz+2yz-a^2=0,\end{cases}$$

解得

$$\begin{cases}x=y=z,\\xy+xz+yz=\dfrac{a^2}{2},\end{cases}$$

所以$(x,y,z)=\left(\dfrac{\sqrt{6}}{6}a,\dfrac{\sqrt{6}}{6}a,\dfrac{\sqrt{6}}{6}a\right)$是原问题唯一可能的极值点．

由问题的实际意义，在表面积给定的前提下，体积最大的长方体确实存在，故只能在点$\left(\dfrac{\sqrt{6}}{6}a,\dfrac{\sqrt{6}}{6}a,\dfrac{\sqrt{6}}{6}a\right)$处达到，此时，所求的最大体积为

$$V = xyz = \frac{\sqrt{6}}{36}a^3.$$

附注　这与中学数学的结论：**表面积一定时立方体体积最大**完全相符．

*例 8　设某地区土豆产量 Q(单位：kg/hm^2)与氮、磷、钾的施肥量 x，y，z(单位：kg/hm^2)之间的关系可近似表示为如下的三元二次函数

$$Q = 80590 - 60x - 150z + 0.5xz + 0.2yz - 50y - 0.25x^2 - 0.024y^2 - 0.035z^2.$$

若某时期氮、磷、钾肥料的价格分别为 2.4，3.6 和 4.5(单位：元/kg)，而土豆产量的期望值为 43 981.36(单位：kg/hm^2)时，求能使生产费用最小的施肥方案．

解　依题意，问题是在约束条件

$$80590 - 60x - 150z + 0.5xz + 0.2yz - 50y - 0.25x^2 - 0.024y^2 - 0.035z^2 = 43981.36$$

下，求目标函数 $f(x, y, z) = 2.4x + 3.6y + 4.5z$ 的最小值．令

$$L(x, y, z, \lambda) = 2.4x + 3.6y + 4.5z + \lambda(80590 - 60x - 150z + 0.5xz + 0.2yz - 50y - 0.25x^2 - 0.024y^2 - 0.035z^2 - 43981.36),$$

则由
$$\begin{cases} L_x = 2.4 + \lambda(-60 + 0.5z - 0.5x) = 0, \\ L_y = 3.6 + \lambda(0.2z - 50 - 0.048y) = 0, \\ L_z = 4.5 + \lambda(-150 + 0.5x + 0.2y - 0.07z) = 0, \\ L_\lambda = 80590 - 60x - 150z + 0.5xz + 0.2yz - \\ \quad 50y - 0.25x^2 - 0.024y^2 - 0.035z^2 - 43981.36 = 0, \end{cases}$$
并用搜索法进行计算机编程求解，得到驻点的近似坐标值：

$$x = 310,\ y = 314.5,\ z = 468.11.$$

由问题的实际意义，施肥方案的确决定着作物产量的高低，于是上述点即为所求问题的最小值点，即最好的施肥方案为：氮、磷、钾分别施 310，314.5，468.11(单位：kg/hm^2)．

例 9　某厂生产甲乙两种产品，产量分别为 x，y(千只)，其利润函数为 $z = -x^2 - 4y^2 + 8x + 24y - 15$. 如果现有原料 15000 kg(不要求用完)，生产两种产品每千只都需要消耗原料 2000 kg. 求：

(1) 使利润最大时两种产品的产量 x，y 和最大利润；

(2) 如果原料降至 12000 kg，求利润最大时两种产品的产量和最大利润．

解　(1) 依题意，由 $\begin{cases} z_x = -2x + 8 = 0, \\ z_y = -8y + 24 = 0, \end{cases}$ 解得唯一驻点 $(x, y) = (4, 3)$，

而在该点处，

$$4\times 2000+3\times 2000=14000<15000,$$

即原料在使用的限额之内．又因为在该点处

$$z''_{xx}=-2<0,\ z''_{yy}=-8,\ z''_{xy}=0,\ (z''_{xy})^2-z''_{xx}z''_{yy}<0,$$

故(4，3)为利润函数的极大值点，也是最大值点．即当利润最大时，甲乙两种产品的产量分别为4千只和3千只，而最大利润为$z(4, 3)=37$(单位).

(2) 如果原料降至12000 kg，则按(1)的方式组织生产，库存原料已不足．故问题转化为在约束条件$2000x+2000y=12000$，亦即$x+y=6$之下，求函数

$$z=-x^2-4y^2+8x+24y-15$$

的条件极值．为此，设

$$L=-x^2-4y^2+8x+24y-15+\lambda(6-x-y),$$

解方程组$\begin{cases}L_x=-2x+8-\lambda=0,\\ L_y=-8y+24-\lambda=0,\\ L_\lambda=6-x-y=0,\end{cases}$得唯一驻点$(x, y)=(3.2, 2.8)$，此时

$$z(3.2, 2.8)=36.2,\ z(6, 0)=-3,\ z(0, 6)=-15.$$

所以在原料降至12000 kg时，甲乙两种产品分别生产3.2千只和2.8千只时有最大利润，其最大利润为36.2单位．

习题 9-8

思考题

1. 仿一元函数的情形，给出驻点、极值点、最值点之间的关系．

2. 在条件极值问题中，如果拉格朗日函数无极值，能否判定原问题无条件极值?

练习题

1. 求下列函数的极值．

(1) $f(x, y)=(x^2+y^2)^2-2(x^2-y^2)$;

(2) $z=\sin x+\cos y+\cos(x-y)\left(0\leqslant x\leqslant\frac{\pi}{2},\ 0\leqslant y\leqslant\frac{\pi}{2}\right)$;

(3) $z=x^2+y^2-2\ln y-2\ln x$;　　(4) $f(x, y)=(x+y^2)e^{\frac{x}{2}}$.

2. 求由方程$2x^2+2y^2+z^2+8xz-z+8=0$确定的隐函数$z=f(x, y)$的极值．

3. 现有36元资金，欲建一个无盖的长方体容器，已知底面造价为3元/m²，侧面造价为1元/m²，求容积最大时该容器的尺寸．

4. 求函数$z=xy$在约束条件$x+y=2$下的极大值．

5. 求曲线 $y=\sqrt{x}$ 上的动点到定点 $(a,0)$ 的最短距离 $\left(a>\frac{1}{2}\right)$.

6. 求曲面 S：$\frac{x^2}{2}+y^2+\frac{z^2}{4}=1$ 上的点到平面 Π：$2x+2y+z=-5$ 的最短距离.

7. 设 D_1，D_2 分别为商品甲乙的需求量，甲乙的需求函数分别为

$$D_1=8-P_1+2P_2,\ D_2=10+2P_1-5P_2,$$

总成本函数为 $C_T=3D_1+2D_2$，其中 P_1，P_2 分别为商品甲乙的价格．试问价格 P_1，P_2 取何值时可使总利润最大?

*8.(最小二乘法)棉花红铃虫的产卵数与温度之间近似有指数函数关系：$z=BA^x$，试用表中数据求 z 与 x 之间的经验公式.

表 9-2

温度 x_i(℃)	21	23	25	27	29	32	35
产卵数 z_i	7	11	21	24	66	115	325

*第9节　二元函数的泰勒公式

一、预备知识

为书写方便，规定二元函数的偏导算子为

$$\left(h\frac{\partial}{\partial x}+k\frac{\partial}{\partial y}\right)f(P_0)=h\frac{\partial f}{\partial x}\bigg|_{P_0}+k\frac{\partial f}{\partial y}\bigg|_{P_0},$$

$$\left(h\frac{\partial}{\partial x}+k\frac{\partial}{\partial y}\right)^2 f(P_0)=h^2\frac{\partial^2 f}{\partial x^2}\bigg|_{P_0}+2hk\frac{\partial^2 f}{\partial x\partial y}\bigg|_{P_0}+k^2\frac{\partial^2 f}{\partial y^2}\bigg|_{P_0},\cdots,$$

一般地，

$$\left(h\frac{\partial}{\partial x}+k\frac{\partial}{\partial y}\right)^n f(x_0,y_0)=\sum_{i=0}^{n}C_n^i h^i k^{n-i}\frac{\partial^n f}{\partial x^i\partial y^{n-i}}\bigg|_{(x_0,y_0)}.$$

由一元函数的泰勒公式(上册第三章)：若函数 $y=f(x)$ 在 x_0 的某个邻域 $U(x_0)$ 内有直到 $n+1$ 阶的连续导数，则对任意 $x\in U(x_0)$，有

$$f(x)=f(x_0)+f'(x_0)(x-x_0)+\frac{f''(x_0)}{2!}(x-x_0)^2+\cdots+$$

$$\frac{f^{(n)}(x_0)}{n!}(x-x_0)^n+\frac{f^{(n+1)}(\xi)}{(n+1)!}(x-x_0)^{n+1},$$

其中 $\xi=x_0+\theta(x-x_0)$，$0<\theta<1$. 若记 $h=x-x_0$，则上式改为

$$f(x_0+h)=f(x_0)+f'(x_0)h+\frac{f''(x_0)}{2!}h^2+\cdots+\frac{f^{(n)}(x_0)}{n!}h^n+\frac{f^{(n+1)}(\xi)}{(n+1)!}h^{n+1}, \tag{1}$$

其中 $\xi=x_0+\theta h$，$0<\theta<1$.

二、二元函数的泰勒公式

将(1)式推广到二元函数，即

定理　设函数 $z=f(x, y)$ 在点 $P_0(x_0, y_0)$ 的某邻域 $U(P_0)$ 内有直到 $n+1$ 阶的连续偏导数，则对充分小的实数 h，k，当 $(x_0+h, y_0+k)\in U(P_0)$ 时，有

$$\begin{aligned}f(x_0+h, y_0+k)=&f(x_0, y_0)+\frac{1}{1!}\left(h\frac{\partial}{\partial x}+k\frac{\partial}{\partial y}\right)f(x_0, y_0)+\\&\frac{1}{2!}\left(h\frac{\partial}{\partial x}+k\frac{\partial}{\partial y}\right)^2 f(x_0, y_0)+\cdots+\\&\frac{1}{n!}\left(h\frac{\partial}{\partial x}+k\frac{\partial}{\partial y}\right)^n f(x_0, y_0)+\\&\frac{1}{(n+1)!}\left(h\frac{\partial}{\partial x}+k\frac{\partial}{\partial y}\right)^{n+1} f(x_0+\theta h, y_0+\theta k),\\&0<\theta<1.\end{aligned} \tag{2}$$

说明　对照一元泰勒公式的形式，这里主要是将原来的项 $f^{(n)}(x_0)h^n$ 对应改成了算子形式 $\left(h\frac{\partial}{\partial x}+k\frac{\partial}{\partial y}\right)^n f(x_0, y_0)$.

证明　为了将多元函数的问题化为一元函数的形式来处理，令

$$\varphi(t)=f(x_0+ht, y_0+kt)\quad(0\leqslant t\leqslant 1),$$

由题设，$z=f(x, y)$ 在点 $P_0(x_0, y_0)$ 的某邻域 $U(P_0)$ 内有直到 $n+1$ 阶的连续偏导数，而 $(x_0+h, y_0+k)\in U(P_0)$，故由复合函数求导的锁链法则

$$\varphi'(t)=hf_x(x_0+ht, y_0+kt)+kf_y(x_0+ht, y_0+kt),$$

$$\begin{aligned}\varphi''(t)=&h^2 f_{xx}(x_0+ht, y_0+kt)+k^2 f_{yy}(x_0+ht, y_0+kt)+\\&2hkf_{yx}(x_0+ht, y_0+kt),\end{aligned}$$

一般地，

$$\begin{aligned}\varphi^{(n)}(t)&=\sum_{i=0}^{n}C_n^i h^i k^{n-i}\frac{\partial^n f(x_0+ht, y_0+kt)}{\partial x^i\,\partial y^{n-i}}\\&=\left(h\frac{\partial}{\partial x}+k\frac{\partial}{\partial y}\right)^n f(x_0+ht, y_0+kt).\end{aligned}$$

特别对 $t=0$，有

$$\varphi'(0)=\left(h\frac{\partial}{\partial x}+k\frac{\partial}{\partial y}\right)f(x_0,\ y_0),$$

$$\varphi''(0)=\left(h\frac{\partial}{\partial x}+k\frac{\partial}{\partial y}\right)^2 f(x_0,\ y_0),\ \cdots,$$

$$\varphi^{(n)}(0)=\left(h\frac{\partial}{\partial x}+k\frac{\partial}{\partial y}\right)^n f(x_0,\ y_0),$$

由$\varphi(t)$的麦克劳林公式，

$$f(x_0+h,\ y_0+k)=\varphi(1)=\varphi(0)+\varphi'(0)+\frac{\varphi''(0)}{2!}+\cdots+\frac{\varphi^{(n)}(0)}{n!}+\frac{\varphi^{(n+1)}(\theta)}{(n+1)!},\tag{3}$$

其中$0<\theta<1$.

将上述$\varphi(t)$的导数结果代入(3)式，即得所证：

$$\begin{aligned}f(x_0+h,\ y_0+k)=&f(x_0,\ y_0)+\left(h\frac{\partial}{\partial x}+k\frac{\partial}{\partial y}\right)f(x_0,\ y_0)+\\&\frac{1}{2!}\left(h\frac{\partial}{\partial x}+k\frac{\partial}{\partial y}\right)^2 f(x_0,\ y_0)+\cdots+\\&\frac{1}{n!}\left(h\frac{\partial}{\partial x}+k\frac{\partial}{\partial y}\right)^n f(x_0,\ y_0)+\\&\frac{1}{(n+1)!}\left(h\frac{\partial}{\partial x}+k\frac{\partial}{\partial y}\right)^{n+1} f(x_0+\theta h,\ y_0+\theta k),\\&0<\theta<1.\end{aligned}$$

说明　① 关于余项的估计．由于函数$z=f(x,\ y)$的$n+1$阶偏导数都在$U(P_0)$内连续，故在该邻域内部的某闭区域上，其$n+1$阶的偏导数均有界M. 令$\rho=\sqrt{h^2+k^2}$，则有

$$\begin{aligned}|R_n|&=\left|\frac{1}{(n+1)!}\left(h\frac{\partial}{\partial x}+k\frac{\partial}{\partial y}\right)^{n+1} f(x_0+\theta h,\ y_0+\theta k)\right|\\&\leqslant\frac{M}{(n+1)!}(|h|+|k|)^{n+1}\\&=\frac{M}{(n+1)!}\rho^{n+1}(|\cos\alpha|+|\sin\alpha|)^{n+1},\end{aligned}$$

其中$h=\rho\cos\alpha$，$k=\rho\sin\alpha$，注意到公式$\max\limits_{[0,1]}(x+\sqrt{1-x^2})=\sqrt{2}$，即有

$$\begin{aligned}|R_n|&=\frac{M}{(n+1)!}\rho^{n+1}(|\cos\alpha|+|\sin\alpha|)^{n+1}\\&\leqslant\frac{M}{(n+1)!}(\sqrt{2})^{n+1}\rho^{n+1}=o(\rho^n).\end{aligned}$$

② 特别对$n=0$，公式(2)化为二元函数的拉格朗日中值公式：

$$\begin{aligned}f(x_0+h,\ y_0+k)-f(x_0,\ y_0)=&hf_x(x_0+\theta h,\ y_0+\theta k)+\\&kf_y(x_0+\theta h,\ y_0+\theta k),\end{aligned}\tag{4}$$

其中 $0<\theta<1$.

③ 若函数 $z=f(x, y)$ 的偏导数在区域 D 上均恒为零，则由(4)式知，$z=f(x, y)$ 在该区域上为常数函数.

④ 特别取 $P_0(x_0, y_0)=(0, 0)$，即得二元函数 $z=f(x, y)$ 的麦克劳林公式

$$\begin{aligned} f(x, y) = & f(0, 0)+\left(x\frac{\partial}{\partial x}+y\frac{\partial}{\partial y}\right)f(0, 0)+ \\ & \frac{1}{2!}\left(x\frac{\partial}{\partial x}+y\frac{\partial}{\partial y}\right)^2 f(0, 0)+\cdots+ \\ & \frac{1}{n!}\left(x\frac{\partial}{\partial x}+y\frac{\partial}{\partial y}\right)^n f(0, 0)+R_n(x, y), \end{aligned}$$

其余项也有两种形式：

$$R_n(x, y)=\begin{cases} o(\rho^n), & \rho=\sqrt{x^2+y^2}, \\ \dfrac{1}{(n+1)!}\left(x\dfrac{\partial}{\partial x}+y\dfrac{\partial}{\partial y}\right)^{n+1} f(\theta x, \theta y), & 0<\theta<1. \end{cases}$$

例 1　写出函数 $f(x, y)=x^y$ 在点(1, 1)处的三阶泰勒公式，并计算 $1.1^{1.02}$ 的近似值.

解　由于 $f(x, y)=x^y$，$f_x(x, y)=yx^{y-1}$，$f_y(x, y)=x^y\ln x$，有

$$f_{xx}(x, y)=y(y-1)x^{y-2}, \quad f_{xy}(x, y)=x^{y-1}+yx^{y-1}\ln x,$$
$$f_{yy}=x^y(\ln x)^2, \cdots,$$

于是

$$f(1, 1)=1, \quad f_x(1, 1)=1, \quad f_y(1, 1)=0,$$
$$f_{xx}(1, 1)=0, \quad f_{yx}(1, 1)=1=f_{xy}(1, 1), \quad f_{yy}(1, 1)=0,$$
$$f_{xxx}(1, 1)=0, \quad f_{yxx}(1, 1)=1, \quad f_{xyy}(1, 1)=0, \quad f_{yyy}(1, 1)=0,$$

所以

$$x^y=1+(x-1)+(x-1)(y-1)+\frac{1}{2}(x-1)^2(y-1)+o(\rho^3),$$

其中

$$\rho=\sqrt{(x-1)^2+(y-1)^2}.$$

特别取 $x=1.1$，$y=1.02$，得

$$1.1^{1.02}\approx 1+0.1+0.1\times 0.02+\frac{1}{2}\times 0.1^2\times 0.02=1.1021.$$

例 2　写出函数 $z=e^{x+y}$ 的麦克劳林公式.

解　函数 $z=e^{x+y}$ 在 $\mathbf{R}^2$ 上有任意阶连续偏导数，且对任意正整数 m，n，有

$$\frac{\partial^{m+n}z}{\partial x^{m+n}}=\frac{\partial^{m+n}z}{\partial y^{m+n}}=\frac{\partial^{m+n}z}{\partial x^m\partial y^n}=e^{x+y}, \quad \left.\frac{\partial^{m+n}z}{\partial x^m\partial y^n}\right|_{(0, 0)}=1,$$

所以

$$z=e^{x+y}=1+(x+y)+\frac{1}{2!}(x+y)^2+\cdots+\frac{1}{n!}(x+y)^n+o(\rho^n).$$

附注 将这里的结果

$$e^{x+y}=1+(x+y)+\frac{1}{2!}(x+y)^2+\cdots+\frac{1}{n!}(x+y)^n+o(\rho^n)$$

与一元麦克劳林公式

$$e^x=1+x+\frac{1}{2!}x^2+\cdots+\frac{1}{n!}x^n+o(x^n)$$

相比较可知：只要将后者的 x 代换为 $x+y$ 并将 x^n 换为 ρ^n，即为前者．

习题 9-9

思考题

类似于二元函数泰勒公式的形式，写出三元函数 $w=f(x, y, z)$ 的泰勒公式．

练习题

1. 写出函数 $f(x, y)=\ln(1+x+y)$ 在点 $(0, 0)$ 处的三阶泰勒公式．

2. 写出函数 $z=x^y$ 在 $(1, 2)$ 处的二阶泰勒公式，并计算 $1.01^{1.999}$ 的近似值．

---

3. 写出函数 $f(x, y, z)=\cos(x+y+z)-\cos x\cos y\cos z$ 的二阶麦克劳林公式．

总练习九

1. 填空题．

(1) $\lim\limits_{\substack{x\to\infty\\y\to a}}\left(1-\frac{1}{2x}\right)^{\frac{x^2}{x+y}}=$________；

(2) 设二元函数 $z=xe^{x+y}+(x+1)\ln(1+y)$，则 $dz|_{(1,0)}=$________；

(3) 函数 $f(x, y)=x^3-3xy+y^3$ 的驻点为 ________．

2. 选择题．

(1) 设函数 $f(x, y)$ 在原点 $(0, 0)$ 的某邻域内连续，且

$$\lim_{(x,y)\to(0,0)}\frac{f(x, y)-xy}{(x^2+y^2)^2}=1,$$

则下述四个选项中正确的是(　　)．

A. 点 $(0, 0)$ 不是函数 $f(x, y)$ 的极值点；

B. 点 $(0, 0)$ 是函数 $f(x, y)$ 的极大值点；

C. 点 $(0, 0)$ 是函数 $f(x, y)$ 的极小值点；

D. 依所给条件无法确定点 $(0, 0)$ 是否为函数 $f(x, y)$ 的极值点．

(2) 若二元函数 $z=f(x, y)$ 在点 $P_0(x_0, y_0)$ 处的两个偏导数 $\left.\frac{\partial z}{\partial x}\right|_{P_0}$，$\left.\frac{\partial z}{\partial y}\right|_{P_0}$

均存在，则(　　).

A. 函数 $z=f(x, y)$ 在点 $P_0(x_0, y_0)$ 处连续；

B. 函数 $z=f(x, y_0)$ 在点 $P_0(x_0, y_0)$ 处连续；

C. $dz=\left.\frac{\partial z}{\partial x}\right|_{P_0}dx+\left.\frac{\partial z}{\partial y}\right|_{P_0}dy$；

D. A、B、C 都不对.

(3) 下列哪一个条件成立时，可推出 $z=f(x, y)$ 在点 $P_0(x_0, y_0)$ 可微，且全微分 $df|_{P_0}=0$(　　).

A. 函数 $z=f(x, y)$ 在点 $P_0(x_0, y_0)$ 的两个偏导数 $\left.\frac{\partial z}{\partial x}\right|_{P_0}=0$，$\left.\frac{\partial z}{\partial y}\right|_{P_0}=0$；

B. 函数 $z=f(x, y)$ 在点 $P_0(x_0, y_0)$ 的全增量 $\Delta f=\frac{\Delta x\Delta y}{\sqrt{(\Delta x)^2+(\Delta y)^2}}$；

C. 函数 $z=f(x, y)$ 在点 $P_0(x_0, y_0)$ 的全增量 $\Delta f=\frac{\sin((\Delta x)^2+(\Delta y)^2)}{\sqrt{(\Delta x)^2+(\Delta y)^2}}$；

D. 函数 $z=f(x, y)$ 在点 $P_0(x_0, y_0)$ 的全增量 $\Delta f=((\Delta x)^2+(\Delta y)^2)\sin\frac{1}{(\Delta x)^2+(\Delta y)^2}$.

(4) 通过曲面 $e^{xyz}+x-y+z=3$ 上点 $M(1, 0, 1)$ 处的切平面(　　).

A. 通过 y 轴；　　B. 平行于 y 轴；

C. 垂直于 y 轴；　　D. A、B、C 都不对.

3. 求函数 $z=\arcsin\frac{y}{x}+\sqrt{\frac{x^2+y^2-x}{2x-x^2-y^2}}$ 的定义域.

4. 若 $f\left(x+y, \frac{y}{x}\right)=x^2-y^2$，求 $f(x, y)$.

5. 求极限 $\lim\limits_{\substack{x\to+\infty\\y\to+\infty}}(x^2+y^2)e^{-(x+y)}$.

6. 证明极限 $\lim\limits_{\substack{x\to0\\y\to1}}\frac{x^2y-x^2}{x^4+y^2-2y+1}$ 不存在.

7. 求函数 $z=\arctan\frac{y}{x}+\ln\sqrt{x^2+y^2}$ 的全微分.

8. 求函数 $f(x, y, z)=\frac{x}{y}$ 在点(1，1，1)处的全微分.

9. 已知函数 $u=f(x, xe^y, xye^z)$，其中 f 具有二阶连续偏导数，求 $\frac{\partial^2 u}{\partial x^2}$，

$\dfrac{\partial^2 u}{\partial x\,\partial z}$.

10. 设函数 f，g 具有二阶连续导数，且 $u=yf\left(\dfrac{x}{y}\right)+xg\left(\dfrac{y}{x}\right)$，求 $x\dfrac{\partial^2 u}{\partial x^2}+y\dfrac{\partial^2 u}{\partial x\,\partial y}$.

11. 设函数 $F(x, y)$ 的偏导数存在，证明：方程 $F\left(x+\dfrac{z}{y}, y+\dfrac{z}{x}\right)=0$ 所确定的隐函数 $z=z(x, y)$ 满足偏微分方程 $x\dfrac{\partial z}{\partial x}+y\dfrac{\partial z}{\partial y}=z-xy$.

12. 已知方程 $F(x+y, y+z)=1$ 确定了隐函数 $z=z(x, y)$，其中 F 具有二阶连续偏导数，求 $\dfrac{\partial^2 z}{\partial y\,\partial x}$.

13. 求曲线 $x=t-\sin t$，$y=1-\cos t$，$z=4\sin\dfrac{t}{2}$ 在 $t=\dfrac{\pi}{2}$ 处的切线方程与法平面方程．

14. 求曲线 $\begin{cases} x^2+y^2=10, \\ x^2+z^2=10 \end{cases}$ 在点 $M_0(3, 1, 1)$ 处的切线方程与法平面方程．

15. 求曲面 $2^{\frac{x}{z}}+2^{\frac{y}{z}}=8$ 在点 $M_0(2, 2, 1)$ 处的切平面方程和法线方程．

16. 求函数 $z=x^2+y^2-12x+16y$ 在有界闭区域 $x^2+y^2\leqslant 25$ 上的最值．

17. 验证在约束条件 $xy=C^2\,(C>0)$ 下，函数 $f(x, y)=x+y\,(x>0, y>0)$ 有最小值 $2C$，但相应的拉格朗日函数却无极值．

第十章　重积分

本章介绍二重积分和三重积分的概念、性质和计算方法，并给出简单应用.

第1节　二重积分的概念与性质

本节是定积分的概念和理论对二元函数的推广.

一、实例引入——曲顶柱体的体积

定积分的几何背景是曲边梯形的面积，它给出了一元函数在闭区间上变化取值的总量计算. 对于特定区域上多元函数的变化总量，就反映为多元函数的积分问题.

以二元为例，我们推广“曲边梯形”为“曲顶柱体”：

如图 10－1 所示. 以曲面 S：$z=f(x, y)\geqslant 0$ 为顶，以 xOy 坐标面上的有界闭区域 D 为底，以 D 的边界曲线为准线，母线平行于 z 轴的柱面为侧面，这样的立体 V 称为**曲顶柱体**.

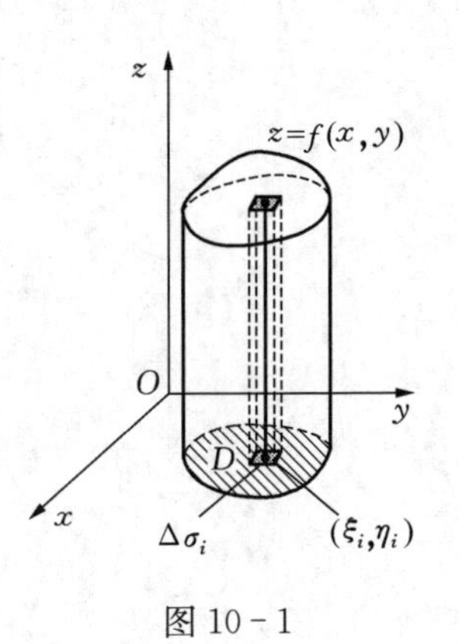

图 10－1

现在的问题是：V 的体积如何求出？

假定 $f(x, y)$在 D 上连续. 借鉴定积分的思想方法：

(1) 分划：以曲线网格将 D 分为若干不重叠的小区域：D_1，D_2，…，D_i，…，D_n，$\Delta\sigma_i$ 表示第 i 个小区域 D_i 的面积($i=1, 2, \cdots, n$)，以 $\Delta\sigma_i$ 的边界曲线为准线，作母线平行于 z 轴的柱面，使 $V=\sum\limits_{i=1}^{n}\Delta V_i$ ，其中 ΔV_i 表示第 i 个小立体 V_i 的体积.

(2) 转化：任取$(\xi_i, \eta_i)\in D_i$，实行“以平代曲”：$\Delta V_i \approx f(\xi_i, \eta_i)\Delta\sigma_i$，则

$$V=\sum_{i=1}^{n}\Delta V_i \approx \sum_{i=1}^{n} f(\xi_i, \eta_i)\Delta\sigma_i.$$

(3) 取极限：令$\lambda=\max\limits_{1\leqslant i\leqslant n}\{d_i: d_i$ 表示D_i的直径$\}\to 0$，即得

$$V=\lim_{\lambda\to 0}\sum_{i=1}^{n} f(\xi_i, \eta_i)\Delta\sigma_i.$$

许多物理和几何问题都可抽象为上述积分和的极限形式．仿照定积分的定义，引入下述二重积分的概念

二、二重积分的定义

定义 设$f(x, y)$是有界闭区域D上的函数．将D任意分成n个不重叠的小区域$\sigma_1, \sigma_2, \cdots, \sigma_n$，记$\lambda=\max\limits_{1\leqslant i\leqslant n}\{d_i: d_i$ 表示σ_i的直径$\}$，以$\Delta\sigma_i$表示第i个小区域的面积（$i=1, 2, \cdots, n$），任取$(\xi_i, \eta_i)\in\sigma_i$，作积分和$\sum\limits_{i=1}^{n} f(\xi_i, \eta_i)\Delta\sigma_i$．如果极限

$$\lim_{\lambda\to 0}\sum_{i=1}^{n} f(\xi_i, \eta_i)\Delta\sigma_i$$

存在，则称$f(x, y)$在D上可积，并称上述极限为函数$f(x, y)$在D上的**二重积分**，记为$\iint\limits_D f(x, y)\mathrm{d}\sigma$，即

$$\iint\limits_D f(x, y)\mathrm{d}\sigma=\lim_{\lambda\to 0}\sum_{i=1}^{n} f(\xi_i, \eta_i)\Delta\sigma_i.$$

这里$\iint$称为二重积分号，D为**积分域**，$\mathrm{d}\sigma$为其**面积微元**或**面积元素**．

由此可知，二重积分的意义和形式与定积分完全一致，因此类似地有：

定理 1（可积的必要条件） 如果函数$f(x, y)$在有界闭区域D上可积，则$f(x, y)$在闭区域D上有界．

定理 2（可积的充分条件） 如果函数$f(x, y)$在有界闭区域D上连续，则其二重积分存在．

说明 ① 上面定义要求：对闭区域D进行的任意划分以及任意选取的点(ξ_i, η_i)，积分和$\sum\limits_{i=1}^{n} f(\xi_i, \eta_i)\Delta\sigma_i$的极限唯一存在．因此，特别用平行于坐标轴的直线网格划分闭区域D时，除包含边界点的一些小闭区域之外，其余小闭区域σ_i都是矩形域，则$\Delta\sigma_i=\Delta x_i\Delta y_i$，进而得面积微元$\mathrm{d}\sigma=\mathrm{d}x\mathrm{d}y$. 这就产生了二重积分的常用形式

$$\iint_D f(x, y)\mathrm{d}\sigma = \iint_D f(x, y)\mathrm{d}x\mathrm{d}y.$$

② 二重积分的几何意义是：如果 $f(x, y)\geqslant 0$，则二重积分表示曲顶柱体的体积 $\iint_D f(x, y)\mathrm{d}x\mathrm{d}y = V$，但对于区域 D 上有正有负的一般函数$f(x, y)$，其二重积分就是位于 xOy 平面上、下方的曲顶柱体的体积之差(这与定积分的几何意义完全类似).

不仅如此，二重积分还具有如下与定积分完全类似地性质.

三、二重积分的性质

以下总约定：函数 $f(x, y)$在有界闭区域 D 上可积.

性质 1(线性运算)　对λ，$\mu\in\mathbf{R}$，有

$$\iint_D [\lambda f(x, y) \pm \mu g(x, y)]\mathrm{d}x\mathrm{d}y = \lambda\iint_D f(x, y)\mathrm{d}x\mathrm{d}y \pm \mu\iint_D g(x, y)\mathrm{d}x\mathrm{d}y.$$

性质 2(区域可加性)　设 $D=D_1\cup D_2$ 且 $D_1\cap D_2=\varnothing$，则

$$\iint_D f(x, y)\mathrm{d}x\mathrm{d}y = \iint_{D_1} f(x, y)\mathrm{d}x\mathrm{d}y + \iint_{D_2} f(x, y)\mathrm{d}x\mathrm{d}y.$$

性质 3　如果在 D 上 $f(x, y)\equiv 1$，则 $\sigma=\iint_D \mathrm{d}x\mathrm{d}y$，其中 σ 为 D 的面积.

性质 4(不等式)　若对任意$(x, y)\in D$，$f(x, y)\leqslant g(x, y)$，则

$$\iint_D f(x, y)\mathrm{d}x\mathrm{d}y \leqslant \iint_D g(x, y)\mathrm{d}x\mathrm{d}y.$$

特别地，由于 $-|f(x, y)|\leqslant f(x, y)\leqslant |f(x, y)|$，故

$$\left|\iint_D f(x, y)\mathrm{d}x\mathrm{d}y\right| \leqslant \iint_D |f(x, y)|\mathrm{d}x\mathrm{d}y.$$

性质 5(估值公式)　假定 $f(x, y)$在 D 上取得最大值M 及最小值m，则

$$m\sigma \leqslant \iint_D f(x, y)\mathrm{d}x\mathrm{d}y \leqslant M\sigma,$$

σ 为 D 的面积.

性质 6(中值定理)　若 $f(x, y)$在有界闭区域 D 上连续，σ 为 D 的面积，则存在$(\xi, \eta)\in D$，使

$$\iint_D f(x, y)\mathrm{d}x\mathrm{d}y = f(\xi, \eta)\sigma.$$

说明　以上各性质均可仿定积分的有关定理而证明(这里从略)，而且这些性质的应用也与定积分完全类似.

例1 比较下列积分的大小.

(1) $\iint\limits_{D_1}(x+y)^2\mathrm{d}x\mathrm{d}y$ 与 $\iint\limits_{D_1}(x+y)^3\mathrm{d}x\mathrm{d}y$，$D_1$ 由 x 轴、y 轴及 $x+y=1$ 所围成；

(2) $\iint\limits_{D_2}\ln(x+y)\mathrm{d}x\mathrm{d}y$ 与 $\iint\limits_{D_2}\ln^2(x+y)\mathrm{d}x\mathrm{d}y$，$D_2$ 是以 $A(1,0)$，$B(1,1)$，$C(2,0)$ 为顶点的三角形区域.

解 如图 10-2(a)、(b)所示：

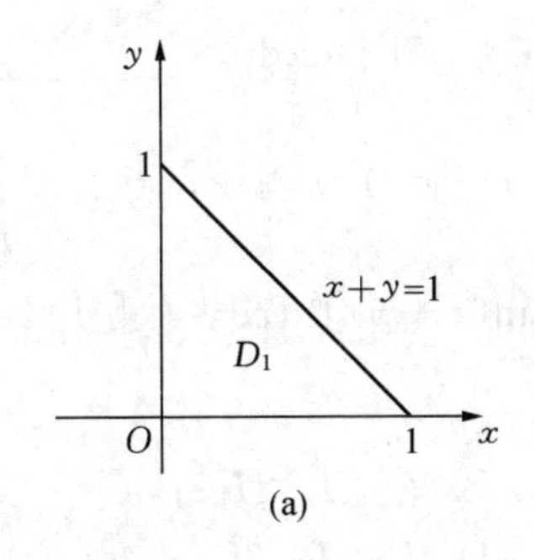

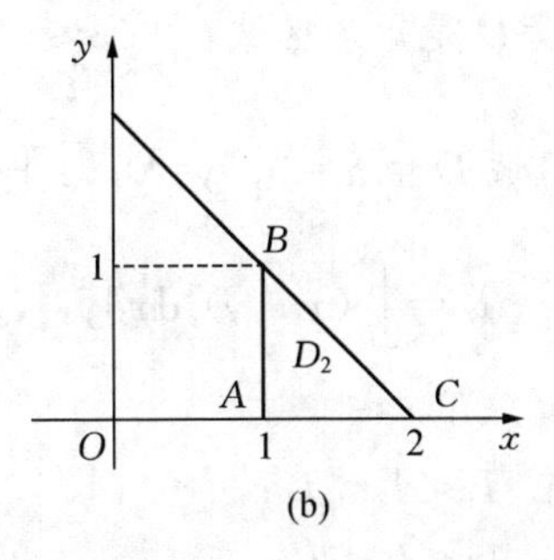

图 10-2

(1) 对任意$(x,y)\in D_1$，由于 $0\leqslant x+y\leqslant 1$，得$(x+y)^2\geqslant(x+y)^3$，故由积分的不等式性质，有

$$\iint\limits_{D_1}(x+y)^2\mathrm{d}x\mathrm{d}y\geqslant\iint\limits_{D_1}(x+y)^3\mathrm{d}x\mathrm{d}y.$$

(2) 对$(x,y)\in D_2$，由于 $1\leqslant x+y\leqslant 2$，所以 $0\leqslant\ln(x+y)<1$，得 $\ln(x+y)>\ln^2(x+y)$，故

$$\iint\limits_{D_2}\ln(x+y)\mathrm{d}x\mathrm{d}y>\iint\limits_{D_2}\ln^2(x+y)\mathrm{d}x\mathrm{d}y.$$

例2 不必计算，直接估计下面各积分的值.

(1) $\iint\limits_{D_1}xy(x+y)\mathrm{d}x\mathrm{d}y$，$D_1=\{(x,y)\mid 0\leqslant x\leqslant 1,\ 0\leqslant y\leqslant 1\}$；

(2) $\iint\limits_{D_2}(x+y+1)\mathrm{d}x\mathrm{d}y$，$D_2=\{(x,y)\mid 0\leqslant x\leqslant 1,\ 0\leqslant y\leqslant 2\}$.

解 (1) 因为在区域 D_1 上，$0\leqslant f(x,y)=xy(x+y)\leqslant 2$，且 D_1 的面积为 1，故

$$0\leqslant\iint\limits_{D_1}xy(x+y)\mathrm{d}x\mathrm{d}y\leqslant 2;$$

(2) 由于在区域 D_2 上，$1\leqslant f(x,y)=(x+y+1)\leqslant 4$，且 D_2 的面积为 2，故

$$2\leqslant \iint_{D_2}(x+y+1)\mathrm{d}x\mathrm{d}y\leqslant 8.$$

习题 10-1

思考题

1. 对以球面 $z=\sqrt{a^2-x^2-y^2}$ 为曲顶，以圆域 D：$x^2+y^2\leqslant a^2$ 为底的曲顶柱体，其体积的二重积分表示是________.

2. 设 D 是矩形区域：$0\leqslant x\leqslant 2$，$2\leqslant y\leqslant 4$，则 $\iint_D \mathrm{d}x\mathrm{d}y=$________.

3. 区域 D 由 $x=0$，$y=0$，$x+y=\dfrac{1}{2}$，$x+y=1$ 所围成，而 $I_1=\iint_D[\ln(x+y)]^3\mathrm{d}x\mathrm{d}y$，$I_2=\iint_D(x+y)^3\mathrm{d}x\mathrm{d}y$，$I_3=\iint_D[\sin(x+y)]^3\mathrm{d}x\mathrm{d}y$，则 I_1，I_2，I_3 的关系为(　　).

A. $I_1<I_2<I_3$；　　B. $I_3<I_2<I_1$；

C. $I_1<I_3<I_2$；　　D. $I_3<I_1<I_2$.

练习题

1. 根据二重积分的性质，比较下列积分的大小.

(1) $\iint_D(x+y)^2\mathrm{d}\sigma$ 与 $\iint_D(x+y)^3\mathrm{d}\sigma$，其中积分区域 D 由直线 $x=1$，$y=1$ 与直线 $x+y=1$ 所围成；

(2) $\iint_D(x+y)^2\mathrm{d}\sigma$ 与 $\iint_D(x+y)^3\mathrm{d}\sigma$，其中 D 是圆 $(x-2)^2+(y-1)^2=2$ 所围区域；

(3) $\iint_D\ln(x+y)^2\mathrm{d}\sigma$ 与 $\iint_D\ln(x+y)^3\mathrm{d}\sigma$，其中 $D=\{(x,y)\mid 2\leqslant x\leqslant 4,1\leqslant y\leqslant 2\}$.

2. 利用二重积分的性质估计下列积分的值：

(1) $\iint_D(x^2+y^2+1)\mathrm{d}\sigma$，$D=\{(x,y)\mid x^2+y^2\leqslant 1\}$；

(2) $\iint_D(x+xy-x^2-y^2)\mathrm{d}\sigma$，$D=\{(x,y)\mid 0\leqslant x\leqslant 1,0\leqslant y\leqslant 2\}$.

---

3. 对区域 $D=\{(x,y)\mid |x|+|y|\leqslant 1\}$ 及 $D_1=\{(x,y)\mid x+y\leqslant 1,$

$x\geqslant0$，$y\geqslant0\}$，下列各式是否成立？

(1) $\iint\limits_{D}(x^2+y^2)\mathrm{d}\sigma=4\iint\limits_{D_1}(x^2+y^2)\mathrm{d}\sigma$；

(2) $\iint\limits_{D}|x+y|\mathrm{d}\sigma=4\iint\limits_{D_1}|x+y|\mathrm{d}\sigma$.

第2节 二重积分的计算

如同定积分那样，用定义计算二重积分显然不具实用意义．而定积分的公式化算法又为二重积分的计算奠定了基础——二重积分可转化为二次定积分来计算．

一、预备

先从直角坐标的情形谈起．为方便叙述，先引入由光滑或逐段光滑曲线围成的区域，称为**平面初等域**(或**简单域**)．常用的有(图 10-3(a)、(b))：

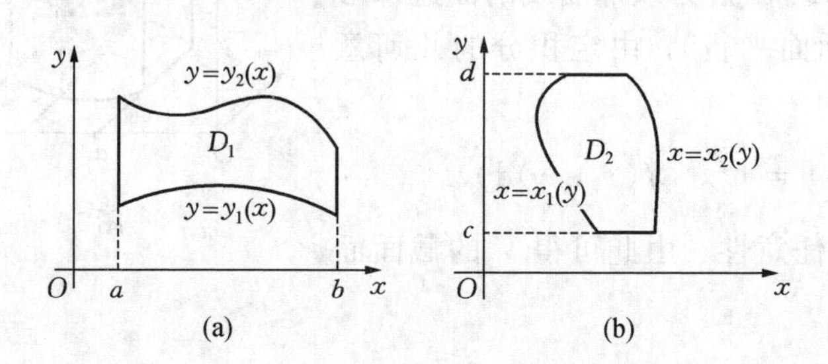

图 10-3

x-型域 $D_1=\{(x,y)\mid a\leqslant x\leqslant b,\ y_1(x)\leqslant y\leqslant y_2(x)\}$；

y-型域 $D_2=\{(x,y)\mid c\leqslant y\leqslant d,\ x_1(y)\leqslant x\leqslant x_2(y)\}$.

对于一般的积分区域，或可同时化为上述两种形式(图 10-4)：

$$D_3=\{(x,y)\mid a\leqslant x\leqslant b,\ y_1(x)\leqslant y\leqslant y_2(x)\}$$
$$=\{(x,y)\mid c\leqslant y\leqslant d,\ x_1(y)\leqslant x\leqslant x_2(y)\},$$

或经适当划分而表示为(图 10-5)：

$$D_4=D_1'\cup D_2'\cup D_3'$$
$$=\{(x,y)\mid a\leqslant x\leqslant b,\ y_1(x)\leqslant y\leqslant y_2(x)\}\cup\{(x,y)\mid b\leqslant x\leqslant c,$$
$$y_3(x)\leqslant y\leqslant y_2(x)\}\cup\{(x,y)\mid b\leqslant x\leqslant d,\ y_1(x)\leqslant y\leqslant y_4(x)\}.$$

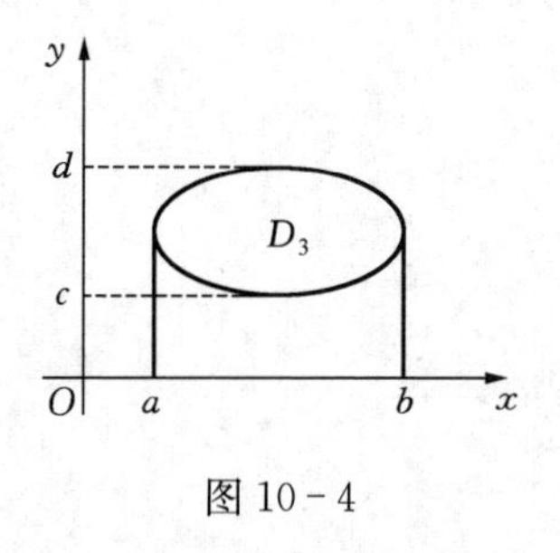

图 10-4

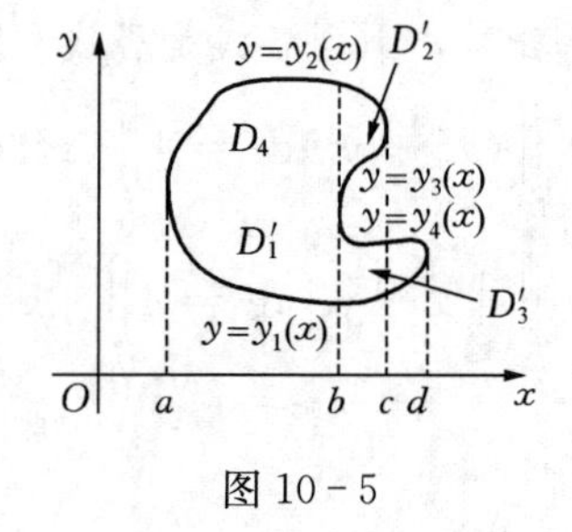

图 10-5

二、计算公式的推导

为直观起见，仍以曲顶柱体的体积计算为例．假定立体 V 的顶部曲面 S 由函数：$z=f(x, y)>0$ 表示，且该函数在有界区域 D(即 S 在 xOy 坐标面上的投影)上连续．分别讨论如下：

首先考虑 D 为 x -型域的情形，如图 10-6所示．

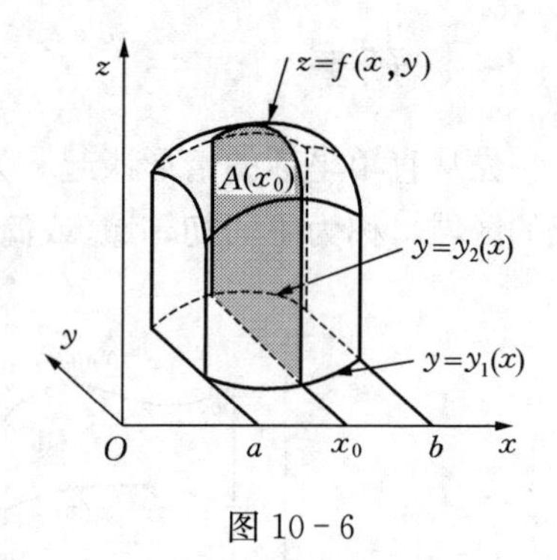

图 10-6

对任意 $x_0\in[a, b]$，以平面 $x=x_0$ 与 V 相交，其截面显然是以$[y_1(x_0), y_2(x_0)]$为底，以 $z=f(x_0, y)$为顶部曲线的曲边梯形(与 yOz 坐标面平行)．由定积分的几何意义，其面积为

$$A(x_0)=\int_{y_1(x_0)}^{y_2(x_0)} f(x_0, y)\mathrm{d}y,$$

注意到 x_0 的任意性，由此可得 V 的截面面积函数

$$A(x)=\int_{y_1(x)}^{y_2(x)} f(x, y)\mathrm{d}y.$$

借由定积分的体积公式，立得

$$V=\int_a^b A(x)\mathrm{d}x=\int_a^b\left[\int_{y_1(x)}^{y_2(x)} f(x, y)\mathrm{d}y\right]\mathrm{d}x.$$

为简化形式，记$\int_a^b\left[\int_{y_1(x)}^{y_2(x)} f(x, y)\mathrm{d}y\right]\mathrm{d}x=\int_a^b\mathrm{d}x\int_{y_1(x)}^{y_2(x)} f(x, y)\mathrm{d}y$，并结合上节重积分几何意义，即有

$$\iint_D f(x, y)\mathrm{d}x\mathrm{d}y=\int_a^b\mathrm{d}x\int_{y_1(x)}^{y_2(x)} f(x, y)\mathrm{d}y. \qquad (1)$$

评注　此即**化二重积分为二次积分**的计算公式之一，先 y 后 x 的**二次积分**：视 x 为常量对 y 先行积分，再对其结果求关于 x 的积分．

例1　求下列积分．

(1) $\iint\limits_D (x+y)^2\mathrm{d}x\mathrm{d}y$，$D=\{(x,\ y)\mid 0\leqslant x\leqslant 1,\ 0\leqslant y\leqslant 1\}$；

(2) $\iint\limits_D xy\mathrm{d}x\mathrm{d}y$，$D$ 由 $y=x$，$y=1$ 及 $x=2$ 所围成．

解　(1) 直接代入公式(1)即得

$$\iint\limits_D (x+y)^2\mathrm{d}x\mathrm{d}y=\int_0^1\mathrm{d}x\int_0^1(x+y)^2\mathrm{d}y=\int_0^1\frac{1}{3}(x+y)^3\Big|_0^1\mathrm{d}x=\frac{7}{6}.$$

(2) 由图 10-7，将 D 表示为 x-型域：$1\leqslant x\leqslant 2$，$1\leqslant y\leqslant x$，则由公式(1)

$$\iint\limits_D xy\mathrm{d}x\mathrm{d}y=\int_1^2\mathrm{d}x\int_1^x xy\mathrm{d}y=\int_1^2\frac{1}{2}xy^2\Big|_1^x\mathrm{d}x=\frac{9}{8}.$$

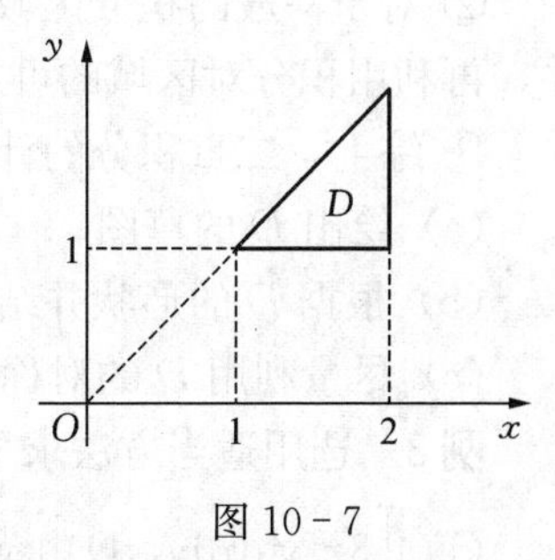

图 10-7

其次，对于 D 为 y-型域的情形，完全仿上可得先 x 后 y 的二次积分公式：

$$\iint\limits_D f(x,\ y)\mathrm{d}x\mathrm{d}y=\int_c^d\mathrm{d}y\int_{x_1(y)}^{x_2(y)}f(x,\ y)\mathrm{d}x. \tag{2}$$

将上面两种情形综合起来，有：

定理　如果 $f(x,\ y)$ 在既可表示为 x-型，又可表示为 y-型的有界闭区域 D 上连续，则

$$\iint\limits_D f(x,\ y)\mathrm{d}x\mathrm{d}y=\int_a^b\mathrm{d}x\int_{y_1(x)}^{y_2(x)}f(x,\ y)\mathrm{d}y=\int_c^d\mathrm{d}y\int_{x_1(y)}^{x_2(y)}f(x,\ y)\mathrm{d}x. \tag{3}$$

推论　特别地，当 $D=\{(x,\ y)\mid a\leqslant x\leqslant b,\ c\leqslant y\leqslant d\}$ 时，

$$\iint\limits_D f(x,\ y)\mathrm{d}x\mathrm{d}y=\int_a^b\mathrm{d}x\int_c^d f(x,\ y)\mathrm{d}y=\int_c^d\mathrm{d}y\int_a^b f(x,\ y)\mathrm{d}x. \tag{4}$$

评注　① 上述(1)式、(2)式都是常用的**二重积分计算公式**．但必须指出：即使对(3)式而言，虽然在理论上两种不同顺序的二次积分是通用的，但在实际使用中往往难易有别，甚至出现某种顺序的二次积分无法计算的现象．故必须酌情选用，务求简便．

例2　求 $\iint\limits_D x^2\mathrm{e}^{-y^2}\mathrm{d}x\mathrm{d}y$，$D$ 由 $x=0$，$y=1$，$y=x$ 所围成．

解法一　如果用公式(1)，即将 D 表示为 x-型：$0\leqslant x\leqslant 1$，$x\leqslant y\leqslant 1$，则

$$\iint_D x^2 e^{-y^2}\,dxdy=\int_0^1 dx\int_x^1 x^2 e^{-y^2}\,dy=\int_0^1 x^2 dx\int_x^1 e^{-y^2}\,dy$$

不能计算．事实上，这里的被积函数 e^{-y^2} 虽然连续，但无初等形式的原函数．

解法二　用公式(2)，即将 D 表示为 y-型：$0\leqslant y\leqslant 1$，$0\leqslant x\leqslant y$，有

$$\iint_D x^2 e^{-y^2}\,dxdy=\int_0^1 dy\int_0^y x^2 e^{-y^2}\,dx=\int_0^1 e^{-y^2}\,dy\int_0^y x^2 dx$$

$$=\frac{1}{3}\int_0^1 y^3 e^{-y^2}dy=\frac{1}{6}\left(-y^2e^{-y^2}\Big|_0^1+\int_0^1 e^{-y^2}dy^2\right)=\frac{1}{6}\left(1-\frac{2}{e}\right).$$

② 对于一般的积分区域 D，可以将之分割成若干 x-型或 y-型的区域之并，再利用积分对区域的可加性进行计算．

③ 综上，二重积分的计算方法与步骤是：

(a) 绘出 D 的草图；

(b) 根据 D 的形状并结合被积函数的特点，选取 D 的适当表述形式；

(c) 尽量利用 D 的对称性及被积函数的奇偶性以简化计算．

例 3　选用适当方法求下列积分．

(1) $\iint_D 3x^2y^2\,dxdy$，D 由 $y=0$ 及 $y=1-x^2$ 所围成；

(2) $\iint_D xy\,dxdy$，D 由 $y^2=x$ 及 $y=x-2$ 所围成．

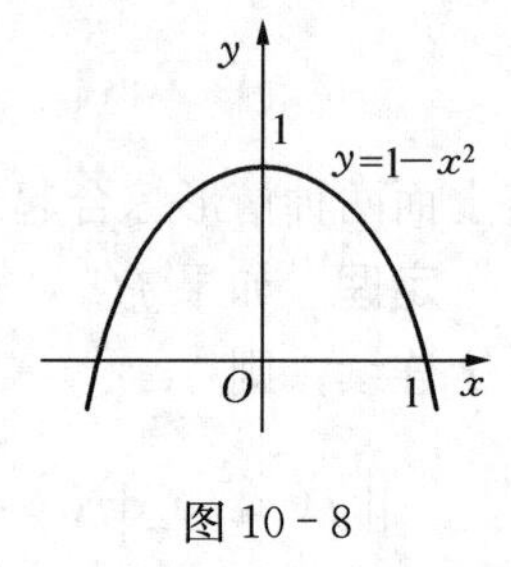

图 10－8

解　(1) 由图 10－8 知，采用 x-型域并由对称性：

$$\iint_D 3x^2y^2\,dxdy=\int_{-1}^1 dx\int_0^{1-x^2}3x^2y^2\,dy$$

$$=2\int_0^1 x^2(1-x^2)^3\,dx=\frac{32}{315}.$$

(2) 由图 10－9，采用 y-型域，则

$$\iint_D xy\,dxdy=\int_{-1}^2 dy\int_{y^2}^{y+2}xy\,dx$$

$$=\frac{1}{2}\int_{-1}^2 y[(y+2)^2-y^4]dy$$

$$=\frac{1}{2}\left[\frac{1}{4}y^4+2y^2+\frac{4}{3}y^3-\frac{1}{6}y^6\right]_{-1}^2=\frac{45}{8}.$$

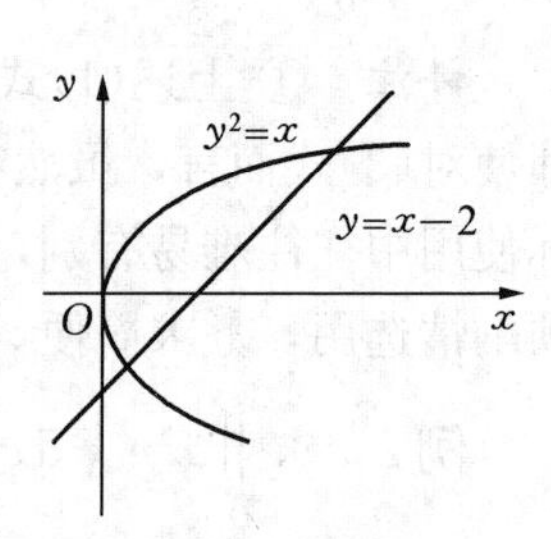

图 10－9

思考　如果对(2)使用 x-型域去计算，结果会怎样？

例 4　求直交圆柱面 $x^2+y^2=r^2$ 与 $x^2+z^2=r^2$ 所围立体体积．

解　如图 10－10 所示，由圆柱直交的对称性，选取第一卦限为例，有

$$V_1: 0 \leqslant x \leqslant r,\ 0 \leqslant y \leqslant \sqrt{r^2 - x^2},$$
$$0 \leqslant z \leqslant \sqrt{r^2 - x^2},$$

所以 $V = 8V_1 = 8\int_0^r \mathrm{d}x \int_0^{\sqrt{r^2-x^2}} \sqrt{r^2 - x^2}\,\mathrm{d}y$

$$= 8\int_0^r (r^2 - x^2)\,\mathrm{d}x = \frac{16}{3}r^3.$$

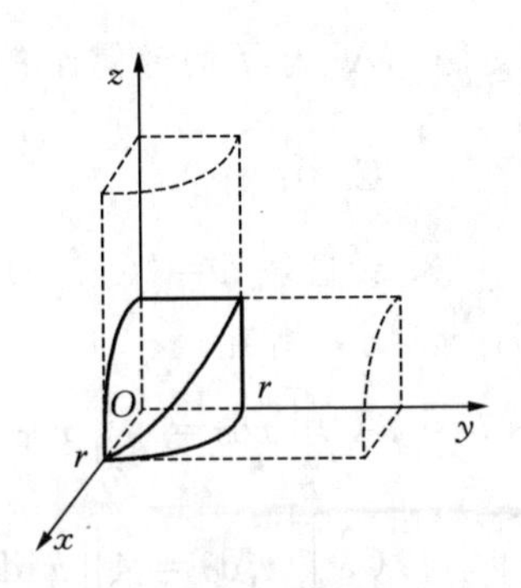

图 10－10

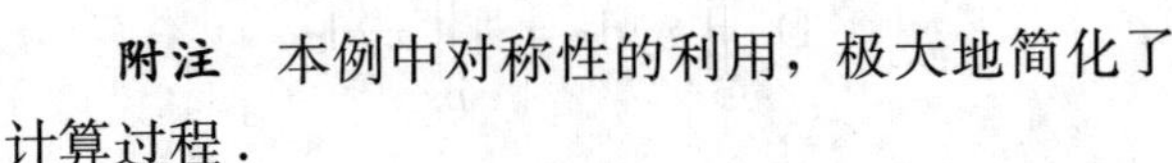

附注　本例中对称性的利用，极大地简化了计算过程．

在此，仅对二重积分关于函数奇偶性以及区域的对称性总结如下：设 $D = D_1 \cup D_2$，

（1）如果区域 D_1 与 D_2 关于 x 轴对称，则考查函数对 y 的奇偶性：

$$\iint_D f(x, y)\,\mathrm{d}x\mathrm{d}y = \begin{cases} 2\iint_{D_1} f(x, y)\,\mathrm{d}x\mathrm{d}y, & f(x, y) = f(x, -y), \\ 0, & f(x, y) = -f(x, -y); \end{cases}$$

（2）如果区域 D_1 与 D_2 关于 y 轴对称，则考查函数对 x 的奇偶性：

$$\iint_D f(x, y)\,\mathrm{d}x\mathrm{d}y = \begin{cases} 2\iint_{D_1} f(x, y)\,\mathrm{d}x\mathrm{d}y, & f(x, y) = f(-x, y), \\ 0, & f(x, y) = -f(-x, y); \end{cases}$$

（3）如果区域 D_1 与 D_2 关于原点对称，则要同时考查函数关于 x，y 的奇偶性：

$$\iint_D f(x, y)\,\mathrm{d}x\mathrm{d}y = \begin{cases} 2\iint_{D_1} f(x, y)\,\mathrm{d}x\mathrm{d}y, & f(x, y) = f(-x, -y), \\ 0, & f(x, y) = -f(-x, -y). \end{cases}$$

这对于简化二重积分的计算是十分重要的．

习题 10－2

思考题

1. $\iint_D xy\sin^2 x\,\mathrm{d}x\mathrm{d}y =$ ________，其中，$D = \{(x, y) \mid -2 \leqslant x \leqslant 2,\ x \leqslant y \leqslant 2\}$．

2. D 由 $y = x^3$，$y = 1$，$x = -1$ 围成，f 在 $\mathbf{R}$ 上连续，$\iint_D x[1 + yf(x^2 + y^2)]\,\mathrm{d}x\mathrm{d}y =$（　　）．

A. 与 f 的奇偶性有关；　　B. $-\frac{2}{5}$；

C. 0；　　D. $-\frac{1}{5}$.

3. 设区域 $D=\{(x, y) \mid x^2+y^2\leqslant a^2\}$，$D_1=\{(x, y) \mid x^2+y^2\leqslant a^2, x\geqslant 0, y\geqslant 0\}$，则有(　　).

A. $\iint\limits_D x\mathrm{d}\sigma = 4\iint\limits_{D_1} x\mathrm{d}\sigma$；　　B. $\iint\limits_D y\mathrm{d}\sigma = 4\iint\limits_{D_1} y\mathrm{d}\sigma$；

C. $\iint\limits_D x^2\mathrm{d}\sigma = 4\iint\limits_{D_1} x^2\mathrm{d}\sigma$；　　D. $\iint\limits_D xy\mathrm{d}\sigma = 4\iint\limits_{D_1} xy\mathrm{d}\sigma$.

4. 设 $f(x)$ 连续，$F(t)=\int_0^t \mathrm{d}y\int_y^t f(x)\mathrm{d}x$，则 $F'(2)=$(　　).

A. $2f(2)$；　　B. $f(2)$；

C. $-f(2)$；　　D. 0.

练习题

1. 计算下列二重积分.

(1) $\iint\limits_D xy\mathrm{e}^{x^2+y^2}\mathrm{d}\sigma$，其中 $D=\{(x, y) \mid 0\leqslant x\leqslant 1, 0\leqslant y\leqslant 1\}$；

(2) $\iint\limits_D (3x+2y)\mathrm{d}\sigma$，其中 D 由两坐标轴及直线 $x+y=1$ 所围成；

(3) $\iint\limits_D (x^2+y^2-x)\mathrm{d}\sigma$，其中 D 由直线 $y=2$，$y=x$，$y=2x$ 所围成；

(4) $\iint\limits_D \frac{x^2}{y^2}\mathrm{d}\sigma$，其中 D 由直线 $x=2$，$y=x$ 及双曲线 $yx=1$ 所围成；

(5) $\iint\limits_D xy^2\mathrm{d}\sigma$，其中 D 由抛物线 $y=\sqrt{x}$ 及 $y=x^2$ 所围成；

(6) $\iint\limits_D \frac{\sin x}{x}\mathrm{d}\sigma$，其中 D 由 $y=x^2+1$，$y=1$ 及 $x=1$ 所围成.

2. 交换下列二次积分的积分次序.

(1) $\int_0^2 \mathrm{d}y\int_{y^2}^{2y} f(x, y)\mathrm{d}x$；

(2) $\int_0^{\pi} \mathrm{d}x\int_{-\sin\frac{x}{2}}^{\sin x} f(x, y)\mathrm{d}y$；

(3) $\int_0^1 \mathrm{d}x\int_0^{\sqrt{2x-x^2}} f(x, y)\mathrm{d}y+\int_1^2 \mathrm{d}x\int_0^{2-x} f(x, y)\mathrm{d}y$；

(4) $\int_1^2 \mathrm{d}x\int_x^{x^2} f(x, y)\mathrm{d}y+\int_2^8 \mathrm{d}x\int_x^8 f(x, y)\mathrm{d}y$.

3. 设 $f(x, y)=\begin{cases}1, & 0\leqslant x\leqslant 1, 0\leqslant y\leqslant 1, \\ 0, & 其他,\end{cases}$ 而积分区域 D 由 $x+y\leqslant t$，$x=0$ 及 $y=0$ 所围成，求 $F(t)=\iint\limits_D f(x, y)\mathrm{d}x\mathrm{d}y$.

4. 证明等式

$\int_a^b \mathrm{d}x\int_a^x (x-y)^{n-2}f(y)\mathrm{d}y=\frac{1}{n-1}\int_a^b (b-y)^{n-1}f(y)\mathrm{d}y$（$n$ 为大于 1 的正整数）.

5. 设 $f(x)$ 在 $[a, b]$ 上连续，证明不等式：

$$\left[\int_a^b f(x)\mathrm{d}x\right]^2\leqslant(b-a)\int_a^b f^2(x)\mathrm{d}x.$$

6. 求平面 $x=0$，$y=0$，$x+y=1$ 围成的柱体被 $z=0$ 及抛物面 $x^2+y^2=6-z$ 所截得立体的体积.

第3节 二重积分的换元积分

上节给出了直角坐标形式下化二重积分为二次积分的方法与公式，这是计算二重积分的基本方法.

但由于被积函数、特别是积分区域的复杂性，仅靠上述方法是不够的. 正如定积分要进行换元积分那样，本节引入二重积分最常用的换元法——极坐标换元法.

一、极坐标换元公式的建立

设函数 $f(x, y)$ 在 xOy 平面上的有界闭域 D_{xy} 上连续，而变换

$$x=r\cos\theta, \ y=r\sin\theta$$

将 D_{xy} 转化为极坐标下的 θ-型域（图 10-11）

$$D_{r\theta}=\{\alpha\leqslant\theta\leqslant\beta, \ r_1(\theta)\leqslant r\leqslant r_2(\theta)\},$$

那么，二重积分 $\iint\limits_{D_{xy}} f(x, y)\mathrm{d}x\mathrm{d}y$ 在代换后有什么变化？

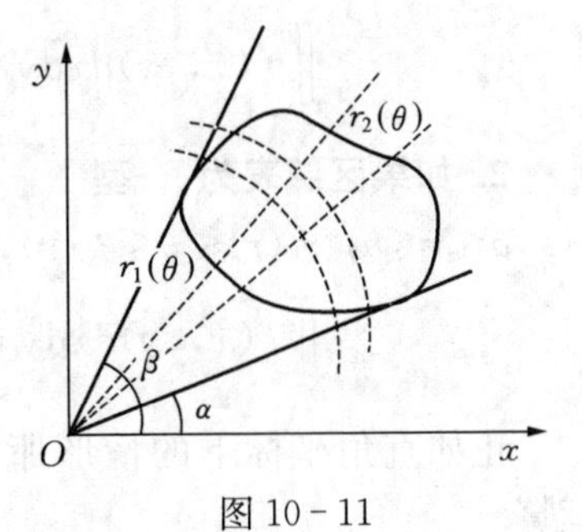

图 10-11

事实上，上述变换是将区域 D_{xy} 放置到了以 xOy 平面的原点为极点、x 轴正向为极轴的极坐标系中（图 10-11）. 我们仍采用定积分的思想方法来讨论.

(1) 分划：用极点引出的射线族 $\theta=\theta_k$ 和

以极点为圆心的同心圆族 $r=r_k$ 形成的网格划分 $D_{r\theta}$，使 $D_{r\theta}=\bigcup\limits_{k=1}^{n} D'_k$，其中 D'_k(对应于 D_{xy} 划分下的小区域 D_k)的面积记为 $\Delta\sigma'_k$，并记 $\lambda=\max\limits_{1\leqslant k\leqslant n}\{d_k：d_k$ 是 D'_k 的直径$\}$.

(2) 转化：对每个小区域 D'_k，由于其面积

$$\Delta\sigma'_k=\frac{1}{2}(r_k+\Delta r_k)^2\Delta\theta_k-\frac{1}{2}r_k^2\Delta\theta_k=r_k\Delta r_k\Delta\theta_k+\frac{1}{2}(\Delta r_k)^2\Delta\theta_k$$
$$\approx r_k\Delta r_k\Delta\theta_k(1\leqslant k\leqslant n),$$

由此可得 $\Delta x_k\Delta y_k\approx r_k\Delta r_k\Delta\theta_k$. 进而令 $\lambda\to 0$，即得面积微元 $\mathrm{d}x\mathrm{d}y=r\mathrm{d}r\mathrm{d}\theta$.

(3) 取极限：在二重积分存在的前提下(这时与区域的划分方式无关)，有

$$\begin{aligned}\iint\limits_{D_{xy}} f(x,y)\mathrm{d}x\mathrm{d}y&=\lim_{\lambda\to 0}\sum_{k=1}^{n} f(\xi_k,\eta_k)\Delta x_k\Delta y_k\\&=\lim_{\lambda\to 0}\sum_{k=1}^{n} f(r_k\cos\theta_k,r_k\sin\theta_k)r_k\Delta\theta_k\Delta r_k\\&=\iint\limits_{D_{r\theta}} f(r\cos\theta,r\sin\theta)r\mathrm{d}r\mathrm{d}\theta.\end{aligned}\tag{1}$$

此即极坐标下(亦即极坐标换元)的二重积分计算公式.

二、极坐标换元公式的应用

由上可知，在极坐标变换 $x=r\cos\theta$，$y=r\sin\theta$ 下，首先要注意：$\mathrm{d}x\mathrm{d}y\to r\mathrm{d}r\mathrm{d}\theta$；其次；要根据极坐标下的区域形状和函数特点化成不同顺序的二次积分.

一般而言，极坐标变换特别适宜于区域或被积函数含有“x^2+y^2”的场合.

1. 如果区域表示为 θ-型

$\alpha\leqslant\theta\leqslant\beta$，$r_1(\theta)\leqslant r\leqslant r_2(\theta)$，则(1)式的二次积分是

$$\iint\limits_{D_{xy}} f(x,y)\mathrm{d}x\mathrm{d}y=\int_{\alpha}^{\beta}\mathrm{d}\theta\int_{r_1(\theta)}^{r_2(\theta)} f(r\cos\theta,r\sin\theta)r\mathrm{d}r.\tag{2}$$

2. 如果区域表为 r-型

$a\leqslant r\leqslant b$，$\theta_1(r)\leqslant\theta\leqslant\theta_2(r)$，则类上可得

$$\iint\limits_{D_{xy}} f(x,y)\mathrm{d}x\mathrm{d}y=\int_{a}^{b} r\mathrm{d}r\int_{\theta_1(r)}^{\theta_2(r)} f(r\cos\theta,r\sin\theta)\mathrm{d}\theta.\tag{3}$$

正如直角坐标下的情形那样，公式(2)与(3)也要酌情选用，以利简化运算.

评注　确定换元后新变量 r，θ 的积分限是积分计算的关键．对此一般采用代数与几何相结合的方法．以 θ-型为例，代数法是由已知曲线的直角坐标方程结合极坐标变换的式子依次确定 θ，r 的变化范围，而几何法大致分为三种情形：

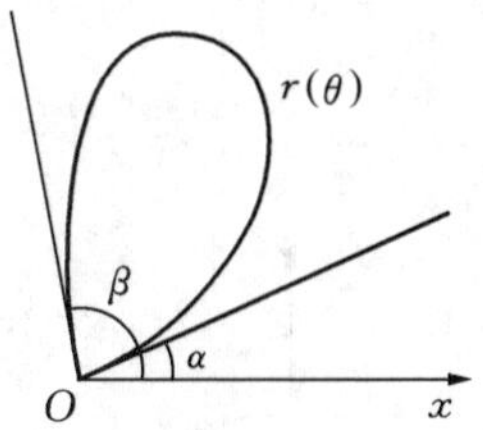

图 10-12

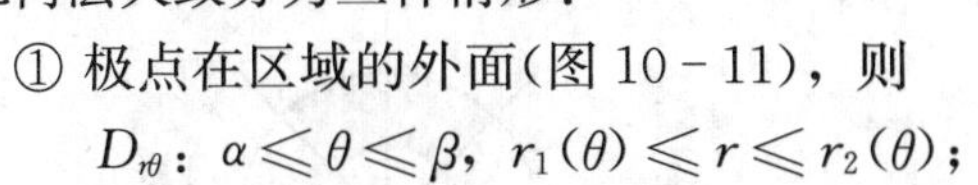

① 极点在区域的外面(图 10-11)，则

$D_{r\theta}$：$\alpha\leqslant\theta\leqslant\beta$，$r_1(\theta)\leqslant r\leqslant r_2(\theta)$；

② 极点在区域的边界上(图 10-12)，则

$D_{r\theta}$：$\alpha\leqslant\theta\leqslant\beta$，$0\leqslant r\leqslant r(\theta)$；

③ 极点在区域的内部(图 10-13)，则

$D_{r\theta}$：$0\leqslant\theta\leqslant 2\pi$，$0\leqslant r\leqslant r(\theta)$.

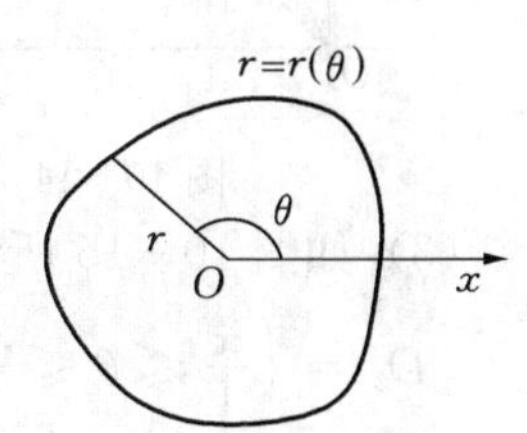

图 10-13

例 1　写出 $\iint\limits_{D_{xy}} f(x, y)\mathrm{d}x\mathrm{d}y$ 在极坐标形式下的两种二次积分：

(1) D_1：由 $x^2+y^2=1$ 所围成的区域；

(2) D_2：由 $y=x$，$y=2x$，$x=1$ 所围成的区域；

(3) D_3：由 $x^2+y^2=1$，$x^2+y^2=4$，$y=x$，$y=-x$，$y\geqslant 0$ 所围成的区域.

解　令 $x=r\cos\theta$，$y=r\sin\theta$，

(1) 由于极点在区域内部，表示为

$$D_1=\begin{Bmatrix}0\leqslant\theta\leqslant 2\pi\\0\leqslant r\leqslant 1\end{Bmatrix}=\begin{Bmatrix}0\leqslant r\leqslant 1\\0\leqslant\theta\leqslant 2\pi\end{Bmatrix},$$

故
$$\iint\limits_{D_1} f(x, y)\mathrm{d}x\mathrm{d}y=\int_0^{2\pi}\mathrm{d}\theta\int_0^1 f(r\cos\theta, r\sin\theta)r\mathrm{d}r$$
$$=\int_0^1 r\mathrm{d}r\int_0^{2\pi} f(r\cos\theta, r\sin\theta)\mathrm{d}\theta.$$

(2) 如图 10-14 所示，极点在区域的边界上，而

$$D_2=\left\{\frac{\pi}{4}\leqslant\theta\leqslant\arctan 2, 0\leqslant r\leqslant\sec\theta\right\}$$
$$=\left\{0\leqslant r\leqslant\sqrt{2}, \frac{\pi}{4}\leqslant\theta\leqslant\arctan 2\right\}\cup$$
$$\left\{\sqrt{2}\leqslant r\leqslant\sqrt{5}, \arccos\frac{1}{r}\leqslant\theta\leqslant\arctan 2\right\},$$

所以
$$\iint\limits_{D_2} f(x, y)\mathrm{d}\sigma=\int_{\frac{\pi}{4}}^{\arctan 2}\mathrm{d}\theta\int_0^{\sec\theta} f(r\cos\theta, r\sin\theta)r\mathrm{d}r$$

$$= \int_0^{\sqrt{2}} r\mathrm{d}r \int_{\frac{\pi}{4}}^{\arctan 2} f(r\cos\theta,\ r\sin\theta)\mathrm{d}\theta +$$

$$\int_{\sqrt{2}}^{\sqrt{5}} r\mathrm{d}r \int_{\arccos\frac{1}{r}}^{\arctan 2} f(r\cos\theta,\ r\sin\theta)\mathrm{d}\theta.$$

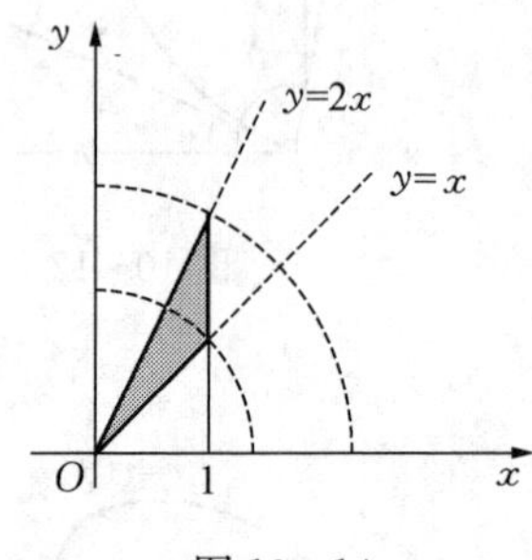

图 10－14

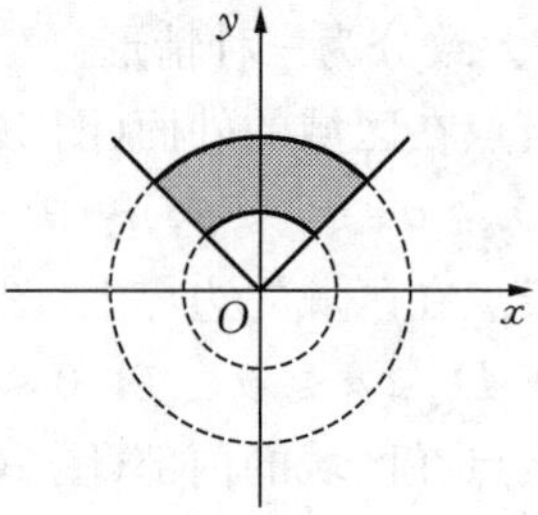

图 10－15

(3) 如图 10－15 所示，极点在区域之外，而

$$D_3 = \left\{\frac{\pi}{4} \leqslant \theta \leqslant \frac{3\pi}{4},\ 1 \leqslant r \leqslant 2\right\} = \left\{1 \leqslant r \leqslant 2,\ \frac{\pi}{4} \leqslant \theta \leqslant \frac{3\pi}{4}\right\},$$

所以 $\iint\limits_{D_3} f(x,\ y)\mathrm{d}\sigma = \int_{\frac{\pi}{4}}^{\frac{3\pi}{4}} \mathrm{d}\theta \int_1^2 f(r\cos\theta,\ r\sin\theta) r\mathrm{d}r = \int_1^2 r\mathrm{d}r \int_{\frac{\pi}{4}}^{\frac{3\pi}{4}} f(r\cos\theta,\ r\sin\theta)\mathrm{d}\theta.$

例 2　求 $\iint\limits_D \mathrm{e}^{-x^2-y^2}\mathrm{d}x\mathrm{d}y$，$D$：$x^2+y^2 \leqslant a^2$.

解　此题不能用直角坐标去计算——因为 e^{-x^2} 或 e^{-y^2} 均无初等形式的原函数．但作极坐标变换，则有

$$\iint\limits_D \mathrm{e}^{-x^2-y^2}\mathrm{d}x\mathrm{d}y = \int_0^{2\pi}\mathrm{d}\theta \int_0^a \mathrm{e}^{-r^2} r\mathrm{d}r = \pi(1-\mathrm{e}^{-a^2}).$$

例 3　求球体 $x^2+y^2+z^2 \leqslant 4a^2$ 与圆柱体 $x^2+y^2 \leqslant 2ax\ (a>0)$ 相交的公共部分的体积．

解　如图 10－16 所示，由对称性，取第一卦限中的部分为例．作极坐标变换，有

$$D: 0 \leqslant \theta \leqslant \frac{\pi}{2},\ 0 \leqslant r \leqslant 2a\cos\theta,$$

所以 $V = 4\iint\limits_D z\mathrm{d}x\mathrm{d}y = 4\iint\limits_D \sqrt{4a^2-x^2-y^2}\,\mathrm{d}x\mathrm{d}y$

$$= 4\int_0^{\frac{\pi}{2}} \mathrm{d}\theta \int_0^{2a\cos\theta} \sqrt{4a^2-r^2}\, r\mathrm{d}r$$

$$= \frac{32a^3}{3}\int_0^{\frac{\pi}{2}} (1-\sin^3\theta)\mathrm{d}\theta = \frac{32}{3}a^3\left(\frac{\pi}{2}-\frac{2}{3}\right).$$

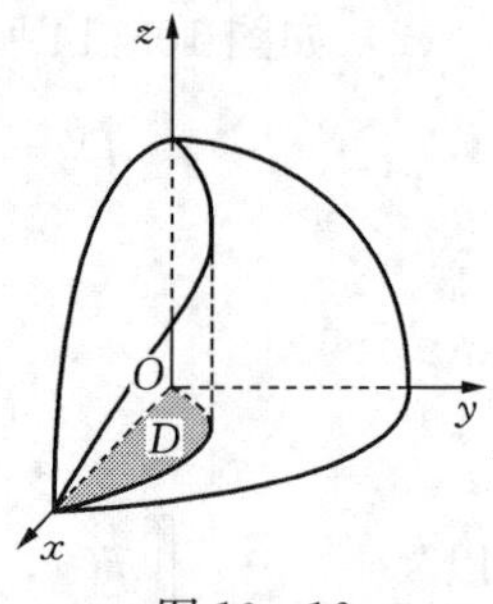

图 10－16

习题 10－3

思考题

1. 若 $\iint\limits_D f(x, y)\mathrm{d}x\mathrm{d}y=\int_{-\frac{\pi}{2}}^{\frac{\pi}{2}}\mathrm{d}\theta\int_0^{a\cos\theta} rf(r\cos\theta, r\sin\theta)\mathrm{d}r$，则区域 D 是（ ）.

A. $x^2+y^2\leqslant a^2$；

B. $x^2+y^2\leqslant a^2(x\geqslant 0)$；

C. $x^2+y^2\leqslant ax(a>0)$；

D. $x^2+y^2\leqslant ax(a<0)$.

2. 设 $f(x, y)$ 在 S：$x^2+y^2\leqslant a^2$ 上连续，则 $\int_0^a\mathrm{d}x\int_{-\sqrt{a^2-x^2}}^{\sqrt{a^2-x^2}}f(x, y)\mathrm{d}y=$（ ）.

A. $\int_0^a r\mathrm{d}r\int_0^{2\pi}f(r\cos\theta, r\sin\theta)\mathrm{d}\theta$；

B. $\int_0^a\mathrm{d}r\int_0^{\frac{\pi}{2}}f(r\cos\theta, r\sin\theta)\mathrm{d}\theta$；

C. $\int_0^{\pi}\mathrm{d}\theta\int_0^a f(r\cos\theta, r\sin\theta)r\mathrm{d}r$；

D. $\int_{-\frac{\pi}{2}}^{\frac{\pi}{2}}\mathrm{d}\theta\int_0^a f(r\cos\theta, r\sin\theta)r\mathrm{d}r$.

3. 化下列二次积分为极坐标形式的二次积分：

(1) $\int_0^1\mathrm{d}x\int_0^x f(x, y)\mathrm{d}y$；

(2) $\int_0^{2a}\mathrm{d}x\int_0^{\sqrt{2ax-x^2}}f(x^2+y^2)\mathrm{d}y$；

(3) $\int_0^1\mathrm{d}x\int_{1-x}^{\sqrt{1-x^2}}f(x, y)\mathrm{d}y$；

(4) $\int_0^1\mathrm{d}y\int_{-y}^{\sqrt{y}}f(x, y)\mathrm{d}x$.

练习题

1. 用极坐标计算下列二重积分：

(1) $\iint\limits_D\sin(x^2+y^2)\mathrm{d}x\mathrm{d}y$，其中 D 是圆环域 $1\leqslant x^2+y^2\leqslant 4$；

(2) $\iint\limits_D\ln(1+x^2+y^2)\mathrm{d}x\mathrm{d}y$，其中 D 是 $y=0$，$y=x$ 及 $x^2+y^2=1$ 在第一象限所围成的闭区域；

(3) $\iint\limits_D\arctan\frac{y}{x}\mathrm{d}x\mathrm{d}y$，其中 D 是两圆 $x^2+y^2=1$，$x^2+y^2=9$ 及两直线 $y=\frac{x}{\sqrt{3}}$，$y=\sqrt{3}x$ 在第一象限所围成的闭区域；

(4) $\iint\limits_D\sqrt{\frac{1-x^2-y^2}{1+x^2+y^2}}\mathrm{d}x\mathrm{d}y$，其中 D 是由圆 $x^2+y^2=1$ 与坐标轴在第一象限所围成的闭区域；

(5) $\iint\limits_{D}\sqrt{x^2+y^2}\,\mathrm{d}x\mathrm{d}y$，其中 D 是圆环域$\{(x,\ y)\mid a^2\leqslant x^2+y^2\leqslant b^2\}$，$0<a<b$.

2. 计算以 xOy 坐标面上的圆周 $x^2+y^2=ay$，$a>0$ 所围闭区域为底，以曲面 $z=x^2+y^2$ 为顶的曲顶柱体的体积.

3. 计算二重积分 $\iint\limits_{D}\sqrt{\dfrac{x^2+y^2}{4a^2-x^2-y^2}}\,\mathrm{d}x\mathrm{d}y$，其中 D 是由曲线 $y=-a+\sqrt{a^2-x^2}\,(a>0)$ 和直线 $y=-x$ 所围成的闭区域.

第4节　三重积分

本节将二重积分的概念与理论推广到三元函数的场合.

一、三重积分的概念与性质

三元函数的重积分概念虽然不再具有几何意义，但却有如下的物理背景.

1. 实例引入——立体的质量计算

如图10-17所示，设立体 $V\subset\mathbf{R}^3$ 上具有连续密度 $f(x,\ y,\ z)$. 我们仍采用定积分的思想方法，给出其质量表示.

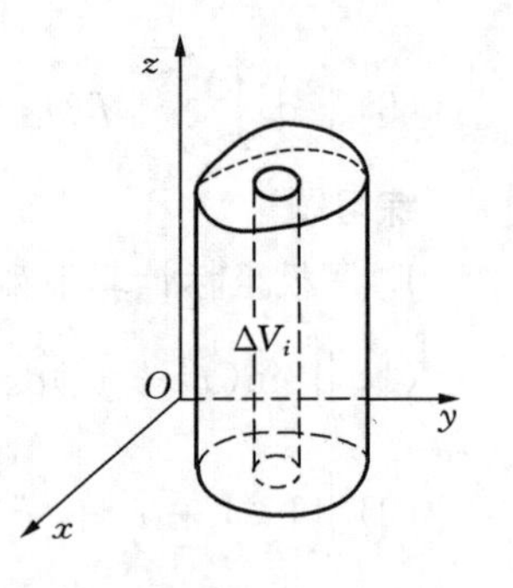

图 10-17

(1) 分划：将 V 分成 n 个不重叠的小立体之和：

$$V=\bigcup_{i=1}^{n}V_i,$$

其中，小立体 V_i 的体积用 ΔV_i 表示.

(2) 转化：任取 $P_i(\xi_i,\ \eta_i,\ \zeta_i)\in V_i$，将 V_i 的质量近似取为 $m_i\approx f(\xi_i,\ \eta_i,\ \zeta_i)\Delta V_i$，则 V 的总质量

$$m=\sum_{i=1}^{n}m_i\approx\sum_{i=1}^{n}f(\xi_i,\ \eta_i,\ \zeta_i)\Delta V_i.$$

(3) 取极限：令 $\lambda=\max\limits_{1\leqslant i\leqslant n}\{d_i:\ d_i$ 表示 V_i 的直径$\}\to 0$，即得

$$m=\lim_{\lambda\to 0}\sum_{i=1}^{n}f(\xi_i,\ \eta_i,\ \zeta_i)\Delta V_i.$$

由此借鉴二重积分的定义，有

2. 三重积分的定义

定义　设函数 $f(x, y, z)$ 在有界闭区域 $V\subset \mathbf{R}^3$ 上有定义，将区域 V 任意分成 n 个不重叠的小闭区域 $V_1, V_2, \cdots, V_n$，记 V_i 的体积为 ΔV_i，$\lambda=\max\limits_{1\leqslant i\leqslant n}\{d_i: d_i$ 表示 V_i 的直径$\}$. 如果任取 $(\xi_i, \eta_i, \zeta_i)\in V_i (i=1, 2, \cdots, n)$，极限

$$\lim_{\lambda\to 0}\sum_{i=1}^{n} f(\xi_i, \eta_i, \zeta_i)\Delta V_i$$

存在，则称此极限为函数 $f(x, y, z)$ 在区域 V 上的三重积分，记为

$$\iiint_V f(x, y, z)\,\mathrm{d}V=\lim_{\lambda\to 0}\sum_{i=1}^{n} f(\xi_i, \eta_i, \zeta_i)\Delta V_i,$$

其中 V 称为积分区域，x, y, z 称为积分变量，$\mathrm{d}V$ 叫作体积元素.

3. 三重积分的性质

三重积分有着与二重积分完全类似的性质. 仅罗列如下.

定理 1(可积的必要条件)　如果函数 $f(x, y, z)$ 在有界闭区域 V 上的三重积分存在，则 $f(x, y, z)$ 在闭区域 V 上有界.

定理 2(可积的充分条件)　如果函数 $f(x, y, z)$ 在有界闭区域 V 上连续，则三重积分存在.

在函数可积的前提下，也有

性质 1(线性运算)　对任意常数 λ, μ，有

$$\iiint_V [\lambda f(x, y, z)\pm\mu g(x, y, z)]\mathrm{d}V=\lambda\iiint_V f(x, y, z)\mathrm{d}V\pm\mu\iiint_V g(x, y, z)\mathrm{d}V.$$

性质 2(区域可加)　如果区域 $V=V_1\cup V_2$ 且 $V_1\cap V_2=\varnothing$，则

$$\iiint_V f(x, y, z)\,\mathrm{d}V=\iiint_{V_1} f(x, y, z)\,\mathrm{d}V+\iiint_{V_2} f(x, y, z)\,\mathrm{d}V.$$

性质 3(不等式)　如果在闭区域 V 上 $f(x, y, z)\leqslant g(x, y, z)$，则

$$\iiint_V f(x, y, z)\,\mathrm{d}V\leqslant\iiint_V g(x, y, z)\,\mathrm{d}V.$$

性质 4(中值定理)　若 $f(x, y, z)$ 在 V 上连续，V 的体积记为 $|V|$，则存在点 $P(\xi, \eta, \zeta)\in V$，使得

$$\iiint_V f(x, y, z)\,\mathrm{d}V=f(\xi, \eta, \zeta)\cdot|V|.$$

二、三重积分的计算

先给出在直角坐标下的计算公式. 按照二重积分化二次积分的思想，这里

是化为“三次积分”．为方便推导，假定下面所讨论的都是简单曲面（即 V 的边界曲面与平行于坐标轴的直线最多有两个交点）．

1. 先一次积分后二重积分

设空间闭区域 V 的边界曲面可以分成上下两部分，并分别表示为方程 $z=z_2(x, y)$ 及 $z=z_1(x, y)$，且 V 在 xOy 坐标面上的投影区域 D 是 $z_1(x, y)$ 与 $z_2(x, y)$ 的共同定义域．

假设上述曲面方程中的函数在 D 上连续，且 $z_1(x, y)\leqslant z_2(x, y)$．如图 10－18 所示，有

$$\iiint_V f(x, y, z)\mathrm{d}x\mathrm{d}y\mathrm{d}z$$

$$=\iint_D \mathrm{d}x\mathrm{d}y\int_{z_1(x, y)}^{z_2(x, y)} f(x, y, z)\mathrm{d}z.$$

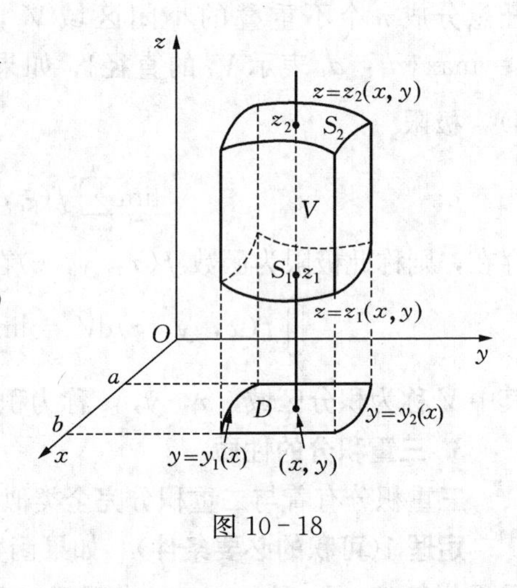

图 10－18

注意到上式中对 z 的积分结果是 x，y 的函数，并已化为二重积分，故针对 D 的不同表述形式：x-型域或 y-型域，即可继续化为相应的二次积分

$$\iiint_V f(x, y, z)\mathrm{d}x\mathrm{d}y\mathrm{d}z=\int_a^b \mathrm{d}x\int_{y_1(x)}^{y_2(x)}\mathrm{d}y\int_{z_1(x, y)}^{z_2(x, y)} f(x, y, z)\mathrm{d}z \quad (1)$$

或 $$\iiint_V f(x, y, z)\mathrm{d}x\mathrm{d}y\mathrm{d}z=\int_c^d \mathrm{d}y\int_{\varphi_1(y)}^{\varphi_2(y)}\mathrm{d}x\int_{z_1(x, y)}^{z_2(x, y)} f(x, y, z)\mathrm{d}z. \quad (1')$$

说明　① 此即化三重积分为三次积分（先一后二）的方法，其步骤是：

（Ⅰ）用平行 z 轴的直线穿过积分区域 V，以确定 z 的上下积分限；

（Ⅱ）将积分区域 V 投影到 xOy 平面得到积分区域 D，根据 D 的具体表述形式化为三次积分；

② 如果将 V 投影在 yOz 或 zOx 平面能使得三重积分计算简便，则有与上述结果类似的（两类四个）计算公式．请读者自行写出，作为练习．

例 1　求下列积分．

(1) $\iiint_V x\mathrm{d}x\mathrm{d}y\mathrm{d}z$，$V$ 由 $x+y+z=1$ 与三个坐标面所围成．

(2) $\iiint_V z\mathrm{d}x\mathrm{d}y\mathrm{d}z$，$V$ 由 $z^2=x^2+y^2$，$z=h>0$ 所围成．

(3) $\iiint_V (x+y+z)\mathrm{d}x\mathrm{d}y\mathrm{d}z$，$V=\{(x, y, z)\mid 0\leqslant x\leqslant 1, 2\leqslant y\leqslant 4, 0\leqslant z\leqslant 3\}$．

解 (1) 如图 10-19 所示，取

$$V: 0\leqslant x\leqslant 1,\ 0\leqslant y\leqslant 1-x,\ 0\leqslant z\leqslant 1-x-y,$$

则

$$\iiint_V x\mathrm{d}x\mathrm{d}y\mathrm{d}z=\int_0^1 x\mathrm{d}x\int_0^{1-x}\mathrm{d}y\int_0^{1-x-y}\mathrm{d}z$$

$$=\int_0^1 x\mathrm{d}x\int_0^{1-x}(1-x-y)\mathrm{d}y=\frac{1}{24}.$$

(2) 如图 10-20 所示，取

$$V: x^2+y^2\leqslant h^2, \sqrt{x^2+y^2}\leqslant z\leqslant h,$$

则 $\iiint\limits_V z\mathrm{d}x\mathrm{d}y\mathrm{d}z=\iint\limits_D \mathrm{d}x\mathrm{d}y\int_{\sqrt{x^2+y^2}}^h z\mathrm{d}z=\frac{1}{2}\iint\limits_D (h^2-x^2-y^2)\mathrm{d}x\mathrm{d}y=\frac{\pi}{4}h^4.$

这后面的二重积分计算使用了极坐标变换.

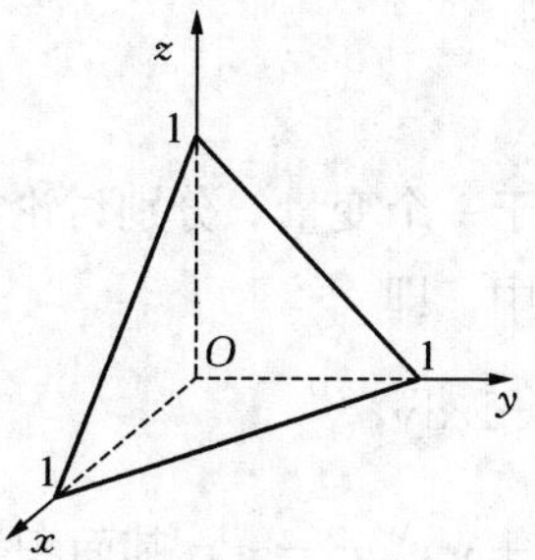

图 10-19

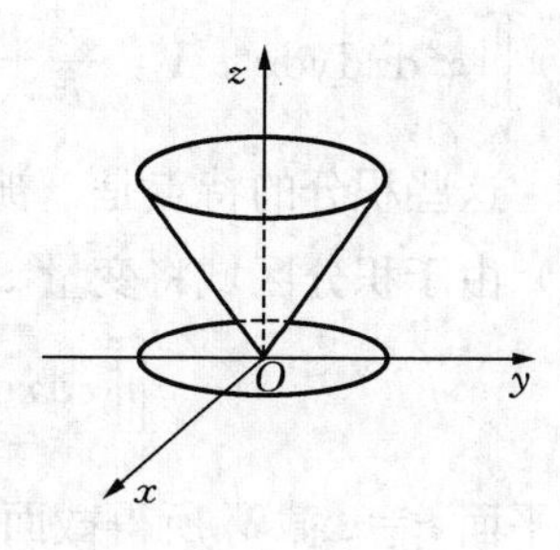

图 10-20

(3) 注意到这里的区域 V 为长方体，且积分限均为常数，故

$$\iiint_V (x+y+z)\mathrm{d}x\mathrm{d}y\mathrm{d}z=\int_0^1\mathrm{d}x\int_2^4\mathrm{d}y\int_0^3(x+y+z)\mathrm{d}z$$

$$=3\int_0^1\mathrm{d}x\int_2^4\left(x+y+\frac{3}{2}\right)\mathrm{d}y$$

$$=30.$$

2. 先二重积分后一次积分

与上面顺序不同的是，有时先考虑实施二重积分的计算会比较简便.

仍以立体 V 的质量计算为例，其密度函数为 $f(x, y, z)$. 假设 V 在 z 轴上的投影为 $[a, b]$，用平面 $z=z$ 截 V，所得截面为 $D_z=D(z)$，$z\in[a, b]$. 由于该截面的质量是

$$\iint_{D_z} f(x, y, z)\mathrm{d}x\mathrm{d}y,\ z\in[a, b],$$

于是由定积分的思想，立体 V 的质量表示为

$$\iiint_V f(x,y,z)\mathrm{d}x\mathrm{d}y\mathrm{d}z = \int_a^b \left[\iint_{D_z} f(x,y,z)\mathrm{d}x\mathrm{d}y\right]\mathrm{d}z$$
$$= \int_a^b \mathrm{d}z \iint_{D_z} f(x,y,z)\mathrm{d}x\mathrm{d}y.$$

将此形式推广到任意三元函数的重积分场合，即得所谓“先二后一”的计算公式：

$$\iiint_V f(x,y,z)\mathrm{d}x\mathrm{d}y\mathrm{d}z = \int_a^b \mathrm{d}z \iint_{D_z} f(x,y,z)\mathrm{d}x\mathrm{d}y. \tag{2}$$

例 2 计算三重积分．

(1) $\iiint_V z\mathrm{d}x\mathrm{d}y\mathrm{d}z$，$V$：$x^2+y^2+z^2\leqslant a^2$，$z\geqslant 0$；

(2) $\iiint_V z^2\mathrm{d}x\mathrm{d}y\mathrm{d}z$，$V$：$\dfrac{x^2}{a^2}+\dfrac{y^2}{b^2}+\dfrac{z^2}{c^2}\leqslant 1$.

解 这些积分的特点是，被积函数只依赖于一个变量．分别讨论如下：

(1) 由于积分区域将变量 z 限制在 $[0, a]$ 中，即

$$\iiint_V z\mathrm{d}x\mathrm{d}y\mathrm{d}z = \int_0^a \mathrm{d}z \iint_{D_z} z\mathrm{d}x\mathrm{d}y,$$

注意到平面 $z=z$ 截 V 所得截面为圆域 D_z：$x^2+y^2\leqslant a^2-z^2$，其面积为

$$\iint_{D_z} \mathrm{d}x\mathrm{d}y = \pi(a^2-z^2),$$

于是 $$\iiint_V z\mathrm{d}x\mathrm{d}y\mathrm{d}z = \int_0^a z\mathrm{d}z \iint_{D_z} \mathrm{d}x\mathrm{d}y = \int_0^a \pi z(a^2-z^2)\mathrm{d}z = \frac{\pi}{4}a^4.$$

(2) 由于积分区域将变量 z 限制在 $[-c, c]$ 上，同上有

$$\iiint_V z^2\mathrm{d}x\mathrm{d}y\mathrm{d}z = \int_{-c}^c z^2\mathrm{d}z \iint_{D_z} \mathrm{d}x\mathrm{d}y,$$

注意到平面 $z=z$ 截 V 所得截面为椭圆域 D_z：$\dfrac{x^2}{a^2}+\dfrac{y^2}{b^2}\leqslant 1-\dfrac{z^2}{c^2}$，其面积为

$$\iint_{D_z} \mathrm{d}x\mathrm{d}y = \pi ab\left(1-\frac{z^2}{c^2}\right),$$

故 $$\iiint_V z^2\mathrm{d}x\mathrm{d}y\mathrm{d}z = \pi ab\int_{-c}^c z^2\left(1-\frac{z^2}{c^2}\right)\mathrm{d}z = \frac{4}{15}\pi abc^3.$$

三、三重积分换元法

二重积分的换元法亦可推广过来．这里主要有柱坐标变换和球坐标变换两

种方法．

1. 柱坐标变换

柱坐标是**圆柱面坐标**的简称．笼统地讲，它由“平面极坐标”与“z 轴的直角坐标”叠加而成：

$$\begin{cases} x = r\cos\theta, & 0 < r < +\infty, \\ y = r\sin\theta, & 0 \leqslant \theta \leqslant 2\pi, \\ z = z, & -\infty < z < +\infty, \end{cases}$$

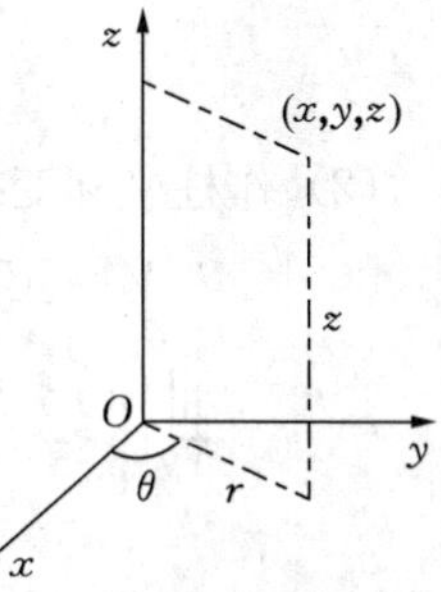

图 10－21

如图 10－21 所示，在此变换下的体积微元 $\mathrm{d}x\mathrm{d}y\mathrm{d}z = r\mathrm{d}r\mathrm{d}\theta\mathrm{d}z$，而三重积分化为

$$\iiint\limits_{V_{xyz}} f(x, y, z)\mathrm{d}x\mathrm{d}y\mathrm{d}z = \iiint\limits_{V_{r\theta z}} f(r\cos\theta, r\sin\theta, z)r\mathrm{d}r\mathrm{d}\theta\mathrm{d}z.$$

特别地，对 $V_{r\theta z} = \{(\theta, r, z) \mid \alpha \leqslant \theta \leqslant \beta, r_1(\theta) \leqslant r \leqslant r_2(\theta), z_1(r, \theta) \leqslant z \leqslant z_2(r, \theta)\}$时，有

$$\iiint\limits_{V_{xyz}} f(x, y, z)\mathrm{d}x\mathrm{d}y\mathrm{d}z = \int_\alpha^\beta \mathrm{d}\theta \int_{r_1(\theta)}^{r_2(\theta)} r\mathrm{d}r \int_{z_1(r, \theta)}^{z_2(r, \theta)} f(r\cos\theta, r\sin\theta, z)\mathrm{d}z. \tag{3}$$

附注 ① 若 $V_{r\theta z} = \{(\theta, r, z) \mid a \leqslant r \leqslant b, \theta_1(r) \leqslant \theta \leqslant \theta_2(r), z_1(r, \theta) \leqslant z \leqslant z_2(r, \theta)\}$，则有

$$\iiint\limits_{V_{xyz}} f(x, y, z)\mathrm{d}x\mathrm{d}y\mathrm{d}z = \int_a^b r\mathrm{d}r \int_{\theta_1(r)}^{\theta_2(r)} \mathrm{d}\theta \int_{z_1(r, \theta)}^{z_2(r, \theta)} f(r\cos\theta, r\sin\theta, z)\mathrm{d}z. \tag{3'}$$

② 当被积函数 $f(x, y, z)$或积分区域 V 的表达式中含有“x^2+y^2”“$x^2+y^2+z^2$”的式子时，一般用柱坐标计算三重积分比较方便．

例 3 求积分．

(1) $\iiint\limits_V z\mathrm{d}x\mathrm{d}y\mathrm{d}z$，$V$ 由 $x^2+y^2+z^2=4$，$x^2+y^2=3z$ 所围成；

(2) $\iiint\limits_V (x^2+y^2)\mathrm{d}x\mathrm{d}y\mathrm{d}z$，$V$ 由 $z=2(x^2+y^2)$，$z=4$ 所围成．

解 (1) 如图 10－22 所示，作柱坐标变换，有

$$V \to V': 0 \leqslant \theta \leqslant 2\pi, 0 \leqslant r \leqslant \sqrt{3}, r^2/3 \leqslant z \leqslant \sqrt{4-r^2},$$

所以 $$\iiint\limits_V z\mathrm{d}x\mathrm{d}y\mathrm{d}z = \int_0^{2\pi} \mathrm{d}\theta \int_0^{\sqrt{3}} r\mathrm{d}r \int_{r^2/3}^{\sqrt{4-r^2}} z\mathrm{d}z$$

$$=\frac{1}{2}\int_0^{2\pi}\mathrm{d}\theta\int_0^{\sqrt{3}} r\left(4-r^2-\frac{r^4}{9}\right)\mathrm{d}r=\frac{13\pi}{4}.$$

(2) 作柱坐标变换，如图 10－23 所示，有

$$V\rightarrow V':0\leqslant\theta\leqslant 2\pi,\ 0\leqslant r\leqslant\sqrt{2},\ 2r^2\leqslant z\leqslant 4,$$

则
$$\iiint\limits_V (x^2+y^2)\mathrm{d}x\mathrm{d}y\mathrm{d}z=\int_0^{2\pi}\mathrm{d}\theta\int_0^{\sqrt{2}} r^3\mathrm{d}r\int_{2r^2}^4\mathrm{d}z$$
$$=\int_0^{2\pi}\mathrm{d}\theta\int_0^{\sqrt{2}} r^3(4-2r^2)\mathrm{d}r=\frac{8\pi}{3}.$$

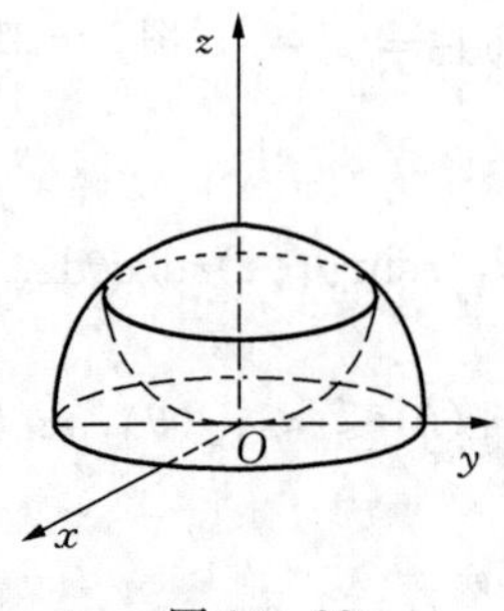

图 10－22

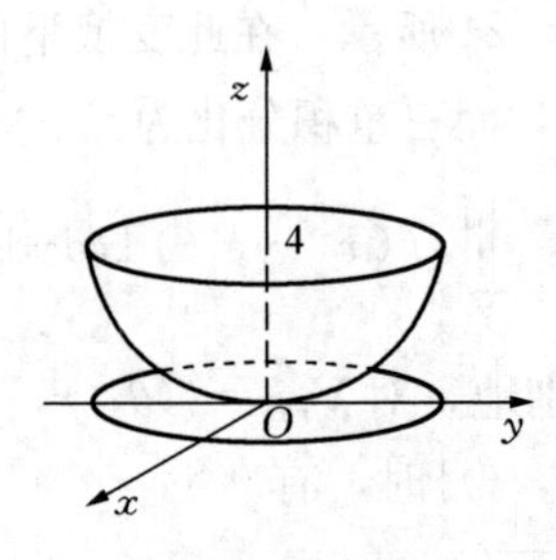

图 10－23

2. 球坐标变换

球坐标又称球面坐标系．对于函数 $f(x,\ y,\ z)$ 或积分区域 V 含有“$x^2+y^2+z^2$”或“$z=\sqrt{x^2+y^2}$”的情形，用下面的球坐标变换更为简便有效(图 10－24)：

$$\begin{cases}x=r\sin\varphi\cos\theta, & 0\leqslant r<+\infty,\\ y=r\sin\varphi\sin\theta, & 0\leqslant\varphi\leqslant\pi,\\ z=r\cos\varphi, & 0\leqslant\theta\leqslant 2\pi.\end{cases}$$

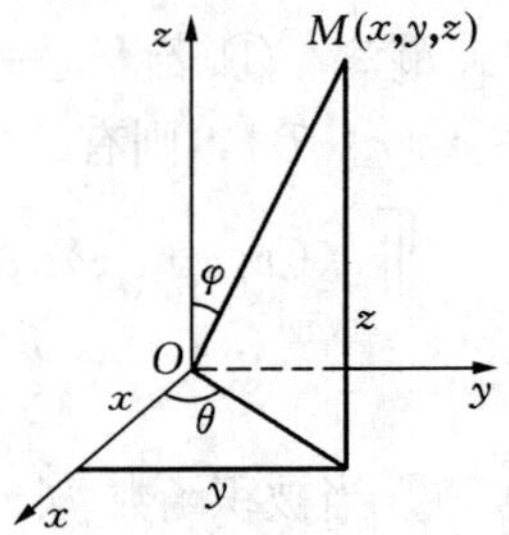

图 10－24

在此变换下，体积微元 $\mathrm{d}x\mathrm{d}y\mathrm{d}z=r^2\sin\varphi\mathrm{d}r\mathrm{d}\theta\mathrm{d}\varphi$，而三重积分化为

$$\iiint\limits_{V_{xyz}} f(x,\ y,\ z)\mathrm{d}x\mathrm{d}y\mathrm{d}z=\iiint\limits_{V_{r\theta\varphi}} f(r\sin\varphi\cos\theta,\ r\sin\varphi\sin\theta,\ r\cos\varphi)r^2\sin\varphi\mathrm{d}r\mathrm{d}\theta\mathrm{d}\varphi,$$

然后再根据球坐标下区域 V 的具体表述方式，化为三次积分即可(当然，针对积分变量 r，θ，φ 的先后顺序，这里也有不同形式的积分公式，需要酌情选用)．

例 4　求积分．

(1) $\iiint\limits_V z\mathrm{d}x\mathrm{d}y\mathrm{d}z$，$V$ 由曲面 $z^2=x^2+y^2$，$z=h>0$ 所围成．

(2) $\iiint\limits_V \sqrt{x^2+y^2+z^2}\mathrm{d}x\mathrm{d}y\mathrm{d}z$，$V$ 表示为 $x^2+y^2+z^2\leqslant z$.

解 (1) 作球坐标变换，则 $V\to V'$：$0\leqslant\theta\leqslant 2\pi$，$0\leqslant\varphi\leqslant\pi/4$，$0\leqslant r\leqslant h/\cos\varphi$，故

$$\iiint\limits_V z\mathrm{d}x\mathrm{d}y\mathrm{d}z=\int_0^{2\pi}\mathrm{d}\theta\int_0^{\pi/4}\mathrm{d}\varphi\int_0^{h/\cos\varphi}r^3\sin\varphi\cos\varphi\mathrm{d}r$$

$$=\frac{h^4}{4}\int_0^{2\pi}\mathrm{d}\theta\int_0^{\pi/4}\frac{\sin\varphi}{\cos^3\varphi}\mathrm{d}\varphi=\frac{\pi}{4}h^4.$$

(2) 作球坐标变换，由 $V\to V'$：$0\leqslant\theta\leqslant 2\pi$，$0\leqslant\varphi\leqslant\pi/2$，$0\leqslant r\leqslant\cos\varphi$，有

$$\iiint\limits_V\sqrt{x^2+y^2+z^2}\mathrm{d}x\mathrm{d}y\mathrm{d}z=\int_0^{2\pi}\mathrm{d}\theta\int_0^{\pi/2}\sin\varphi\mathrm{d}\varphi\int_0^{\cos\varphi}r^3\mathrm{d}r$$

$$=2\pi\int_0^{\pi/2}\frac{1}{4}\cos^4\varphi\sin\varphi\mathrm{d}\varphi=\frac{\pi}{10}.$$

习题 10-4

练习题

1. 用直角坐标计算下列三重积分.

(1) $\iiint\limits_V(x+y+z)\mathrm{d}x\mathrm{d}y\mathrm{d}z$，其中区域 V 是：$0\leqslant x\leqslant 1$，$0\leqslant y\leqslant 1$，$0\leqslant z\leqslant 1$；

(2) $\iiint\limits_V xyz\mathrm{d}x\mathrm{d}y\mathrm{d}z$，其中区域 V 是球面 $x^2+y^2+z^2=1$ 及三个坐标面在第一卦限内围成的闭区域；

(3) $\iiint\limits_V\frac{1}{(1+x+y+z)^3}\mathrm{d}x\mathrm{d}y\mathrm{d}z$，其中区域 V 是平面 $x=0$，$y=0$，$z=0$ 及 $x+y+z=1$ 围成的四面体；

(4) $\iiint\limits_V xz\mathrm{d}x\mathrm{d}y\mathrm{d}z$，其中区域 V 是由平面 $z=0$，$z=y$，$y=1$ 及抛物柱面 $y=x^2$ 围成的闭区域；

(5) $\iiint\limits_V z\mathrm{d}x\mathrm{d}y\mathrm{d}z$，其中区域 V 是锥面 $z=\frac{h}{R}\sqrt{x^2+y^2}$ 与平面 $z=h(R>0,h>0)$ 围成的闭区域.

2. 用柱面坐标计算下列三重积分.

(1) $\iiint\limits_V xy\mathrm{d}x\mathrm{d}y\mathrm{d}z$，其中区域 V 是由平面 $x=0$，$y=0$，$z=0$，$z=1$ 及柱面 $x^2+y^2=1$ 在第一卦限内围成的闭区域；

(2) $\iiint\limits_V(x^2+y^2)\mathrm{d}x\mathrm{d}y\mathrm{d}z$，其中区域 V 是抛物面 $x^2+y^2=2z$ 与平面 $z=2$ 围成的闭区域；

(3) $\iiint\limits_V z\mathrm{d}x\mathrm{d}y\mathrm{d}z$，其中积分区域 V 是曲面 $z=\sqrt{1-x^2-y^2}$ 与 $z=\sqrt{x^2+y^2}$ 围成的闭区域；

(4) $\iiint\limits_V (x^2+y^2)\mathrm{d}x\mathrm{d}y\mathrm{d}z$，其中区域 V 是球面 $x^2+y^2+z^2=1$ 与三坐标平面在第一卦限内所围成的闭区域．

3. 用球面坐标计算下列三重积分．

(1) $\iiint\limits_V (x^2+y^2+z^2)\mathrm{d}x\mathrm{d}y\mathrm{d}z$，其中区域 V 是球面 $x^2+y^2+z^2=4$ 围成的闭区域；

(2) $\iiint\limits_V \dfrac{1}{\sqrt{x^2+y^2+z^2}}\mathrm{d}x\mathrm{d}y\mathrm{d}z$，其中区域 V 是球面 $x^2+y^2+z^2=2az(a>0)$ 所围成的闭区域．

4. 设区域 V 是两个抛物面 $x^2+y^2=z$ 及 $x^2+y^2=4-z$ 所围成，求 V 的体积．

5. 设区域 V 是球面 $x^2+y^2+z^2=2az$ 及锥面（以 z 轴为中心轴，顶角为 2α）所围成的部分区域，求 V 的体积．

6. 设立体 V 由旋转抛物面 $z=x^2+y^2$ 与位于抛物面上点 (a, b, a^2+b^2) $(a, b>0)$ 处的切平面及圆柱面 $(x-a)^2+(y-b)^2=R^2(R>0)$ 所围成，证明其体积 V 仅与圆柱面的半径 R 有关，而与 (a, b) 的位置无关．

第5节　重积分应用

除表示曲顶柱体的体积之外，二重积分还在几何学、物理学以及实践中有着广泛应用．本节仍以“微元法”为工具，来介绍解决这些问题的方法．

一、二重积分的应用

1. 曲面的面积

定积分可求平面曲线的弧长．与之对应地，二重积分可求空间曲面的面积．

我们先给出重要的**面积投影定理**．

我们曾经在第九章给出了曲面 S：$z=f(x, y)$，$(x, y)\in D$ 上法向量的讨论：假设 f_x，f_y 在有界闭域 D 上连续，任意 $M(x, y, z)\in S$ 处的法向量为 $\boldsymbol{n}=(f_x, f_y, -1)$，注意到 $\overrightarrow{Oz}=(0, 0, 1)$，则 $\boldsymbol{n}$ 的方向余弦

$$\cos(\widehat{\boldsymbol{n},\overrightarrow{Oz}})=\cos\gamma=\frac{|\boldsymbol{n}\cdot\overrightarrow{Oz}|}{|\boldsymbol{n}||\overrightarrow{Oz}|}=\frac{1}{\sqrt{1+f_x^2+f_y^2}}.$$

在M处取任意的曲面小块$\Delta S\subset S$，且在过M点的切平面π上截取与ΔS有相同投影$\Delta\sigma$的平面小块ΔA(图 10－25)．为方便计，不妨将ΔA取为矩形，其边长分别为a和b，并将ΔA与$\Delta\sigma$置于如图 10－25 所示的坐标系中．记图中两平面的夹角为θ，则显然有$\theta=\gamma$，$\Delta A=ab$，注意到$\Delta\sigma=ab\cos\theta=ab\cos\gamma=\Delta A\cos\gamma$，即有

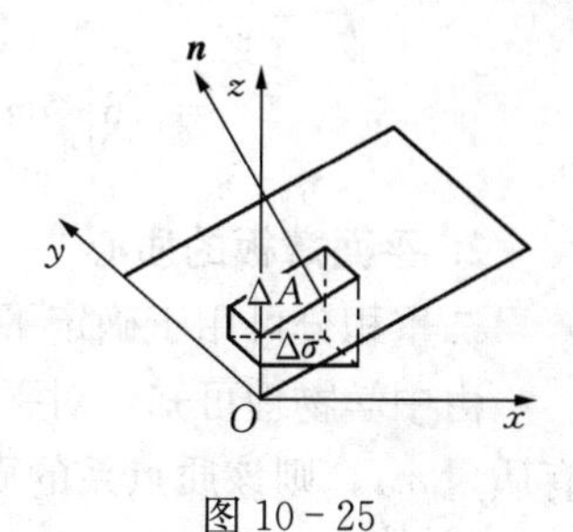

图 10－25

$$\Delta A=\frac{\Delta\sigma}{\cos\gamma}=\sqrt{1+f_x^2+f_y^2}\,\Delta\sigma.$$

由微元法，当ΔS的直径趋于 0 时，取$\mathrm{d}\sigma=\mathrm{d}x\mathrm{d}y$，由上可得$\mathrm{d}S=\mathrm{d}A=\sqrt{1+f_x^2+f_y^2}\,\mathrm{d}\sigma$，从而按照二重积分的定义，

$$A=\iint_D\mathrm{d}A=\iint_D\sqrt{1+f_x^2+f_y^2}\,\mathrm{d}x\mathrm{d}y.$$

即曲面面积的计算公式．只要根据所给曲面方程$z=f(x,y)$确定S的投影区域D，即可化为二次积分．当然，这里应尽量利用对称性以简化计算．

例 1 求$x^2+y^2+z^2=a^2$的表面积．

解 由对称性，所求面积是第一卦限中球面部分的 8 倍．取

$$S:z=\sqrt{a^2-x^2-y^2},\ D:x^2+y^2\leqslant a^2,\ x,\ y\geqslant 0,$$

则所求面积

$$A=8\iint_D\sqrt{1+f_x^2+f_y^2}\,\mathrm{d}x\mathrm{d}y=8a\iint_D\frac{\mathrm{d}x\mathrm{d}y}{\sqrt{a^2-x^2-y^2}}.$$

由于被积函数在D上无界，这里不能直接积分．为此取$\varepsilon>0$，令$b=a-\varepsilon$．在D_1：$x^2+y^2\leqslant b^2$，x，$y\geqslant 0$上用极坐标换元，得

$$\iint_{D_1}\frac{\mathrm{d}x\mathrm{d}y}{\sqrt{b^2-x^2-y^2}}=\int_0^{\frac{\pi}{2}}\mathrm{d}\theta\int_0^b\frac{r\mathrm{d}r}{\sqrt{b^2-r^2}}=\frac{\pi}{2}b=\frac{\pi}{2}(a-\varepsilon),$$

从而得

$$A=\lim_{\varepsilon\to 0}8a\cdot\frac{\pi}{2}(a-\varepsilon)=4\pi a^2.$$

例 2 求$x^2+y^2=R^2$与$x^2+z^2=R^2$所围立体的表面积．

解 由对称性，所求面积是第一卦限中位于曲面$x^2+z^2=R^2$之上部分面积的 16 倍．取

$$S:z=\sqrt{R^2-x^2},\ D:x^2+y^2\leqslant R^2,\ x,\ y\geqslant 0,$$

则所求面积

$$A=16\iint_D \sqrt{1+f_x^2+f_y^2}\,\mathrm{d}x\mathrm{d}y=16\iint_D \frac{R\mathrm{d}x\mathrm{d}y}{\sqrt{R^2-x^2}}$$

$$=16\int_0^R \mathrm{d}x\int_0^{\sqrt{R^2-x^2}} \frac{R}{\sqrt{R^2-x^2}}\mathrm{d}y=16R^2.$$

2. 平面薄板的质心

二重积分可用于确定平面物体(不计厚度)的质心．

由中学物理可知：对平面质点系$\{P_k(x_k, y_k)|1\leqslant k\leqslant n\}$而言，如果 P_k 具有质量m_k，则该质点系的质心坐标是

$$\overline{x}=\frac{M_y}{M}=\frac{\sum\limits_{k=1}^{n}m_kx_k}{\sum\limits_{k=1}^{n}m_k},\ \overline{y}=\frac{M_x}{M}=\frac{\sum\limits_{k=1}^{n}m_ky_k}{\sum\limits_{k=1}^{n}m_k},$$

其中，$M=\sum m_k$ 为质点系的总质量，M_x，M_y 分别表示该质点系对 x 轴、y 轴产生的总力矩(图 10－26)．

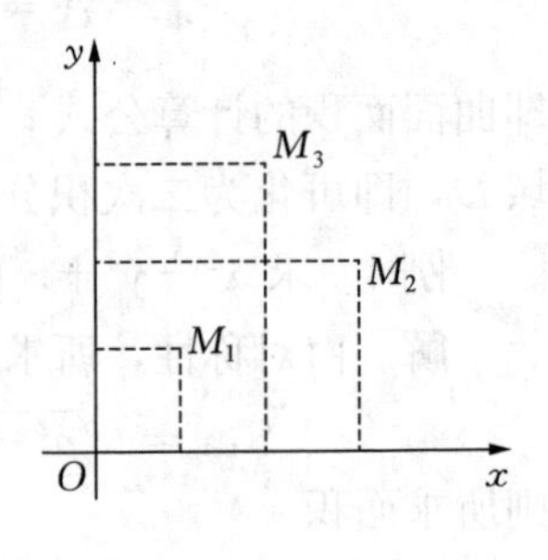

图 10－26

现在考虑平面薄板(略去厚度)的情形：将薄板视为 xOy 平面上的有界闭区域 D，假定其密度函数 $\rho=\rho(x, y)$在 D 上连续．由定积分的微元法：

(1) 任取$(x, y)\in D$，使 $\mathrm{d}\sigma\subset D$.

(2) 视 $\mathrm{d}\sigma$ 为质点，其质量 $\mathrm{d}m=\rho(x, y)\mathrm{d}\sigma$，于是 $\mathrm{d}\sigma$ 对 x，y 轴的静力矩微元分别是(图10－27)，

$$\mathrm{d}M_x=y\mathrm{d}m=y\rho\mathrm{d}\sigma=y\rho\mathrm{d}x\mathrm{d}y,$$
$$\mathrm{d}M_y=x\mathrm{d}m=x\rho\mathrm{d}\sigma=x\rho\mathrm{d}x\mathrm{d}y.$$

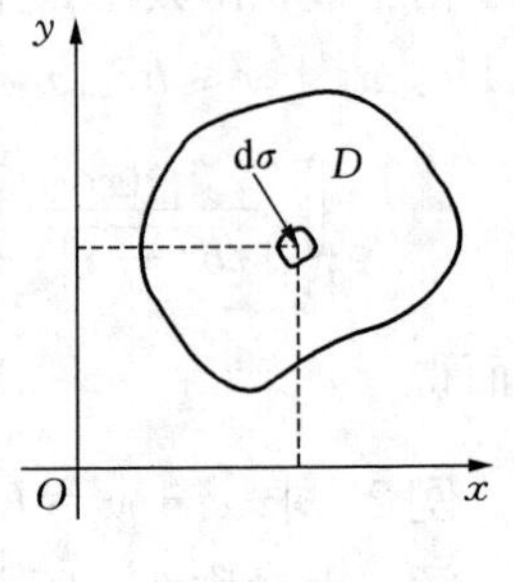

图 10－27

(3) 借助上述质点系的质心公式，其和式的极限(即积分)即为所求质心：

$$\overline{x}=\frac{M_y}{M}=\frac{\iint\limits_D x\rho\mathrm{d}x\mathrm{d}y}{\iint\limits_D \rho\mathrm{d}x\mathrm{d}y},\ \overline{y}=\frac{M_x}{M}=\frac{\iint\limits_D y\rho\mathrm{d}x\mathrm{d}y}{\iint\limits_D \rho\mathrm{d}x\mathrm{d}y}.$$

特别对于均匀薄板，不妨令 $\rho(x, y)=1$，由于 $\iint\limits_D \mathrm{d}x\mathrm{d}y=|D|$ 正是平面薄板的面积，故上述质心坐标正是该平面薄板的形心坐标：

$$\bar{x}=\frac{\iint\limits_D x\mathrm{d}x\mathrm{d}y}{|D|},\ \bar{y}=\frac{\iint\limits_D y\mathrm{d}x\mathrm{d}y}{|D|}.$$

例 3 求 $x^2+(y-1)^2=1$ 与 $x^2+(y-2)^2=4$ 所围图形的形心.

解 如图 10-28 所示，由于 $|D|=2^2\pi-\pi=3\pi$，利用对称性知

$$\bar{x}=0,$$

$$\bar{y}=\frac{1}{|D|}\iint\limits_D y\mathrm{d}x\mathrm{d}y=\frac{1}{3\pi}\int_0^{\pi}\sin\theta\mathrm{d}\theta\int_{2\sin\theta}^{4\sin\theta}r^2\mathrm{d}r=\frac{7}{3},$$

即 $\left(0,\ \frac{7}{3}\right)$ 为所求形心坐标.

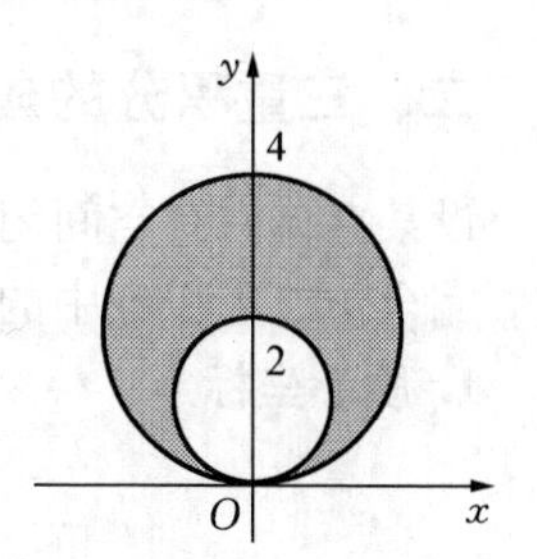

图 10-28

3. 转动惯量

在力学中，设质点 P_k 到定轴 L 的距离是 r_k，则该质点系 $\{P_k(x_k,\ y_k)\mid 1\leqslant k\leqslant n\}$ 对 L 的转动惯量是 $I_L=\sum_{i=1}^{n}m_ir_i^2$.

现在考虑平面薄板（略去厚度）的情形（图 10-29），设薄板为 xOy 坐标面上的有界闭区域 D，其上有连续的密度函数 $\rho=\rho(x,\ y)$，$(x,\ y)\in D$. 由微元法：

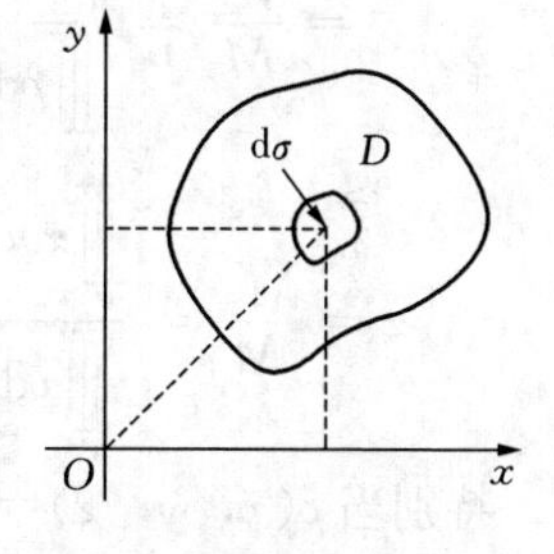

图 10-29

(1) 任取 $(x,\ y)\in D$ 及 $\mathrm{d}\sigma\subset D$，则 $\mathrm{d}\sigma$ 的质量为 $\mathrm{d}m=\rho(x,\ y)\mathrm{d}\sigma=\rho(x,\ y)\mathrm{d}x\mathrm{d}y$；

(2) 视 $\mathrm{d}\sigma$ 为质点，即得对应于 x，y 及原点 O 的转动惯量分别为

$$\mathrm{d}I_x=y^2\rho(x,\ y)\mathrm{d}x\mathrm{d}y,\ \mathrm{d}I_y=x^2\rho(x,\ y)\mathrm{d}x\mathrm{d}y,$$
$$\mathrm{d}I_O=(x^2+y^2)\rho(x,\ y)\mathrm{d}x\mathrm{d}y;$$

(3) 取积分，即得 D 的各转动惯量为

$$I_x=\iint\limits_D y^2\rho(x,\ y)\mathrm{d}x\mathrm{d}y,\ I_y=\iint\limits_D x^2\rho(x,\ y)\mathrm{d}x\mathrm{d}y,$$

$$I_O=\iint\limits_D (x^2+y^2)\rho(x,\ y)\mathrm{d}x\mathrm{d}y.$$

此即平面薄板相应于各坐标轴的转动惯量公式. 特别对 $\rho(x,\ y)=1$，即在均匀密度的状态下，

$$I_x=\iint\limits_D y^2\mathrm{d}x\mathrm{d}y,\ I_y=\iint\limits_D x^2\mathrm{d}x\mathrm{d}y,\ I_O=\iint\limits_D (x^2+y^2)\mathrm{d}x\mathrm{d}y.$$

例 4 求均匀半圆形薄片 $D=\{(x,\ y)\mid x^2+y^2\leqslant a^2,\ y\geqslant 0\}$ 关于 x 轴的转

动惯量．

解　不妨取 $\rho(x, y)=1$，利用极坐标得

$$I_x=\iint\limits_D y^2\mathrm{d}x\mathrm{d}y=\int_0^\pi \sin^2\theta\mathrm{d}\theta\int_0^a r^3\mathrm{d}r=\frac{1}{4}a^4\int_0^\pi \frac{1-\cos2\theta}{2}\mathrm{d}\theta=\frac{1}{8}\pi a^4.$$

*二、三重积分的应用

设某立体占有空间闭区域 V，它的密度函数为 $\rho(x, y, z)$，且在 V 上连续．完全仿二重积分中的有关推导，可得三重积分如下的公式．

1. 质心坐标

$$\bar{x}=\frac{M_{yz}}{M}=\frac{\iiint\limits_V x\rho\mathrm{d}x\mathrm{d}y\mathrm{d}z}{\iiint\limits_V \rho\mathrm{d}x\mathrm{d}y\mathrm{d}z}$$，M_{yz} 表示 V 对 yOz 平面的总力矩；

$$\bar{y}=\frac{M_{zx}}{M}=\frac{\iiint\limits_V y\rho\mathrm{d}x\mathrm{d}y\mathrm{d}z}{\iiint\limits_V \rho\mathrm{d}x\mathrm{d}y\mathrm{d}z}$$，M_{zx} 表示 V 对 zOx 平面的总力矩；

$$\bar{z}=\frac{M_{xy}}{M}=\frac{\iiint\limits_V z\rho\mathrm{d}x\mathrm{d}y\mathrm{d}z}{\iiint\limits_V \rho\mathrm{d}x\mathrm{d}y\mathrm{d}z}$$，M_{xy} 表示 V 对 xOy 平面的总力矩．

特别当 $\rho(x, y, z)=1$ 时，即为 V 的形心坐标．

2. 转动惯量

V 对于 x，y，z 轴及原点的转动惯量分别为

$$I_x=\iiint\limits_V (y^2+z^2)\rho\mathrm{d}x\mathrm{d}y\mathrm{d}z，I_y=\iiint\limits_V (z^2+x^2)\rho\mathrm{d}x\mathrm{d}y\mathrm{d}z，$$

$$I_z=\iiint\limits_V (x^2+y^2)\rho\mathrm{d}x\mathrm{d}y\mathrm{d}z，I_O=\iiint\limits_V (x^2+y^2+z^2)\rho\mathrm{d}x\mathrm{d}y\mathrm{d}z.$$

例 5　求 $z=\sqrt{x^2+y^2}$ 与 $z=2-x^2-y^2$ 所围立体之形心．

解　由于立体关于 z 轴对称，故 $\bar{x}=\bar{y}=0$，注意到该立体的体积

$$V=\iint\limits_D (2-x^2-y^2-\sqrt{x^2+y^2})\mathrm{d}x\mathrm{d}y=\int_0^{2\pi}\mathrm{d}\theta\int_0^1(2-r^2-r)r\mathrm{d}r=\frac{5\pi}{6},$$

所以

$$\begin{aligned}\bar{z}&=\frac{1}{V}\iiint\limits_V z\mathrm{d}x\mathrm{d}y\mathrm{d}z=\frac{1}{V}\iint\limits_D \mathrm{d}x\mathrm{d}y\int_{\sqrt{x^2+y^2}}^{2-x^2-y^2}z\mathrm{d}z\\&=\frac{1}{2V}\int_0^{2\pi}\mathrm{d}\theta\int_0^1[(2-r^2)^2-r^2]r\mathrm{d}r=\frac{11}{10}.\end{aligned}$$

例 6 求均匀球体对过球心的 L 轴之转动惯量.

解 取球心为原点，L 为 z 轴；设球半径为 a，密度 ρ 为常数，则(用球坐标)有：

$$\begin{aligned} I_z &= \rho\iiint\limits_V (x^2+y^2)\mathrm{d}x\mathrm{d}y\mathrm{d}z \\ &= \rho\iiint\limits_V (r^2\sin^2\varphi\cos^2\theta + r^2\sin^2\varphi\sin^2\theta)r^2\sin\varphi\mathrm{d}r\mathrm{d}\varphi\mathrm{d}\theta \\ &= \rho\int_0^{2\pi}\mathrm{d}\theta\int_0^{\pi}\sin^3\varphi\mathrm{d}\varphi\int_0^a r^4\mathrm{d}r = \frac{8}{15}\pi a^5\rho. \end{aligned}$$

习题 10-5

练习题

1. 求圆锥面 $z=\sqrt{x^2+y^2}$ 被柱面 $z^2=2x$ 所割下部分的曲面面积.

2. 求由半球面 $z=\sqrt{3a^2-x^2-y^2}$ 及旋转抛物面 $x^2+y^2=2az(a>0)$ 所围立体的表面积.

3. 求平面 $x+y+z=1$ 被三个坐标平面割出部分的面积.

4. 设均匀薄板所在闭区域 D 由 $y=\sqrt{x}$，$x=1$，$y=0$ 所围成，求该薄板的质心.

5. 求半径为 a，顶角为 2α 的扇形薄板的质心.

6. 求位于区域 $\frac{x^2}{a^2}+\frac{y^2}{b^2}\leqslant 1(a>0，b>0)$，$y\geqslant 0$ 上的均匀薄板的质心.

7. 设平面薄片所在的闭区域 D 由抛物线 $y=x^2$ 及直线 $y=x$ 围成，其上点$(x，y)$处的密度 $\rho(x，y)=x^2y$，求该薄片的质心.

8. 对 $y^2=\frac{9}{2}x$，$x=2$ 所围成区域上的均匀薄板，求分别对 x 轴与 y 轴的转动惯量.

9. 求位于矩形区域 $0\leqslant x\leqslant 1$，$0\leqslant y\leqslant 1$ 上的均匀薄板，分别对 x 轴与 y 轴的转动惯量.

10. 已知均匀物体(密度 ρ 为常量)所在的闭区域 V 由曲面 $z=x^2+y^2$ 和平面 $z=0$，$|x|=a$，$|y|=a$ 所围成，求该物体的

(1) 体积；(2) 质心；(3) 关于 z 轴的转动惯量.

总练习十

1. 填空题.

(1) $\iint\limits_D (x^3+y^3+xy)\mathrm{d}x\mathrm{d}y=$ ________，其中 D 由 $y=1-x^2$ 与 $y=x^2-1$

所围成的区域．

（2）$\iint\limits_{D}\sqrt{a^2-x^2-y^2}\,\mathrm{d}x\mathrm{d}y=\pi$，其中 D：$x^2+y^2\leqslant a^2\,(a>0)$，则 $a=$ ________．

（3）设 $f(x,y)$连续，且 $f(x,y)=x+\iint\limits_{D}yf(u,v)\mathrm{d}u\mathrm{d}v$，其中 D 是由 $y=\dfrac{1}{x}$，$x=1$，$y=2$ 所围区域，则 $f(x,y)=$ ________．

（4）设函数 $f(x)$非负连续，而 D：$x^2+y^2\leqslant R^2$，则

$$\iint\limits_{D}\frac{af(x)+bf(y)}{f(x)+f(y)}\mathrm{d}x\mathrm{d}y=\underline{\qquad\qquad}.$$

2. 选择题．

（1）$\int_0^1\mathrm{d}x\int_0^{1-x}f(x,y)\mathrm{d}y=$（　　）．

A. $\int_0^1\mathrm{d}y\int_0^{1-x}f(x,y)\mathrm{d}x$；　　B. $\int_0^1\mathrm{d}y\int_0^{y-1}f(x,y)\mathrm{d}x$；

C. $\int_0^1\mathrm{d}y\int_0^{1+y}f(x,y)\mathrm{d}x$；　　D. $\int_0^1\mathrm{d}y\int_0^{1-y}f(x,y)\mathrm{d}x$．

（2）将上半球面 $z=\sqrt{4a^2-x^2-y^2}$ 与圆柱面 $x^2+y^2=a^2$ 及 xOy 平面所围球顶圆柱体的体积表示为二重积分为（　　）．

A. $\int_{-a}^{a}\mathrm{d}x\int_{-a}^{a}\sqrt{4a^2-x^2-y^2}\,\mathrm{d}y$；

B. $4\int_0^a\mathrm{d}x\int_0^{\sqrt{a^2-x^2}}\sqrt{4a^2-x^2-y^2}\,\mathrm{d}y$；

C. $\int_0^{2\pi}\mathrm{d}\theta\int_0^a\sqrt{4a^2-r^2}\,\mathrm{d}r$；

D. $4\int_0^{\frac{\pi}{2}}\mathrm{d}\theta\int_0^{2a}\sqrt{4a^2-r^2}\,r\mathrm{d}r$．

（3）$\iint\limits_{x^2+y^2\leqslant 1}f(x,y)\mathrm{d}x\mathrm{d}y=4\int_0^1\mathrm{d}x\int_0^{\sqrt{1-x^2}}f(x,y)\mathrm{d}y$ 成立的条件是（　　）．

A. $f(-x,y)=-f(x,y)$；

B. $f(-x,y)=f(x,y)$；

C. $f(-x,-y)=f(x,y)$；

D. $f(-x,y)=f(x,y)$且 $f(x,-y)=f(x,y)$．

(4) 设 $I=\iint\limits_D(|x|+y)\mathrm{d}x\mathrm{d}y$，其中 $D=\{(x,y)\,|\,|x|+|y|\leqslant 1\}$，则 $I=$ (　　).

A. $\frac{2}{3}$； B. $\frac{1}{3}$； C. $\frac{1}{2}$； D. 1.

3. 用适当的坐标变换计算下列二重积分.

(1) $\iint\limits_D(x^2+y^2)\mathrm{d}x\mathrm{d}y$，$D$ 由直线 $y=x$，$y=x+a$，$y=a$，$y=3a(a>0)$ 所围成；

(2) $\iint\limits_D|y-|x||\mathrm{d}x\mathrm{d}y$，$D$ 为矩形域：$D=\{(x,y)\,|\,|x|\leqslant 1,0\leqslant y\leqslant 1\}$；

(3) $\iint\limits_D(y^2+3x-6y+9)\mathrm{d}x\mathrm{d}y$，$D=\{(x,y)\,|\,x^2+y^2\leqslant R^2\}$；

(4) $\iint\limits_D|x+y|\mathrm{d}x\mathrm{d}y$，$D=\{(x,y)\,|\,x^2+y^2\leqslant 1\}$.

4. 证明 $\int_0^1\mathrm{d}y\int_0^y\mathrm{e}^{1-x}\mathrm{d}x=\int_0^1(1-x)\mathrm{e}^{1-x}\mathrm{d}x$.

5. 设 $f(x,y)$ 在闭区域 $D=\{(x,y)\,|\,x^2+y^2\leqslant y,x\geqslant 0\}$ 上连续，且

$$f(x,y)=\sqrt{1-x^2-y^2}-\frac{8}{\pi}\iint\limits_D f(x,y)\mathrm{d}x\mathrm{d}y,$$

求 $f(x,y)$.

6. 选用适当的坐标变换计算下列三重积分.

(1) $\iiint\limits_V z^2\mathrm{d}V$，其中 V 是两个球 $x^2+y^2+z^2\leqslant R^2$ 与 $x^2+y^2+z^2\leqslant 2Rz(R>0)$ 所围成的公共部分；

(2) $\iiint\limits_V(x^2+y^2)\mathrm{d}V$，其中 V 是平面曲线 $\begin{cases}y^2=2z,\\x=0\end{cases}$ 绕 z 轴的旋转曲面与平面 $z=8$ 所围成的区域；

(3) $\iiint\limits_V\sqrt{x^2+y^2+z^2}\,\mathrm{d}V$，其中 V 是由 $z=x^2+y^2+z^2$ 所围成的区域.

7. 设 $f(x)$ 在区间 $[0,+\infty)$ 上连续，而

$$F(t)=\iiint\limits_V[z^2+f(x^2+y^2)]\mathrm{d}x\mathrm{d}y\mathrm{d}z,$$

其中 V：$0\leqslant z\leqslant h$，$x^2+y^2\leqslant t^2$，求 $\lim\limits_{t\to 0^+}\frac{F(t)}{t^2}$.

8. 求曲面 $z=\sqrt{x^2+y^2}$，$x^2-2x+y^2=0$ 及平面 $z=0$ 所围空间区域的体积.

9. 求平面$\frac{x}{a}+\frac{y}{b}+\frac{z}{c}=1$被三坐标面所割出的有限部分的面积.

10. 设函数$f(x)$连续且恒大于零，且

$$F(t)=\frac{\iiint\limits_{V} f(x^2+y^2+z^2)\mathrm{d}x\mathrm{d}y\mathrm{d}z}{\iint\limits_{D} f(x^2+y^2)\mathrm{d}x\mathrm{d}y},\quad G(t)=\frac{\iint\limits_{D} f(x^2+y^2)\mathrm{d}x\mathrm{d}y}{\int_{-t}^{t} f(x^2)\mathrm{d}x},$$

其中$V=\{(x, y, z) \mid x^2+y^2+z^2\leqslant t^2\}$，$D=\{(x, y) \mid x^2+y^2\leqslant t^2\}$，

(1) 讨论$F(t)$在区间$(0, +\infty)$内的单调性；

(2) 证明当$t>0$时，$F(t)>\frac{2}{\pi}G(t)$.

第十一章　曲线与曲面积分

作为多元函数积分的另类形式，本章分别介绍基于曲线或曲面上的积分问题，并对曲线、曲面积分与重积分的关系进行讨论．

第1节　第一型曲线积分

先讨论以曲线弧长为积分变量的曲线积分——即所谓第一型曲线积分．

一、基本概念

1. 实例引入

例 1　设光滑或分段光滑的曲线弧 L 具有连续密度 $f(x, y)$，试求 L 的质量 m.

仍用定积分的基本思想方法来进行(图 11－1)：

(1) 分划：在 L 上任意插入 $n-1$ 个分点，将 L 任意分成 n 个不重叠的小弧段 L_1，L_2，…，L_n，记 L_k 的弧长为 Δs_k.

(2) 转化：任意取点 $P_k \in L_k$，将 L_k 的质量近似表示为 $m_k \approx f(P_k)\Delta s_k$，从而 L 的总质量

$$m=\sum_{k=1}^{n} m_k \approx \sum_{k=1}^{n} f(P_k)\Delta s_k.$$

(3) 取极限：令 $\lambda=\max\limits_{1\leqslant k\leqslant n}\{\Delta s_k\}\to 0$，即得

$$m=\lim_{\lambda\to 0}\sum_{k=1}^{n} f(P_k)\Delta s_k.$$

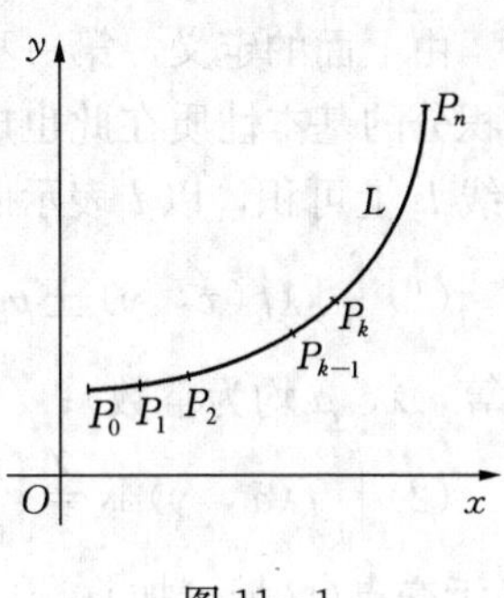

图 11－1

2. 定义

对上面例子进行数学抽象，并用点函数形式予以推广，有

定义　设 $f(P)$ 在光滑或分段光滑的曲线 L 上连续．将 L 任意分成 n 个不重叠的小弧段 L_1，L_2，…，L_n，记 L_k 的长为 Δs_k 及 $\lambda=\max\limits_{1\leqslant k\leqslant n}\{\Delta s_k\}$．任取点 $P_k\in L_k$，$k=1$，2，…，n，如果极限

$$\lim_{\lambda\to 0}\sum_{k=1}^{n}f(P_k)\Delta s_k$$

存在，则称该极限为 f 在 L 上的**第一型曲线积分**，记为 $\int_L f(P)\mathrm{d}s$，即

$$\int_L f(P)\mathrm{d}s=\lim_{\lambda\to 0}\sum_{k=1}^{n}f(P_k)\Delta s_k,$$

其中，曲线 L 称为**积分曲线**，$\mathrm{d}s$ 为其弧长的微分．

说明　① 本定义建立在对弧长的形式之上，故也称为对**弧长的曲线积分**．

② 分别取 $L\in\mathbf{R}^2$ 或 $\mathbf{R}^3$，上述定义就分别是平面或空间形式的第一型曲线积分

$$\int_L f(x,\ y)\mathrm{d}s\ 或\int_L f(x,\ y,\ z)\mathrm{d}s.$$

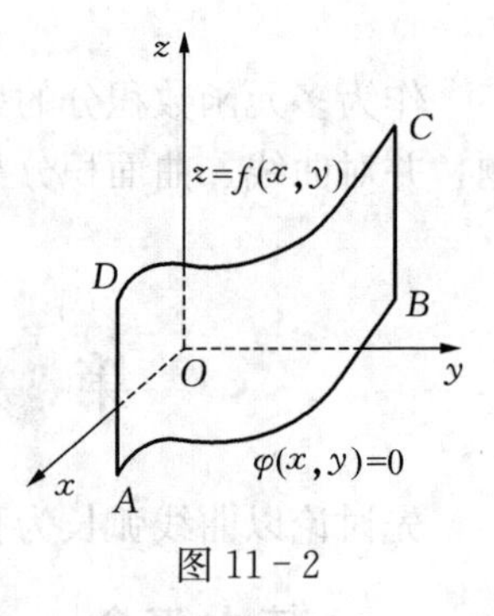

图 11－2

3. 几何意义

设平面曲线 $L=\overset{\frown}{AB}$ 的表达式为 $\varphi(x,\ y)=0$，在 L 上定义的函数 $z=f(x,\ y)\geqslant 0$，则 $\int_L f(x,\ y)\mathrm{d}s$ 的几何意义(图 11－2)是：以曲线 $\varphi(x,\ y)=0$ 为准线，以 $z=f(x,\ y)$ 为高的柱面“矩形”$ABCD$ 的面积．

二、基本性质

由上面的定义，第一型曲线积分可以看成定积分在曲线上的推广形式，故定积分的基本性质在此也成立．比如，假设函数 $f(x,\ y)$，$g(x,\ y)$ 均在平面曲线 L 上可积，以 l 表示曲线 L 的全长，则

(1) $\int_L[\lambda f(x,\ y)\pm\mu g(x,\ y)]\mathrm{d}s=\lambda\int_L f(x,\ y)\mathrm{d}s\pm\mu\int_L g(x,\ y)\mathrm{d}s$ (线性运算，λ，μ 均为常数)；

(2) $\int_L f(x,\ y)\mathrm{d}s=\int_{L_1}f(x,\ y)\mathrm{d}s+\int_{L_2}f(x,\ y)\mathrm{d}s$，$L=L_1+L_2$，且 L_1 与 L_2 无交点(区域可加)；

(3) 如果对任意点 $(x,\ y)\in L$，有 $f(x,\ y)\leqslant g(x,\ y)$，则 $\int_L f(x,\ y)\mathrm{d}s\leqslant\int_L g(x,\ y)\mathrm{d}s$ (不等式)；

(4) $\left|\int_L f(x, y)\mathrm{d}s\right| \leqslant \int_L |f(x, y)|\mathrm{d}s$（绝对可积性）；

(5) $ml \leqslant \int_L f(x, y)\mathrm{d}s \leqslant Ml$，其中 $f_{\min}(x, y)=m$，$f_{\max}(x, y)=M$ 分别是函数 $f(x, y)$ 在曲线 L 上的最小值、最大值（估值公式）；

(6) 若函数 $f(x, y)$ 在 L 上连续，则存在 $(x', y')\in L$，使 $\int_L f(x, y)\mathrm{d}s = f(x', y')\cdot l$（积分中值定理）.

需要特别强调的是：由于曲线弧长与其走向无关，这里产生了新的特征：

(7) $\int_{\overset{\frown}{AB}} f(x, y)\mathrm{d}s = \int_{\overset{\frown}{BA}} f(x, y)\mathrm{d}s$.

这表明，第一型曲线积分与曲线 L 的方向无关（这与定积分不同!）.

三、计算方法

如同重积分那样，这里的曲线积分也要转化为定积分来计算——而转化的桥梁是曲线的参数方程化.

先从平面曲线的情形谈起.

定理　设函数 $f(x, y)$ 在曲线 L：$x=x(t)$，$y=y(t)$，$t\in[\alpha, \beta]$ 上连续，其中 x，y 对 t 有连续导数，且 $x'^2(t)+y'^2(t)\neq 0$，则

$$\int_L f(x, y)\mathrm{d}s = \int_\alpha^\beta f[x(t), y(t)]\sqrt{x'^2(t)+y'^2(t)}\,\mathrm{d}t. \quad (1)$$

证明　从略，可按照定积分的换元法形式去理解.

评注　① 此即“化第一型曲线积分为定积分”的计算公式，其中必须注意：这里 α 与 β 的取值对应于曲线弧长从 0 到 l 的变化，故总有 $\alpha\leqslant\beta$.

② 如果曲线方程的表达式为 $y=\varphi(x)$，$x\in[a, b]$，则以 x 为参数可化为

$$L: x=x,\ y=\varphi(x),\ a\leqslant x\leqslant b,$$

于是

$$\int_L f(x, y)\mathrm{d}s = \int_a^b f[x, \varphi(x)]\sqrt{1+\varphi'^2(x)}\,\mathrm{d}x. \quad (2)$$

对于 $x=\psi(y)$ 的情形有类似结果，请自行写出.

③ 如果 L 为封闭曲线，相应的第一型曲线积分记为 $\oint_L f(x, y)\mathrm{d}s$. 这时的 α 与 β 可酌情在曲线 L 上选择特定起点去确定.

例2　求下列积分.

(1) $\int_L xy\mathrm{d}s$，L：$x^2+y^2=a^2$，$y\geqslant 0$；

(2) $\int_L y\mathrm{d}s$，L：$y^2=4x$，从 $O(0, 0)$ 到 $A(1, 2)$；

(3) $\oint_L \sqrt{y}\,\mathrm{d}s$，$L$ 是由 $y=x^2$，$y=0$，$x=1$ 衔接围成的闭曲线.

解　(1) 令 $x=a\cos t$，$y=a\sin t$，由 $y\geqslant 0$，取 $0\leqslant t\leqslant \pi$，故

$$\int_L xy\mathrm{d}s=\int_0^{\pi} a^2\sin t\cos t\sqrt{a^2\sin^2 t+a^2\cos^2 t}\,\mathrm{d}t=\frac{a^3}{2}\int_0^{\pi}\sin 2t\mathrm{d}t=0.$$

(2) 取参数方程为 $y=y$，$x=y^2/4$，$0\leqslant y\leqslant 2$，则

$$\int_L y\mathrm{d}s=\frac{1}{2}\int_0^2 y\sqrt{4+y^2}\,\mathrm{d}y=\frac{1}{6}(4+y^2)^{\frac{3}{2}}\Big|_0^2=\frac{4}{3}(2\sqrt{2}-1).$$

(3) 如图 11-3 所示，选 $O(0,0)$作为曲线的起点，由积分对区域的可加性，得

$$\begin{aligned}\oint_L\sqrt{y}\,\mathrm{d}s&=\int_{\widehat{OA}}\sqrt{y}\,\mathrm{d}s+\int_{\overline{AB}}\sqrt{y}\,\mathrm{d}s+\int_{\overline{BO}}\sqrt{y}\,\mathrm{d}s\\&=\int_{\widehat{OA}}\sqrt{y}\,\mathrm{d}s+\int_{\overline{BA}}\sqrt{y}\,\mathrm{d}s+\int_{\overline{OB}}\sqrt{y}\,\mathrm{d}s\\&=\int_0^1\sqrt{x^2}\sqrt{1+(2x)^2}\,\mathrm{d}x+\int_0^1\sqrt{y}\,\mathrm{d}y+\int_0^1 0\mathrm{d}x\\&=\frac{1}{12}(5\sqrt{5}-1)+\frac{2}{3}\\&=\frac{1}{12}(5\sqrt{5}+7).\end{aligned}$$

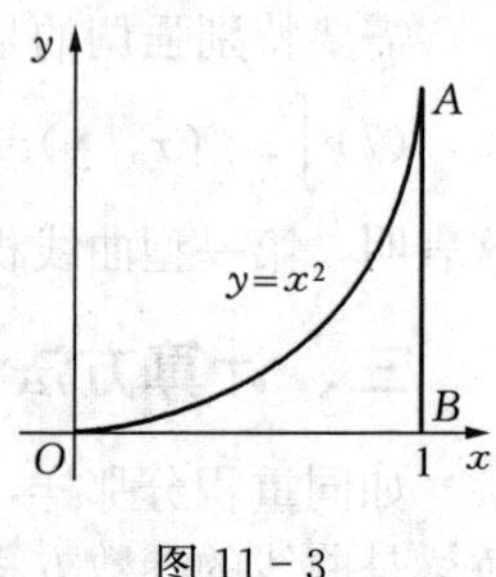

图 11-3

四、某些物理应用

根据第一型曲线积分的物理背景，完全类似于重积分，可建立曲线状物体的质心和转动惯量等公式.

质心　$$\overline{x}=\frac{\int_L x\rho\mathrm{d}s}{\int_L\rho\mathrm{d}s},\quad \overline{y}=\frac{\int_L y\rho\mathrm{d}s}{\int_L\rho\mathrm{d}s}.$$

转动惯量　$$I_x=\int_L y^2\rho\mathrm{d}s,\quad I_y=\int_L x^2\rho\mathrm{d}s,\quad I_O=\int_L(x^2+y^2)\rho\mathrm{d}s.$$

例 3　求图 11-4 中曲线弧 L 关于其对称轴的转动惯量(取 $\mu=1$).

解　如图 11-4 所示，x 轴为曲线弧 L 的对称轴. 由微元法：在任意点 $M(x,y)\in L$处取弧长微分 $\mathrm{d}s=|\widehat{MM'}|$，因其质量微元$\mathrm{d}m=\mu\mathrm{d}s=\mathrm{d}s$，故转动惯量的微元 $\mathrm{d}I_x=y^2\mathrm{d}m=y^2\mathrm{d}s$，于是

$$\begin{aligned}I_x&=\int_L y^2\mathrm{d}s=\int_{-\alpha}^{\alpha}k^3\sin^2\theta\mathrm{d}\theta\\&=\frac{1}{2}k^3(2\alpha-\sin 2\alpha),\end{aligned}$$

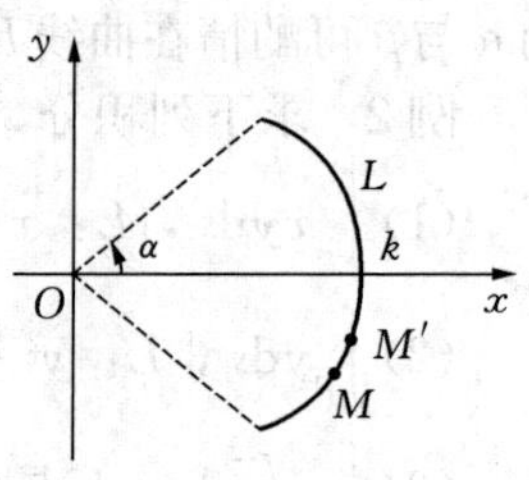

图 11-4

其中的计算使用了圆的参数方程.

习题 11－1

思考题

1. 设 L 为椭圆 $\frac{x^2}{4}+\frac{y^2}{3}=1$，其周长为 a，则 $\oint_L(2xy+3x^2+4y^2)\mathrm{d}s=$ ________.

*2. 设平面曲线 L 具有连续密度 $\mu(x,y)$，试用第一型曲线积分建立如下公式：

(1) 该曲线弧对 x 轴、y 轴的转动惯量 I_x，I_y；

(2) 该曲线弧的质心坐标 $(\overline{x},\overline{y})$.

练习题

1. 计算下列积分．

(1) $\int_L(x+y)\mathrm{d}s$，L 是以 $O(0,0)$，$A(1,0)$，$B(1,1)$ 为顶点的三角形；

(2) $\oint_L|y|\mathrm{d}s$，L 为圆周 $x^2+y^2=1$；

(3) $\oint_L x\mathrm{d}s$，L 为直线 $y=x$ 及抛物线 $y=x^2$ 所围区域的整个边界；

(4) $\oint_L \mathrm{e}^{\sqrt{x^2+y^2}}\mathrm{d}s$，$L$ 为圆周 $x^2+y^2=a^2$，直线 $y=x$ 及 x 轴在第一象限内所围扇形的整个边界；

(5) $\oint_L\sqrt{x^2+y^2}\,\mathrm{d}s$，其中 L 为圆周 $x^2+y^2=ax(a>0)$；

(6) $\int_L\frac{1}{x^2+y^2+z^2}\mathrm{d}s$，$L$ 是曲线 $x=\mathrm{e}^t\cos t$，$y=\mathrm{e}^t\sin t$，$z=\mathrm{e}^t$ 上相应于 t 从 0 到 2 的一段弧；

(7) $\int_L y^2\mathrm{d}s$，L 为摆线的一拱：$x=a(t-\sin t)$，$y=a(1-\cos t)(0\leqslant t\leqslant 2\pi)$.

---

2. 计算 $\int_L|y|\mathrm{d}s$，其中 L 为双纽线 $(x^2+y^2)^2=a^2(x^2-y^2)$.

3. 计算 $\oint_L x^2\mathrm{d}s$，其中 L 是球面 $x^2+y^2+z^2=a^2$ 与平面 $x+y+z=0$ 相交的圆周．

第 2 节　第二型曲线积分

以弧长为背景的第一型曲线积分当然与曲线的走向无关，但更多的实际问题不仅依赖于曲线的弧长，也依赖于其走向——这就是所谓的第二型曲线积分 .

一、基本概念

1. 实例引入

仍以平面曲线为例 . 设质点 P 在变力

$$F(x, y)=P(x, y)\boldsymbol{i}+Q(x, y)\boldsymbol{j}$$

(其中函数 $P(x, y)$，$Q(x, y)$在 L 上连续)的作用下，沿光滑曲线 L 从 A 到 B，求变力所做的功 W.

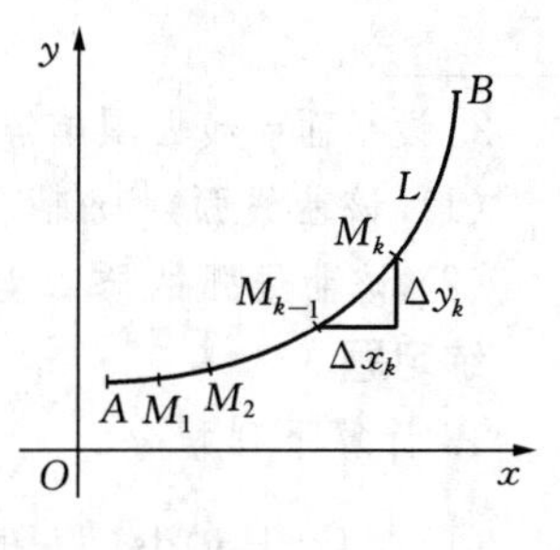

图 11 - 5

如图 11 - 5 所示，仍用定积分的思想方法来处理 .

(1) 细分：在 L 上从 A 到 B 任意插入 $n-1$ 个分点，将 L 分成 n 个不重叠的小弧段之和：$L=\sum\limits_{k=1}^{n}\overset{\frown}{M_{k-1}M_k}=\sum\limits_{k=1}^{n}L_k$ ，其中有向弧段 $L_k=\overset{\frown}{M_{k-1}M_k}$的长度记为 ΔL_k.

(2) 转化：用有向线段$\overline{M_{k-1}M_k}$近似代替弧段$\overset{\frown}{M_{k-1}M_k}$，记$\overline{M_{k-1}M_k}$在坐标轴上的投影分别为 Δx_k，Δy_k，则 $\overset{\frown}{M_{k-1}M_k}\approx\overline{M_{k-1}M_k}=(\Delta x_k, \Delta y_k)$.

任意取点$(\xi_k, \eta_k)\in L_k$，由函数 $P(x, y)$，$Q(x, y)$的连续性，变力 F 在弧段 L_k 上所做的功可近似表示为

$$W_k\approx F(\xi_k, \eta_k)\cdot\overline{M_{k-1}M_k}=P(\xi_k, \eta_k)\cdot\Delta x_k+Q(\xi_k, \eta_k)\cdot\Delta y_k,$$

从而变力 F 在有向曲线 L 上所做的功

$$W=\sum_{k=1}^{n}\Delta W_k\approx\sum_{k=1}^{n}\left[P(\xi_k, \eta_k)\cdot\Delta x_k+Q(\xi_k, \eta_k)\cdot\Delta y_k\right].$$

(3) 取极限：令 $\lambda=\max\limits_{1\leqslant k\leqslant n}\{\Delta L_k\}\to 0$，则所做功

$$W=\sum_{k=1}^{n}\Delta W_k=\lim_{\lambda\to 0}\sum_{k=1}^{n}\left[P(\xi_k, \eta_k)\cdot\Delta x_k+Q(\xi_k, \eta_k)\cdot\Delta y_k\right].$$

这显然与定积分的极限形式完全类似 . 抽象去其物理意义，有下面定义 .

2. 概念

定义 设 L 是平面上从点 A 到 B 的一条光滑有向曲线弧，函数 $P(x, y)$，$Q(x, y)$在 L 上有定义且有界 . 从 A 到 B 依次任意插入 $n-1$ 个分点：$M_1(x_1, y_1)$，$M_2(x_2, y_2)$，…，$M_{n-1}(x_{n-1}, y_{n-1})$，把 L 分成 n 个不重叠的有向弧段$\overset{\frown}{M_{i-1}M_i}$(其中 $M_0=A$，$M_n=B$). 记 $\lambda=\max\limits_{1\leqslant i\leqslant n}\{\Delta L_i$：$\Delta L_i$ 为$\overset{\frown}{M_{i-1}M_i}$的弧长$\}$

及 $\Delta x_i = x_i - x_{i-1}$，$\Delta y_i = y_i - y_{i-1}$，如果对任意点 $(\xi_i, \eta_i) \in \widehat{M_{i-1}M_i}$，极限

$$\lim_{\lambda \to 0} \sum_{i=1}^{n} \left[P(\xi_i, \eta_i) \cdot \Delta x_i + Q(\xi_i, \eta_i) \cdot \Delta y_i \right]$$

存在，则称该极限为函数 $P(x, y)$，$Q(x, y)$ 在 L 上的第二型曲线积分，并记为

$$\int_L P(x, y)\mathrm{d}x + Q(x, y)\mathrm{d}y,$$

其中 $P(x, y)\mathrm{d}x + Q(x, y)\mathrm{d}y$ 称为**被积表达式**，L 称为**积分曲线**或**积分路径**.

说明　① 由定义中积分和的形式，不难得到

$$\int_L P(x, y)\mathrm{d}x + Q(x, y)\mathrm{d}y = \int_L P(x, y)\mathrm{d}x + \int_L Q(x, y)\mathrm{d}y,$$

这分别表示函数 $P(x, y)$ 对坐标 x，函数 $Q(x, y)$ 对坐标 y 的曲线积分.

正是出于定义中对坐标的强调，第二型曲线积分也常称为**对坐标的曲线积分**.

② 对于封闭曲线 L，上述积分记为

$$\oint_L P(x, y)\mathrm{d}x + Q(x, y)\mathrm{d}y = \oint_L P(x, y)\mathrm{d}x + \oint_L Q(x, y)\mathrm{d}y,$$

其中规定 L 的逆时针方向为正方向.

③ 注意到定义的物理背景及其对坐标投影的说法，显然

$$\int_{\widehat{AB}} P\mathrm{d}x + Q\mathrm{d}y = -\int_{\widehat{BA}} P\mathrm{d}x + Q\mathrm{d}y.$$

这与定积分相一致，而与第一型曲线积分则相反.

二、性质

由上面的定义形式可知，第二型曲线积分有着与定积分完全相似的性质.如

定理 1　设函数 $P(x, y)$，$Q(x, y)$ 在光滑曲线 L 上连续，则积分 $\int_{\widehat{AB}} P\mathrm{d}x + Q\mathrm{d}y$ 存在.

在积分存在的前提下，有

定理 2（线性运算）　设 λ_k 为常数，则

$$\int_L \sum_{k=1}^{n} [\lambda_k P_k(x, y)\mathrm{d}x + \lambda_k Q_k(x, y)\mathrm{d}y] = \sum_{k=1}^{n} \lambda_k \int_L P_k(x, y)\mathrm{d}x + Q_k(x, y)\mathrm{d}y.$$

定理 3（区域可加）　对 $L = L_1 + L_2$，且 L_1 与 L_2 无交点，有

$$\int_L P(x, y)\mathrm{d}x + Q(x, y)\mathrm{d}y = \int_{L_1} P(x, y)\mathrm{d}x + Q(x, y)\mathrm{d}y + \int_{L_2} P(x, y)\mathrm{d}x + Q(x, y)\mathrm{d}y.$$

等等．

附注　① 以上定理均可仿照定积分得到证明，这里从略．

② 以上结论不难推广到空间曲线积分的情形：

$$\int_L P\mathrm{d}x+Q\mathrm{d}y+R\mathrm{d}z=\int_L P\mathrm{d}x+\int_L Q\mathrm{d}y+\int_L R\mathrm{d}z,$$

其中 $P=P(x,\ y,\ z)$，$Q=Q(x,\ y,\ z)$，$R=R(x,\ y,\ z)$ 均是定义在曲线 $L\subset\mathbf{R}^3$ 上的三元有界函数．

三、计算方法

与第一型曲线积分一样，这里也主要是(通过引入参数)化为定积分去计算．

定理 4　设函数 $P(x,\ y)$，$Q(x,\ y)$ 在有向曲线 L：$x=x(t)$，$y=y(t)$ 上连续，而 x，y 对 t 有连续导数，且对应于 L 的起点与终点，t 单调地从 α 变化到 β，则

$$\int_L P(x,\ y)\mathrm{d}x+Q(x,\ y)\mathrm{d}y=\int_\alpha^\beta\{P[x(t),\ y(t)]x'(t)+Q[x(t),\ y(t)]y'(t)\}\mathrm{d}t.$$

证明从略，可按照换元积分的变量代换去理解．

评注　① 这里特别要求 α，β 的取值与 L 的方向相对应，而不必考虑 α，β 的大小；

② 特别对直角坐标方程表示的曲线 L：$y=f(x)$，如果对应于 L 的起点与终点，t 单调地从 a 变化到 b，则以 $x=x$ 为参数，即有

$$\int_L P\mathrm{d}x+Q\mathrm{d}y=\int_a^b\{P[x,\ f(x)]+Q[x,\ f(x)]f'(x)\}\mathrm{d}x.$$

③ 对于封闭曲线 L，可选其上的特殊点为起点，并取逆时针方向为正向．

例 1　对图 11-6 中的不同路径，求积分 $I=\int_L xy\mathrm{d}x+(y-x)\mathrm{d}y$ 的值．

(1) L 是 $y=2x-1$ 上从 $(1,\ 1)$ 到 $(2,\ 3)$ 的线段；

(2) L 为抛物线 $y=2(x-1)^2+1$ 上从 $(1,\ 1)$ 到 $(2,\ 3)$ 的一段弧；

(3) L 为折线 ABC 上从 $(1,\ 1)$ 到 $(2,\ 3)$ 的一段弧．

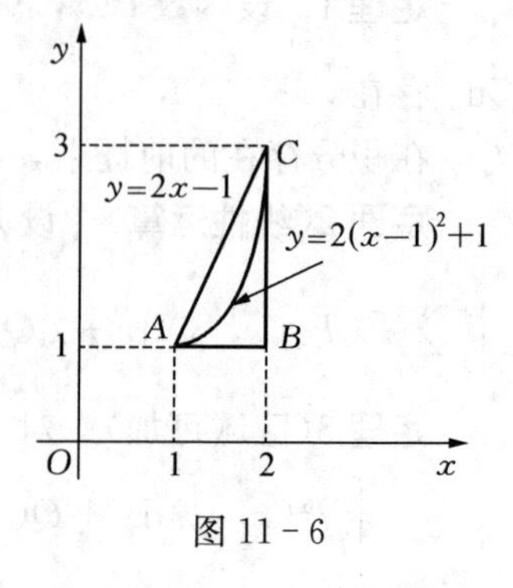

图 11-6

解　(1) 取 $\overline{AC}$ 为 $x=x$，$y=2x-1$，$1\leqslant x\leqslant 2$，则

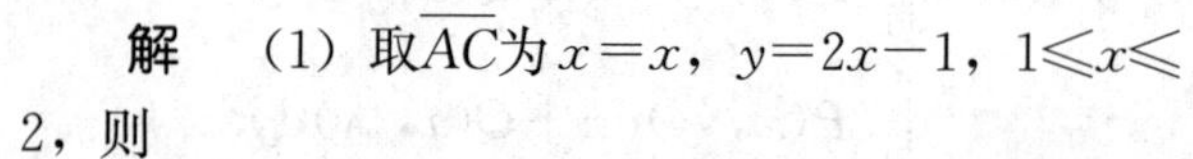

$$I=\int_1^2[x(2x-1)+(2x-1-x)\cdot 2]\mathrm{d}x=\frac{25}{6}.$$

(2) 在$\widehat{AB}$上，取 $x=x$，$y=2(x-1)^2+1$，$1\leqslant x\leqslant 2$，则

$$I=\int_1^2\{x[2(x-1)^2+1]+[2(x-1)^2+1-x]\cdot 4(x-1)\}\mathrm{d}x$$

$$=\int_1^2(10x^3-32x^2+35x-12)\mathrm{d}x=\frac{10}{3}.$$

(3) 在$\overline{AB}+\overline{BC}$上，取$\overline{AB}$：$x=x$，$y=1$，$1\leqslant x\leqslant 2$ 及$\overline{BC}$：$x=2$，$y=y$，$1\leqslant y\leqslant 3$，则

$$I=\int_{\overline{AB}}xy\mathrm{d}x+(y-x)\mathrm{d}y+\int_{\overline{BC}}xy\mathrm{d}x+(y-x)\mathrm{d}y$$

$$=\int_1^2 x\mathrm{d}x+\int_1^3(y-2)\mathrm{d}y=\frac{3}{2}.$$

由此可见，对同样的被积函数，如果积分的路径不同，其积分值一般也不同．

例 2　求$\int_L x\mathrm{d}y-y\mathrm{d}x$，$L$：$x^2+y^2=a^2$，$y\geqslant 0$ 与 $y=0$ 所围成，取逆时针方向．

解　如图 11-7 所示，以 $A(a,0)$为起点，则

$$L=\widehat{AB}+\overline{BA},$$

其中$\widehat{AB}$：$x=a\cos t$，$y=a\sin t$，$0\leqslant t\leqslant\pi$，而$\overline{BA}$：$x=x$，$y=0$，$-a\leqslant x\leqslant a$，故

$$\int_L x\mathrm{d}y-y\mathrm{d}x=\int_0^{\pi}(a^2\cos^2 t+a^2\sin^2 t)\mathrm{d}t+\int_{-a}^{a}0\mathrm{d}x$$

$$=a^2\int_0^{\pi}\mathrm{d}t=\pi a^2.$$

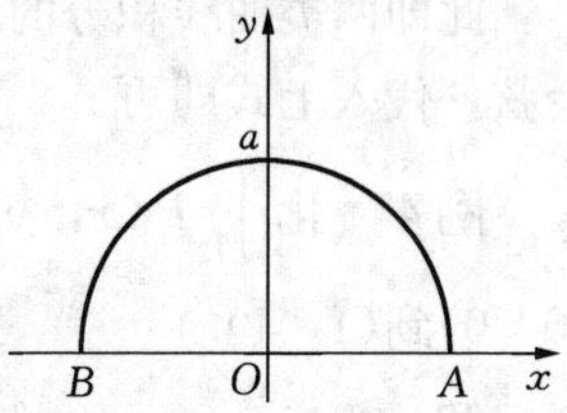

图 11-7

例 3　求 $J=\oint_L\frac{x\mathrm{d}y-y\mathrm{d}x}{x^2+y^2}$，其中 L：$x^2+y^2=1$ 且取正向．

解　令 $x=\cos t$，$y=\sin t$，$0\leqslant t\leqslant 2\pi$，则有

$$J=\int_0^{2\pi}(\cos^2 t+\sin^2 t)\mathrm{d}t=2\pi.$$

四、两类曲线积分的关系

1. 两类曲线积分的区别

两类曲线积分均属于多元函数在曲线上的积分，而且都要化为定积分来计算．但由于它们的背景不同，因而积分形式有显著差异，特别是第一型曲线积分仅依赖于曲线的弧长，但第二型曲线积分除了与弧长有关，还依赖于曲线在坐标轴上的投影，进而依赖于曲线的方向．这就形成了如下的本质区别：

$$\int_{\widehat{AB}} f(P)\mathrm{d}s=\int_{\widehat{BA}} f(P)\mathrm{d}s \quad（第一型），$$

$$\int_{\widehat{AB}} P\mathrm{d}x+Q\mathrm{d}y=-\int_{\widehat{BA}} P\mathrm{d}x+Q\mathrm{d}y \quad（第二型）.$$

2. 两类曲线积分的联系

那么两种曲线积分有无确定的联系呢？

在保持曲线 L 方向一致的前提下，取弧长为参数，即令 L：$x=x(s)$，$y=y(s)$，$s\in[0, l]$，l 表示曲线 L 的全长．

假定 x，y 对 s 有连续导数，如图 11－8，取切线 $\overrightarrow{MT}$ 与 L 同向，α 与 β 分别为 $\overrightarrow{MT}$ 的方向角，则由于 $\frac{\mathrm{d}x}{\mathrm{d}s}=\cos\alpha$，$\frac{\mathrm{d}y}{\mathrm{d}s}=\cos\beta=\sin\alpha$，可得

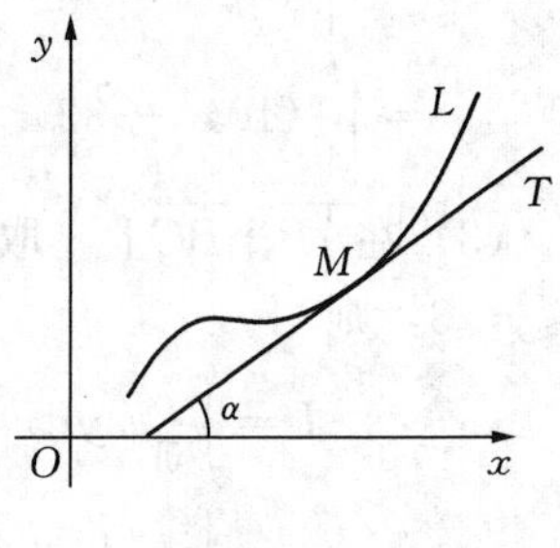

图 11－8

$$\begin{aligned}\int_L P(x, y)\mathrm{d}x+Q(x, y)\mathrm{d}y&=\int_0^l\{P[x(s), y(s)]x'(s)+Q[x(s), y(s)]y'(s)\}\mathrm{d}s\\&=\int_0^l\{P[x(s), y(s)]\cos\alpha+Q[x(s), y(s)]\sin\alpha\}\mathrm{d}s.\end{aligned}$$

此即两类曲线积分的转化公式：只需由曲线的参数方程求出其切线的方向余弦，代入上式即可．

例 4　化 $\int_L P(x, y)\mathrm{d}x+Q(x, y)\mathrm{d}y$ 为对弧长的积分，L：$y=x^2$ 从 $(0, 0)$ 到 $(1, 1)$．

解　令 $x=x$，$y=x^2$，$0\leqslant x\leqslant 1$，则有 $\mathrm{d}s=\sqrt{1+f'^2(x)}\,\mathrm{d}x=\sqrt{1+4x^2}\,\mathrm{d}x$，

而
$$\frac{\mathrm{d}x}{\mathrm{d}s}=\frac{1}{\sqrt{1+4x^2}},\ \frac{\mathrm{d}y}{\mathrm{d}s}=\frac{2x}{\sqrt{1+4x^2}},$$

即得
$$\int_L P(x, y)\mathrm{d}x+Q(x, y)\mathrm{d}y=\int_L\left[\frac{P(x, y)}{\sqrt{1+4x^2}}+\frac{2xQ(x, y)}{\sqrt{1+4x^2}}\right]\mathrm{d}s.$$

习题 11－2

思考题

1. 设 α，β，γ 是有向弧段 L 在点 (x, y, z) 处切向量的方向角，则第二型曲线积分 $\int_L P\mathrm{d}x+Q\mathrm{d}y+R\mathrm{d}z$ 化成的第一型曲线积分是________．

2. 设 L 为 xOy 坐标面内直线 $x=a$ 上的一段弧，则 $\int_L P(x, y)\mathrm{d}x=$ ________．

练习题

1. 计算下列对坐标的曲线积分.

(1) $\int_L xy\mathrm{d}x+(y-x)\mathrm{d}y$，$L$ 为 $y=x^3$ 上从(0，0)到(1，1)的一段弧；

(2) $\int_L y^2\mathrm{d}x+x^2\mathrm{d}y$，$L$ 为椭圆$\frac{x^2}{a^2}+\frac{y^2}{b^2}=1$，$y>0$ 上从左到右的一段弧；

(3) $\oint_L xy\mathrm{d}x$，L 为圆周$(x-a)^2+y^2=a^2(a>0)$与 x 轴在第一象限所围区域的整个边界(取逆时针方向)；

(4) $\oint_L \frac{\mathrm{d}x+\mathrm{d}y}{|x|+|y|}$，$L$ 为正方形$|x|+|y|=1$ 沿逆时针方向；

(5) $\int_L y\mathrm{d}x+x\mathrm{d}y$，$L$ 为圆周 $x=R\cos t$，$y=R\sin t$ 上对应于 t 从 0 到$\frac{\pi}{2}$的一段弧；

(6) $\int_L x^2\mathrm{d}x+z\mathrm{d}y-y\mathrm{d}z$，$L$ 为曲线 $x=k\theta$，$y=a\cos\theta$，$z=a\sin\theta$ 上对应于 θ 从 0 到 π 的一段弧；

(7) $\int_L x\mathrm{d}x+y\mathrm{d}y+z\mathrm{d}z$，$L$ 为从点(0，0，0)到(1，1，1)的直线段；

(8) $\int_L (x^2+y^2)\mathrm{d}x+(x^2-y^2)\mathrm{d}y$，$L$ 为 $y=1-|1-x|$ 上从(0，0)到(2，0)的折线段；

(9) $\oint_L \mathrm{d}x-\mathrm{d}y+y\mathrm{d}z$，$L$ 为由点 $A(1，0，0)$，$B(0，1，0)$，$C(0，0，1)$ 顺序连接形成的有向闭折线段.

2. 某平面力场 $F(x，y)$的方向为 y 轴的负方向，大小为作用点横坐标的平方，求该力沿抛物线 $1-x=y^2$ 从(1，0)到(0，1)所做的功.

3. 把对坐标的曲线积分$\int_L P(x，y)\mathrm{d}x+Q(x，y)\mathrm{d}y$ 化成对弧长的曲线积分，其中 L 为：沿上半圆 $x^2+y^2=2x$ 从点(0，0)到(1，1).

4. 把对坐标的曲线积分$\int_L P\mathrm{d}x+Q\mathrm{d}y+R\mathrm{d}z$ 化成对弧长的曲线积分，其中 L 是曲线 $x=t$，$y=t^2$，$z=t^3$ 上相应于 t 从 0 到 1 的一段弧.

---

5. 计算曲线积分$\oint_L (y-z)\mathrm{d}x+(z-x)\mathrm{d}y+(x-y)\mathrm{d}z$，其中 L 为圆周$\begin{cases}x^2+y^2=1,\\z=0\end{cases}$(取逆时针方向).

6. 在变力 $\boldsymbol{F}=yz\boldsymbol{i}+zx\boldsymbol{j}+xy\boldsymbol{k}$ 作用下，质点由原点沿直线运动到椭球面

$\frac{x^2}{a^2}+\frac{y^2}{b^2}+\frac{z^2}{c^2}=1$ 上位于第一卦限中的点 $M(\xi,\ \eta,\ \zeta)$，问 ξ，η，ζ 为何值时，力 $\boldsymbol{F}$ 做的功 W 最大？并求该最大功的值．

第3节　格林公式及其应用

定积分的牛顿—莱布尼茨公式表明：函数 $f(x)$ 在 $[a,\ b]$ 上的定积分可表示为其原函数 $F(x)$ 在 $[a,\ b]$ 上端点处的函数值之差：$\int_a^b f(x)\mathrm{d}x=F(b)-F(a)$．与此类似地，有界闭域 D 上的二重积分也可由 D 的边界上的曲线积分来表示，这就是格林(Green：1793－1841，英国数学家)公式．

一、预备知识

1. 连通域

连通性是区域定义的重要条件，现加以延伸．

定义1　设 D 为有界闭域．如果对任意闭曲线 $L\subset D$，能使得其所围成的区域 $D'\subset D$，则称 D 为单连通域(亦即“无洞的区域”，图 11－9)；否则，若 D 内有若干“洞”存在，则称之为复连通域．

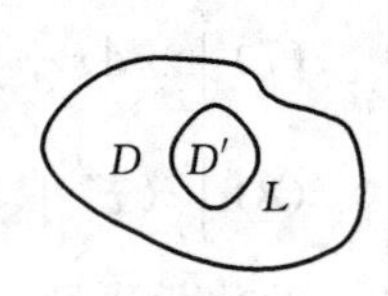

图 11－9

2. 右手定向法则

对连通域 D 的边界曲线，有所谓的右手定向法则：沿 D 的边界 L 前行，恒使 D 位于行者的左边，则称该方向为 L 的正向(记为 L^+)，否则称为 L 的负向(记为 L^-)．

于是在上面的单连通域中，L^+ 即逆时针方向；而在复连通域中，总体边界的正向规定应为：$L^+=L_1^+ + L_2^-$，其中 L_1^+ 表示外边界取逆时针，L_2^- 表示内边界取顺时针方向(图 11－10)．

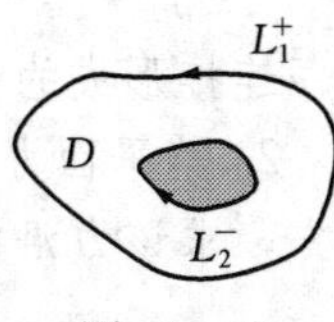

图 11－10

二、格林公式

定理1　设 D 为闭连通域，其边界曲线 L 取正向，函数 $P(x,\ y)$，$Q(x,\ y)$ 在 D 上具有一阶连续偏导数，则

$$\iint_D\left(\frac{\partial Q}{\partial x}-\frac{\partial P}{\partial y}\right)\mathrm{d}x\mathrm{d}y=\oint_L P\mathrm{d}x+Q\mathrm{d}y. \tag{1}$$

证明　分如下三种情形进行．

① 假定区域 D 既可表示为 x-型，也可表示为 y-型的单连通域(图 11－11)．

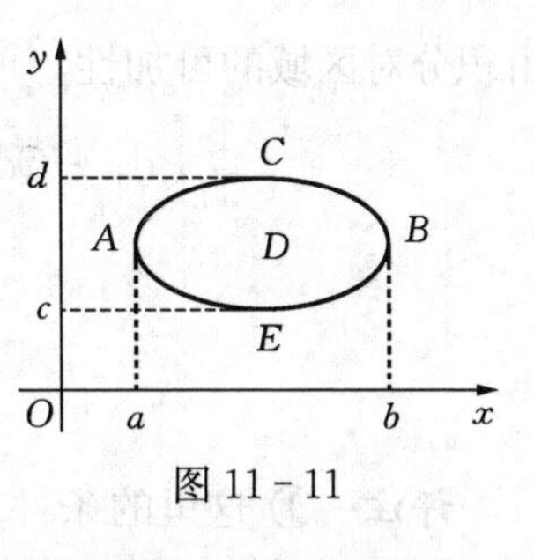

图 11-11

取 $D=\{(x,\ y)\mid c\leqslant y\leqslant d,\ \varphi_1(y)\leqslant x\leqslant \varphi_2(y)\}$，则由于 $\dfrac{\partial Q}{\partial x}$ 连续，有

$$\iint_D \frac{\partial Q}{\partial x}\mathrm{d}x\mathrm{d}y=\int_c^d \mathrm{d}y\int_{\varphi_1(y)}^{\varphi_2(y)}\frac{\partial Q}{\partial x}\mathrm{d}x$$

$$=\int_c^d[Q(\varphi_2(y),\ y)-Q(\varphi_1(y),\ y)]\mathrm{d}y. \tag{2}$$

在 D 的边界曲线 L 上取 $y=y$ 为参数，注意到 $L=\overset{\frown}{EBC}+\overset{\frown}{CAE}$，且

$$\oint_L Q\mathrm{d}y=\int_{\overset{\frown}{EBC}}Q\mathrm{d}y+\int_{\overset{\frown}{CAE}}Q\mathrm{d}y$$

$$=\int_c^d Q(\varphi_2(y),\ y)\mathrm{d}y+\int_d^c Q(\varphi_1(y),\ y)\mathrm{d}y$$

$$=\int_c^d[Q(\varphi_2(y),\ y)-Q(\varphi_1(y),\ y)]\mathrm{d}y. \tag{3}$$

比较(2)式与(3)式即得

$$\iint_D \frac{\partial Q}{\partial x}\mathrm{d}x\mathrm{d}y=\oint_L Q\mathrm{d}y. \tag{4}$$

同理，改取 x-型域 $D=\{(x,\ y)|a\leqslant x\leqslant b,\ f_1(x)\leqslant y\leqslant f_2(x)\}$，则仿上可得

$$\iint_D \frac{\partial P}{\partial y}\mathrm{d}x\mathrm{d}y=-\oint_L P\mathrm{d}x. \tag{5}$$

将(4)式、(5)式相加，即证得(1)式成立．

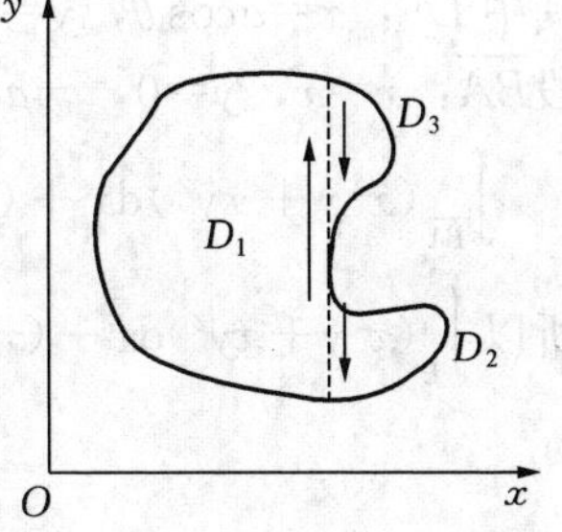

图 11-12

② 设 D 为一般单连通域．如图 11-12 所示，通过适当分割总可化为①中单连通域的并集：$D=\bigcup_{k=1}^{n}D_k$.

由于在每个 D_k 上公式(1)已成立，注意到在分割的每个切口线段上，相应的曲线积分恰好往返各一次——因而其积分值相抵消！进而由积分对区域的可加性，公式(1)仍然成立.

③ 设 D 为复连通域(图 11-13).

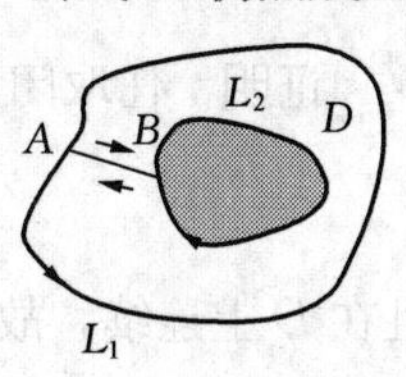

图 11-13

作 $\overline{AB}$ 连接 D 的内外边界曲线，规定其正向为

$$L=L_1^{+}+\overline{AB}+L_2^{-}+\overline{BA},$$

则在以 L 为边界的区域上(已具单连通性)，注意到积分

$$\int_{\overline{AB}}P\mathrm{d}x+Q\mathrm{d}y=-\int_{\overline{BA}}P\mathrm{d}x+Q\mathrm{d}y,$$

由积分对区域的可加性，可证公式(1)成立：

$$\oint_L P\mathrm{d}x+Q\mathrm{d}y=\int_{L_1^+}P\mathrm{d}x+Q\mathrm{d}y+\int_{\overline{AB}}P\mathrm{d}x+Q\mathrm{d}y+\int_{\overline{BA}}P\mathrm{d}x+Q\mathrm{d}y+\int_{L_2^-}P\mathrm{d}x+Q\mathrm{d}y$$
$$=\int_{L_1^+}P\mathrm{d}x+Q\mathrm{d}y+\int_{L_2^-}P\mathrm{d}x+Q\mathrm{d}y.$$

评注　① 这里的条件“P，Q 及其偏导连续”不仅保证了曲线 L 是光滑的，还保证了相应积分的存在性；

② 定理主要给出了“化曲线积分为二重积分”的计算方法，其前提是“L 为闭曲线且取正向”，但当曲线取负方向时，注意到证明过程中的定积分(3)要改变符号(因其积分限要改变顺序)，因此公式(1)要相差一个负号．

③ 在积分曲线非封闭的情况下，需要添加辅助线来进行．

例 1　求 $\int_L (x^2y+xy^2)\mathrm{d}x+(x^2y-xy^2)\mathrm{d}y$，$L$：$x^2+y^2=a^2$，$y>0$ 取逆时针方向．

解　添加辅助线 $\overline{BA}$，使之构成封闭的单连通域(图 11－14)，其边界正向为

$$L'=L^++\overline{BA},$$

其中 L^+：$x=a\cos\theta$，$y=a\sin\theta$，$0\leqslant\theta\leqslant\pi$，而线段 $\overline{BA}$：$x=x$，$y=0$，$-a\leqslant x\leqslant a$ 上，注意到

$$\int_{\overline{BA}}(x^2y+xy^2)\mathrm{d}x+(x^2y-xy^2)\mathrm{d}y=0,$$

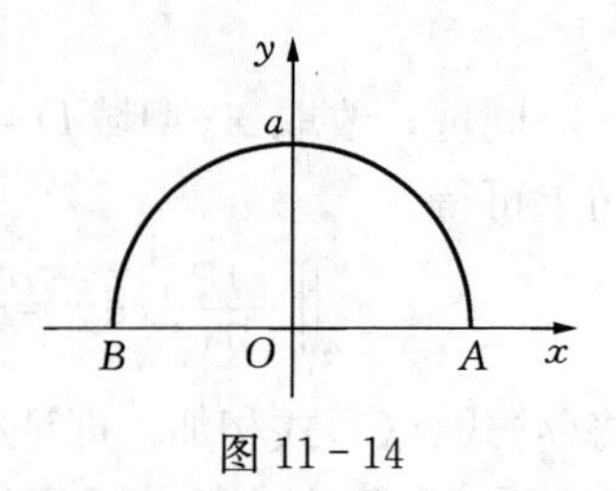

图 11－14

所以
$$\int_L (x^2y+xy^2)\mathrm{d}x+(x^2y-xy^2)\mathrm{d}y=\oint_{L^++\overline{BA}}(x^2y+xy^2)\mathrm{d}x+(x^2y-xy^2)\mathrm{d}y$$
$$=-\iint_D (x^2+y^2)\mathrm{d}x\mathrm{d}y$$
$$=-\int_0^{\pi}\mathrm{d}\theta\int_0^a r^3\,\mathrm{d}r=-\frac{\pi}{4}a^4.$$

例 2　证明：对任意闭曲线 $L\subset\mathbf{R}^2$，恒有 $\oint_L 2xy\,\mathrm{d}x+x^2\,\mathrm{d}y=0$．

证明　任取闭曲线 $L\subset\mathbf{R}^2$，记 L 所围区域为 D，由于

$$\frac{\partial Q}{\partial x}=2x=\frac{\partial P}{\partial y},$$

且在 D 上连续，故由格林公式，恒有

$$\oint_L 2xy\,\mathrm{d}x+x^2\,\mathrm{d}y=\iint_D\left(\frac{\partial Q}{\partial x}-\frac{\partial P}{\partial y}\right)\mathrm{d}x\mathrm{d}y=0.$$

④ 特别令 $P=-y$，$Q=x$，以 σ 表示平面区域 D 的面积，由格林公式可得

$$\oint_L x\mathrm{d}y-y\mathrm{d}x=2\iint_D \mathrm{d}x\mathrm{d}y,$$

即

$$\sigma=\frac{1}{2}\oint_L x\mathrm{d}y-y\mathrm{d}x. \tag{6}$$

此即平面区域由其边界上曲线积分表示的面积公式．

例 3　求曲线 $\frac{x^2}{a^2}+\frac{y^2}{b^2}=1$ 所围区域的面积．

解　由(6)式知，令 $\begin{cases}x=a\cos\theta,\\ y=b\sin\theta,\end{cases}$ $0\leqslant\theta\leqslant 2\pi$，则所围的椭圆面积为

$$\sigma=\frac{1}{2}\oint_L x\mathrm{d}y-y\mathrm{d}x=\frac{1}{2}ab\int_0^{2\pi}(\cos^2\theta+\sin^2\theta)\mathrm{d}\theta=\frac{1}{2}ab\int_0^{2\pi}\mathrm{d}\theta=\pi ab.$$

三、曲线积分与路径的无关性

一般而言，曲线积分的值与积分路径有着密切联系(如前节例 1)．但在特定情形下，也会出现曲线积分的值与路径形状和长短均无关的现象(如本节例 2)．以平面曲线为例，我们引入

定义 2　设区域 $D\subset\mathbf{R}^2$．如果对任意两点 A，$B\in D$ 及连接 A，B 的任意曲线 L_1，$L_2\subset D$，均有

$$\int_{L_1}P\mathrm{d}x+Q\mathrm{d}y=\int_{L_2}P\mathrm{d}x+Q\mathrm{d}y,$$

则称积分 $\int_{\widehat{AB}}P\mathrm{d}x+Q\mathrm{d}y$ 与路径无关(即仅与点 A，B 有关，图 11 - 15)，并记为

$$\int_{\widehat{AB}}P\mathrm{d}x+Q\mathrm{d}y=\int_A^B P\mathrm{d}x+Q\mathrm{d}y.$$

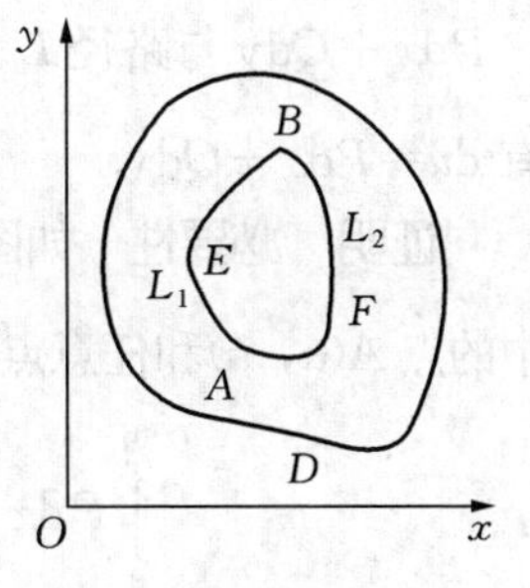

图 11 - 15

现在的问题是：在什么条件下，会出现上述的无关性？我们分析如下．在图 11 - 15 的区域 D 中任取点 A，B，并在 D 中作任意曲线 $L_1=\widehat{AEB}$ 与 $L_2=\widehat{AFB}$ 连接之．取 $L=\widehat{AFB}+\widehat{BEA}$，则 L 是含于 D 中的正向封闭曲线．

首先，由上述无关性的定义：$\int_{\widehat{AEB}}P\mathrm{d}x+Q\mathrm{d}y=\int_{\widehat{AFB}}P\mathrm{d}x+Q\mathrm{d}y$，移项即得

$$\begin{aligned}0&=\int_{\widehat{AFB}}P\mathrm{d}x+Q\mathrm{d}y-\int_{\widehat{AEB}}P\mathrm{d}x+Q\mathrm{d}y\\&=\int_{\widehat{AFB}}P\mathrm{d}x+Q\mathrm{d}y+\int_{\widehat{BEA}}P\mathrm{d}x+Q\mathrm{d}y=\oint_L P\mathrm{d}x+Q\mathrm{d}y.\end{aligned}$$

其次，如果函数 P，Q 在 D 上连续，且 $\frac{\partial P}{\partial y}=\frac{\partial Q}{\partial x}$，则由格林公式

$$\oint_L P\mathrm{d}x+Q\mathrm{d}y=\iint_D\left(\frac{\partial Q}{\partial x}-\frac{\partial P}{\partial y}\right)\mathrm{d}x\mathrm{d}y=0,$$

亦即
$$\oint_L P\mathrm{d}x+Q\mathrm{d}y=\int_{\widehat{AFB}}P\mathrm{d}x+Q\mathrm{d}y+\int_{\widehat{BEA}}P\mathrm{d}x+Q\mathrm{d}y=0.$$

所以
$$\int_{\widehat{AEB}}P\mathrm{d}x+Q\mathrm{d}y=\int_{\widehat{AFB}}P\mathrm{d}x+Q\mathrm{d}y.$$

注意到上述点 A，B 及曲线 L_1，L_2 的任意性，我们事实上得到了下述定理 2.

定理 2　设函数 $P(x, y)$，$Q(x, y)$ 及 $\frac{\partial P}{\partial y}$，$\frac{\partial Q}{\partial x}$ 在区域 D 上连续，则 $\int_L P\mathrm{d}x+Q\mathrm{d}y$ 与路径 L 无关等价于下面的结论之一：

(1) 对任意 $L\subset D$，都有 $\oint_L P\mathrm{d}x+Q\mathrm{d}y=0$；

(2) 对任意 $(x, y)\in D$，都有 $\frac{\partial Q}{\partial x}=\frac{\partial P}{\partial y}$.

此外，注意到第二型曲线积分中被积表达式的形状，还有

定理 3　设函数 $P(x, y)$，$Q(x, y)$ 及 $\frac{\partial P}{\partial y}$，$\frac{\partial Q}{\partial x}$ 在区域 D 上连续，则积分 $\int_L P\mathrm{d}x+Q\mathrm{d}y$ 与路径 L 无关，等价于存在函数 $u(x, y)$，使对任意 $(x, y)\in D$，有 $\mathrm{d}u=P\mathrm{d}x+Q\mathrm{d}y$.

证明　**必要性**　如图 11－16 所示，由上述积分与路径无关的定义，对区域 D 中的点 $A(a, b)$ 和任意点 $B(x, y)$，积分 $\int_{\widehat{AB}}P\mathrm{d}x+Q\mathrm{d}y$ 仅表为点 $B(x, y)$ 的函数：

$$\int_A^B P\mathrm{d}x+Q\mathrm{d}y=\int_{(a,b)}^{(x,y)}P\mathrm{d}x+Q\mathrm{d}y=u(x,y).$$

任取 $C(x+\Delta x, y)\in D$，则上面(积分)函数的增量

$$\Delta_x u=u(x+\Delta x, y)-u(x, y)=\int_{\overline{BC}}P\mathrm{d}x+Q\mathrm{d}y$$

$$=\int_x^{x+\Delta x}P\mathrm{d}x=P(x+\theta\Delta x, y)\Delta x,\ 0<\theta<1.$$

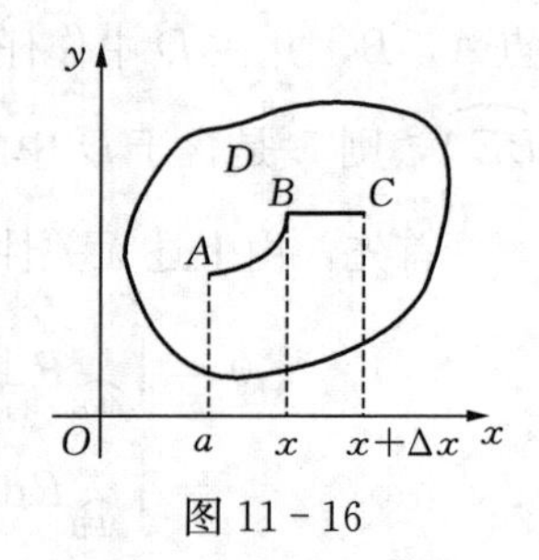

图 11－16

这是因为在 $\overline{BC}$ 上：$x=x$，$y=$常数，因而 $\mathrm{d}y=0$，最后一步则使用了积分中值定理．再由题设中有关函数的连续性，即得

$$\frac{\partial u}{\partial x}=\lim_{\Delta x\to 0}\frac{\Delta_x u}{\Delta x}=\lim_{\Delta x\to 0}P(x+\theta\Delta x,\ y)=P(x,\ y).$$

同理可证 $\frac{\partial u}{\partial y}=Q(x,\ y)$. 从而由全微分定义，有

$$\mathrm{d}u=P\mathrm{d}x+Q\mathrm{d}y,\ (x,\ y)\in D.$$

充分性　由于任意$(x,\ y)\in D$，有 $\mathrm{d}u=P\mathrm{d}x+Q\mathrm{d}y$，这表明：

$$u_x=P,\ u_y=Q,\ (x,\ y)\in D,$$

从而由题设的连续性知：$u_{xy}=u_{yx}$，亦即 $\frac{\partial Q}{\partial x}=\frac{\partial P}{\partial y}$.

这正是定理 2 中的等价条件之一，故结论得证.

附注　① 定理 2 的结论(1)是对曲线积分与路径无关的特征描述，而结论(2)和定理 3 中函数 $u(x,\ y)$的存在性，则是判别曲线积分与路径无关的常用方法.

② 上述函数 $u(x,\ y)$称为被积表达式 $P\mathrm{d}x+Q\mathrm{d}y$ 的**原函数**，特别是在曲线积分与路径无关的前提下，原函数给出了曲线积分更为简便的计算公式

$$\int_A^B P\mathrm{d}x+Q\mathrm{d}y=u(x,\ y)\Big|_A^B=u(B)-u(A).$$

可见，这种原函数具有“判别无关”和“简便计算”的双重价值，因而具有重要意义.

③ 原函数的求法一般有两种，仅做如下介绍：

(a)折线法(图 11－17)：

$$u(x,\ y)=\int_{\overline{AB}}P\mathrm{d}x+Q\mathrm{d}y+\int_{\overline{BC}}P\mathrm{d}x+Q\mathrm{d}y$$
$$=\int_a^x P(x,\ b)\mathrm{d}x+\int_b^y Q(x,\ y)\mathrm{d}y.$$

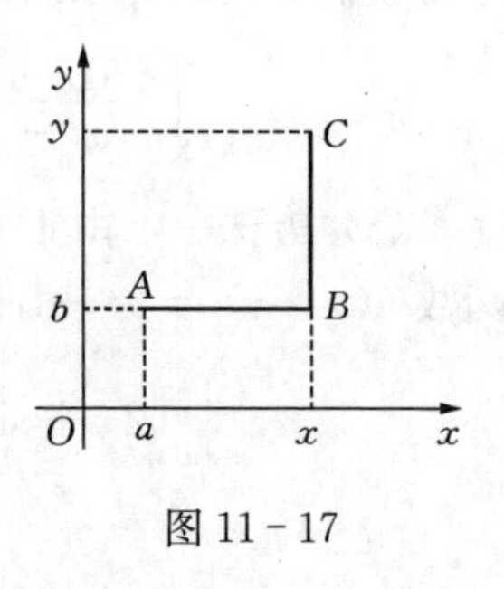

图 11－17

(b)凑微分法：根据 $P\mathrm{d}x+Q\mathrm{d}y$ 的具体形式，可先由偏导函数$P(x,\ y)=u_x$ 试算求出 $u(x,\ y)$，再通过求 u_y 来检验 $u_y=Q$ 是否成立(若不成立，可对 $u(x,\ y)$作适当调整).

例 4　验证下列积分与路径无关，并求值.

(1) $\int_{\widehat{AB}}y\mathrm{d}x+x\mathrm{d}y$，$\widehat{AB}$ 是连接 $A(0,\ 0)$，$B(1,\ 1)$的任意光滑曲线；

(2) $\int_L\frac{x\mathrm{d}x+y\mathrm{d}y}{x^2+y^2}$，$L$ 是 $y=x^2-1$ 上从 $A(-1,\ 0)$到 $B(2,\ 3)$的一段弧；

(3) $\int_L(2x+\sin y)\mathrm{d}x+x\cos y\mathrm{d}y$，$L$ 是连接 $A(a,\ b)$，$B(c,\ d)$的任意弧.

解　(1) 方法一　这里 $P=y$，$Q=x$，故 $Q_x=P_y=1$，由定理 2，所求积分与路径无关，于是可取直线 $\overline{AB}$：$x=x$，$y=x$，$0\leqslant x\leqslant 1$ 为积分路径，计算如下：

$$\int_{\widehat{AB}} y\mathrm{d}x+x\mathrm{d}y=\int_0^1 2x\mathrm{d}x=1.$$

方法二　由于 $y\mathrm{d}x+x\mathrm{d}y=\mathrm{d}(xy)$，故 $u(x, y)=xy$ 即为所求的原函数之一. 因而所讨论积分与路径无关，且

$$\int_{\widehat{AB}} y\mathrm{d}x+x\mathrm{d}y=xy\Big|_{(0,0)}^{(1,1)}=1.$$

(2) 方法一　由 $P=\dfrac{x}{x^2+y^2}$，$Q=\dfrac{y}{x^2+y^2}$，得 $Q_x=P_y=-\dfrac{2xy}{(x^2+y^2)^2}$，故积分与路径无关.

这里取直线 $\overline{AB}$：$x=x$，$y=x+1$，$-1\leqslant x\leqslant 2$（或取分别平行于坐标轴的折线）作为路径去求积分，均较为麻烦，故从略.

方法二　由于 $\dfrac{x\mathrm{d}x+y\mathrm{d}y}{x^2+y^2}=\dfrac{1}{2}\dfrac{\mathrm{d}(x^2)}{x^2+y^2}+\dfrac{1}{2}\dfrac{\mathrm{d}(y^2)}{x^2+y^2}=\dfrac{1}{2}\dfrac{\mathrm{d}(x^2+y^2)}{x^2+y^2}$，故可取

$$u(x, y)=\frac{1}{2}\int\frac{\mathrm{d}(x^2+y^2)}{x^2+y^2}=\frac{1}{2}\ln(x^2+y^2)$$

作为被积表达式的原函数. 由定理 3，所给积分与路径无关，且

$$\int_L\frac{x\mathrm{d}x+y\mathrm{d}y}{x^2+y^2}=\frac{1}{2}\ln(x^2+y^2)\Big|_{(-1,0)}^{(2,3)}=\frac{1}{2}\ln 13.$$

(3) 方法一　由于 $(2x+\sin y)\mathrm{d}x+x\cos y\mathrm{d}y=\mathrm{d}(x^2+x\sin y)$，故存在原函数 $u(x, y)=x^2+x\sin y$ 使积分与路径无关，且

$$\begin{aligned}\int_L(2x+\sin y)\mathrm{d}x+x\cos y\mathrm{d}y&=[x^2+x\sin y]\Big|_{(a,b)}^{(c,d)}\\&=c^2-a^2+c\sin d-a\sin b.\end{aligned}$$

方法二　由 $P=2x+\sin y$，$Q=x\cos y$ 得 $Q_x=P_y=\cos y$，故积分与路径无关. 取折线 $A(a, b)$，$C(c, b)$，$B(c, d)$ 为积分路径，有

$$\begin{aligned}&\int_L(2x+\sin y)\mathrm{d}x+x\cos y\mathrm{d}y\\&=\int_A^C(2x+\sin y)\mathrm{d}x+x\cos y\mathrm{d}y+\int_C^B(2x+\sin y)\mathrm{d}x+x\cos y\mathrm{d}y\\&=\int_a^c(2x+\sin b)\mathrm{d}x+\int_b^d c\cos y\mathrm{d}y\\&=c^2-a^2+c\sin d-a\sin b.\end{aligned}$$

评注　① 由上例可以看出：在“判无关且求值”的场合，应以求“原函数”的方法为上；而仅需判别无关性时，则以检查 $Q_x=P_y$ 是否成立为简．

② 上述原函数实际上具有多值性：如果 $u(x,\ y)$ 是所求原函数，则对任意常数 C，$u(x,\ y)+C$ 也是原函数(即原函数族)．但在具体求值的问题中，任意常数无须讨论，故上面例子中略去了写常数 C 的过程．

③ 需要指出：上述对“无关性”的讨论是在单连通域上进行的，对复连通域则另当别论．仅举一例以说明：

例 5　对不通过原点的任意光滑封闭曲线 L(取正向)，讨论积分 $\oint_L \dfrac{x\mathrm{d}y-y\mathrm{d}x}{x^2+y^2}$ 是否与路径无关，并求值．

解　显然，被积函数在原点 $O(0,\ 0)$ 无意义．对 $\mathbf{R}^2$ 中的任意封闭曲线 L 及其所围区域 D，分别讨论如下：

(1) 若 $O(0,\ 0)\notin D$，则 $Q_x=P_y$ 在 D 上成立，故积分与路径无关，且积分为 0.

(2) 若 $O(0,\ 0)\in D$，则 $Q_x=P_y$ 在 D 上不成立，即积分与路径有关．为此，任取 $\varepsilon>0$，作辅助圆 $L_1\subset D$：$x^2+y^2=\varepsilon^2$.

如图 11-18. 注意到由正向边界 $L^++L_1^-$ 所围区域 D 是复连通域，故

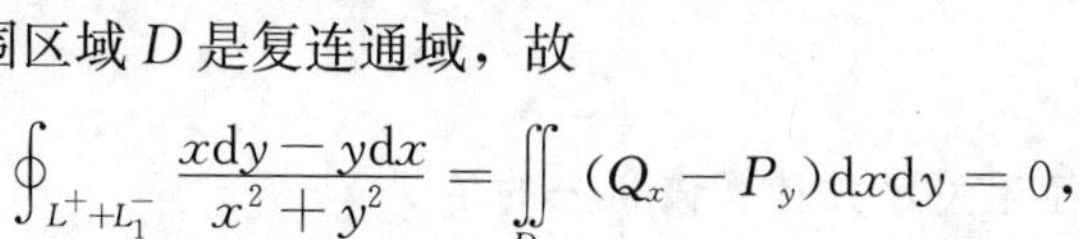

$$\oint_{L^++L_1^-}\frac{x\mathrm{d}y-y\mathrm{d}x}{x^2+y^2}=\iint_D(Q_x-P_y)\mathrm{d}x\mathrm{d}y=0,$$

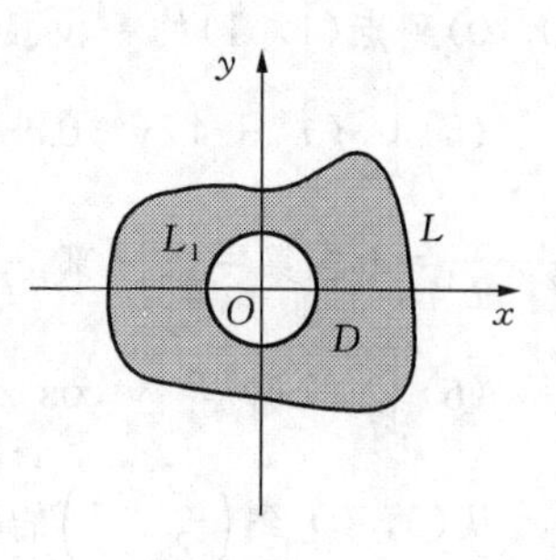

图 11-18

于是
$$\oint_L\frac{x\mathrm{d}y-y\mathrm{d}x}{x^2+y^2}=\oint_{L^+}\frac{x\mathrm{d}y-y\mathrm{d}x}{x^2+y^2}=0-\oint_{L_1^-}\frac{x\mathrm{d}y-y\mathrm{d}x}{x^2+y^2}=\oint_{L_1^+}\frac{x\mathrm{d}y-y\mathrm{d}x}{x^2+y^2}$$
$$=\int_0^{2\pi}\frac{\varepsilon^2(\cos^2\theta+\sin^2\theta)}{\varepsilon^2}\mathrm{d}\theta=2\pi.$$

习题 11-3

思考题

1. 设曲线 L 是三角形 ABC 的正向边界，其中 A，B，C 的坐标分别是 $(-1,\ 0)$，$(1,\ 0)$ 和 $(0,\ 1)$，则 $\oint_L 2y\cos^2x\mathrm{d}x+(\sin x\cos x-x)\mathrm{d}y=$____．

2. 已知 $\dfrac{(x+ay)\mathrm{d}x+y\mathrm{d}y}{(x+y)^2}$ 为某函数的全微分，则 $a=$(　　).

A. -1;　　B. 0;　　C. 1;　　D. 2.

练习题

1. 利用格林公式计算下列曲线积分．

(1)$\oint_L (x+y)^2\mathrm{d}x-(x^2+y^2)\mathrm{d}y$，$L$ 为以(0，0)，(1，0)，(0，1)为顶点的三角形，取正向；

(2)$\oint_L \mathrm{e}^x(1-\cos y)\mathrm{d}x+\mathrm{e}^x(\sin y-y)\mathrm{d}y$，$L$ 为 $y=\sin x(0\leqslant x\leqslant\pi)$ 与 $y=0$ 围成的闭曲线，取正向；

(3)$\oint_L (x+y)\mathrm{d}x-(x-y)\mathrm{d}y$，$L$ 为椭圆 $\dfrac{x^2}{a^2}+\dfrac{y^2}{b^2}=1$ 沿逆时针方向一周；

(4)$\int_L (x^2-y)\mathrm{d}x-(x+\sin^2 y)\mathrm{d}y$，其中 L 为圆周 $y=\sqrt{2x-x^2}$ 上由点(0，0)到点(1，1)的一段弧；

(5)$\int_L (x^4+4xy^3)\mathrm{d}x+(6x^2y^2-5y^4)\mathrm{d}y$，其中 L 为由 $A(a，0)$经椭圆 $\dfrac{x^2}{a^2}+\dfrac{y^2}{b^2}=1$ 在第一象限部分到 $B(0，b)$的一段弧；

(6)$\int_L (2xy^3-y^2\cos x)\mathrm{d}x+(1-2y\sin x+3x^2y^2)\mathrm{d}y$，$L$ 为抛物线 $2x=\pi y^2$ 从(0，0) 到$\left(\dfrac{\pi}{2}，1\right)$的曲线弧．

2. 证明下列曲线积分与路径无关，并计算该积分的值．

(1) $\int_{(1,1)}^{(2,3)} (x+y)\mathrm{d}x+(x-y)\mathrm{d}y$；

(2) $\int_{(0,0)}^{(1,1)} \varphi(x)\mathrm{d}x+\psi(y)\mathrm{d}y$，其中 φ，ψ 为连续函数．

3. 计算曲线积分 $\oint_L \dfrac{y\mathrm{d}x-x\mathrm{d}y}{2(x^2+y^2)}$，其中 L 为圆周 $(x-1)^2+y^2=2$，取逆时针方向．

4. 验证下列 $P(x，y)\mathrm{d}x+Q(x，y)\mathrm{d}y$ 是某函数 $u(x，y)$的全微分，并求 $u(x，y)$.

(1) $2xy\mathrm{d}x+x^2\mathrm{d}y$；

(2) $(\mathrm{e}^y+x)\mathrm{d}x+(x\mathrm{e}^y-2y)\mathrm{d}y$；

(3) $(3x^2y+8xy^2)\mathrm{d}x+(x^3+8x^2y+12y\mathrm{e}^y)\mathrm{d}y$；

(4) $(2x\cos y+y^2\cos x)\mathrm{d}x+(2y\sin x-x^2\sin y)\mathrm{d}y$.

---

5. 已知曲线积分

$$\int_L\left(\sin\frac{x}{y}+\frac{x}{y}\cos\frac{x}{y}\right)\mathrm{d}x-\frac{x^2}{y^2}\cos\frac{x}{y}\mathrm{d}y,$$

(1) 证明：在曲线 L 不经过 x 轴的情况下，积分与路径无关；

(2) 当 L 的起点为 $A(\pi,\ 1)$，终点为 $B(\pi,\ 2)$ 时，计算曲线积分的值．

6. 设函数 $\varphi(y)$ 具有连续导数，且在围绕原点的任意分段光滑的简单闭曲线 L 上，曲线积分 $\oint_L\dfrac{\varphi(y)\mathrm{d}x+2xy\mathrm{d}y}{2x^2+y^4}$ 的值恒为同一常数，

(1) 证明对右半平面 $x>0$ 内的任意分段光滑闭曲线 C，有

$$\oint_C\frac{\varphi(y)\mathrm{d}x+2xy\mathrm{d}y}{2x^2+y^4}=0;$$

(2) 求函数 $\varphi(y)$ 的表达式．

7. 求 $I=\int_L[\mathrm{e}^x\sin y-b(x+y)]\mathrm{d}x+(\mathrm{e}^x\cos y-ax)\mathrm{d}y$，其中 a，b 为正常数，L 为从点 $A(2a,\ 0)$ 沿曲线 $y=\sqrt{2ax-x^2}$ 到点 $(0,\ 0)$ 的弧．

第4节　第一型曲面积分

本节开始讨论多元函数在曲面上的积分问题．首先讨论基于曲面面积元素的积分——对面积的曲面积分，亦称第一型曲面积分．

一、定义与形式

1. 实例背景

将第一型曲线积分(本章第1节)的物理背景改写为

例1　设曲面 $S\subset\mathbf{R}^3$ 具有点密度 $f(x,\ y,\ z)$，假定 $f(x,\ y,\ z)$ 在 S 上连续，且 S 光滑或分片光滑，求曲面 S 的质量．

解　仿曲线质量的求法步骤，将 S 任意分割为不重叠的小曲面块之和：$S=\sum\limits_{k=1}^{n}S_k$，记 S_k 的面积为 ΔS_k，$\lambda=\max\limits_{1\leqslant k\leqslant n}\{d_k:\ d_k$ 表示 S_k 的直径$\}$，并任意取点 $P_k(\xi_k,\ \eta_k,\ \zeta_k)\in S_k$，同样可得曲面 S 的质量

$$m=\lim_{\lambda\to0}\sum_{k=1}^{n}f(P_k)\Delta S_k.$$

2. 定义

对于这种基于曲面面积元素的积分和式的极限形式，引入下列定义：

定义　设 $f(x,\ y,\ z)$ 在光滑或分片光滑的曲面 $S\subset\mathbf{R}^3$ 上有定义．将 S 任

意分成 n 块不重叠的小曲面 $S_k(k=1, 2, \cdots, n)$，以 ΔS_k 表示 S_k 的面积，$\lambda=\max\limits_{1\leqslant k\leqslant n}\{d_k: d_k$ 为 S_k 的直径$\}$；如果任取点 $P_k(\xi_k, \eta_k, \zeta_k)\in S_k$，极限

$$\lim_{\lambda\to 0}\sum_{k=1}^{n} f(\xi_k, \eta_k, \zeta_k)\Delta S_k$$

存在，则称此极限为函数 $f(x, y, z)$ 在曲面 S 上的第一型曲面积分(亦称对面积的曲面积分)，记为

$$\iint_S f(x, y, z)\mathrm{d}S=\lim_{\lambda\to 0}\sum_{k=1}^{n} f(\xi_k, \eta_k, \zeta_k)\Delta S_k, \tag{1}$$

其中 S 称为积分曲面，$\mathrm{d}S$ 是其面积微元.

若曲面 S 为封闭曲面，则第一型曲面积分记为 $\oiint_S f(x, y, z)\mathrm{d}S$.

二、基本性质

由上述定义可知，第一型曲线积分的所有性质在此都成立. 比如

定理 1(必要性)　如果 $\iint_S f(x, y, z)\mathrm{d}S$ 存在，则 $f(x, y, z)$ 在 S 上有界.

定理 2(充分性)　若 $f(x, y, z)$ 在 S 上连续，且 S 光滑或分片光滑，则积分 $\iint_S f(x, y, z)\mathrm{d}S$ 存在.

在积分存在的前提下，有

定理 3(线性运算)　对任意常数 λ，μ：

$$\iint_S[\lambda f(x, y, z)\pm\mu g(x, y, z)]\mathrm{d}S=\lambda\iint_S f(x, y, z)\mathrm{d}S\pm\mu\iint_S g(x, y, z)\mathrm{d}S.$$

定理 4(区域可加)　设 $S=S_1\cup S_2$，$S_1\cap S_2=\varnothing$，则

$$\iint_S f(x, y, z)\mathrm{d}S=\iint_{S_1} f(x, y, z)\mathrm{d}S+\iint_{S_2} f(x, y, z)\mathrm{d}S.$$

此外，有关积分的不等式和积分中值定理均可推广过来(从略).

三、第一型曲面积分的计算

现在建立第一型曲面积分的计算公式.

由于平面是曲面的特殊形式，故平面区域上的二重积分自然是第一型曲面积分的特例. 由此也自然想到：曲面积分能否化为二重积分来计算？这就是我们的出发点. 首先考虑

1. 曲面 S 表示为 $z=z(x, y)$，$(x, y)\in D_{xy}$

假定 $z=z(x, y)$ 在 D_{xy} 上有连续偏导(图11-19)，函数 $f(x, y, z)$ 在 S

上连续.

设过任意点 $P(x, y, z)\in S$ 的法向量为(参见第九章第6节)

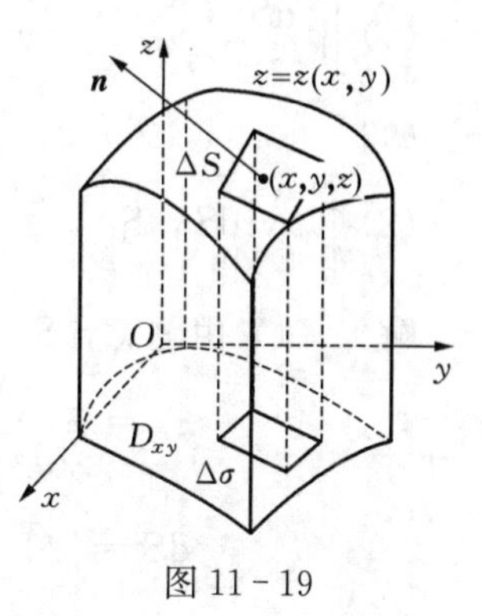

图 11-19

$$\boldsymbol{n}=\frac{1}{|(-z_x, -z_y, 1)|}(-z_x, -z_y, 1)$$
$$=(\cos\alpha, \cos\beta, \cos\gamma),$$

其中 $\cos\gamma=\dfrac{1}{\sqrt{1+z_x^2+z_y^2}}$. 对 S 作任意分割: $S=\sum\limits_{k=1}^{n}S_k$, 记 S_k 的面积 ΔS_k 在 D_{xy} 中的投影为 $\Delta\sigma_k$, 则由面积投影定理(见第十章第5节):

$$\Delta S_k\approx\frac{\Delta\sigma_k}{|\cos\gamma|}=\sqrt{1+z_x^2(x_k, y_k)+z_y^2(x_k, y_k)}\,\Delta\sigma_k.$$

将此代入曲面积分的定义(1), 结合二重积分的定义即得

$$\iint\limits_S f(x, y, z)\mathrm{d}S=\lim_{\lambda\to 0}\sum_{k=1}^{n}f[\xi_k, \eta_k, \zeta_k(\xi_k, \eta_k)]\sqrt{1+z_x^2(\xi_k, \eta_k)+z_y^2(\xi_k, \eta_k)}\,\Delta\sigma_k$$
$$=\iint\limits_{D_{xy}}f(x, y, z(x, y))\sqrt{1+z_x^2+z_y^2}\,\mathrm{d}x\mathrm{d}y. \qquad (2)$$

评注 ① 此即第一型曲面积分的二重积分计算公式. 其应用的关键是: 确定曲面在 xOy 平面上的投影区域 D_{xy} 及其表达形式(即 x-型或 y-型, 也可化为极坐标形式).

② 特别对函数 $f(x, y, z)=1$, 即得曲面 S 的面积计算公式

$$A=\iint\limits_S\mathrm{d}S=\iint\limits_{D_{xy}}\sqrt{1+z_x^2+z_y^2}\,\mathrm{d}x\mathrm{d}y.$$

这与二重积分中的相关结果完全一致.

2. 曲面 S 表示为 $y=y(z, x)$, $(z, x)\in D_{zx}$ 或 $x=x(y, z)$, $(y, z)\in D_{yz}$

仿上可得

$$\iint\limits_S f(x, y, z)\mathrm{d}S=\iint\limits_{D_{zx}}f(x, y(z, x), z)\sqrt{1+y_z^2+y_x^2}\,\mathrm{d}z\mathrm{d}x \quad (3)$$

或

$$\iint\limits_S f(x, y, z)\mathrm{d}S=\iint\limits_{D_{yz}}f(x(y, z), y, z)\sqrt{1+x_y^2+x_z^2}\,\mathrm{d}y\mathrm{d}z. \quad (4)$$

以上讨论表明: 对第一型曲面积分的计算, 首先要根据题设条件, 尤其是曲面 S 的位置与形状正确选择其投影方向, 确定其投影区域及其表示形式, 即可化为相应的二重积分(以计算简便为目的).

例2　求下列积分.

(1) $\iint\limits_S \frac{\mathrm{d}S}{z}$，S：$x^2+y^2+z^2=a^2$ 被平面 $z=h(0<h<a)$ 所截的顶部曲面 $(z\geqslant h)$；

(2) $\oiint\limits_S xyz\mathrm{d}S$，S：$x=0$，$y=0$，$z=0$，$x+y+z=1$ 所围四面体的表面．

解 (1) 由题意，S：$z=\sqrt{a^2-x^2-y^2}$，D_{xy}：$x^2+y^2\leqslant a^2-h^2$．由于

$$z_x=\frac{-x}{\sqrt{a^2-x^2-y^2}},\ z_y=\frac{-y}{\sqrt{a^2-x^2-y^2}},$$

$$\mathrm{d}S=\sqrt{1+z_x^2+z_y^2}\,\mathrm{d}x\mathrm{d}y=\frac{a\mathrm{d}x\mathrm{d}y}{\sqrt{a^2-x^2-y^2}},$$

代入公式(1)即得

$$\iint\limits_S\frac{\mathrm{d}S}{z}=\iint\limits_{D_{xy}}\frac{a}{a^2-x^2-y^2}\mathrm{d}x\mathrm{d}y=a\int_0^{2\pi}\mathrm{d}\theta\int_0^{\sqrt{a^2-h^2}}\frac{r}{a^2-r^2}\mathrm{d}r$$
$$=2a\pi\ln\frac{a}{h}.$$

(2) 记 $S=S_1+S_2+S_3+S_4$，其中依次有

$S_1:x=0$；$S_2:y=0$；$S_3:z=0$；$S_4:x+y+z=1$，$0\leqslant x$，y，$z\leqslant 1$.

注意到在 S_1，S_2，S_3 上，恒有 $f(x,y,z)=xyz\equiv 0$，从而

$$\iint\limits_{S_1}xyz\mathrm{d}S=\iint\limits_{S_2}xyz\mathrm{d}S=\iint\limits_{S_3}xyz\mathrm{d}S=0,$$

而在 S_4：$z=1-x-y$ 上，由于 $\sqrt{1+z_x^2+z_y^2}=\sqrt{3}$ 及 D_{xy}：$0\leqslant x\leqslant 1$，$0\leqslant y\leqslant 1-x$，有

$$\oiint\limits_S xyz\mathrm{d}S=\iint\limits_{S_4}xyz\mathrm{d}S=\iint\limits_{D_{xy}}\sqrt{3}xy(1-x-y)\mathrm{d}x\mathrm{d}y$$
$$=\sqrt{3}\int_0^1 x\mathrm{d}x\int_0^{1-x}y(1-x-y)\mathrm{d}y=\frac{\sqrt{3}}{120}.$$

例 3 如图 11-20 所示，求球面 $x^2+y^2+z^2=a^2$ 与圆柱面 $x^2+y^2=ay$ 相交立体的顶部曲面之面积．

解 由对称性，只需要考虑第一卦限中的部分曲面即可．注意到所求立体的顶部曲面是球面

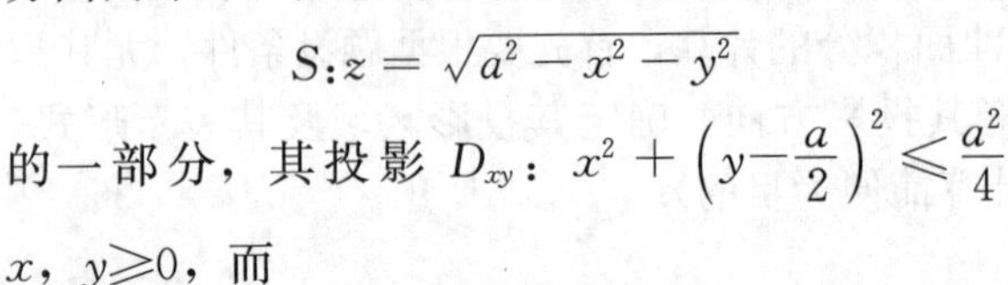

$$S:z=\sqrt{a^2-x^2-y^2}$$

的一部分，其投影 D_{xy}：$x^2+\left(y-\frac{a}{2}\right)^2\leqslant\frac{a^2}{4}$，

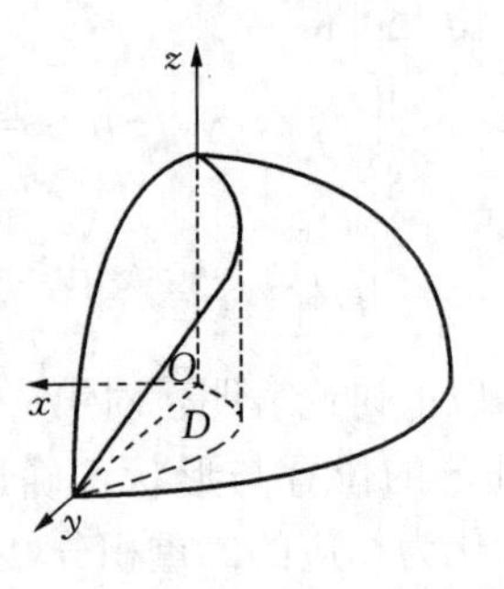

图 11-20

x，$y\geqslant 0$，而

$$dS=\sqrt{1+z_x^2+z_y^2}\,dxdy=\frac{a\,dxdy}{\sqrt{a^2-x^2-y^2}},$$

故所求面积

$$\begin{aligned}A&=4\iint_S dS=4\iint_{D_{xy}}\frac{a\,dxdy}{\sqrt{a^2-x^2-y^2}}\\&=4a\int_0^{\frac{\pi}{2}}d\theta\int_0^{a\sin\theta}\frac{r}{\sqrt{a^2-r^2}}dr\\&=4a^2\left(\frac{\pi}{2}-1\right).\end{aligned}$$

四、简单物理应用

完全类似于第一型曲线积分，可以得到(证明从略)如下公式：

质心坐标

$$\bar{x}=\frac{\iint_S x\rho dS}{\iint_S \rho dS},\ \bar{y}=\frac{\iint_S y\rho dS}{\iint_S \rho dS},\ \bar{z}=\frac{\iint_S z\rho dS}{\iint_S \rho dS}.$$

转动惯量

$$I_x=\iint_S (y^2+z^2)\rho dS,\ I_y=\iint_S (z^2+x^2)\rho dS,\ I_z=\iint_S (x^2+y^2)\rho dS.$$

习题 11-4

思考题

1. 设 S：$x^2+y^2+z^2=a^2(z>0)$，S_1 为 S 在第一卦限中的部分，则有(　　).

A. $\iint_S x dS=4\iint_{S_1} x dS$；　　B. $\iint_S y dS=4\iint_{S_1} x dS$；

C. $\iint_S z dS=4\iint_{S_1} x dS$；　　D. $\iint_S xyz dS=4\iint_{S_1} xyz dS$.

2. 设曲面 S 是 xOy 平面内的闭区域，曲面积分 $\iint_S f(x,y,z)dS$ 与相应函数在 S 上的二重积分之间有何关系？

练习题

1. 计算下列曲面积分.

(1) $\iint_S (x^2+y^2)dS$，S 是锥面 $z^2=x^2+y^2$ 介于平面 $z=0$ 和 $z=1$ 之间的

部分；

(2) $\iint\limits_S (z+4x+2y)\mathrm{d}S$，$S$ 为平面 $x+\dfrac{y}{2}+\dfrac{z}{4}=1$ 在第一卦限中的部分；

(3) $\iint\limits_S \dfrac{1}{(1+x+y)^2}\mathrm{d}S$，$S$ 是平面 $x+y+z=1$ 及三个坐标面所围四面体的表面；

(4) $\iint\limits_S (xy+yz+zx)\mathrm{d}S$，$S$ 是锥面 $z=\sqrt{x^2+y^2}$ 被柱面 $x^2+y^2=2ax(a>0)$ 所截得的有限部分；

(5) $\iint\limits_S x^2\mathrm{d}S$，$S$ 是球面 $x^2+y^2+z^2=a^2$.

---

2. 求面密度为 ρ 的均匀上半球壳 $x^2+y^2+z^2=a^2(z\geqslant 0)$ 对 z 轴的转动惯量.

3. 设点 $P(x, y, z)$ 位于椭球面 S：$\dfrac{x^2}{2}+\dfrac{y^2}{2}+\dfrac{z^2}{1}=1$ 的上半部分，Π 为 S 在点 P 处的切平面，而 $\rho(x, y, z)$ 是点 $O(0, 0, 0)$ 到平面 Π 的距离，求 $\iint\limits_S \dfrac{z}{\rho(x, y, z)}\mathrm{d}S$.

第5节　第二型曲面积分

类似于对坐标的曲线积分，考虑到曲面也有“方向”——“侧”的问题，本节引入所谓的第二型曲面积分.

一、基本概念

1. 曲面的侧

正如生活中常见的：桌面有上下之分，墙壁有内外之别——这样的曲面称为双侧曲面. 作为数学抽象，借助于第九章第 6 节中的结果，有

设 S：$z=z(x, y)$，$(x, y)\in D_{xy}$ 是一个光滑曲面(D_{xy} 同时表示曲面 S 在 xOy 坐标面上的投影区域，下同)，过点 $P_0\in S$ 处法向量 $\boldsymbol{n}$ 的方向余弦

$$\cos\alpha=\mp\frac{z_x}{\sqrt{1+z_x^2+z_y^2}}，\cos\beta=\mp\frac{z_y}{\sqrt{1+z_x^2+z_y^2}}，\cos\gamma=\pm\frac{1}{\sqrt{1+z_x^2+z_y^2}}$$

中，$\cos\gamma>0$ 对应于法向量 $\boldsymbol{n}$ 指向上侧的方向. 按照习惯，将此方向规定为曲面 S 的**正侧**(可记为 S^+)，而与之相反的方向称为 S 的**负侧**(记为 S^-).

同理对 S：$x=x(y,z)$，$(y,z)\in D_{yz}$ 或 S：$y=y(z,x)$，$(z,x)\in D_{zx}$ 有类似规定．

上述规定的直观结论是：

对应于坐标轴，曲面的上侧(z 轴正向)为正、下侧为负；前侧(x 轴正向)为正、后侧为负；右侧(y 轴正向)为正、左侧为负．而对于封闭曲面，则规定其外侧(即外表面)为正、内侧(即内表面)为负．

如上规定了方向的曲面，称为有向曲面．

2. 实例背景——流量的计算

设流体自有向曲面 $\Omega\subset\mathbf{R}^3$ 中稳定流出(即流体密度均匀、流速只与点的位置有关)，流速为 $v(P)=(v_x(P),\ v_y(P),\ v_z(P))$，其分量函数均连续．现在的问题是：对有向曲面块 $S\subset\Omega$，求单位时间内流经 S 的总流量 Q(即单位时间内流出流体的体积)．

我们仍采用定积分的思想方法来处理．

(1) 分划：把曲面 S 任意分成 n 个不重叠的小曲面块 $S_k(k=1,2,\cdots,n)$，S_k 的面积记为 ΔS_k，而 S_k 在三个坐标面上的投影区域分别记为 $(\Delta\sigma_k)_{xy}$，$(\Delta\sigma_k)_{yz}$ 和 $(\Delta\sigma_k)_{zx}$(同时也表示该区域的面积)．

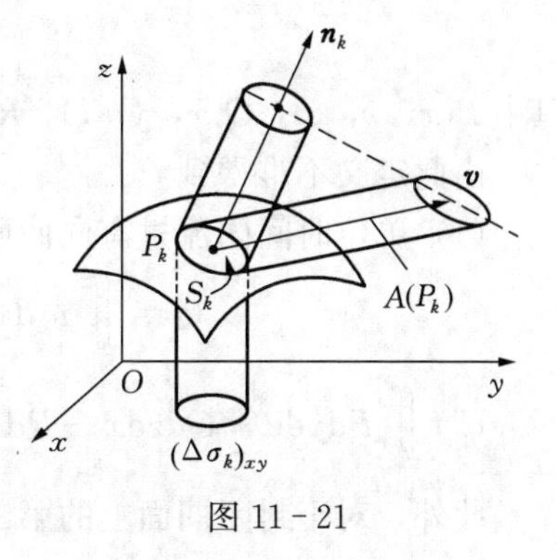

图 11-21

(2) 转化：任取点 $P_k(\xi_k,\eta_k,\zeta_k)\in S_k$，设曲面 S 上过 P_k 的单位法向量为 $\boldsymbol{e}_{\boldsymbol{n}_k}=(\cos\alpha_k,\ \cos\beta_k,\ \cos\gamma_k)$，由于点 P_k 处流体的方向即流速 $v(P_k)$ 的方向，故单位时间内流经 S_k 的流量(弯曲柱体)可近似地由同底等高的斜柱体体积来代替(图 11-21)．而斜柱体的高为

$$|v(P_k)|=\mathrm{Prj}_{\boldsymbol{n}_k}\boldsymbol{v}=\boldsymbol{v}\cdot\boldsymbol{n}_k=v_x(P_k)\cos\alpha_k+v_y(P_k)\cos\beta_k+v_z(P_k)\cos\gamma_k,$$

根据面积投影定理，流经 S_k 的流量微元可写为

$$\begin{aligned}\Delta Q_k&=|v(P_k)|\cdot\Delta S_k=[v_x(P_k)\cos\alpha_k+v_y(P_k)\cos\beta_k+v_z(P_k)\cos\gamma_k]\Delta S_k\\&=v_x(P_k)\Delta_k\sigma_{yz}+v_y(P_k)\Delta_k\sigma_{zx}+v_z(P_k)\Delta_k\sigma_{xy}\\&\approx v_x(P_k)\Delta y\Delta z+v_y(P_k)\Delta z\Delta x+v_z(P_k)\Delta x\Delta y.\end{aligned}$$

这里用了平面面积微元的通用写法：$\Delta\sigma_{zx}\approx\Delta z\Delta x$，$\Delta\sigma_{yz}\approx\Delta y\Delta z$，$\Delta\sigma_{xy}\approx\Delta x\Delta y$，从而流经 S 的总流量

$$Q=\sum_{k=1}^{n}\Delta Q_k\approx\sum_{k=1}^{n}[v_x(P_k)\Delta y\Delta z+v_y(P_k)\Delta z\Delta x+v_z(P_k)\Delta x\Delta y].$$

(3) 取极限：令 $\lambda=\max\limits_{1\leqslant k\leqslant n}\{d_k:\ d_k$ 是 S_k 的直径$\}\to0$，即得

$$Q=\lim_{\lambda\to 0}\sum_{k=1}^{n}\left[v_x(P_k)\Delta y\Delta z+v_y(P_k)\Delta z\Delta x+v_z(P_k)\Delta x\Delta y\right].$$

上述极限显然与点 P_k 的坐标有关．抽象去上述问题的实际背景，即有

3. 定义

定义 设函数 $P(x, y, z)$，$Q(x, y, z)$，$R(x, y, z)$在有向曲面 S 上有定义．将 S 任意分成 n 个不重叠的小曲面 $S_k(k=1, 2, \cdots, n)$，以 ΔS_k 表示 S_k 的面积，$\lambda=\max\limits_{1\leqslant k\leqslant n}\{d_k$：$d_k$ 为 S_k 的直径$\}$，分别记 S_k 在三个坐标面 xOy，yOz，zOx 上的投影为$(\Delta\sigma_k)_{xy}$，$(\Delta\sigma_k)_{yz}$，$(\Delta\sigma_k)_{zx}$．如果任取 $P_k(\xi_k, \eta_k, \zeta_k)\in S_k$，极限

$$\lim_{\lambda\to 0}\sum_{k=1}^{n}\left[P(P_k)(\Delta\sigma_k)_{yz}+Q(P_k)(\Delta\sigma_k)_{zx}+R(P_k)(\Delta\sigma_k)_{xy}\right]$$

存在，则称该极限值为 $P(x, y, z)$，$Q(x, y, z)$，$R(x, y, z)$在有向曲面 S 上的**第二型曲面积分**(**或对坐标的曲面积分**)，记为

$$\iint_S P\mathrm{d}y\mathrm{d}z+Q\mathrm{d}z\mathrm{d}x+R\mathrm{d}x\mathrm{d}y=\lim_{\lambda\to 0}\sum_{k=1}^{n}\left[P(P_k)(\Delta\sigma_k)_{yz}+Q(P_k)(\Delta\sigma_k)_{zx}+R(P_k)(\Delta\sigma_k)_{xy}\right],$$

其中 $P(x, y, z)$，$Q(x, y, z)$，$R(x, y, z)$称为**被积函数**，S 称为**积分曲面**．

由此定义不难得到

(1) 单位时间内流过有向曲面 S 的总流量 Q 表示为

$$Q=\iint_S v_x\mathrm{d}y\mathrm{d}z+v_y\mathrm{d}z\mathrm{d}x+v_z\mathrm{d}x\mathrm{d}y.$$

(2) $\iint_S P\mathrm{d}y\mathrm{d}z+Q\mathrm{d}z\mathrm{d}x+R\mathrm{d}x\mathrm{d}y=\iint_S P\mathrm{d}y\mathrm{d}z+\iint_S Q\mathrm{d}z\mathrm{d}x+\iint_S R\mathrm{d}x\mathrm{d}y.$

此外，对于封闭曲面上的第二类曲面积分，记为

$$\oiint_S P\mathrm{d}y\mathrm{d}z+Q\mathrm{d}z\mathrm{d}x+R\mathrm{d}x\mathrm{d}y.$$

二、基本性质

由上述定义，第二型曲面积分具有与第二型曲线积分完全相似的性质．如在积分存在的前提下，有

性质 1(**区域可加**) 设 $S=S_1\cup S_2$ 且 $S_1\cap S_2=\varnothing$，则

$$\iint_S P\mathrm{d}y\mathrm{d}z+Q\mathrm{d}z\mathrm{d}x+R\mathrm{d}x\mathrm{d}y$$
$$=\iint_{S_1} P\mathrm{d}y\mathrm{d}z+Q\mathrm{d}z\mathrm{d}x+R\mathrm{d}x\mathrm{d}y+\iint_{S_2} P\mathrm{d}y\mathrm{d}z+Q\mathrm{d}z\mathrm{d}x+R\mathrm{d}x\mathrm{d}y.$$

性质 2　$\iint\limits_{S^{+}} R\mathrm{d}x\mathrm{d}y=-\iint\limits_{S^{-}} R\mathrm{d}x\mathrm{d}y$.

即如果改变曲面的侧，其积分符号要改变；等等.

三、第二型曲面积分的计算

如同第一型曲面积分，这里也要转化为二重积分来计算.

定理　设曲面 S：$z=z(x,y)$，$(x,y)\in D_{xy}$，而 D_{xy} 是有界闭区域，函数 $R(x,y,z)$ 在 S 上连续，则

$$\iint\limits_{S} R(x,y,z)\mathrm{d}x\mathrm{d}y=\pm\iint\limits_{D_{xy}} R(x,y,z(x,y))\mathrm{d}x\mathrm{d}y, \qquad (1)$$

其中 S 取上侧(对应于 $\cos\gamma>0$)时二重积分取正号，S 取下侧(对应于 $\cos\gamma<0$)时二重积分取负号.

当曲面 S 分别表示为 $x=x(y,z)$，$(y,z)\in D_{yz}$ 或 $y=y(z,x)$，$(z,x)\in D_{zx}$ 时，类似地有

$$\iint\limits_{S} P(x,y,z)\mathrm{d}y\mathrm{d}z=\pm\iint\limits_{D_{yz}} P(x(y,z),y,z)\mathrm{d}y\mathrm{d}z, \qquad (2)$$

$$\iint\limits_{S} Q(x,y,z)\mathrm{d}z\mathrm{d}x=\pm\iint\limits_{D_{zx}} Q(x,y(z,x),z)\mathrm{d}z\mathrm{d}x, \qquad (3)$$

其中二重积分的符号分别由 S 的侧(对应于 $\cos\alpha>0$ 与 $\cos\beta>0$ 或相反)来决定.

证明　由第二型曲面积分的定义可得，从略.

评注　① 本定理给出了第二型曲面积分的计算方法和步骤：

(a) 针对被积函数 P，Q，R，分别确定曲面 S 在三个坐标平面上的投影区域及其表达形式，再化为三个相应的二重积分(注意积分符号)之和.

(b) 定理是针对简单曲面(即与 z 轴平行的任意直线，与曲面 S 至多有一个交点)建立的，对于复杂曲面(即与 z 轴平行的任意直线，与曲面 S 的交点多于一个)，可利用积分对区域的可加性予以分割处理.

② 虽然在整体上规定封闭曲面的外侧为正，但具体计算中还需要针对不同的被积表达式，分别从上下、左右、前后三个方面去考虑(并注意相关的积分符号).

例 1　在球面 S：$x^2+y^2+z^2=a^2$ 的外侧，求下列积分.

(1) $\oint\!\!\!\oint\limits_{S} z\mathrm{d}x\mathrm{d}y$；　　　　(2) $\oint\!\!\!\oint\limits_{S} z^2\mathrm{d}x\mathrm{d}y$.

解　由公式(1)，有

(1) $\oint\!\!\!\oint\limits_{S} z\mathrm{d}x\mathrm{d}y=\iint\limits_{S_{上}} z\mathrm{d}x\mathrm{d}y+\iint\limits_{S_{下}} z\mathrm{d}x\mathrm{d}y$

$$= \iint_{D_{xy}} \sqrt{a^2-x^2-y^2}\,\mathrm{d}x\mathrm{d}y - \iint_{D_{xy}} -\sqrt{a^2-x^2-y^2}\,\mathrm{d}x\mathrm{d}y$$

$$= 2\iint_{D_{xy}} \sqrt{a^2-x^2-y^2}\,\mathrm{d}x\mathrm{d}y = 2\int_0^{2\pi}\mathrm{d}\theta\int_0^a \sqrt{a^2-r^2}\,r\mathrm{d}r = \frac{4}{3}\pi a^3;$$

(2) $$\oiint_S z^2\mathrm{d}x\mathrm{d}y = \iint_{S_{上}} z^2\mathrm{d}x\mathrm{d}y + \iint_{S_{下}} z^2\mathrm{d}x\mathrm{d}y$$

$$= \iint_{D_{xy}} (\sqrt{a^2-x^2-y^2})^2\mathrm{d}x\mathrm{d}y - \iint_{D_{xy}} (-\sqrt{a^2-x^2-y^2})^2\mathrm{d}x\mathrm{d}y$$

$$= 0.$$

这后面的例题表明：**当被积函数与曲面均具对称性时，第二型曲面积分的值为** 0(这种现象的物理意义是动量守恒：流体上下齐喷而流量相等，故物体不动).

例 2　求 $\iint_S x^2y\mathrm{d}y\mathrm{d}z + y^2\mathrm{d}z\mathrm{d}x + z^2\mathrm{d}x\mathrm{d}y$，$S$：$x^2+y^2=a^2$，$0<z<a$ 取外侧.

解　这里的曲面 S 仅为介于平面 $z=0$ 与 $z=a$ 的柱面外侧，分别讨论如下：

(1) 在 yOz 平面上，S 的投影 $D_{yz}=\{(y,z)\mid |y|\leqslant a, 0\leqslant z\leqslant a\}$，$S=S_{前}+S_{后}$，故

$$\iint_S x^2y\mathrm{d}y\mathrm{d}z = \iint_{S_{前}} x^2y\mathrm{d}y\mathrm{d}z + \iint_{S_{后}} x^2y\mathrm{d}y\mathrm{d}z$$

$$= \iint_{D_{yz}} (a^2-y^2)y\mathrm{d}y\mathrm{d}z - \iint_{D_{yz}} (a^2-y^2)y\mathrm{d}y\mathrm{d}z = 0;$$

(2) 在 zOx 平面上，S 的投影 $D_{zx}=\{(z,x)\mid 0\leqslant z\leqslant a, |x|\leqslant a\}$，$S=S_{右}+S_{左}$，故

$$\iint_S y^2\mathrm{d}z\mathrm{d}x = \iint_{S_{右}} y^2\mathrm{d}z\mathrm{d}x + \iint_{S_{左}} y^2\mathrm{d}z\mathrm{d}x$$

$$= \iint_{D_{zx}} (a^2-x^2)\mathrm{d}z\mathrm{d}x - \iint_{D_{zx}} (a^2-x^2)\mathrm{d}z\mathrm{d}x = 0;$$

(3) 在 xOy 平面上，S 的投影 D_{xy} 为曲线：$x^2+y^2=a^2$，故其面积元素 $\mathrm{d}x\mathrm{d}y=0$，从而

$$\iint_S z^2\mathrm{d}x\mathrm{d}y = \iint_{D_{xy}} z^2\mathrm{d}x\mathrm{d}y = 0.$$

综上可得

$$\iint_S x^2 y\mathrm{d}y\mathrm{d}z + y^2\mathrm{d}z\mathrm{d}x + z^2\mathrm{d}x\mathrm{d}y = 0.$$

四、两类曲面积分的关系

两类曲面积分之间，有着类似于两类曲线积分那样的关系．

1. 区别

两类曲面积分不仅在表示形式有着明显区别，而且在实际意义上：第一型曲面积分以面积元素为积分变量，故与曲面的侧无关；而第二型曲面积分是对曲面在不同坐标平面上的投影进行的，因此与曲面的投影坐标，进而与曲面的侧有直接关系．

2. 联系

在给定曲面的相同侧面上，可以建立两类曲面积分的明确联系．下面以积分$\iint_S R(x,y,z)\mathrm{d}x\mathrm{d}y$为例进行讨论．

设曲面S：$z=z(x,y)$，$(x,y)\in D_{xy}$，其中z在D_{xy}上有连续偏导，而$R(x,y,z)$在S上连续．对于S上侧的曲面积分：一方面，由第二型曲面积分的计算公式，

$$\iint_{S_{上}} R(x,y,z)\mathrm{d}x\mathrm{d}y = \iint_{D_{xy}} R(x,y,z(x,y))\mathrm{d}x\mathrm{d}y. \tag{4}$$

另一方面，由于S上任意点处法向量$\boldsymbol{n}$的方向余弦$\cos\gamma=\dfrac{1}{\sqrt{1+z_x^2+z_y^2}}>0$，按照第一型曲面积分的计算公式，也有

$$\iint_S R(x,y,z)\cos\gamma\mathrm{d}S = \iint_{D_{xy}} R(x,y,z(x,y))\mathrm{d}x\mathrm{d}y. \tag{5}$$

比较(4)式与(5)式即得

$$\iint_{S_{上}} R(x,y,z)\mathrm{d}x\mathrm{d}y = \iint_S R(x,y,z)\cos\gamma\mathrm{d}S.$$

对于曲面的下侧S^-，虽然第二型曲面积分有

$$\iint_{S^-} R(x,y,z)\mathrm{d}x\mathrm{d}y = -\iint_{D_{xy}} R(x,y,z(x,y))\mathrm{d}x\mathrm{d}y,$$

但此时$\dfrac{\pi}{2}<\gamma<\pi$，即$\cos\gamma=\dfrac{-1}{\sqrt{1+z_x^2+z_y^2}}<0$，因而第一型曲面积分也要变号，所以依然有

$$\iint_{S^-} R(x,y,z)\mathrm{d}x\mathrm{d}y = \iint_S R(x,y,z)\cos\gamma\mathrm{d}S.$$

综上
$$\iint_S R(x, y, z)\mathrm{d}x\mathrm{d}y=\iint_S R(x, y, z)\cos\gamma\mathrm{d}S. \tag{6}$$

完全类上进行讨论，可得
$$\iint_S P(x, y, z)\mathrm{d}y\mathrm{d}z=\iint_S P(x, y, z)\cos\alpha\mathrm{d}S, \tag{7}$$
$$\iint_S Q(x, y, z)\mathrm{d}z\mathrm{d}x=\iint_S Q(x, y, z)\cos\beta\mathrm{d}S. \tag{8}$$

将(6)式至(8)式两边相加，即得**两类曲面积分之间的转化公式**
$$\iint_S P\mathrm{d}y\mathrm{d}z+Q\mathrm{d}z\mathrm{d}x+R\mathrm{d}x\mathrm{d}y=\iint_S (P\cos\alpha+Q\cos\beta+R\cos\gamma)\mathrm{d}S.$$

例 3　将 $\iint_S z^2\mathrm{d}x\mathrm{d}y$ 化为第一型曲面积分，其中 S：$x^2+y^2=z^2$，$0\leqslant z\leqslant a$ 取外侧．

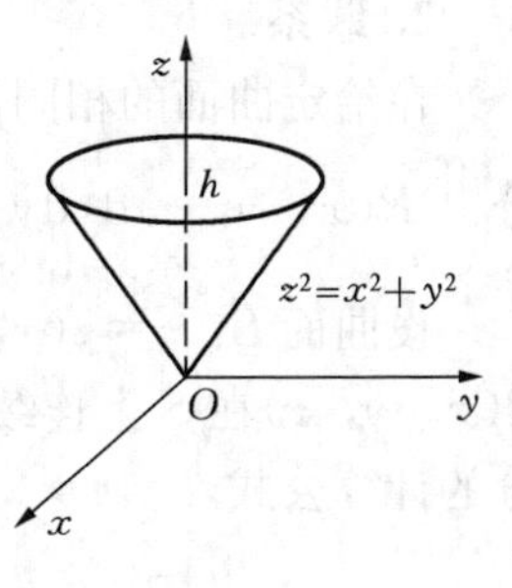

图 11－22

解　由于 $z_x=\dfrac{x}{\sqrt{x^2+y^2}}$，$z_y=\dfrac{y}{\sqrt{x^2+y^2}}$，如图 11－22 所示，注意在曲面 S 上有 $\dfrac{\pi}{2}<\gamma<\pi$，故
$$\cos\gamma=\frac{-1}{\sqrt{1+z_x^2+z_y^2}}=-\frac{1}{\sqrt{2}},$$
所以
$$\iint_S z^2\mathrm{d}x\mathrm{d}y=-\frac{1}{\sqrt{2}}\iint_S z^2\mathrm{d}S.$$

附注　两型曲面积分的转化公式，其主要价值在于理论方面．但当某型曲面积分的计算过于复杂时，也可借此转化为另一型积分来计算．

习题 11－5

思考题

1. 如何将第一型曲面积分转化为第二型曲面积分？

2. 设 S 是锥面 $z=\sqrt{x^2+y^2}$ 及平面 $z=1$ 和 $z=2$ 所围立体的外表面，曲面积分 $\iint_S \dfrac{\mathrm{e}^z}{\sqrt{x^2+y^2}}\mathrm{d}x\mathrm{d}y$ 的值是(　　).

A. $-2\pi\mathrm{e}(\mathrm{e}-1)$；　　B. $2\pi\mathrm{e}^2$；

C. $4\pi\mathrm{e}^2$；　　D. $-2\pi\mathrm{e}^2$.

3. 如果把例 2 中曲面 S 的侧改为“立体 $x^2+y^2=a^2$，$0\leqslant z\leqslant a$ 的外表面”，其结果有什么变化？

练习题

1. 求下列对坐标的曲面积分.

(1) $\oiint\limits_S y^2 z\mathrm{d}x\mathrm{d}y$，其中 S 为球面 $x^2+y^2+z^2=R^2$ 的外侧；

(2) $\oiint\limits_S xy\mathrm{d}y\mathrm{d}z+yz\mathrm{d}z\mathrm{d}x+xz\mathrm{d}x\mathrm{d}y$，其中 S 是坐标面与平面 $x+y+z=1$ 所围四面体表面的外侧；

(3) $\iint\limits_S x\mathrm{d}y\mathrm{d}z+y\mathrm{d}z\mathrm{d}x+z\mathrm{d}x\mathrm{d}y$，其中 S 是柱面 $x^2+y^2=1$ 被平面 $z=0$ 及 $z=3$ 在第一卦限内所截部分的前侧；

(4) $\iint\limits_S [f(x,y,z)+x]\mathrm{d}y\mathrm{d}z+[f(x,y,z)+y]\mathrm{d}z\mathrm{d}x+[f(x,y,z)+z]\mathrm{d}x\mathrm{d}y$，其中 $f(x,y,z)$ 为连续函数，S 是平面 $x+y+z=1$ 在第一卦限部分的上侧.

2. 把第二型曲面积分 $\iint\limits_S P(x,y,z)\mathrm{d}y\mathrm{d}z+Q(x,y,z)\mathrm{d}z\mathrm{d}x+R(x,y,z)\mathrm{d}x\mathrm{d}y$ 改写为第一型曲面积分，其中 S 是平面 $3x+2y+2\sqrt{3}z=6$ 在第一卦限部分的上侧.

---

3. 计算 $\iint\limits_S \dfrac{ax\mathrm{d}y\mathrm{d}z+(z+a)^2\mathrm{d}x\mathrm{d}y}{(x^2+y^2+z^2)^{\frac{1}{2}}}$，其中 S 是下半球面 $x^2+y^2+z^2=a^2$ 的上侧，a 是大于零的常数.

4. 计算 $\iint\limits_S \dfrac{z^2\mathrm{d}x\mathrm{d}y}{x^2+y^2}$，其中 S 是上半球面 $x^2+y^2+z^2=2ax$ 含在柱面 $x^2+y^2=a^2$ 内部的曲面(取上侧)，a 是大于零的常数.

第6节　高斯公式

在形式上，格林公式是将平面区域上的二重积分化为该区域边界曲线上的曲线积分. 与此相似，空间立体上的三重积分也可化为其外表面上的曲面积分，这公式由德国著名数学家高斯(Gauss：1777—1855)所建立.

定理　设空间闭区域 $V\subset\mathbf{R}^3$ 由曲面 S 所围成，函数 $P(x,y,z)$，$Q(x,y,z)$，$R(x,y,z)$在 V 及其边界曲面上有连续偏导数，则

$$\oiint\limits_{S_{外}} P\mathrm{d}y\mathrm{d}z+Q\mathrm{d}z\mathrm{d}x+R\mathrm{d}x\mathrm{d}y=\iiint\limits_V\left(\frac{\partial P}{\partial x}+\frac{\partial Q}{\partial y}+\frac{\partial R}{\partial z}\right)\mathrm{d}x\mathrm{d}y\mathrm{d}z.\quad(1)$$

证明　比较公式两边的形式，我们首先证明

$$\oiint_{S_{外}} R\mathrm{d}x\mathrm{d}y = \iiint_V \frac{\partial R}{\partial z}\mathrm{d}x\mathrm{d}y\mathrm{d}z \tag{2}$$

成立．对此分为如下两种情形：

① V 为简单立体：即穿过立体 V 内部且平行 z 轴的直线与 V 的边界曲面 S 至多有两个交点，且

$$S_{外} = S_{上} + S_{下} + S_{侧},$$

其中曲面 $S_{上}$ 与 $S_{下}$ 在 xOy 坐标面上有共同的投影区域 D，而柱面 $S_{侧}$ 在 xOy 坐标面上的投影是区域 D 的边界曲线(图 11－23)．

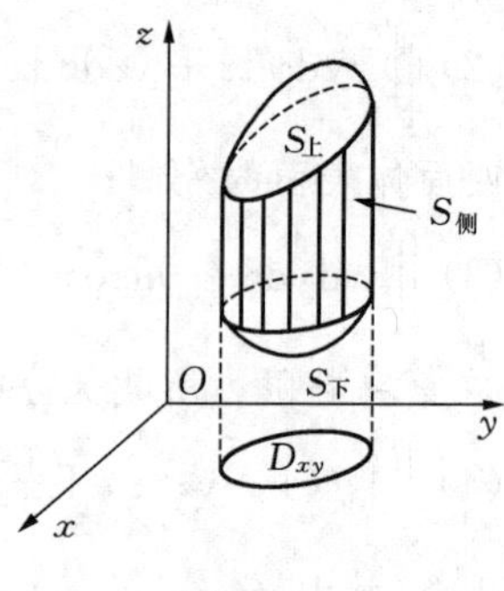

图 11－23

设曲面 $S_{上}$ 与 $S_{下}$ 的方程分别是：$z=z_2(x, y)$，$z=z_1(x, y)$，$(x, y)\in D$，且 $z_1(x, y)\leqslant z_2(x, y)$，由三重积分的计算公式，

$$\iiint_V R_z\mathrm{d}x\mathrm{d}y\mathrm{d}z = \iint_D \mathrm{d}x\mathrm{d}y\int_{z_1(x,y)}^{z_2(x,y)} R_z\mathrm{d}z$$

$$= \iint_D \{R[x, y, z_2(x, y)] - R[x, y, z_1(x, y)]\}\mathrm{d}x\mathrm{d}y;$$

而由第二型曲面积分的计算公式，并注意到 $\iint_{S_{侧}} R(x, y, z)\mathrm{d}x\mathrm{d}y = 0$，则

$$\oiint_{S_{外}} R\mathrm{d}x\mathrm{d}y = \iint_{S_{上}} R\mathrm{d}x\mathrm{d}y + \iint_{S_{下}} R\mathrm{d}x\mathrm{d}y + \iint_{S_{侧}} R\mathrm{d}x\mathrm{d}y$$

$$= \iint_D R(x, y, z_2(x, y))\mathrm{d}x\mathrm{d}y - \iint_D R(x, y, z_1(x, y))\mathrm{d}x\mathrm{d}y$$

$$= \iint_D \{R[x, y, z_2(x, y)] - R[x, y, z_1(x, y)]\}\mathrm{d}x\mathrm{d}y.$$

比较上面结果，即证得等式(2)成立．

完全类似于上述过程，可得

$$\oiint_{S_{外}} P\mathrm{d}y\mathrm{d}z = \iiint_V \frac{\partial P}{\partial x}\mathrm{d}x\mathrm{d}y\mathrm{d}z \text{ 及 } \oiint_{S_{外}} Q\mathrm{d}z\mathrm{d}x = \iiint_V \frac{\partial Q}{\partial y}\mathrm{d}x\mathrm{d}y\mathrm{d}z.$$

从而证得(1)式成立．

② V 为一般立体：即平行坐标轴的直线与 V 之边界曲面 S 的交点多于两个时，可通过适当分割化 V 为上述简单立体之并集，注意到在 V 的每个切割

面上，第二型曲面积分在其两侧恰往返各一次而积分值相抵消(因方向相反)，故由积分对区域的可加性，所证结果(1)式仍然成立．

说明　① 本定理的条件不可忽视，三重积分中被积函数的求导顺序也不能混淆．

② 由两类曲面积分的关系，高斯公式也可写为

$$\oiint_{S_{外}}(P\cos\alpha+Q\cos\beta+R\cos\gamma)\mathrm{d}S=\iiint_V(P_x+Q_y+R_z)\mathrm{d}x\mathrm{d}y\mathrm{d}z.$$

③ 特别对 $P=x$，$Q=y$，$R=z$，由高斯公式可得立体体积的曲面积分计算公式

$$V=\frac{1}{3}\oiint_{S_{外}}x\mathrm{d}y\mathrm{d}z+y\mathrm{d}z\mathrm{d}x+z\mathrm{d}x\mathrm{d}y.$$

④ 高斯公式的主要使用价值，是给出了闭曲面上第二型曲面积分的简化计算方法：化为三重积分来计算．但对于非封闭曲面，则需要添加辅助平面来进行．

例 1　求下列曲面积分．

(1) $\oiint_S y(x-z)\mathrm{d}y\mathrm{d}z+x^2\mathrm{d}z\mathrm{d}x+(y^2+zx)\mathrm{d}x\mathrm{d}y$，$S$ 是三个坐标面与 $x=a$，$y=a$，$z=a$ 所围正方体的外表面；

(2) 求 $\oiint_S x^3\mathrm{d}y\mathrm{d}z+y^3\mathrm{d}z\mathrm{d}x+z^3\mathrm{d}x\mathrm{d}y$，$S$：$x^2+y^2+z^2=1$，取外侧．

解　(1) 由 $P=y(x-z)$，$Q=x^2$，$R=y^2+zx$，得 $P_x=y$，$Q_y=0$，$R_z=x$，而且这些函数均在 $\mathbf{R}^3$ 上连续，故由高斯公式，所求积分

$$\begin{aligned}&\oiint_S y(x-z)\mathrm{d}y\mathrm{d}z+x^2\mathrm{d}z\mathrm{d}x+(y^2+zx)\mathrm{d}x\mathrm{d}y\\&=\iiint_V(y+x)\mathrm{d}x\mathrm{d}y\mathrm{d}z=\int_0^a\mathrm{d}z\int_0^a\mathrm{d}y\int_0^a(x+y)\mathrm{d}x=a^4.\end{aligned}$$

(2) 由于 $P=x^3$，$Q=y^3$，$R=z^3$ 及 $P_x=3x^2$，$Q_y=3y^2$，$R_z=3z^2$ 均在 $\mathbf{R}^3$ 上连续，由高斯公式，所求积分

$$\begin{aligned}\oiint_S x^3\mathrm{d}y\mathrm{d}z+y^3\mathrm{d}z\mathrm{d}x+z^3\mathrm{d}x\mathrm{d}y&=3\iiint_V(x^2+y^2+z^2)\mathrm{d}x\mathrm{d}y\mathrm{d}z.\\&=3\int_0^{2\pi}\mathrm{d}\theta\int_0^{\pi}\mathrm{d}\varphi\int_0^1 r^2\cdot r^2\sin\varphi\mathrm{d}r\\&=\frac{12}{5}\pi.\end{aligned}$$

这里的 V 为球形闭区域 $x^2+y^2+z^2\leqslant1$，故计算中使用了球面坐标．

例 2　求 $\iint_S(x^2\cos\alpha+y^2\cos\beta+z^2\cos\gamma)\mathrm{d}S$，$S$ 是锥面 $x^2+y^2=z^2$ 介于

平面 $z=0$ 与 $z=a(a>0)$之间的部分且取下侧，$\boldsymbol{e}_n=(\cos\alpha,\ \cos\beta,\ \cos\gamma)$是锥面上的单位法向量．

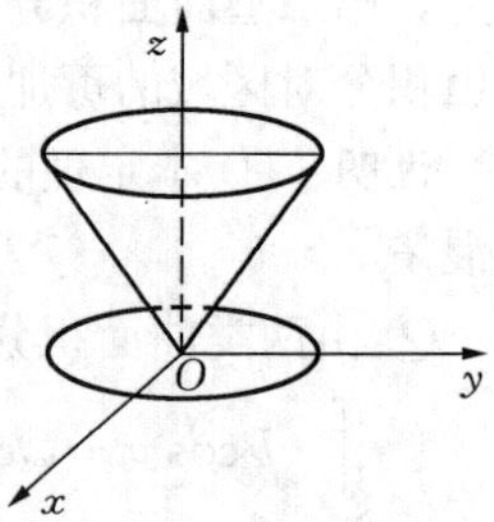

解　此处所给曲面 S 非闭，故添加平面(图 11-24) Π：$z=a$ 后，记所围立体为 V，则

$$\begin{aligned}&\oint\!\!\!\oint_{S_{锥下}+\Pi_{上}}(x^2\cos\alpha+y^2\cos\beta+z^2\cos\gamma)\mathrm{d}S\\&=\iiint_V 2(x+y+z)\mathrm{d}x\mathrm{d}y\mathrm{d}z\\&=2\int_0^{2\pi}\mathrm{d}\theta\int_0^a r\mathrm{d}r\int_r^a[r(\cos\theta+\sin\theta)+z]\mathrm{d}z\\&=\frac{\pi}{2}a^4,\end{aligned}$$

图 11-24

这里的计算使用了柱坐标变换．

由于在所加平面 Π：$z=a$ 上，

$$\iint_{\Pi_{上}}(x^2\cos\alpha+y^2\cos\beta+z^2\cos\gamma)\mathrm{d}S=\iint_{x^2+y^2\leqslant a^2}a^2\mathrm{d}x\mathrm{d}y=\pi a^4,$$

故所求积分

$$\iint_S(x^2\cos\alpha+y^2\cos\beta+z^2\cos\gamma)\mathrm{d}S=\frac{\pi}{2}a^4-\pi a^4=-\frac{\pi}{2}a^4.$$

习题 11-6

思考题

设 S 是锥面 $z=\sqrt{x^2+y^2}(0\leqslant z\leqslant 1)$的下侧，则

$$\iint_S x\mathrm{d}y\mathrm{d}z+2y\mathrm{d}z\mathrm{d}x+3(z-1)\mathrm{d}x\mathrm{d}y=\underline{\qquad\qquad}.$$

练习题

1. 利用高斯公式计算下列曲面积分．

(1) $\oint\!\!\!\oint_S xy\mathrm{d}y\mathrm{d}z+zy\mathrm{d}z\mathrm{d}x+xz\mathrm{d}x\mathrm{d}y$，其中 S 是由坐标面及平面 $x+y+z=1$ 所围四面体的外表面；

(2) $\oint\!\!\!\oint_S xz^2\mathrm{d}y\mathrm{d}z+(x^2y-z^3)\mathrm{d}z\mathrm{d}x+(2xy+y^2z)\mathrm{d}x\mathrm{d}y$，其中 S 是平面域 $x^2+y^2\leqslant 1$ 及上半球面 $z=\sqrt{1-x^2-y^2}$ 所围立体的外表面；

(3) $\oint\!\!\!\oint_S 4xz\mathrm{d}y\mathrm{d}z-y^2\mathrm{d}z\mathrm{d}x+yz\mathrm{d}x\mathrm{d}y$，其中 S 是由坐标面及平面 $x=1$，$y=1$，$z=1$ 所围立方体的外表面；

(4) $\iint\limits_S (x^2-y)\mathrm{d}y\mathrm{d}z+(y^2-z)\mathrm{d}z\mathrm{d}x+(z^2-x)\mathrm{d}x\mathrm{d}y$，其中 S 是锥面 $z=\sqrt{x^2+y^2}$ 在 $0\leqslant z\leqslant 1$ 之间部分的外侧．

2. 计算曲面积分 $\iint\limits_S (x^2-2xy)\mathrm{d}y\mathrm{d}z+(y^2-2yz)\mathrm{d}z\mathrm{d}x+(1-2xy)\mathrm{d}x\mathrm{d}y$，其中 S 是球心在坐标原点，半径是 a 的上半球面的外侧．

---

3. 设对半空间 $x>0$ 内任意的有向光滑封闭曲面 S，恒有

$$\oiint\limits_S xf(x)\mathrm{d}y\mathrm{d}z-xyf(x)\mathrm{d}z\mathrm{d}x-\mathrm{e}^{2x}z\mathrm{d}x\mathrm{d}y=0,$$

其中 $f(x)$在$(0,\ +\infty)$内具有连续一阶导数，且 $\lim\limits_{x\to 0^+}f(x)=1$，求 $f(x)$.

4. 设函数 $u(x,\ y,\ z)$为调和函数，即$\dfrac{\partial^2 u}{\partial x^2}+\dfrac{\partial^2 u}{\partial y^2}+\dfrac{\partial^2 u}{\partial z^2}=0$ 且 u 有连续的二阶偏导数，证明：$\iint\limits_S u\dfrac{\partial u}{\partial \boldsymbol{n}}\mathrm{d}S=\iiint\limits_V (u_x^2+u_y^2+u_z^2)\mathrm{d}V$，其中 S 为空间区域 V 的边界曲面，$\dfrac{\partial u}{\partial \boldsymbol{n}}$为 $u(x,\ y,\ z)$沿 S 的外法线 $\boldsymbol{n}$ 的方向导数．

*第7节　斯托克斯公式

高斯公式在形式上将立体上的三重积分化成其表面上的曲面积分，与此平行、并且更深刻的问题是：能否将非封闭曲面上的曲面积分化为该曲面边界曲线上的曲线积分？这公式由英国数学家斯托克斯(Stokes：1819—1903)所建立．

定理　设曲面 S 以闭曲线 L 为边界，函数 $P(x,\ y,\ z)$，$Q(x,\ y,\ z)$及$R(x,\ y,\ z)$在 S 及其边界曲线 L 上有一阶连续偏导，对 S 及 L 按照统一的右手定向法则，有

$$\oint_L P\mathrm{d}x+Q\mathrm{d}y+R\mathrm{d}z=\iint\limits_S\left(\frac{\partial R}{\partial y}-\frac{\partial Q}{\partial z}\right)\mathrm{d}y\mathrm{d}z+\left(\frac{\partial P}{\partial z}-\frac{\partial R}{\partial x}\right)\mathrm{d}z\mathrm{d}x+\left(\frac{\partial Q}{\partial x}-\frac{\partial P}{\partial y}\right)\mathrm{d}x\mathrm{d}y.$$

证明　由上面积分的运算形式，先证明其中的

$$\oint_{L^+} P\mathrm{d}x=\iint\limits_{S^+}\frac{\partial P}{\partial z}\mathrm{d}z\mathrm{d}x-\frac{\partial P}{\partial y}\mathrm{d}x\mathrm{d}y, \tag{1}$$

并分如下两种情形进行．

① S 是简单曲面：设曲面 S 上侧的方程为$z=z(x,\ y)$，$(x,\ y)\in D$，过

S 上任意点 $M(x, y, z)$ 处的单位法向量为 $\boldsymbol{e}_n=(\cos\alpha, \cos\beta, \cos\gamma)$. 记 S 的边界曲线 L 在 xOy 坐标面上的投影为 Γ(图 11－25)，则在曲线 L 与 Γ 上的各点之间具有一一对应的关系，且

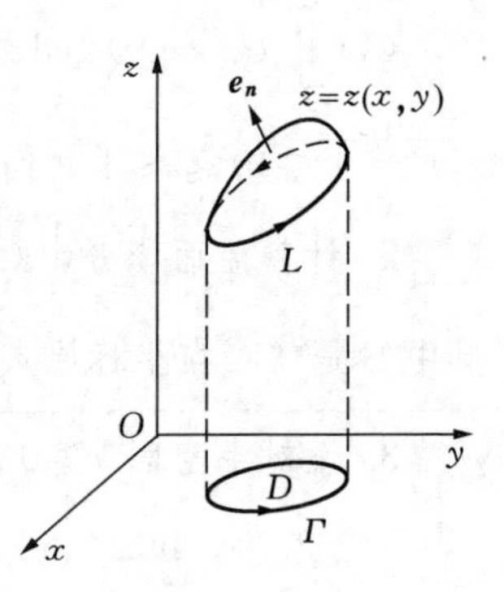

图 11－25

(Ⅰ) 曲线 L^+ 与 Γ^+ 的方向一致(按照右手法则)；

(Ⅱ) 由于 $P(x, y, z)$在 S 及 L 上连续，故 $P(x, y, z(x, y))$在 D 及 Γ 上连续；

(Ⅲ) 由投影性质，曲线 L 上任意点处的弧微分 $\mathrm{d}L\subset L$ 与 $\mathrm{d}\Gamma$ 在 x 轴上有相同的投影 $\mathrm{d}x$，因此

$$\oint_{L^+}P(x, y, z)\mathrm{d}x=\oint_{\Gamma^+}P[x, y, z(x, y)]\mathrm{d}x.$$

另一方面，由格林公式(注意：这里的 $Q=0$)，

$$\begin{aligned}\oint_{\Gamma^+}P[x, y, z(x, y)]\mathrm{d}x&=-\iint_D\frac{\partial}{\partial y}P[x, y, z(x, y)]\mathrm{d}x\mathrm{d}y\\&=-\iint_D\left(\frac{\partial P}{\partial y}+\frac{\partial P}{\partial z}\cdot\frac{\partial z}{\partial y}\right)\mathrm{d}x\mathrm{d}y\\&=-\iint_{S^+}\frac{\partial P}{\partial y}\mathrm{d}x\mathrm{d}y-\iint_{S^+}\frac{\partial P}{\partial z}\cdot\frac{\partial z}{\partial y}\mathrm{d}x\mathrm{d}y,\end{aligned}$$

由方向余弦的表达式可以推知：$\cos\beta=-z_y\cos\gamma$，而由面积投影定理又有：$\mathrm{d}x\mathrm{d}y=\cos\gamma\mathrm{d}S$，于是

$$\frac{\partial P}{\partial z}\cdot\frac{\partial z}{\partial y}\mathrm{d}x\mathrm{d}y=\frac{\partial P}{\partial z}\cdot z_y\cos\gamma\mathrm{d}S=-\frac{\partial P}{\partial z}\cos\beta\mathrm{d}S=-\frac{\partial P}{\partial z}\mathrm{d}z\mathrm{d}x,$$

代入上式即得

$$\begin{aligned}\oint_{\Gamma^+}P[x, y, z(x, y)]\mathrm{d}x&=-\iint_{S^+}\frac{\partial P}{\partial y}\mathrm{d}x\mathrm{d}y+\iint_{S^+}\frac{\partial P}{\partial z}\mathrm{d}z\mathrm{d}x\\&=\iint_{S^+}\frac{\partial P}{\partial z}\mathrm{d}z\mathrm{d}x-\iint_{S^+}\frac{\partial P}{\partial y}\mathrm{d}x\mathrm{d}y.\end{aligned}$$

此外，注意到在曲面 S 的下侧，对应于其边界 Γ^- 的曲线积分中，上式右边积分的符号均要改变，故结论仍成立．这就证明了(1).

② S 是一般曲面：通过适当分割可使之化为上述简单曲面之并集．注意到在每条切割线上，第二型曲面积分恰好往返各一次而积分值相抵消，结合积分对区域的可加性，所证结果(1)依然成立．

完全类上可证：

$$\oint_L Q\mathrm{d}y=\iint\limits_S \frac{\partial Q}{\partial x}\mathrm{d}x\mathrm{d}y-\frac{\partial Q}{\partial z}\mathrm{d}y\mathrm{d}z \text{ 及 } \oint_L R\mathrm{d}z=\iint\limits_S \frac{\partial R}{\partial y}\mathrm{d}y\mathrm{d}z-\frac{\partial R}{\partial x}\mathrm{d}z\mathrm{d}x,$$

将此二式与(1)边边相加，即得定理所证的结论．

说明　① 定理条件不可缺少(包括对方向的规定)，这由上面的证明过程可知．在定理的结论中，各函数求偏导的顺序也不容混淆．为便于记忆，采用偏导算子的记号，斯托克斯公式可写为

$$\iint\limits_S \begin{vmatrix} \mathrm{d}y\mathrm{d}z & \mathrm{d}z\mathrm{d}x & \mathrm{d}x\mathrm{d}y \\ \dfrac{\partial}{\partial x} & \dfrac{\partial}{\partial y} & \dfrac{\partial}{\partial z} \\ P & Q & R \end{vmatrix}=\oint_L P\mathrm{d}x+Q\mathrm{d}y+R\mathrm{d}z.$$

② 特别当曲面 S 是 xOy 坐标面上的闭区域 D 时，定理即蜕化为格林公式(读者可自行写出)．因此，本定理是格林公式在三维空间的推广．

③ 根据两类曲面积分的关系，本定理的结论也可写为

$$\oint_L P\mathrm{d}x+Q\mathrm{d}y+R\mathrm{d}z=\iint\limits_S[(R_y-Q_z)\cos\alpha+(P_z-R_x)\cos\beta+(Q_x-P_y)\cos\gamma]\mathrm{d}S.$$

例　用斯托克斯公式求下列曲线积分．

(1) $\oint_L (2y+z)\mathrm{d}x+(x-z)\mathrm{d}y+(y-x)\mathrm{d}z$，$L$ 是平面 $x+y+z=1$ 在各坐标面上的交线，取逆时针方向；

(2) $\int_{\widehat{AB}} (x^2-yz)\mathrm{d}x+(y^2-zx)\mathrm{d}y+(z^2-xy)\mathrm{d}z$，其中 $A(a,0,0)$，$B(a,0,h)$，而 $\widehat{AB}$：$x=a\cos\theta$，$y=a\sin\theta$，$z=\dfrac{h}{2\pi}\theta$，$0\leqslant\theta\leqslant 2\pi$；

(3) $\oint_L (y^2-z^2)\mathrm{d}x+(z^2-x^2)\mathrm{d}y+(x^2-y^2)\mathrm{d}z$，$L$ 是平面 $x+y+z=\dfrac{3}{2}$ 截正方体 V：$0\leqslant x, y, z\leqslant 1$ 的表面之截痕．从 x 轴正向看去为逆时针方向．

解　(1) 如图 11-26 所示，由于函数 $P=2y+z$，$Q=x-z$，$R=y-x$ 及其偏导

$$R_y-Q_z=2,\ P_z-R_x=2,\ Q_x-P_y=-1$$

均在 $\mathbf{R}^3$ 中连续，故由斯托克斯公式

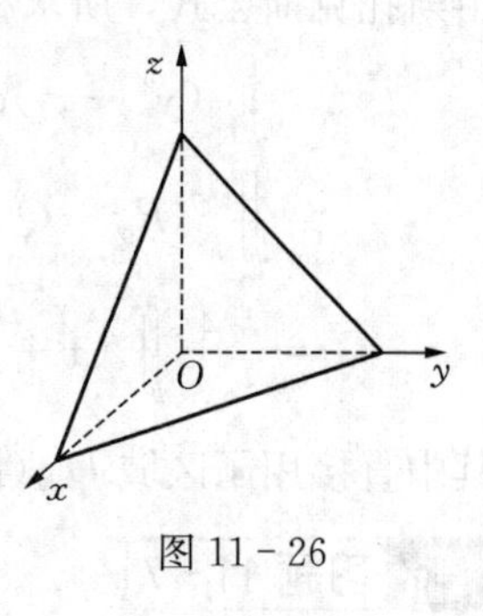

图 11-26

$$\oint_L (2y+z)\mathrm{d}x+(x-z)\mathrm{d}y+(y-x)\mathrm{d}z$$

$$=2\iint\limits_S \mathrm{d}y\mathrm{d}z+2\iint\limits_S \mathrm{d}z\mathrm{d}x-\iint\limits_S \mathrm{d}x\mathrm{d}y$$

$$=2\iint\limits_{D_{yz}} \mathrm{d}y\mathrm{d}z+2\iint\limits_{D_{zx}} \mathrm{d}z\mathrm{d}x-\iint\limits_{D_{xy}} \mathrm{d}x\mathrm{d}y$$

$$= 2\int_0^1 \mathrm{d}y \int_0^{1-y} \mathrm{d}z + 2\int_0^1 \mathrm{d}z \int_0^{1-z} \mathrm{d}x - \int_0^1 \mathrm{d}x \int_0^{1-x} \mathrm{d}y$$

$$= \frac{3}{2}.$$

(2) 如图 11 - 27 所示，所给曲线为螺线的一段．添加线段$\overline{AB}$使$L=\widehat{AB}+\overline{AB}$构成封闭曲线．则在 L 所围的曲面 S 上，

$$P = x^2 - yz,\ Q = y^2 - zx,\ R = z^2 - xy,$$

$$R_y = Q_z = -x,\ P_z = R_x = -y,\ Q_x = P_y = -z$$

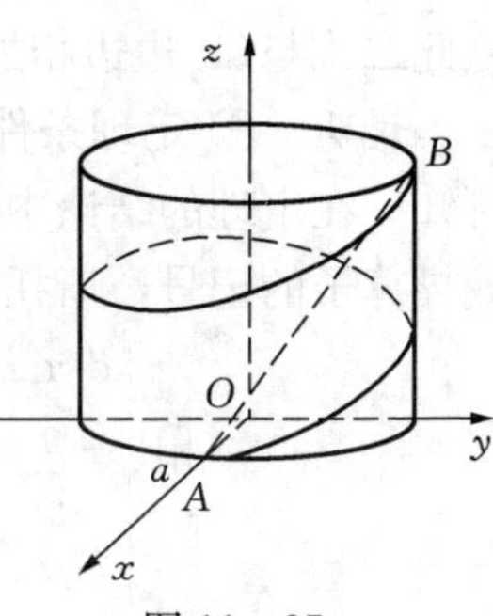

图 11 - 27

满足斯托克斯公式的条件，故

$$\oint_L (x^2 - yz)\mathrm{d}x + (y^2 - zx)\mathrm{d}y + (z^2 - xy)\mathrm{d}z$$

$$= \iint_S (R_y - Q_z)\mathrm{d}y\mathrm{d}z + (P_z - R_x)\mathrm{d}z\mathrm{d}x + (Q_x - P_y)\mathrm{d}x\mathrm{d}y = 0.$$

注意到在线段$\overline{AB}$：$x=a$，$y=0$，$z=z$，$0\leqslant z\leqslant h$ 上，$\mathrm{d}x=0\mathrm{d}y=0$，故

$$\int_{\widehat{AB}} (x^2 - yz)\mathrm{d}x + (y^2 - zx)\mathrm{d}y + (z^2 - xy)\mathrm{d}z$$

$$= -\int_{\overline{BA}} (x^2 - yz)\mathrm{d}x + (y^2 - zx)\mathrm{d}y + (z^2 - xy)\mathrm{d}z$$

$$= \int_{\overline{AB}} (x^2 - yz)\mathrm{d}x + (y^2 - zx)\mathrm{d}y + (z^2 - xy)\mathrm{d}z$$

$$= \int_{(a,0,0)}^{(a,0,h)} z^2 \mathrm{d}z = \int_0^h z^2 \mathrm{d}z = \frac{1}{3}h^3.$$

(3) 如图 11 - 28 所示，取 S 是平面 Π 被 L 所围部分的上侧，其单位法向量为

$$\boldsymbol{e}_n = \frac{1}{\sqrt{3}}(1,\ 1,\ 1)，\text{即} \cos\alpha = \cos\beta = \cos\gamma = \frac{1}{\sqrt{3}}.$$

由斯托克斯公式，所求积分

$$\oint_L (y^2 - z^2)\mathrm{d}x + (z^2 - x^2)\mathrm{d}y + (x^2 - y^2)\mathrm{d}z$$

$$= \iint_S [(R_y - Q_z)\cos\alpha + (P_z - R_x)\cos\beta + (Q_x - P_y)\cos\gamma]\mathrm{d}S$$

$$= -\frac{4}{\sqrt{3}}\iint_S (x + y + z)\mathrm{d}S = -\frac{4}{\sqrt{3}}\frac{3}{2}\iint_S \mathrm{d}S = -2\sqrt{3}\iint_{D_{xy}} \sqrt{3}\,\mathrm{d}x\mathrm{d}y = -\frac{9}{2}.$$

其中直接用了区域 D_{xy}(图 11 - 29)的面积计算结果．

习题 11 - 7

利用斯托克斯公式计算下列曲线积分．

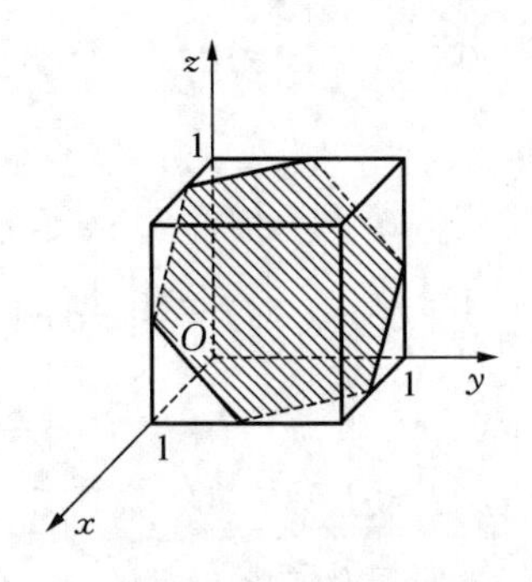

图 11 - 28

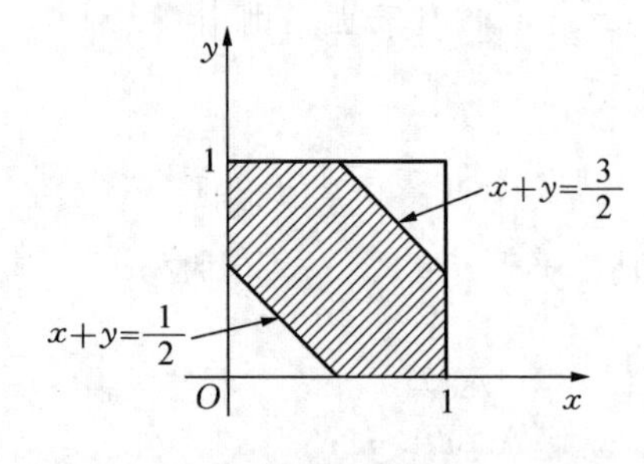

图 11 - 29

(1) $\oint_L (y+1)\mathrm{d}x+(z+2)\mathrm{d}y+(x+3)\mathrm{d}z$，其中 L 是球面 $x^2+y^2+z^2=a^2$ 与平面 $x+y+z=0$ 的交线，且从 x 轴的正向看去，这圆周取逆时针方向；

(2) $\oint_L 3y\mathrm{d}x-xz\mathrm{d}y+yz^2\mathrm{d}z$，其中 L 是圆周 $x^2+y^2=2z$，$z=2$，且从 z 轴的正向看去，这圆周取逆时针方向；

(3) $\oint_L (y-z)\mathrm{d}x+(z-x)\mathrm{d}y+(x-y)\mathrm{d}z$，其中 L 为圆柱面 $x^2+y^2=a^2$ 和平面 $\frac{x}{a}+\frac{z}{h}=1(a>0,\ h>0)$ 的交线，即一椭圆边界，从 x 轴的正向看去，椭圆取逆时针方向；

(4) $\oint_L xyz\mathrm{d}z$，其中 L 为球面 $x^2+y^2+z^2=1$ 与 $y=z$ 的交线，从 z 轴的正向看去，L 为逆时针方向；

(5) $\oint_L (y^2-z^2)\mathrm{d}x+(2z^2-x^2)\mathrm{d}y+(3x^2-y^2)\mathrm{d}z$，其中 L 为平面 $x+y+z=2$ 与柱面 $|x|+|y|=1$ 的交线，从 z 轴的正向看去，L 为逆时针方向．

总练习十一

1. 填空题．

(1) 设平面曲线 L 为下半圆周 $y=-\sqrt{1-x^2}$，积分 $\int_L (x^2+y^2)\mathrm{d}s=$ ______．

(2) 设 L 为正向圆周 $x^2+y^2=2$ 在第一象限中的部分，则曲线积分 $\int_{L^+} x\mathrm{d}y-2y\mathrm{d}x=$ ______．

(3) 设 V 是由锥面 $z=\sqrt{x^2+y^2}$ 与半球面 $z=\sqrt{R^2-x^2-y^2}$ 围成的空间区

域，S 是 V 的外表面，则 $\iint\limits_S x\mathrm{d}y\mathrm{d}z + y\mathrm{d}z\mathrm{d}x + z\mathrm{d}x\mathrm{d}y =$ ______.

2. 选择题.

(1) 设 S_1 表示上半球面 $x^2+y^2+z^2=R^2$，$z\geqslant 0$ 的上侧，S_2 表示下半球面 $x^2+y^2+z^2=R^2$，$z\leqslant 0$ 的下侧，若积分 $I_1=\iint\limits_{S_1} z\mathrm{d}x\mathrm{d}y$，$I_2=\iint\limits_{S_2} z\mathrm{d}x\mathrm{d}y$，则必有(　　)成立.

A. $I_1>I_2$；　　B. $I_1<I_2$；

C. $I_1=I_2$；　　D. $I_1+I_2=0$.

(2) 设 S 是抛物面 $z=x^2+y^2$ 介于 $z=0$ 与 $z=2$ 之间的部分，则 $\iint\limits_S \mathrm{d}S =$ (　　).

A. $\int_0^{2\pi}\mathrm{d}\theta\int_0^2\sqrt{1+4\rho^2}\,\rho\mathrm{d}\rho$；　　B. $\int_0^{2\pi}\mathrm{d}\theta\int_0^{\sqrt{2}}\sqrt{1+4\rho^2}\,\rho\mathrm{d}\rho$；

C. $\int_0^{2\pi}\mathrm{d}\theta\int_0^2\rho\mathrm{d}\rho$；　　D. $\int_0^{2\pi}\mathrm{d}\theta\int_0^{\sqrt{2}}\rho\mathrm{d}\rho$.

(3) 某均匀物体由 $z=x^2+y^2$，$z=1$ 围成，该物体的重心坐标为(　　).

A. $\left(0,\ 0,\ \frac{1}{2}\right)$；　　B. $\left(0,\ 0,\ \frac{1}{3}\right)$；

C. $\left(0,\ 0,\ \frac{2}{3}\right)$；　　D. $\left(0,\ 0,\ \frac{3}{4}\right)$.

(4) 设曲线积分 $\int_L [f(x)-\mathrm{e}^x]\sin y\mathrm{d}x - f(x)\cos y\mathrm{d}y$ 与路径无关，其中 $f(x)$ 具有一阶连续导数，且 $f(0)=0$，则 $f(x)=$(　　).

A. $\frac{\mathrm{e}^{-x}-\mathrm{e}^x}{2}$；　　B. $\frac{\mathrm{e}^x-\mathrm{e}^{-x}}{2}$；

C. $\frac{\mathrm{e}^{-x}+\mathrm{e}^x}{2}-1$；　　D. $1-\frac{\mathrm{e}^{-x}+\mathrm{e}^x}{2}$.

3. 计算下列曲线积分.

(1) $\oint_L \frac{\sqrt{x^2+y^2}}{x^2+(y+1)^2}\mathrm{d}s$，其中 L：$x^2+y^2=-2y$；

(2) $\oint_L (x+y^2)\mathrm{d}s$，其中 L 是球面 $x^2+y^2+z^2=1$ 与平面 $x+y+z=0$ 的交线；

(3) $\int_L (xy-1)\mathrm{d}x + \frac{2x^2y}{\sqrt{4x+y^2}}\mathrm{d}y$，其中 L 是曲线 $4x+y^2=4$ 上从 $A(1,\ 0)$ 到 $B(0,\ 2)$ 的一段弧；

(4) $\int_L (y^2-z^2)\mathrm{d}x+2yz\mathrm{d}y-x^2\mathrm{d}z$，其中 L 是曲线 $x=t$，$y=t^2$，$z=t^3$ 上由 $t=0$ 到 $t=1$ 的一段弧；

(5) $\oint_L \frac{y\mathrm{d}x-(x-1)\mathrm{d}y}{(x-1)^2+y^2}$，其中 L 为圆 $x^2+y^2-2y=0$ 的正向；

(6) $\oint_L \frac{y\mathrm{d}x-(x-1)\mathrm{d}y}{(x-1)^2+y^2}$，其中 L 为椭圆 $4x^2+y^2-8x=0$ 的正向；

(7) $\oint_L xyz\mathrm{d}z$，其中 L 是平面 $y=z$ 截球面 $x^2+y^2+z^2=1$ 的截痕，从 z 轴的正向看，沿逆时针方向．

4. 计算下列曲面积分．

(1) $\iint\limits_S z\mathrm{d}S$，其中 S 为锥面 $z=\sqrt{x^2+y^2}$ 含在柱面 $x^2+y^2=2x$ 内的部分；

(2) $\iint\limits_S \frac{\mathrm{d}S}{x^2+y^2+z^2}$，其中 S 是柱面 $x^2+y^2=R^2$ 介于 $z=0$ 与 $z=h$ 之间的部分；

(3) $\iint\limits_S y\mathrm{d}y\mathrm{d}z+x\mathrm{d}z\mathrm{d}x+z\mathrm{d}x\mathrm{d}y$，$S$ 是锥面 $z=\sqrt{x^2+y^2}$ 被平面 $z=1$，$z=2$ 所截的部分曲面，取外侧；

(4) $\iint\limits_S (8y+1)x\mathrm{d}y\mathrm{d}z+2(1-y^2)\mathrm{d}z\mathrm{d}x-4yz\mathrm{d}x\mathrm{d}y$，$S$ 是曲线 $\begin{cases} z=\sqrt{y-1}, \\ x=0 \end{cases}$ $(1\leqslant y\leqslant 3)$ 绕 y 轴旋转一周生成的旋转曲面，其法向量与 y 轴正向的夹角恒大于 $\frac{\pi}{2}$.

5. 证明：在 xOy 坐标面(y 的负半轴及原点除外)上，$\frac{x\mathrm{d}x+y\mathrm{d}y}{x^2+y^2}$ 是某二元函数的全微分，并求该二元函数．

6. 计算 $\oint_L y^2\mathrm{d}x+z^2\mathrm{d}y+x^2\mathrm{d}z$，$L$ 是曲线 $\begin{cases} x^2+y^2+z^2=R^2, \\ x^2+y^2=Rx \end{cases}$ $(R>0,\ z\geqslant 0)$，从 x 轴的正向看，曲线依顺时针方向．

7. 设函数 $f(x)$ 在 $(-\infty,\ +\infty)$ 内具有一阶连续导数，L 是上半平面内的任意有向分段光滑曲线，其起点为 $(a,\ b)$，终点为 $(c,\ d)$，记

$$I=\int_L \frac{1}{y}[1+y^2f(xy)]\mathrm{d}x+\frac{x}{y^2}[y^2f(xy)-1]\mathrm{d}y,$$

(1) 证明曲线积分 I 与路径无关；

(2) 当 $ab=cd$ 时，求积分 I 的值．

第十二章　无穷级数

无穷级数是对微积分理论与方法的补充，也是进行数值计算的重要工具.

无穷级数通常分为**数项级数**和**函数项级数**两大类，它们之间既有形式上的重大区别，又有密切的内在联系.

第1节　数项级数

一、基本概念

等比数列 a_1，a_1q，a_1q^2，…，a_1q^{n-1}，…的前 n 项和，可按照如下公式来求

$$s_n=\frac{a_1(1-q^n)}{1-q}=\frac{a_1-a_nq}{1-q},\ q\neq 1,$$

但该数列所有项的和是什么？又该如何去求？

对诸如此类的无穷和式问题，我们引入

定义 1　设 $\{u_n;\ n\geqslant 1\}$ 是一个数列，形式

$$\sum_{n=1}^{\infty}u_n=u_1+u_2+\cdots+u_n+\cdots \tag{1}$$

称为**数项**(或数值)**级数**，其中 u_n 称为级数的**通项**(或**一般项**)，而

$$s_n=\sum_{k=1}^{n}u_k=u_1+u_2+\cdots+u_n \tag{2}$$

称为级数(1)的**前 n 项和**(或**第 n 个部分和**)，简称**部分和**.

由部分和的定义，显然

$$u_n=s_n-s_{n-1},\ n\geqslant 2\quad (u_1=s_1),$$

于是级数(1)也可写为

$$\sum_{n=1}^{\infty}u_n=s_1+(s_2-s_1)+\cdots+(s_n-s_{n-1})+\cdots=\lim_{n\to\infty}s_n.$$

于是又有

定义 2　若极限 $\lim\limits_{n\to\infty} s_n=s$ 存在，则称级数(1)**收敛**，且以 s 为和，即

$$\sum_{n=1}^{\infty} u_n = \lim_{n\to\infty} s_n = s.$$

否则，称级数(1)**发散**(亦即**无和**).

本定义同时给出了判断级数收敛(兼求和)与否的根本性方法.

例 1　判断下列级数的敛散性.

(1) $\sum\limits_{n=0}^{\infty} q^n$；　(2) $\sum\limits_{n=1}^{\infty} \dfrac{1}{n(n+1)}$；　(3) $\sum\limits_{n=1}^{\infty} \dfrac{1}{n}$.

解　(1) 对于 $|q|<1$，注意到 $\lim\limits_{n\to\infty} q^n=0$，有

$$\lim_{n\to\infty} s_n = \lim_{n\to\infty} \frac{1-q^n}{1-q} = \frac{1}{1-q},$$

故级数收敛，且其和为 $s=\dfrac{1}{1-q}$.

但对 $|q|\geqslant 1$，由于 $|q|>1$ 及 $q=1$ 时，$\lim\limits_{n\to\infty} s_n=\infty$；$q=-1$ 时，$\lim\limits_{n\to\infty} s_{2n}=0$，而 $\lim\limits_{n\to\infty} s_{2n+1}=1$，故级数 $\sum\limits_{n=0}^{\infty} q^n$ 发散.

(2) 由于 $\dfrac{1}{n(n+1)}=\dfrac{1}{n}-\dfrac{1}{n+1}$，$n=1, 2, \cdots$，有

$$\lim_{n\to\infty} s_n = \lim_{n\to\infty}\left(1-\frac{1}{2}+\frac{1}{2}-\cdots+\frac{1}{n}-\frac{1}{n+1}\right) = \lim_{n\to\infty}\left(1-\frac{1}{n+1}\right) = 1,$$

所以级数 $\sum\limits_{n=1}^{\infty} \dfrac{1}{n(n+1)}$ 收敛，且 $\sum\limits_{n=1}^{\infty} \dfrac{1}{n(n+1)} = 1$.

(3) 记 $s_n = \sum\limits_{k=1}^{n} \dfrac{1}{k}$，则 $s_2=1+\dfrac{1}{2}$，$s_{2^2}=1+\dfrac{1}{2}+\dfrac{1}{3}+\dfrac{1}{4}>1+\dfrac{2}{2}$，…，$s_{2^n}>1+\dfrac{n}{2}$，…，显然 $\{s_{2^n}\}$ 是 $\{s_n\}$ 的一个子列. 注意到 $\lim\limits_{n\to\infty} s_{2^n}=\infty$，则由数列极限与子数列收敛性的结论知：级数 $\sum\limits_{n=1}^{\infty} \dfrac{1}{n}$ 发散.

顺便指出，本例中的级数(1)称为**几何级数**，其结论是：几何级数对 $|q|<1$ 收敛，其余发散；级数(3)称为**调和级数**，调和级数是发散的.

根据级数与其通项的关系，记 $\sum\limits_{n=1}^{\infty} u_n = s$，称 $s-s_n = \sum\limits_{k=n+1}^{\infty} u_k$ 为级数的**余和**，并记为 R_n，则有

$$\sum_{n=1}^{\infty} u_n = \lim_{n\to\infty} s_n = s \Leftrightarrow \lim_{n\to\infty} R_n = 0.$$

这当然也是判断级数敛散性的一种特定方法．

二、收敛级数的性质

以下讨论均假定级数收敛，以极限的运算法则为工具，有

1. 基本性质

性质1　增删或改变级数的有限项，不改变级数的敛散性．

事实上，级数 $\sum_{n=1}^{\infty} u_n$ 收敛$\Leftrightarrow \lim_{n\to\infty} s_n = s$存在，而数列极限的存在性与其前 n 项是无关的．

性质2　收敛级数满足加法结合律．

证明　设级数 $\sum_{n=1}^{\infty} u_n$ 收敛，其第 n 个部分和为 s_n．在级数中任意添加括号（即实施结合律），记所得新级数

$$(u_1+\cdots+u_{n_1})+(u_{n_1+1}+\cdots+u_{n_2})+\cdots+(u_{n_{k-1}+1}+\cdots+u_{n_k})+\cdots$$

的第 k 个部分和为

$$A_k=(u_1+\cdots+u_{n_1})+(u_{n_1+1}+\cdots+u_{n_2})+\cdots+(u_{n_{k-1}+1}+\cdots+u_{n_k}),$$

则数列$\{A_k\}$是数列$\{s_n\}$的一个子数列．

由题设条件知数列$\{s_n\}$收敛，故其子数列$\{A_k\}$也收敛，且

$$\lim_{k\to\infty} A_k=\lim_{n\to\infty} s_n.$$

这说明，加括号后所成的新级数也收敛，且其和不变．

说明　① 一般地说，无穷和并不满足加法结合律等运算法则．比如级数

$$\sum_{n=1}^{\infty}(-1)^{n-1}=1-1+1-1+\cdots+1-1+\cdots$$

发散，但实施不同的结合律（即在其中加括号），如

$$(1-1)+(1-1)+\cdots+(1-1)+\cdots=0,$$

$$1-(1-1)-(1-1)-\cdots=1$$

却得到了不同的收敛结果．这说明：即使在级数中添加括号后所得的新级数收敛，原级数却未必收敛．

② 如上的反例还表明：如果在级数中添加括号，所得级数发散或者收敛于不同的结果，则原级数是发散的（这可以作为判断级数发散的一种特殊方法）．

性质3（收敛的必要条件）　若 $\sum_{n=1}^{\infty} u_n$ 收敛，则 $\lim_{n\to\infty} u_n=0$．

证明　由于 $u_n=s_n-s_{n-1}$，故 $\lim_{n\to\infty} u_n=\lim_{n\to\infty} s_n-\lim_{n\to\infty} s_{n-1}=0$．

评注　① 本定理的逆否命题可作为判断级数发散的首选方法，即

若$\lim\limits_{n\to\infty} u_n \neq 0$，则原级数 $\sum\limits_{n=1}^{\infty} u_n$ 发散．

② 必须注意，本定理的结论不可逆：$\lim\limits_{n\to\infty} u_n = 0$ 不保证级数 $\sum\limits_{n=1}^{\infty} u_n$ 收敛！如已知调和级数 $\sum\limits_{n=1}^{\infty} \dfrac{1}{n}$ 发散，但$\lim\limits_{n\to\infty}\dfrac{1}{n}=0$.

例 2　证明 $\sum\limits_{n=0}^{\infty}(-1)^n \dfrac{n}{n+1}$ 发散．

证明　因为$\lim\limits_{n\to\infty} u_n = \lim\limits_{n\to\infty}(-1)^n \dfrac{n}{n+1} \neq 0$，故级数发散．

2. 线性运算

对通常的数乘及求和运算，这里有

性质 4　若 $\sum\limits_{n=1}^{\infty} u_n = s$，则$\sum\limits_{n=1}^{\infty} \lambda u_n = \lambda s$，$\lambda \in \mathbf{R}$.

证明　由题设，有 $\lim\limits_{n\to\infty}\sum\limits_{k=1}^{n} u_k = s$．故由级数收敛的定义，对$\lambda \in \mathbf{R}$，

$$\sum_{n=1}^{\infty} \lambda u_n = \lim_{n\to\infty}\sum_{k=1}^{n} \lambda u_k = \lambda \lim_{n\to\infty}\sum_{k=1}^{n} u_k = \lambda s.$$

该性质表明：级数的每一项同乘以一个不为零的常数后，其敛散性不会改变．

性质 5　若 $\sum\limits_{n=1}^{\infty} u_n = s$，$\sum\limits_{n=1}^{\infty} v_n = \sigma$，则$\sum\limits_{n=1}^{\infty}(u_n \pm v_n) = s \pm \sigma$．

证明　由题设：$\lim\limits_{n\to\infty}\sum\limits_{k=1}^{n} u_k = s$，$\lim\limits_{n\to\infty}\sum\limits_{k=1}^{n} v_k = \sigma$，故由级数收敛的定义

$$\sum_{n=1}^{\infty}(u_n \pm v_n) = \lim_{n\to\infty}\sum_{k=1}^{n}(u_k \pm v_k) = \lim_{n\to\infty}\sum_{k=1}^{n} u_k \pm \lim_{n\to\infty}\sum_{k=1}^{n} v_k = s \pm \sigma.$$

这表明：两个收敛级数可以逐项相加(或相减).

评注　① 上述法则是级数运算中化繁为简的常用手段，其前提是**参加运算的级数均收敛**．否则，该法则是不可应用的．比如性质 5 的逆不成立：

由前面例 1 已知 $\sum\limits_{n=1}^{\infty} \dfrac{1}{n(n+1)} = 1$ (收敛)，但

$$\sum_{n=1}^{\infty} \frac{1}{n(n+1)} = \sum_{n=1}^{\infty}\left(\frac{1}{n} - \frac{1}{n+1}\right) = \sum_{n=1}^{\infty} \frac{1}{n} - \sum_{n=1}^{\infty} \frac{1}{n+1}$$

中，右边的两个级数均发散．

② 由此得到了判断级数发散的另一种方法．

推论 5.1　若 $\sum\limits_{n=1}^{\infty} u_n$ 收敛而$\sum\limits_{n=1}^{\infty} v_n$ 发散，则$\sum\limits_{n=1}^{\infty}(u_n \pm v_n)$ 发散．

例 3　判断级数 $\sum\limits_{n=0}^{\infty}\frac{2^n+3^n}{6^n}$ 的敛散性，若收敛，则求其和.

解　由于 $\frac{2^n+3^n}{6^n}=\frac{1}{3^n}+\frac{1}{2^n}$，$n=0$，1，2，…，所以

$$\lim_{n\to\infty}s_n=\lim_{n\to\infty}\sum_{k=0}^{n-1}\left(\frac{1}{3^k}+\frac{1}{2^k}\right)=\lim_{n\to\infty}\sum_{k=0}^{n-1}\frac{1}{3^k}+\lim_{n\to\infty}\sum_{k=0}^{n-1}\frac{1}{2^k}$$

$$=\frac{1}{1-1/3}+\frac{1}{1-1/2}=\frac{3}{2}+2=3\frac{1}{2}.$$

例 4　判断级数 $\sum\limits_{n=1}^{\infty}\left(\frac{2}{n}-\frac{1}{2^n}\right)$ 的敛散性.

解　由于 $\sum\limits_{n=1}^{\infty}\frac{2}{n}$ 发散，而 $\sum\limits_{n=1}^{\infty}\frac{1}{2^n}$ 收敛，故原级数发散.

习题 12 - 1

思考题

若级数 $\sum\limits_{n=1}^{\infty}u_n$ 与 $\sum\limits_{n=1}^{\infty}v_n$ 均发散，则级数 $\sum\limits_{n=1}^{\infty}(u_n\pm v_n)$ 的敛散性如何?

练习题

1. 根据所列通项，写出以下数列的前五项，并判断该数列是否收敛? 如收敛，写出其极限.

(1) $a_n=\frac{4n^2+2}{n^2+3n-1}$；　(2) $a_n=\frac{\cos n\pi}{n}$；　(3) $a_n=\frac{e^{2n}}{n^2+3n-1}$；

(4) $a_n=\frac{(-\pi)^n}{5^n}$；　(5) $a_n=\frac{\ln n}{\sqrt{n}}$；　(6) $a_n=\left(1+\frac{2}{n}\right)^{\frac{n}{2}}$.

2. 写出下列级数的部分和，如果级数收敛，求其和.

(1) $2+\frac{2}{3}+\frac{2}{9}+\cdots+\frac{2}{3^n}+\cdots$；

(2) $\frac{1}{2\cdot 3}+\frac{1}{3\cdot 4}+\frac{1}{4\cdot 5}+\cdots+\frac{1}{(n+1)(n+2)}+\cdots$.

3. 判断下列级数的敛散性.

(1) $\sum\limits_{n=1}^{\infty}3\left(\frac{1}{2}\right)^{n-1}$；　(2) $\frac{\pi}{2}+\frac{\pi^2}{4}+\frac{\pi^3}{8}+\cdots$；

(3) $\left(\frac{1}{2}+\frac{1}{3}\right)+\left(\frac{1}{2^2}+\frac{1}{3^2}\right)+\left(\frac{1}{2^3}+\frac{1}{3^3}\right)+\cdots+\left(\frac{1}{2^n}+\frac{1}{3^n}\right)+\cdots$.

4. 求下列级数的和.

(1) $\sum\limits_{n=1}^{\infty}\frac{3^{n-1}-1}{6^{n-1}}$；　(2) $\sum\limits_{n=1}^{\infty}\frac{4}{2^{n-1}}$；　(3) $\sum\limits_{n=1}^{\infty}\left(\frac{3}{n(n+1)}+\frac{1}{2^n}\right)$.

5. 判断下列级数的敛散性.

(1) $\sum\limits_{n=1}^{\infty}\dfrac{1}{(3n-1)(3n+2)}$;　　(2) $\sum\limits_{n=1}^{\infty}\dfrac{1}{\left(1+\dfrac{1}{n}\right)^{n}}$.

第2节　正项级数

级数的定义判敛法虽然完整地解决了“判敛兼求和”的问题，但并不实用. 这是因为：一方面，大多数情况下求极限“$\lim\limits_{n\to\infty}s_n=s$”并非易事；而另一方面，对级数的研究往往只关心其敛散性而无需求和. 因此，建立简便的级数判敛方法显得更为重要.

为方便讨论，我们先从特殊的级数——正项级数谈起.

一、基本概念

定义　如果级数

$$\sum_{n=1}^{\infty}u_n=u_1+u_2+\cdots+u_n+\cdots \tag{1}$$

中，对任意 $n\geqslant1$ 都有 $u_n\geqslant0$，则称(1)为**正项级数**；若对任意 $n\geqslant1$ 都有 $u_n\leqslant0$，则称(1)为**负项级数**.

负项级数与正项级数合称**同号级数**. 由上节级数的数乘运算性质可知，负项级数与其相应的正项级数具有相同的敛散性. 于是，以下讨论仅以正项级数为代表.

二、正项级数判敛法

针对正项级数的特点，显然有

$$s_1=u_1\leqslant s_2=u_1+u_2\leqslant\cdots\leqslant s_n=\sum_{k=1}^{n}u_k\leqslant\cdots,$$

即正项级数的部分和数列$\{s_n\}$是递增的，于是根据数列极限的单调有界定理，有

定理 1(有上界准则)　级数(1)收敛，等价于其部分和数列$\{s_n\}$有上界.

由此可知，对正项级数敛散性的判断，只需检查$\{s_n\}$有无上界即可.

例 1　证明 p-级数 $\sum\limits_{n=1}^{\infty}\dfrac{1}{n^p}$：对 $p\leqslant1$ 发散，对 $p>1$ 收敛.

证明　对 $p\leqslant 1$，由于$\frac{1}{n^p}\geqslant\frac{1}{n}$，$n\geqslant 1$，借用调和级数的结论，有

$$\sum_{k=1}^{n}\frac{1}{k^p}\geqslant\sum_{k=1}^{n}\frac{1}{k}\to\infty,\ n\to\infty,$$

所以 p-级数发散.

对 $p>1$，注意到对任意 $n\geqslant 1$，存在实数 x，使 $n-1\leqslant x\leqslant n$，从而

$$\frac{1}{n^p}=\int_{n-1}^{n}\frac{\mathrm{d}x}{n^p}\leqslant\int_{n-1}^{n}\frac{\mathrm{d}x}{x^p}=\frac{x^{1-p}}{1-p}\bigg|_{n-1}^{n}=\frac{1}{p-1}\left[\frac{1}{(n-1)^{p-1}}-\frac{1}{n^{p-1}}\right],$$

故

$$s_n=\sum_{k=1}^{n}\frac{1}{k^p}=1+\sum_{k=2}^{n}\frac{1}{k^p}\leqslant 1+\frac{1}{p-1}\sum_{k=2}^{n}\left[\frac{1}{(k-1)^{p-1}}-\frac{1}{k^{p-1}}\right]$$

$$=1+\frac{1}{p-1}\left(1-\frac{1}{n^{p-1}}\right)<1+\frac{1}{p-1}.$$

由于 $p>1$ 为常数，这已表明部分和数列有上界，从而 p-级数收敛.

注意　调和级数是 p-级数的特例(即 $p=1$). 上述 p-级数的敛散性结论，是以后判断级数敛散性时的常用参考.

以上述准则为基础，有

定理 2(比较原则)　设 $\sum_{n=1}^{\infty}u_n$ 与 $\sum_{n=1}^{\infty}v_n$ 均是正项级数. 如果存在自然数 N，对 $n\geqslant N$ 恒有 $u_n\leqslant kv_n(k>0)$，则

(1) 当 $\sum_{n=1}^{\infty}v_n$ 收敛时，$\sum_{n=1}^{\infty}u_n$ 收敛；

(2) 当 $\sum_{n=1}^{\infty}u_n$ 发散时，$\sum_{n=1}^{\infty}v_n$ 发散.

证明　分别记 $A_n=\sum_{k=1}^{n}u_k$，$B_n=\sum_{k=1}^{n}v_k$，由题设及定理 1，

(1) 由于 B_n 之上界亦为 A_n 的上界，故结论成立；

(2) 由于 A_n 无上界时 B_n 也无上界，故结论亦成立.

说明　① 由此原则，借用已知敛散性的级数为参照，经比较通项即可判断所给级数的敛散性——此即所谓的**比较判敛法**.

例 2　用比较判敛法判断下列级数的敛散性.

(1) $\sum_{n=1}^{\infty}\frac{1}{\sqrt{n(n+1)}}$；　(2) $\sum_{n=1}^{\infty}\frac{1}{2^n-n}$；

(3) $\sum_{n=1}^{\infty}\frac{n+1}{n^2+5n+2}$；　(4) $\sum_{n=3}^{\infty}\frac{1}{(n-2)^2}$.

解　(1) 由于$\frac{1}{\sqrt{n(n+1)}}>\frac{1}{n+1}$，$n\geqslant 1$，而调和级数 $\sum_{n=1}^{\infty}\frac{1}{n+1}$ 发散，故

由比较原则，级数 $\sum_{n=1}^{\infty}\frac{1}{\sqrt{n(n+1)}}$ 发散．

(2) 由于 $\frac{1}{2^n-n}\leqslant\frac{1}{2^{n-1}}$，$n>1$，而几何级数 $\sum_{n=1}^{\infty}\frac{1}{2^{n-1}}$ 收敛，故级数 $\sum_{n=1}^{\infty}\frac{1}{2^n-n}$ 收敛．

(3) 由于 $\frac{n+1}{n^2+5n+2}>\frac{n+1}{n^2+5n+4}=\frac{1}{n+4}$，同(1)知，级数 $\sum_{n=1}^{\infty}\frac{n+1}{n^2+5n+2}$ 发散.

(4) 由于对 $n\geqslant 3$，有 $\frac{1}{(n-2)^2}\leqslant\frac{9}{n^2}$，而由 p-级数收敛的结论，$\sum_{n=3}^{\infty}\frac{9}{n^2}=9\sum_{n=3}^{\infty}\frac{1}{n^2}$ 收敛，因此级数 $\sum_{n=3}^{\infty}\frac{1}{(n-2)^2}$ 收敛．

顺便指出：本题中的通项不能直接与 $\frac{1}{n^2}$ 比较，因为 $\frac{1}{(n-2)^2}\geqslant\frac{1}{n^2}$.

② 多数情况下，直接比较通项的大小往往比较困难．而使用如下的极限形式则比较容易：

推论 2.1 设 $\lim\limits_{n\to\infty}\frac{u_n}{v_n}=l$，则

(1) 当 $0<l<+\infty$ 时，$\sum_{n=1}^{\infty}u_n$ 与 $\sum_{n=1}^{\infty}v_n$ 同敛散；

(2) 对 $l=0$，若 $\sum_{n=1}^{\infty}v_n$ 收敛，则 $\sum_{n=1}^{\infty}u_n$ 收敛；

(3) 当 $l=+\infty$ 时，若 $\sum_{n=1}^{\infty}v_n$ 发散，则 $\sum_{n=1}^{\infty}u_n$ 发散．

证明 (1) 由题设及极限定义，取 $\varepsilon_0=\frac{l}{2}$，存在 $N>0$，当 $n>N$ 时，有

$$\left|\frac{u_n}{v_n}-l\right|<\frac{l}{2}\Leftrightarrow\frac{l}{2}v_n\leqslant u_n\leqslant\frac{3l}{2}v_n,$$

对右边的不等式使用比较原则，即得所证．

同样可证：(2)、(3)成立．

注意 本推论称为**比较原则的极限形式**．使用时必须注意：这里的极限 l 必须是确定的，而且结论中级数敛散的顺序关系不能颠倒！

例 3 对例 2 中的前两题，分别有

(1) 因为 $\lim\limits_{n\to\infty}\left(\frac{1}{\sqrt{n(n+1)}}\Big/\frac{1}{n}\right)=\lim\limits_{n\to\infty}\frac{n}{\sqrt{n(n+1)}}=1$，而级数 $\sum_{n=1}^{\infty}\frac{1}{n}$ 发散，

所以级数 $\sum_{n=1}^{\infty}\frac{1}{\sqrt{n(n+1)}}$ 发散．

（2）因为 $\lim_{n\to\infty}\left(\frac{1}{2^n-n}\Big/\frac{1}{2^n}\right)=\lim_{n\to\infty}\left(1+\frac{n}{2^n-n}\right)=1$，且级数 $\sum_{n=1}^{\infty}\frac{1}{2^n}$ 收敛，故级数 $\sum_{n=1}^{\infty}\frac{1}{2^n-n}$ 收敛．

例 4　讨论级数 $\sum_{n=1}^{\infty}\frac{\ln n}{n^2}$ 的敛散性．

解　这里的关键是选择通项 $\frac{\ln n}{n^2}$ 的比较项 v_n．比如取 $v_n=\frac{1}{n^2}$，则

$$\lim_{n\to\infty}\frac{u_n}{v_n}=\lim_{n\to\infty}\left(\frac{\ln n}{n^2}\Big/\frac{1}{n^2}\right)=\lim_{n\to\infty}\ln n=\infty,$$

用推论 2.1 无法判别该级数的敛散性．如果改用 $v_n=\frac{1}{n}$，由于

$$\lim_{n\to\infty}\frac{u_n}{v_n}=\lim_{n\to\infty}\left(\frac{\ln n}{n^2}\Big/\frac{1}{n}\right)=\lim_{n\to\infty}\frac{\ln n}{n}=0,$$

推论 2.1 的判别法同样失效！可见所选的比较项前者太小、后者太大，于是改取 $v_n=\frac{1}{n^{\frac{3}{2}}}$，即有

$$\lim_{n\to\infty}\frac{u_n}{v_n}=\lim_{n\to\infty}\left(\frac{\ln n}{n^2}\Big/\frac{1}{n^{\frac{3}{2}}}\right)=\lim_{n\to\infty}\frac{\ln n}{\sqrt{n}}=0,$$

借用 p-级数的有关结论，所讨论的级数收敛．

在比较原则及其极限形式的使用中，如果用几何级数为参照，则有如下方便实用的判敛方法．

推论 2.2（比式判敛法）　设 $u_n>0$ 且 $\lim_{n\to\infty}\frac{u_{n+1}}{u_n}=\rho$，则

（1）对 $\rho<1$，级数 $\sum_{n=1}^{\infty}u_n$ 收敛；

（2）对 $\rho>1$，级数 $\sum_{n=1}^{\infty}u_n$ 发散．

证明　由题设及极限定义：对任意 $\varepsilon>0$，存在 $N>0$，当 $n>N$ 时，有

$$(\rho-\varepsilon)u_n<u_{n+1}<(\rho+\varepsilon)u_n,$$

从而对(1)：取 $\varepsilon_0>0$，使 $\rho+\varepsilon_0<1$，由上式右端可得

$$u_{n+1}<(\rho+\varepsilon_0)u_n<(\rho+\varepsilon_0)^2u_{n-1}<\cdots<(\rho+\varepsilon_0)^{n-N}u_{N+1}.$$

注意到 $\frac{u_{N+1}}{(\rho+\varepsilon_0)^N}$ 为常数，且几何级数 $\sum_{n=1}^{\infty}(\rho+\varepsilon_0)^n$ 收敛(因 $\rho+\varepsilon_0<1$)，故

由比较原则，级数 $\sum_{n=1}^{\infty} u_{n+1}$ 收敛，从而级数 $\sum_{n=1}^{\infty} u_n$ 也收敛．

对(2)，类上可以推出：$u_{n+1} \geqslant u_n$，从而级数发散(请读者自行证明)．

评注 ① 本推论方便而实用：只需求“相邻前后项之比的极限”即可判敛(但极限值 ρ 必须确定：实数或 $+\infty$，以下推论均有同样的要求)．

② 需要指出：比式判别法对 $\rho=1$ 失效！如调和级数 $\sum_{n=1}^{\infty} \frac{1}{n}$ 发散，而级数 $\sum_{n=1}^{\infty} \frac{1}{n^2}$ 收敛，但都有

$$\lim_{n\to\infty}\frac{u_{n+1}}{u_n}=1.$$

此时相关级数的敛散性需要用别的方法(如前面的比较原则或下面的极限判敛法等)去判断．

例 5 用比式判敛法判断下列级数的敛散性．

(1) $\sum_{n=1}^{\infty} \frac{1}{n!}$； (2) $\sum_{n=1}^{\infty} \frac{n!}{10^n}$；

(3) $\sum_{n=1}^{\infty} n^2 \sin\frac{\pi}{2^n}$； (4) $\sum_{n=1}^{\infty} \frac{n!}{n^n}$．

解 (1) 因为 $\lim_{n\to\infty}\frac{u_{n+1}}{u_n}=\lim_{n\to\infty}\frac{1}{n+1}=0<1$，故级数 $\sum_{n=1}^{\infty} \frac{1}{n!}$ 收敛．

(2) 因为 $\lim_{n\to\infty}\frac{u_{n+1}}{u_n}=\lim_{n\to\infty}\frac{n+1}{10}=+\infty$，故级数 $\sum_{n=1}^{\infty} \frac{n!}{10^n}$ 发散．

(3) 因为 $\lim_{n\to\infty}\frac{u_{n+1}}{u_n}=\lim_{n\to\infty}\frac{(n+1)^2\sin\frac{\pi}{2^{n+1}}}{n^2\sin\frac{\pi}{2^n}}=\frac{1}{2}<1$，故级数 $\sum_{n=1}^{\infty} n^2\sin\frac{\pi}{2^n}$ 收敛．

(4) 因为 $\lim_{n\to\infty}\frac{u_{n+1}}{u_n}=\lim_{n\to\infty}\frac{(n+1)!}{(n+1)^{n+1}}\cdot\frac{n^n}{n!}=\lim_{n\to\infty}\left(\frac{n}{n+1}\right)^n=\lim_{n\to\infty}\frac{1}{\left(\frac{n+1}{n}\right)^n}$

$$=\lim_{n\to\infty}\frac{1}{\left(1+\frac{1}{n}\right)^n}=\frac{1}{\mathrm{e}}<1,$$

故级数 $\sum_{n=1}^{\infty} \frac{n!}{n^n}$ 收敛．

③ 对于级数判敛方法的补充或改进，前人进行了不懈地探索和研究．比如，对通项表示为 n 次方幂的级数形式，有

推论 2.3(根式判敛法) 设 $\sum_{n=1}^{\infty} u_n$ 是正项级数，若

$$\lim_{n\to\infty}\sqrt[n]{u_n}=\rho,$$

则对 $\rho<1$，级数 $\sum_{n=1}^{\infty} u_n$ 收敛；而当 $\rho>1$ 时，级数 $\sum_{n=1}^{\infty} u_n$ 发散，$\rho=1$ 时不能判断.

证明 类于比式判敛法可证，从略.

作为对比式判敛法的改进，以 p-级数为参考，又有更为精确的

推论 2.4(极限判敛法) 对正项级数 $\sum_{n=1}^{\infty} u_n$，

(1) 若 $\lim\limits_{n\to\infty} nu_n=l\neq 0$，则 $\sum_{n=1}^{\infty} u_n$ 发散；

(2) 对 $p>1$ 且 $\lim\limits_{n\to\infty} n^p u_n=l(0\leqslant l<+\infty)$，则 $\sum_{n=1}^{\infty} u_n$ 收敛.

证明 在比较原则的极限形式 $\lim\limits_{n\to\infty}\frac{u_n}{v_n}=l$ 中，取 p-级数为参照，即考虑

$$\lim_{n\to\infty}\left(u_n\middle/\frac{1}{n^p}\right)=l,$$

并分别取 $p=1$ 或 $p>1$，由题设可分别证得结论成立(请自行练习).

例 6 判断下列级数的敛散性.

(1) $\sum_{n=1}^{\infty}\frac{3^n}{n\cdot 2^n}$；　(2) $\sum_{n=1}^{\infty}\frac{2n+1}{n^2+5n+2}$；　(3) $\sum_{n=1}^{\infty}\frac{\sin^2\frac{n\pi}{6}}{n^2-n+1}$.

解 (1) 因为 $\lim\limits_{n\to\infty}\sqrt[n]{\frac{3^n}{n\cdot 2^n}}=\frac{3}{2}\frac{1}{\lim\limits_{n\to\infty}\sqrt[n]{n}}=\frac{3}{2}>1$，故级数 $\sum_{n=1}^{\infty}\frac{3^n}{n\cdot 2^n}$ 发散.

(2) 因为 $\lim\limits_{n\to\infty} n\cdot\frac{2n+1}{n^2+5n+2}=2\neq 0$，故级数 $\sum_{n=1}^{\infty}\frac{2n+1}{n^2+5n+2}$ 发散.

(3) 因为

$$\lim_{n\to\infty} n^{\frac{3}{2}}\cdot\frac{\sin^2\frac{n\pi}{6}}{n^2-n+1}=\lim_{n\to\infty}\frac{n^{\frac{3}{2}}}{n^2-n+1}\sin^2\frac{n\pi}{6}=0,$$

故级数 $\sum_{n=1}^{\infty}\frac{\sin^2\frac{n\pi}{6}}{n^2-n+1}$ 收敛.

习题 12-2

思考题

1. 比较判敛法指出：如果通项较小的正项级数发散，则通项较大的级数

也发散；反之是否正确？试举例说明．

2. 两个发散级数的和级数是否一定发散？试举例说明．

3. 对于级数 $\sum_{n=1}^{\infty}\frac{1}{2n^2-n+1}$，指出以下判敛过程中的错误：

解　因为 $\sum_{n=1}^{\infty}\frac{1}{2n^2-n+1}=\sum_{n=1}^{\infty}\frac{1}{n^2+(n^2-n)+1}<\sum_{n=1}^{\infty}\frac{1}{n^2}$，而级数 $\sum_{n=1}^{\infty}\frac{1}{n^2}$ 收敛，所以级数 $\sum_{n=1}^{\infty}\frac{1}{2n^2-n+1}$ 也收敛．

练习题

1. 证明级数 $\sum_{n=1}^{\infty}\frac{n^2}{5n^2+4}$ 发散．

2. 证明级数 $\sum_{n=1}^{\infty}\frac{1}{n^2}$ 收敛．

3. 用比较判敛法判断下列级数的敛散性．

(1) $5+\frac{2}{3}+1+\frac{1}{7}+\frac{1}{2}+\frac{1}{3!}+\frac{1}{4!}+\cdots+\frac{1}{k!}+\cdots$；　(2) $\sum_{n=1}^{\infty}\frac{2n+1}{n^2+2n+1}$；

(3) $\sin\frac{\pi}{2}+\sin\frac{\pi}{2^2}+\sin\frac{\pi}{2^3}+\cdots+\sin\frac{\pi}{2^n}+\cdots$；　(4) $\sum_{n=1}^{\infty}\frac{1}{1+a^n}$，$a>0$．

4. 用比式判敛法判断下列级数的敛散性．

(1) $\sum_{n=0}^{\infty}\frac{2^n+5}{3^n}$；　(2) $\sum_{n=1}^{\infty}\frac{n^n}{4^n n!}$；　(3) $\sum_{n=1}^{\infty}n\tan\frac{\pi}{2^{n+1}}$．

5. 用根式判敛法判断下列级数的敛散性．

(1) $\sum_{n=1}^{\infty}\frac{n^2}{2^n}$；　(2) $\sum_{n=1}^{\infty}\frac{1}{[\ln(n+1)]^n}$；　(3) $\sum_{n=1}^{\infty}\left(\frac{n}{3n-1}\right)^{2n-1}$．

6. 判断级数 $\sum_{n=1}^{\infty}\left(1-\frac{1}{n}\right)^{n^2}$ 的敛散性．

---

7. 已知通项 $u_n=\begin{cases}\frac{n}{2^n}, & n\text{为奇数},\\ \frac{1}{2^n}, & n\text{为偶数},\end{cases}$ 判断级数 $\sum_{n=1}^{\infty}u_n$ 的敛散性．

8. 判断下列级数的敛散性．

(1) $\sum_{n=1}^{\infty}\frac{2n+1}{n^3+n}$；　(2) $\sum_{n=1}^{\infty}\frac{4^n n!n!}{(2n)!}$；

(3) $\sum_{n=1}^{\infty}\left(\frac{b}{a_n}\right)^n$，其中 $a_n\to a(n\to\infty)$，a_n，a，b 都为正实数．

第3节　一般项级数

前面已经强调，正项级数判敛法只适用于同号级数．而对于级数

$$\sum_{n=1}^{\infty} u_n = u_1 + u_2 + \cdots + u_n + \cdots \tag{1}$$

中各项 u_n 的符号有正有负(称为**一般项级数**)时，需要建立另外的有效判敛方法.

我们先讨论其中最简单的形式

一、交错级数

定义1　若(1)中各项的符号正负相间，即形如

$$-u_1 + u_2 - u_3 + \cdots + (-1)^n u_n + \cdots = \sum_{n=1}^{\infty} (-1)^n u_n，其中\ u_n \geqslant 0$$

或 $$u_1 - u_2 + u_3 + \cdots + (-1)^{n-1} u_n + \cdots = \sum_{n=1}^{\infty} (-1)^{n-1} u_n，其中\ u_n \geqslant 0 \tag{2}$$

的级数，称为**交错级数**．

显然，上述两种形式的级数必然“同敛散”，故下面的讨论以(2)为例．

定理1(莱布尼茨判敛法)　在 $\sum_{n=1}^{\infty} (-1)^{n-1} u_n$，$u_n \geqslant 0$ 中，如果同时具有

(1) $u_n \geqslant u_{n+1}$，$n \geqslant 1$；　　(2) $\lim_{n\to\infty} u_n = 0$，

则交错级数(2)收敛，且其和满足 $0 \leqslant s \leqslant u_1$，余和满足 $|R_n| \leqslant u_{n+1}$.

证明　首先，由(1)知：$s_{2n} = (u_1 - u_2) + \cdots + (u_{2n-1} - u_{2n}) \geqslant s_{2n-2}$，即数列 $\{s_{2n}\}$ 单调递增；又由 $s_{2n} = u_1 - (u_2 - u_3) - \cdots - u_{2n} \leqslant u_1$ 知，数列 $\{s_{2n}\}$ 有上界，因此极限 $\lim_{n\to\infty} s_{2n} = s$ 存在．

注意到 $s_{2n+1} = s_{2n} + u_{2n+1}$，由条件(2)中的 $\lim_{n\to\infty} u_n = 0$，有

$$\lim_{n\to\infty} s_{2n+1} = \lim_{n\to\infty} s_{2n} = s,$$

根据数列收敛定理，$\lim_{n\to\infty} s_n = s$ 存在，故级数 $\sum_{n=1}^{\infty} (-1)^{n-1} u_n$ 收敛．

其次，由

$$s_n = \begin{cases} u_1 - (u_2 - u_3) - \cdots - u_n & (n = 2k), \\ u_1 - (u_2 - u_3) - \cdots - (u_{n-1} - u_n) & (n = 2k+1), \end{cases}$$

可知 $0 \leqslant s_n < u_1$，借用极限的保号性即得：$0 \leqslant s \leqslant u_1$.

最后，由余和定义，有

$$
\begin{aligned}
|R_n| = |s - s_n| &= u_{n+1} - u_{n+2} + \cdots \\
&= u_{n+1} - (u_{n+2} - u_{n+3}) - \cdots \leqslant u_{n+1}.
\end{aligned}
$$

附注　此类交错级数十分典型：通项 u_n 单调递减而趋于 0——此即所谓**莱布尼茨条件**. 该定理表明：符合莱布尼茨条件的交错级数(简称为**莱布尼茨级数**)必收敛，且其和不超过该级数首项的绝对值.

例 1　判断下列级数的敛散性.

(1) $\sum_{n=1}^{\infty}(-1)^{n-1}\frac{1}{n}$；　　(2) $\sum_{n=1}^{\infty}(-1)^{n-1}\frac{1}{\sqrt{n}}$；

(3) $\sum_{n=1}^{\infty}(-1)^{n-1}\frac{1}{n-\ln n}$.

解　(1) 因为 $\frac{1}{n} > \frac{1}{n+1}$，$n \geqslant 1$，且 $\lim_{n\to\infty}\frac{1}{n} = 0$，故由莱布尼茨判敛法，级数 $\sum_{n=1}^{\infty}(-1)^{n-1}\frac{1}{n}$ 收敛.

(2) 由 $\frac{1}{\sqrt{n}} > \frac{1}{\sqrt{n+1}}$，$n \geqslant 1$ 及 $\lim_{n\to\infty}\frac{1}{\sqrt{n}} = 0$，原级数为莱布尼茨级数，故收敛.

(3) 令 $u_n = n - \ln n$，由于 $\frac{1}{u_{n+1}} - \frac{1}{u_n} = 1 - \ln\frac{n+1}{n} > 0$，$n \geqslant 1$，即 $\left\{\frac{1}{n-\ln n}\right\}$ 递减，且可以求得

$$\lim_{n\to\infty}\frac{1}{n-\ln n} = 0,$$

故原级数收敛.

二、绝对收敛与条件收敛

1. 绝对收敛

现在讨论更一般的级数类型. 如果级数

$$\sum_{n=1}^{\infty} u_n = u_1 + u_2 + \cdots + u_n + \cdots \tag{3}$$

中各项的正负号任意出现，该如何判敛散?

首先的想法是：对级数(3)的各项取绝对值，将之化为

$$\sum_{n=1}^{\infty}|u_n| = |u_1| + |u_2| + \cdots + |u_n| + \cdots, \tag{4}$$

即可利用正项级数的判敛方法去判敛．但这样的级数与原级数(3)有什么关系呢？为方便讨论，我们引入

定义2 如果级数(4)收敛，称级数(3)**绝对收敛**．

在级数(3)与(4)之间，有如下重要结果：

定理2 若 $\sum\limits_{n=1}^{\infty}|u_n|$ 收敛，则 $\sum\limits_{n=1}^{\infty}u_n$ 收敛．

证明 由题设条件，级数 $\sum\limits_{n=1}^{\infty}2|u_n|$ 收敛，注意到

$$u_n=(u_n+|u_n|)-|u_n|，且 0\leqslant u_n+|u_n|\leqslant 2|u_n|,$$

由比较原则可知：$\sum\limits_{n=1}^{\infty}(u_n+|u_n|)$ 收敛，从而由收敛级数的运算性质，

$$\sum_{n=1}^{\infty}u_n=\sum_{n=1}^{\infty}[(u_n+|u_n|)-|u_n|]$$

收敛．

评注 ① 定理给出了一般项级数判敛的首要思考模式与方法：由绝对收敛性去判定收敛；而绝对值级数的判敛问题，只需要有针对性地使用正项级数的判敛法即可．

例2 判断下列级数的敛散性．

(1) $\sum\limits_{n=1}^{\infty}\dfrac{\sin n\alpha}{n^2}$，$\alpha\in\mathbf{R}$；(2) $\sum\limits_{n=1}^{\infty}(-1)^{n-1}\dfrac{n^2}{2^n}$．

解 (1) 任取 $\alpha\in\mathbf{R}$，因为 $|u_n|\leqslant\dfrac{1}{n^2}$，$\sum\limits_{n=1}^{\infty}\dfrac{1}{n^2}$ 收敛，故由比较判敛法，级数 $\sum\limits_{n=1}^{\infty}\dfrac{\sin n\alpha}{n^2}$ 对任意 $\alpha\in\mathbf{R}$ 都是(绝对)收敛的．

(2) 因为 $|u_n|=\dfrac{n^2}{2^n}$，而 $\lim\limits_{n\to\infty}\left|\dfrac{u_{n+1}}{u_n}\right|=\lim\limits_{n\to\infty}\dfrac{1}{2}\left(\dfrac{n+1}{n}\right)^2=\dfrac{1}{2}<1$，故由比式判敛法，$\sum\limits_{n=1}^{\infty}(-1)^{n-1}\dfrac{n^2}{2^n}$ (绝对)收敛．

② 需要指出：绝对收敛是比收敛更强的命题．例如级数 $\sum\limits_{n=1}^{\infty}\dfrac{1}{n}$ 发散而 $\sum\limits_{n=1}^{\infty}(-1)^n\dfrac{1}{n}$ 收敛——由此也可看到，定理2的逆、否命题皆不真．即

级数 $\sum\limits_{n=1}^{\infty}u_n$ 收敛不保证 $\sum\limits_{n=1}^{\infty}|u_n|$ 收敛，而 $\sum\limits_{n=1}^{\infty}|u_n|$ 发散未必导致 $\sum\limits_{n=1}^{\infty}u_n$ 发散！

当然，如果级数 $\sum\limits_{n=1}^{\infty}|u_n|$ 发散且 $\lim\limits_{n\to\infty}|u_n|\neq 0$，则级数 $\sum\limits_{n=1}^{\infty}u_n$ 发散.

2. 条件收敛

定义 3　如果级数 $\sum\limits_{n=1}^{\infty}|u_n|$ 发散而 $\sum\limits_{n=1}^{\infty}u_n$ 收敛，则称级数 $\sum\limits_{n=1}^{\infty}u_n$ 条件收敛.

例如已知级数 $\sum\limits_{n=1}^{\infty}(-1)^n\dfrac{1}{n}$，$\sum\limits_{n=1}^{\infty}(-1)^n\dfrac{1}{\sqrt{n}}$ 均为条件收敛，而例 2 中的级数及所有收敛的正项级数，都是绝对收敛的.

对于条件收敛级数的判别方法，本书仅以定义法和针对交错级数的莱布尼茨判别法为主.

***3. 绝对收敛级数的性质简介**

绝对收敛的级数具有十分优良的性质，比如

级数重排　在绝对收敛的级数中，任意改变各加项的位置，其和不变.

这对于条件收敛的级数并不成立. 如已知级数 $\sum\limits_{n=1}^{\infty}(-1)^{n+1}\dfrac{1}{n}$ 收敛，记其和为 a，即

$$1-\frac{1}{2}+\frac{1}{3}-\frac{1}{4}+\frac{1}{5}-\frac{1}{6}+\cdots=a,$$

但重排为如下形式：

$$1-\frac{1}{2}-\frac{1}{4}+\frac{1}{3}-\frac{1}{6}-\frac{1}{8}+\frac{1}{5}-\frac{1}{10}-\frac{1}{12}+\cdots,$$

并进行如下结合，却有

$$\begin{aligned}&\left(1-\frac{1}{2}\right)-\frac{1}{4}+\left(\frac{1}{3}-\frac{1}{6}\right)-\frac{1}{8}+\left(\frac{1}{5}-\frac{1}{10}\right)-\frac{1}{12}+\cdots\\&=\frac{1}{2}-\frac{1}{4}+\frac{1}{6}-\frac{1}{8}+\frac{1}{10}-\frac{1}{12}+\cdots\\&=\frac{1}{2}\left(1-\frac{1}{2}+\frac{1}{3}-\frac{1}{4}+\frac{1}{5}-\frac{1}{6}+\cdots\right)=\frac{1}{2}a.\end{aligned}$$

级数乘法　按照多项式的乘法规则，规定两个级数的乘积为

$$\left(\sum_{n=1}^{\infty}u_n\right)\left(\sum_{n=1}^{\infty}v_n\right)=\sum_{n=1}^{\infty}\tau_n,\ \tau_n=u_1v_n+u_2v_{n-1}+u_3v_{n-2}+\cdots+u_nv_1.$$

对此的结论是：如果级数 $\sum\limits_{n=1}^{\infty}u_n$ 与 $\sum\limits_{n=1}^{\infty}v_n$ 均绝对收敛，则乘积级数 $\sum\limits_{n=1}^{\infty}\tau_n$ 也绝对收敛，且如果 $\sum\limits_{n=1}^{\infty}u_n=A$ 及 $\sum\limits_{n=1}^{\infty}v_n=B$，则 $\sum\limits_{n=1}^{\infty}\tau_n=AB$.

当上述两个级数并非绝对收敛时，上述结果未必成立.

习题 12-3

思考题

1. 设 $a_n \leqslant c_n \leqslant b_n$，$n=1, 2, \cdots$，且级数 $\sum\limits_{n=1}^{\infty} a_n$ 与 $\sum\limits_{n=1}^{\infty} b_n$ 均收敛，级数 $\sum\limits_{n=1}^{\infty} c_n$ 是否收敛？

2. 结论："如果交错级数 $\sum\limits_{n=2}^{\infty} \dfrac{(-1)^{n-1}}{n+(-1)^n} = -\dfrac{1}{3}+\dfrac{1}{2}-\dfrac{1}{5}+\dfrac{1}{4}-\dfrac{1}{7}+\dfrac{1}{6}-\cdots$ 中，数列 $\{u_n\}$ 非单调递减（因而不满足莱布尼茨判别法），则级数 $\sum\limits_{n=2}^{\infty} \dfrac{(-1)^{n-1}}{n+(-1)^n}$ 发散"是否正确？为什么？

练习题

1. 判断下列级数的敛散性．

(1) $\sum\limits_{n=1}^{\infty} (-1)^n \dfrac{3n}{4n-1}$；　　(2) $\sum\limits_{n=1}^{\infty} (-1)^{n+1} \dfrac{n^2}{n^3+1}$；

(3) $\sum\limits_{n=3}^{\infty} (-1)^n \dfrac{1}{\ln n}$；　　(4) $\sum\limits_{n=1}^{\infty} (-1)^{\frac{n(n+1)}{2}} \dfrac{1}{2^n}$；

(5) $\sum\limits_{n=1}^{\infty} (-1)^{n-1} \dfrac{n^2}{2^n}$；　　(6) $\sum\limits_{n=1}^{\infty} (-1)^{n-1} \dfrac{(n+1)!}{n^{n+1}}$；

(7) $\sum\limits_{n=1}^{\infty} (-1)^{n-1} \dfrac{3^n}{n \cdot 2^n}$；　　(8) $\sum\limits_{n=1}^{\infty} (-1)^n (\sqrt{n+1}-\sqrt{n})$．

2. 设级数 $\sum\limits_{n=1}^{\infty} a_n$ 收敛，问级数 $\sum\limits_{n=1}^{\infty} a_n^2$ 是否收敛？为什么？

3. 设正项数列 $\{a_n\}$ 单调减少，且 $\sum\limits_{n=1}^{\infty} (-1)^n a_n$ 发散，试问级数 $\sum\limits_{n=1}^{\infty} \left(\dfrac{1}{a_n+1}\right)^n$ 是否收敛？并说明理由．

第4节　幂级数

本节要把数项级数的讨论成果推广到函数项级数的场合．

一、函数项级数

将数项级数中的数列通项 u_n 改为函数列通项 $u_n(x)$，$x\in D$，即成为**函数项级数**：

$$\sum_{n=1}^{\infty}u_n(x)=u_1(x)+u_2(x)+\cdots+u_n(x)+\cdots,\ x\in D. \tag{1}$$

对任意的 $x_0\in D$，注意到(1)是数项级数

$$\sum_{n=1}^{\infty}u_n(x_0)=u_1(x_0)+u_2(x_0)+\cdots+u_n(x_0)+\cdots, \tag{2}$$

借用数项级数的有关概念，即有

定义　如果对 $x_0\in D$，级数(2)收敛，则称 x_0 是级数(1)的一个**收敛点**(否则称为**发散点**)；全体收敛点的集合称为级数(1)的**收敛域**，以 D 表示；在收敛域 D 上，级数(1)的和称为**和函数**，记为 $s(x)$，$x\in D$，即

$$\sum_{n=1}^{\infty}u_n(x)=s(x),\ x\in D.$$

对函数项级数的讨论，主要是“判断收敛域”及“求和函数”两大任务．比如本章开头的几何(亦即等比)级数，当 $|x|<1$ 时有和函数

$$\sum_{n=1}^{\infty}x^n=x+x^2+x^3+\cdots+x^n+\cdots=\frac{x}{1-x},$$

而当 $|x|\geqslant 1$ 时，该级数发散．

类似于前面的记号，仍用 $s_n(x)$ 表示级数(1)的前 n 项和(或部分和)，而记其余和为 $R_n(x)=s(x)-s_n(x)$，$x\in D$，则有类似的结论

$$\sum_{n=1}^{\infty}u_n(x)=s(x)\Leftrightarrow\lim_{n\to\infty}R_n(x)=0,\ x\in D.$$

说明　需要注意的是，上式右边所表述的是**一致收敛**，即：对任意 $x\in D$，极限 $\lim\limits_{n\to\infty}R_n(x)=0$ 一致成立(具体定义从略)．

二、幂级数

在上述函数项级数中，对 x，$x_0\in\mathbf{R}$，形如

$$\sum_{n=0}^{\infty}a_n(x-x_0)^n=a_0+a_1(x-x_0)+a_2(x-x_0)^2+\cdots+a_n(x-x_0)^n+\cdots$$

的级数称为**幂级数**，其中 $a_n\in\mathbf{R}(n\geqslant 0)$ 称为该幂级数的系数．

作变换 $x-x_0=t$，上述幂级数化为如下的简洁形式

$$\sum_{n=0}^{\infty}a_nx^n=a_0+a_1x+a_2x^2+\cdots+a_nx^n+\cdots,\ x\in\mathbf{R}, \tag{3}$$

因此，幂级数的讨论(主要是**判敛**与**求和**)常以(3)为代表．

1. 收敛域

首先，直接验算可知：级数(3)在 $x=0$ 收敛；

其次，根据比式判别法及 $\lim\limits_{n\to\infty}\left|\dfrac{u_{n+1}(x)}{u_n(x)}\right|=|x|\lim\limits_{n\to\infty}\left|\dfrac{a_{n+1}}{a_n}\right|=\rho|x|$ 知：

(1) 若 $\rho=0$，$\lim\limits_{n\to\infty}\left|\dfrac{u_{n+1}(x)}{u_n(x)}\right|=0<1$ 在 $\mathbf{R}$ 上恒成立，于是级数(3)在 $\mathbf{R}$ 上(绝对)收敛；

(2) 若 $\rho>0$，由 $\lim\limits_{n\to\infty}\left|\dfrac{u_{n+1}(x)}{u_n(x)}\right|=\rho|x|<1$ 知：当 $|x|<\dfrac{1}{\rho}$ 时，级数(3)在区间 $\left(-\dfrac{1}{\rho},\ \dfrac{1}{\rho}\right)$ 上(绝对)收敛；而对 $\rho|x|>1$，即 $|x|>\dfrac{1}{\rho}$ 时，级数(3)发散．

由此可见，幂级数收敛的区间必然关于坐标原点对称：要么是整个数轴(对应于 $\rho=0$)，要么是以 $\dfrac{1}{\rho}$(对应于 $0<\rho<+\infty$)为半径的区间 $\left(-\dfrac{1}{\rho},\ \dfrac{1}{\rho}\right)$——其特例形式是：仅在原点收敛(对应于 $\rho=+\infty$)，于是将 $r=\dfrac{1}{\rho}$ 称为幂级数的收敛半径，上面的讨论结果可整理为

定理1 幂级数(3)必收敛，且表示为如下的情形之一：

(1) 仅在 $x=0$ 收敛 $\Leftrightarrow r=0$；

(2) 在 $(-\infty,\ +\infty)$ 上(绝对)收敛 $\Leftrightarrow r=+\infty$；

(3) 在 $(-r,\ r)$ 上(绝对)收敛且在 $(-r,\ r)$ 外发散 $\Leftrightarrow r=\dfrac{1}{\rho}$，$0<\rho<+\infty$.

说明 这就是幂级数的收敛定理．它指出：

① 对幂级数敛散性的讨论，关键是求收敛半径 $r=\dfrac{1}{\rho}$，其中 $\rho=\lim\limits_{n\to\infty}\left|\dfrac{a_{n+1}}{a_n}\right|$ $\left(\text{亦可直接求 } r=\lim\limits_{n\to\infty}\left|\dfrac{a_n}{a_{n+1}}\right|\right)$，由此所得开区间 $(-r,\ r)$ 称为幂级数的**收敛区间**(图 12-1)；

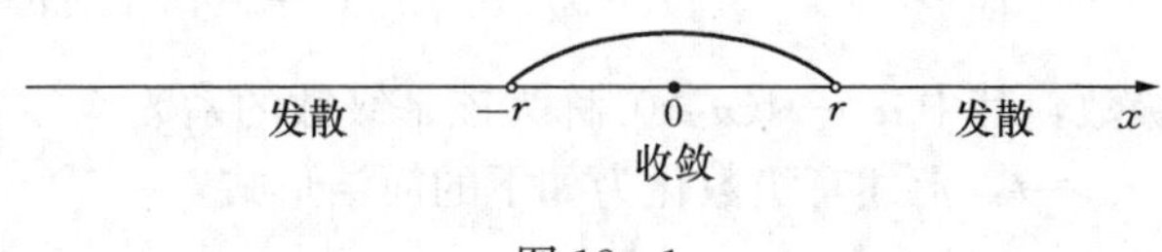

图 12-1

② 定理 1 仅说明幂级数在$(-r, r)$外发散，因而在区间端点 $x=\pm r$ 处的敛散性需要另行讨论——由此才能确定出幂级数完整的收敛域 D.

例 1　判断下列幂级数的敛散性.

(1) $\sum_{n=1}^{\infty}(-1)^{n-1}\frac{x^n}{n}$；　(2) $\sum_{n=0}^{\infty}\frac{x^n}{n!}$；　(3) $\sum_{n=1}^{\infty}(nx)^n$.

解　(1) 由于 $r=\lim_{n\to\infty}\left|\frac{a_n}{a_{n+1}}\right|=\lim_{n\to\infty}\frac{n+1}{n}=1$，由莱布尼茨判敛法，在 $x=1$ 处，级数 $\sum_{n=1}^{\infty}(-1)^{n-1}\frac{1}{n}$ 收敛，在 $x=-1$ 处，级数化为 $-\sum_{n=1}^{\infty}\frac{1}{n}$ 是发散的，故该级数的收敛域 $D=(-1, 1]$.

(2) 这里 $r=\lim_{n\to\infty}\left|\frac{a_n}{a_{n+1}}\right|=\lim_{n\to\infty}(n+1)=+\infty$，故该级数的收敛域 $D=(-\infty, +\infty)$.

(3) 这里 $r=\lim_{n\to\infty}\left|\frac{a_n}{a_{n+1}}\right|=\lim_{n\to\infty}\frac{n^n}{(n+1)^{n+1}}=0$，故收敛域 $D=\{0\}$，即该级数仅在原点收敛.

注意　上面收敛半径的求法依据是正项级数的比式判敛法，即幂级数中**相邻两项**(而非相邻两项的系数)绝对值之比的极限. 因而当级数中出现"缺项"时，半径公式不再成立. 如

例 2　判断级数 $\sum_{n=1}^{\infty}(-1)^{n-1}\frac{(2x)^{2n}}{2n}$ 的敛散性.

分析　如果笼统地由 $\lim_{n\to\infty}\left|\frac{a_{n+1}}{a_n}\right|=\lim_{n\to\infty}\left(\frac{2^{2n+2}}{2n+2}\Big/\frac{2^n}{2n}\right)=4$，取半径 $r=\frac{1}{4}$ 是错误的.

解　由 $\lim_{n\to\infty}\left|\frac{u_{n+1}(x)}{u_n(x)}\right|=\lim_{n\to\infty}\left[\frac{(2|x|)^{2n+2}}{2n+2}\Big/\frac{2n}{(2|x|)^{2n}}\right]=4|x|^2<1$ 知：当 $|x|^2<\frac{1}{4}$，亦即 $|x|<\frac{1}{2}$ 时级数收敛；另外，在区间端点 $x=\pm\frac{1}{2}$，莱布尼茨级数 $\sum_{n=1}^{\infty}(-1)^{n-1}\frac{1}{2n}$ 均收敛，故原级数的收敛域为$\left[-\frac{1}{2}, \frac{1}{2}\right]$.

2. 幂级数的和函数及其性质

在收敛区间内，幂级数的和作为函数，具有如下的优良性质：

定理 2　设 $\sum_{n=0}^{\infty}a_nx^n=s_1(x)$，$x\in(-r_1, r_1)$，$\sum_{n=0}^{\infty}b_nx^n=s_2(x)$，$x\in(-r_2, r_2)$，则对 $r=\min\{r_1, r_2\}$，有

$$s_1(x) \pm s_2(x) = \sum_{n=0}^{\infty}(a_n \pm b_n)x^n,\ x \in (-r,\ r);$$

$$s_1(x) \cdot s_2(x) = a_0b_0 + (a_0b_1 + a_1b_0)x + \cdots + (a_0b_n + a_1b_{n-1} + \cdots + a_nb_0)x^n + \cdots$$
$$= \sum_{n=0}^{\infty}\left(\sum_{k=0}^{n}a_kb_{n-k}\right)x^n,\ x \in (-r,\ r).$$

这乘积的构成形式称为**对角线法则**，如图12-2所示.

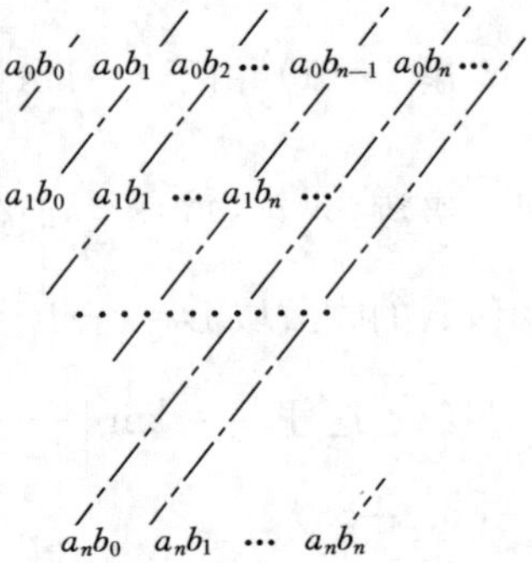

a_0b_0　a_0b_1　$a_0b_2\cdots$　a_0b_{n-1}　$a_0b_n\cdots$

a_1b_0　a_1b_1　$\cdots$　a_1b_n　$\cdots$

$\cdots\cdots\cdots\cdots$

a_nb_0　a_nb_1　$\cdots$　a_nb_n

图 12-2

定理 3　设 $\sum_{n=0}^{\infty}a_nx^n = s(x),\ x \in (-r,\ r)$，则

(1) $s(x)$在$(-r,\ r)$上连续；

(2) $s(x)$在$(-r,\ r)$上可导，且

$$s'(x) = \sum_{n=0}^{\infty}(a_nx^n)' = \sum_{n=1}^{\infty}na_nx^{n-1},\quad x \in (-r,\ r);$$

(3) $s(x)$在$(-r,\ r)$上可积，且

$$\int_0^x s(x)\mathrm{d}x = \sum_{n=0}^{\infty}\int_0^x a_nx^n\mathrm{d}x = \sum_{n=0}^{\infty}\frac{a_n}{n+1}x^{n+1},\ x \in (-r,\ r).$$

证明　从略.

评注　① 本定理的三条性质十分重要，其使用范围分别是：在收敛区间上，

连续性　即$\lim\limits_{x\to x_0}s(x)=s(x_0)$或 $\lim\limits_{x\to x_0}\sum_{n=0}^{\infty}a_nx^n = \sum_{n=0}^{\infty}a_nx_0^n$. 这表明：极限与求和的符号可以交换顺序.

可导性　和函数的导数可通过对幂级数逐项求导(注意项数在减少)而得到，而且由于求导后级数的收敛半径不变，故这种求导运算可重复进行!

可积性　和函数的积分可通过对幂级数逐项积分而进行，同样，由于积分后级数的收敛半径不变，这种积分运算也可重复进行!

② 如果幂级数在区间端点 $x=\pm r$ 处均收敛，上述三条性质在闭区间$[-r,\ r]$上照样成立(仅在一个端点收敛的情形有类似结论).

例 3　已知 $\sum_{n=0}^{\infty}x^n = \frac{1}{1-x}$，$|x|<1$(等比级数)，讨论该级数的导数与积分.

解　显然，这里的收敛区间$(-r, r)=(-1, 1)$.

(1) 由定理 3，在$(-1, 1)$上对所给级数及其和函数同时求导，由

$$\left(\frac{1}{1-x}\right)' = \sum_{n=0}^{\infty}(x^n)' = \sum_{n=1}^{\infty}nx^{n-1},$$

即得
$$\sum_{n=1}^{\infty}nx^{n-1} = \frac{1}{(1-x)^2}, \ x \in (-1, 1).$$

注意到$x=\pm 1$处，$\lim\limits_{n\to\infty}|u_n(\pm 1)| = \lim\limits_{n\to\infty} n \neq 0$，故级数$\sum\limits_{n=1}^{\infty}nx^{n-1}$发散.

(2) 由定理 3，在$(-1, 1)$上对所给级数及其和函数同时积分，有

$$\int_0^x \frac{\mathrm{d}x}{1-x} = -\ln|1-x| \text{ 而} \sum_{n=0}^{\infty}\int_0^x x^n \mathrm{d}x = \sum_{n=0}^{\infty}\frac{x^{n+1}}{n+1},$$

对$x=-1$，函数$\ln|1-x|$有意义，且级数$\sum\limits_{n=0}^{\infty}\frac{x^{n+1}}{n+1} = \sum\limits_{n=0}^{\infty}(-1)^{n+1}\frac{1}{n+1}$收敛(莱布尼茨级数)，但对$x=1$，级数$\sum\limits_{n=0}^{\infty}\frac{x^{n+1}}{n+1}$发散，故

$$\sum_{n=0}^{\infty}\frac{x^{n+1}}{n+1} = -\ln|1-x|, \ x \in [-1, 1).$$

附注　① 本例结果均可作为以后讨论相应幂级数时的参考公式.

② 上述性质提供了求幂级数和函数的方法：借用微分与积分的逆运算关系，有
$$\left(\int_0^x s(x)\mathrm{d}x\right)' = s(x) \text{ 或 } s(x) = s(0) + \int_0^x s'(x)\mathrm{d}x.$$

例 4　求和函数.

(1) $\sum\limits_{n=1}^{\infty}(-1)^{n-1}nx^{n-1}$；　　(2) $\sum\limits_{n=0}^{\infty}(-1)^{n+1}\frac{x^{2n+1}}{2n+1}$.

解　(1) 原级数无法直接求和．但分析x的指数及其系数的关系，采用先积分后求导的方法：

因为$\int_0^x \sum\limits_{n=1}^{\infty}(-1)^{n-1}nx^{n-1}\mathrm{d}x = \sum\limits_{n=1}^{\infty}(-1)^{n-1}x^n = \frac{x}{1+x}$，$|x|<1$，

所以
$$\sum_{n=1}^{\infty}(-1)^{n-1}nx^{n-1} = \left(\frac{x}{1+x}\right)' = \frac{1}{(1+x)^2}, \ |x|<1.$$

(2) 原级数无法直接求和．由x的指数及系数的关系，宜先求导后积分，由

$$\left(\frac{x^{2n+1}}{2n+1}\right)' = x^{2n}, \text{ 得 } s'(x) = \sum_{n=0}^{\infty}(-1)^{n+1}x^{2n} = \frac{-1}{1+x^2}, \ |x|<1,$$

所以
$$s(x) = \sum_{n=0}^{\infty}(-1)^{n+1}\frac{x^{2n+1}}{2n+1} = s(0) + \int_0^x s'(x)\mathrm{d}x$$

$$=0+\int_0^x \frac{-1}{1+x^2}\mathrm{d}x=-\arctan x,\ |x|<1.$$

习题 12-4

思考题

指出下面各题的解法错误．

1. 求幂级数 $\sum\limits_{n=0}^{\infty}\frac{x^{2n}}{3^n}$ 的收敛半径．

解　因为 $\lim\limits_{n\to\infty}\left|\frac{a_{n+1}}{a_n}\right|=\lim\limits_{n\to\infty}\frac{3^n}{3^{n+1}}=\frac{1}{3}$，所以收敛半径 $r=3$.

2. 求幂级数 $\sum\limits_{n=1}^{\infty}(-1)^n\frac{(x-4)^n}{\sqrt{n}}$ 的收敛域．

解　因为 $a_n=\frac{(-1)^n}{\sqrt{n}}$，$\lim\limits_{n\to\infty}\left|\frac{a_{n+1}}{a_n}\right|=\lim\limits_{n\to\infty}\left|\frac{\sqrt{n}}{\sqrt{n+1}}\right|=1$，即收敛半径 $r=1$，故所求收敛域为 $(x_0-r,\ x_0+r)=(3,\ 5)$.

练习题

1. 求下列级数的收敛半径和收敛区间．

(1) $\sum\limits_{n=0}^{\infty}\frac{(x-2)^n}{10^n}$；　　(2) $\sum\limits_{n=0}^{\infty}\frac{nx^n}{n+2}$；　　(3) $\sum\limits_{n=0}^{\infty}\frac{x^{2n+1}}{n!}$.

2. 求下列级数的收敛半径和收敛域．

(1) $\sum\limits_{n=1}^{\infty}(-1)^{n-1}\frac{(2x)^{2n}}{2n}$；　　(2) $\sum\limits_{n=0}^{\infty}n!x^n$；　　(3) $\sum\limits_{n=1}^{\infty}\frac{(x-5)^n}{\sqrt{n}}$；

(4) $\sum\limits_{n=1}^{\infty}\frac{2n-1}{2^n}x^{2n-2}$；　　(5) $\sum\limits_{n=0}^{\infty}\frac{x^{2n}}{3^n}$.

3. 设幂级数 $\sum\limits_{n=0}^{\infty}a_nx^n$ 的收敛半径 $r_1=1$，求幂级数 $\sum\limits_{n=0}^{\infty}\frac{a_n}{n!}x^n$ 的收敛半径 r_2.

4. 利用逐项求导或逐项积分，求下列级数的和函数．

(1) $\sum\limits_{n=1}^{\infty}nx^{n-1}$；　　(2) $\sum\limits_{n=1}^{\infty}\frac{x^{4n+1}}{4n+1}$.

第5节　函数的幂级数展开

上节已经看到，幂级数不仅形式简单，而且具有类似于多项式的优良性质．特别是上节例子所给出的结果，如 $\sum_{n=1}^{\infty} nx^{n-1}=\frac{1}{(1-x)^2}$ 等，又从反面给出了“将函数表示为幂级数”的可能性与途径——这正是泰勒公式的延伸．

一、泰勒级数

由上册第四章第三节的泰勒定理：对在 $U(x_0, r)$ 内 $n+1$ 阶可导的函数 $f(x)$ 可写为

$$f(x)=T_n(x)+R_n(x), \tag{1}$$

其中 $T_n(x)=f(x_0)+f'(x_0)(x-x_0)+\frac{1}{2!}f''(x_0)(x-x_0)^2+\cdots+$

$$\frac{1}{n!}f^{(n)}(x_0)(x-x_0)^n$$

称为函数 $f(x)$ 在 $x=x_0$ 的泰勒多项式，而

$$R_n(x)=\frac{f^{(n+1)}(\xi)}{(n+1)!}(x-x_0)^{n+1}\quad(\xi\text{介于}x\text{与}x_0\text{之间})$$

称为余项，并且指出了 $T_n(x)$ 作为 $f(x)$ 的系列渐近近似公式的意义：随着自然数 n 的不断增大，$T_n(x)$ 逐渐接近于函数 $f(x)$ 的真实——这就是所谓的泰勒逼近．

由此设想，如果函数 $y=f(x)$ 在 $U(x_0, r)$ 内有任意阶导数，则 $T_n(x)$ 将无限延伸而成为幂级数

$$\sum_{n=0}^{\infty}\frac{f^{(n)}(x_0)}{n!}(x-x_0)^n, \tag{2}$$

并且由于导数的唯一确定性，这样的级数也是唯一确定的．

我们将(2)称为函数 $f(x)$ 在 x_0 生成的**泰勒级数**(或泰勒展开式)，记为

$$f(x)\sim\sum_{n=0}^{\infty}\frac{f^{(n)}(x_0)}{n!}(x-x_0)^n.$$

现在的问题是：上述形式上由函数 $f(x)$ 生成的幂级数有何意义？特别是在 $U(x_0, r)$ 内，该幂级数一定收敛于原来的函数 $f(x)$(即二者画等号)吗？对此讨论如下：

注意到幂级数(2)的前 n 项和正是(1)中的泰勒多项式：$s_n(x)=T_n(x)$，将余和改为

$$R_n(x)=f(x)-s_n(x),$$

即得

定理 1　设函数 $y=f(x)$ 在 $U(x_0, r)$ 内有任意阶导数，则在 $U(x_0, r)$ 内

幂级数(2)收敛于函数 $f(x)$ 的充分必要条件是

$$\lim_{n\to\infty} R_n(x)=0,\ x\in U(x_0,\ r). \tag{3}$$

说明　上述讨论的意义是：在满足定理可导性的条件下，虽然函数 $f(x)$ 一定能够展开得到幂级数，但这样的幂级数却未必收敛于 $f(x)$ 本身！这正是泰勒公式中存在余项的原因．定理 1 从根本上回答了“函数 $f(x)$ 与由其所展开的幂级数能否相等”的问题．

注意到上述条件(3)依然是一致收敛，如何才能实现它呢？回顾我们对泰勒定理的余项讨论，有

定理 2　设函数 $y=f(x)$ 在 $U(x_0,\ r)$ 内有任意阶导数，且对任意的 $x\in U(x_0,\ r)$ 及自然数 n，恒有 $|f^{(n)}(x)|<M$，则

$$f(x)=\sum_{n=0}^{\infty}\frac{f^{(n)}(x_0)}{n!}(x-x_0)^n,\ x\in U(x_0,\ r). \tag{4}$$

证明　在题设条件下，由泰勒定理，其余项满足

$$|R_n(x)|=\left|\frac{f^{(n+1)}(\xi)}{(n+1)!}\right||x-x_0|^{n+1}\leqslant\frac{M}{(n+1)!}r^{n+1},$$

再由迫敛法则，有

$$\lim_{n\to\infty} R_n(x)=0,\ x\in U(x_0,\ r).$$

结合定理 1 即得所证．

附注　① 定理2中的 $U(x_0,\ r)$ 即指级数(2)的收敛区间，定理 2 实际上给出了函数与其所展开的幂级数在收敛区间上相等的充分性条件．而在相等的形式下，我们也称该级数是 $f(x)$ 所展开的幂级数．

② 应该指出：如果级数(2)在 $x=x_0\pm r$ 也收敛，则(4)式在 $[x_0-r,\ x_0+r]$ 上成立．

③ 特别取 $x_0=0$，由(4)式即得到常用的**麦克劳林级数**

$$f(x)=\sum_{n=0}^{\infty}\frac{f^{(n)}(0)}{n!}x^n,\ x\in(-r,\ r). \tag{5}$$

二、初等函数的幂级数展开

1. 直接展开法

上述讨论给出了初等函数展开为幂级数的步骤：

① 通过求导写出系数：$a_n=\dfrac{1}{n!}f^{(n)}(x_0)$，$n\geqslant 0$，

② 求收敛域，并在收敛域上酌情写出如(4)或(5)的级数．

例 1　将下列初等函数展开为麦克劳林级数．

(1) e^x；　　　　(2) $\sin x$.

解 (1) 由于 $f^{(n)}(x)=\mathrm{e}^x$ 及 $f^{(n)}(0)=1$，$n\geqslant 0$，故有展开式：$\mathrm{e}^x\sim\sum\limits_{n=0}^{\infty}\dfrac{x^n}{n!}$.

由于 $r=\lim\limits_{n\to\infty}\left|\dfrac{a_n}{a_{n+1}}\right|=\lim\limits_{n\to\infty}\dfrac{(n+1)!}{n!}=+\infty$，级数 $\sum\limits_{n=0}^{\infty}\dfrac{x^n}{n!}$ 在$(-\infty,+\infty)$上收敛．且对任意实数 $a>0$ 及 $x\in(-a,a)$，$|f^{(n)}(x)|=|\mathrm{e}^x|<\mathrm{e}^a$. 由定理 2（注意到实数 a 的任意性）即得

$$\mathrm{e}^x=\sum_{n=0}^{\infty}\frac{x^n}{n!},\ x\in\mathbf{R}. \tag{6}$$

(2) 由于 $f^{(n)}(x)=\sin\left(x+\dfrac{n\pi}{2}\right)$ 及 $f^{(n)}(0)=0,1,0,-1,\cdots,n\geqslant 0$，故有展开式

$$\sin x\sim\sum_{n=0}^{\infty}(-1)^n\frac{x^{2n+1}}{(2n+1)!}.$$

由于 $\rho=\lim\limits_{n\to\infty}\left|\dfrac{u_{n+1}(x)}{u_n(x)}\right|=\lim\limits_{n\to\infty}\left|\dfrac{x^{2n+3}}{(2n+3)!}\dfrac{(2n+1)!}{x^{2n+1}}\right|=0$，即级数 $\sum\limits_{n=0}^{\infty}(-1)^n\dfrac{x^{2n+1}}{(2n+1)!}$ 在$(-\infty,+\infty)$上收敛，且对任意 $x\in(-\infty,+\infty)$及自然数 n，有

$$|f^{(n)}(x)|=\left|\sin\left(x+\frac{n\pi}{2}\right)\right|\leqslant 1,$$

从而由定理 2，

$$\sin x=\sum_{n=0}^{\infty}(-1)^n\frac{x^{2n+1}}{(2n+1)!},\ x\in\mathbf{R}. \tag{7}$$

2. 间接展开法

按照上述方法，可导函数总能写出相应的幂级数形式．但为了避开比较复杂、甚至是困难的计算，下面我们介绍在(6)、(7)及下列所给结果

$$\frac{1}{1-x}=1+x+x^2+\cdots+x^n+\cdots=\sum_{n=0}^{\infty}x^n,\ x\in(-1,1)；\text{（见上节例 3）} \tag{8}$$

$$(1+x)^m=1+mx+\frac{m(m-1)}{2!}x^2+\cdots+\frac{m(m-1)\cdots(m-n+1)}{n!}x^n+\cdots,\quad x\in(-1,1) \tag{9}$$

的基础上，利用收敛级数的运算性质和分析性质，间接得到其他初等函数的展开级数的方法．

例 2 将下列函数展开为麦克劳林级数．

(1) $\sqrt{1+x}$；　　(2) $\dfrac{1}{\sqrt{1+x}}$.

解 (1) 在(9)中取 $m=\dfrac{1}{2}$，即有

$$\sqrt{1+x}=1+\frac{1}{2}x+\frac{\frac{1}{2}\left(-\frac{1}{2}\right)}{2!}x^2+\cdots$$

$$=1+\frac{1}{2}x-\frac{1}{2\cdot 4}x^2+\frac{1\cdot 3}{2\cdot 4\cdot 6}x^3+\cdots+(-1)^{k-1}\frac{(2k-3)!!}{(2k)!!}x^k+\cdots,$$

对 $x=\pm 1$，上述级数均为收敛的莱布尼茨级数，故

$$\sqrt{1+x}=1+\frac{1}{2}x-\frac{1}{2\cdot 4}x^2+\frac{1\cdot 3}{2\cdot 4\cdot 6}x^3+\cdots+(-1)^{k-1}\frac{(2k-3)!!}{(2k)!!}x^k+\cdots,$$
$$x\in[-1,\ 1].$$

(2) 在(9)中取 $m=-\frac{1}{2}$，即有

$$\frac{1}{\sqrt{1+x}}=1+\left(-\frac{1}{2}\right)x+\frac{-\frac{1}{2}\left(-\frac{3}{2}\right)}{2!}x^2+\cdots$$

$$=1-\frac{1}{2}x+\frac{1\cdot 3}{2\cdot 4}x^2+\cdots+(-1)^k\frac{(2k-1)!!}{(2k)!!}x^k+\cdots,\ x\in(-1,\ 1],$$

其中，对 $x=-1$，左边的函数无意义；而对 $x=1$，上述级数为收敛的莱布尼茨级数.

例 3 将下列函数展开为麦克劳林级数.

(1) $y=\ln(1+x)$；　　(2) $y=\cos x$；

(3) $y=\frac{1}{x^2-5x+6}$；　　(4) $y=\arctan x$.

解 (1) 由于 $y'=\frac{1}{1+x}$，故考虑用如下方法：

先在(8)中改 x 为 $-x$，得

$$\frac{1}{1+x}=\sum_{n=0}^{\infty}(-1)^n x^n,\ x\in(-1,\ 1),$$

再对此结果的两边从 0 到 x 求积分，得

$$\ln(1+x)-\ln 1=\int_0^x\frac{1}{1+x}\mathrm{d}x=\int_0^x\sum_{n=0}^{\infty}(-1)^n x^n\mathrm{d}x=\sum_{n=0}^{\infty}(-1)^n\int_0^x x^n\mathrm{d}x$$

$$=\sum_{n=0}^{\infty}(-1)^n\frac{x^{n+1}}{n+1}=\sum_{n=1}^{\infty}(-1)^{n-1}\frac{x^n}{n},\ x\in(-1,\ 1).$$

由于级数 $\sum_{n=1}^{\infty}(-1)^{n-1}\frac{x^n}{n}$ 对 $x=1$ 收敛(莱布尼茨级数)，对 $x=-1$ 发散，故

$$\ln(1+x)=\sum_{n=1}^{\infty}(-1)^{n-1}\frac{x^n}{n},\ x\in(-1,\ 1].\tag{10}$$

(2) 由于 $\cos x=(\sin x)'$，由(7)即得

$$\cos x=\left(\sum_{n=0}^{\infty}(-1)^n\frac{x^{2n+1}}{(2n+1)!}\right)'=\sum_{n=0}^{\infty}(-1)^n\frac{x^{2n}}{(2n)!}，x\in\mathbf{R}. \tag{11}$$

（3）由于 $y=\dfrac{1}{x^2-5x+6}=\dfrac{1}{x-3}-\dfrac{1}{x-2}=\dfrac{1}{2}\dfrac{1}{1-\dfrac{x}{2}}-\dfrac{1}{3}\dfrac{1}{1-\dfrac{x}{3}}$，

在(8)中分别以$\dfrac{x}{2}$或$\dfrac{x}{3}$代替 x，得

$$\frac{1}{1-\dfrac{x}{2}}=1+\frac{1}{2}x+\frac{1}{2^2}x^2+\cdots=\sum_{n=0}^{\infty}\frac{x^n}{2^n}，x\in(-2,2)\left(仅对\left|\frac{x}{2}\right|<1收敛\right)，$$

$$\frac{1}{1-\dfrac{x}{3}}=1+\frac{1}{3}x+\frac{1}{3^2}x^2+\cdots=\sum_{n=0}^{\infty}\frac{x^n}{3^n}，x\in(-3,3)\left(仅对\left|\frac{x}{3}\right|<1收敛\right).$$

由级数的运算性质，

$$\frac{1}{x^2-5x+6}=\frac{1}{2}\cdot\sum_{n=0}^{\infty}\frac{x^n}{2^n}-\frac{1}{3}\cdot\sum_{n=0}^{\infty}\frac{x^n}{3^n}=\sum_{n=0}^{\infty}\left(\frac{1}{2^{n+1}}-\frac{1}{3^{n+1}}\right)x^n，x\in(-2,2).$$

（4）借用积分公式 $\displaystyle\int_0^x\frac{\mathrm{d}x}{1+x^2}=\arctan x$，在(9)中取 $m=-1$，且改 x 为 x^2（或直接在(8)中以 $-x^2$ 代替 x），得

$$\frac{1}{1+x^2}=1+(-x^2)+(-x^2)^2+\cdots+(-x^2)^n+\cdots$$

$$=\sum_{n=0}^{\infty}(-1)^n x^{2n}，x\in(-1,1)，$$

从而

$$\arctan x=\int_0^x\sum_{n=0}^{\infty}(-1)^n x^{2n}\mathrm{d}x=\sum_{n=0}^{\infty}(-1)^n\int_0^x x^{2n}\mathrm{d}x$$

$$=\sum_{n=0}^{\infty}(-1)^n\frac{x^{2n+1}}{2n+1}，x\in(-1,1)，$$

由于所得级数对 $x=\pm1$ 皆收敛（均为莱布尼茨级数），故得

$$\arctan x=\sum_{n=0}^{\infty}(-1)^n\frac{x^{2n+1}}{2n+1}，x\in[-1,1]. \tag{12}$$

最后说明，以上所得结果(6)～(12)，均可作为函数间接展开法的公式．

习题 12-5

练习题

1. 写出函数 $f(x)=\dfrac{1}{x}$在点 $x_0=2$ 处的泰勒展开式，并指出该展开式在何处收敛于$\dfrac{1}{x}$.

2. 将下列函数展开成 x 的幂级数，并求展开式成立的区间.

(1) $\operatorname{sh} x=\frac{e^{x}-e^{-x}}{2}$；　　(2) $\sin^{2} x$；

(3) $y=a^{x}$，$1 \neq a>0$；　　(4) $\frac{x}{\sqrt{1+x^{2}}}$.

3. 将 $y=\cos 2x$ 展开为麦克劳林级数.

4. 将 $y=x\sin x$ 展开为麦克劳林级数.

5. 将 $\ln x$ 展开为 $(x-2)$ 的幂级数.

6. 求幂级数 $\sum_{n=1}^{\infty}\left(\frac{1}{2n+1}-1\right)x^{2n}$ 在区间 $(-1, 1)$ 内的和函数 $s(x)$.

*第 6 节　幂级数的简单应用

将函数展开为幂级数在科学计算、尤其是数值计算的计算机实现方面有重要意义. 本节仅介绍几种简单的近似计算方法，其步骤是：

以上节所得主要展开结果为工具，根据所给函数及计算的精度要求，适当截取级数展开的长度(即项数)，即可进行相关数据的近似计算或误差估计.

一、对函数的近似计算

例 1　求 $\sqrt[5]{240}$ 的近似值，精确到四位小数.

解　注意到 $\sqrt[5]{240}=\sqrt[5]{3^{5}-3}=3\left(1-\frac{1}{3^{4}}\right)^{\frac{1}{5}}$，在上节(9)中令 $m=\frac{1}{5}$，$x=-\frac{1}{3^{4}}$，取

$$\sqrt[5]{240}=3\left(1-\frac{1}{3^{4}}\right)^{\frac{1}{5}} \approx 3\left(1-\frac{1}{5} \times \frac{1}{3^{4}}\right)=3 \times \frac{404}{405} \approx 2.9926.$$

注意到展开级数中各项的符号，这里的绝对误差

$$\begin{aligned}
\left|r_{2}\right| &=3 \times\left(\frac{1 \times 4}{2!} \times \frac{1}{5^{2}} \times \frac{1}{3^{8}}+\frac{1 \times 4 \times 9}{3!} \times \frac{1}{5^{3}} \times \frac{1}{3^{12}}+\cdots\right) \\
&=3 \times \frac{1 \times 4}{5^{2} \times 3^{8} \times 2!}\left(1+\frac{1}{5 \times 3 \times 3^{4}}+\cdots\right)<\frac{2}{3^{7} \times 25}\left(1+\frac{1}{3^{4}}+\frac{1}{3^{6}}+\cdots\right) \\
&=\frac{2}{3^{7} \times 25} \times \frac{1}{1-\frac{1}{81}}=(25 \times 27 \times 40)^{-1}<\frac{1}{2 \times 10^{4}}.
\end{aligned}$$

附注　这里的级数收敛很快：仅取前面两项，就得到了上述很好的近似结果.

例 2　计算 ln2 的近似值，精确到四位小数．

解　公式(10)中取 $x=1$，有

$$\ln 2=\sum_{n=1}^{\infty}(-1)^{n-1}\frac{1}{n}=1-\frac{1}{2}+\frac{1}{3}-\frac{1}{4}+\cdots,$$

这是一个收敛很慢的交错级数．按照精度要求：

$$|r_n|=\frac{1}{n+1}<10^{-4}\text{，解得 } n>10^4-1;$$

这说明至少要取到 10000 项才行！为加快级数的收敛速度，我们改进算法如下：在

$$\ln(1+x)=x-\frac{1}{2}x^2+\frac{1}{3}x^3-\frac{1}{4}x^4+\cdots,\ x\in(-1,\ 1]$$

中以 $-x$ 代替 x，有

$$\ln(1-x)=-x-\frac{1}{2}x^2-\frac{1}{3}x^3-\cdots,\ x\in[-1,\ 1),$$

将所得二式相减，得

$$\begin{aligned}\ln\frac{1+x}{1-x}&=2x+2\times\frac{1}{3}x^3+2\times\frac{1}{5}x^5+\cdots\\&=2\left(x+\frac{1}{3}x^3+\frac{1}{5}x^5+\cdots\right),\ x\in(-1,\ 1).\end{aligned}$$

由此已经看到，级数收敛的速度(通项趋于 0 的速度)明显加快．如果再令

$$\frac{1+x}{1-x}=2\text{，解得 } x=\frac{1}{3},$$

重新代入上式，又有

$$\ln 2=2\left[\frac{1}{3}+\frac{1}{3}\left(\frac{1}{3}\right)^3+\frac{1}{5}\left(\frac{1}{3}\right)^5+\frac{1}{7}\left(\frac{1}{3}\right)^7\right]\approx 0.6931.$$

取其前四项作为近似值，可使绝对误差

$$\begin{aligned}|r_4|&=2\left[\frac{1}{9}\left(\frac{1}{3}\right)^9+\frac{1}{11}\left(\frac{1}{3}\right)^{11}+\cdots\right]\leqslant 2\left[\frac{1}{9}\left(\frac{1}{3}\right)^9+\frac{1}{9}\left(\frac{1}{3}\right)^{11}+\cdots\right]\\&=2\left[\frac{1}{3^{11}}+\frac{1}{3^{13}}+\cdots\right]=\frac{2}{3^{11}}\times\frac{1}{1-\frac{1}{3^2}}=\frac{1}{2916}\approx 0.0003.\end{aligned}$$

评注　如果进一步取 $\ln\frac{1+x^2}{1-x}$ 作为迭代的基础，能够更快地改进上述级数的收敛速度．

二、对积分的近似计算

对某些虽然可积但“不能积出”——即没有初等形式原函数的定积分，可

通过幂级数的展开式来给出其近似结果.

例3 求 $\frac{2}{\sqrt{\pi}}\int_0^{\frac{1}{2}} e^{-x^2}dx$ 的值，并精确到四位小数.

解 因为被积函数无初等原函数，故不能直接积分. 借用上节展开公式(6)，有

$$e^{-x^2}=\sum_{n=0}^{\infty}\frac{(-x^2)^n}{n!}=\sum_{n=0}^{\infty}(-1)^n\frac{x^{2n}}{n!}=1-x^2+\frac{x^4}{2!}-\frac{x^6}{3!}+\cdots,\ x\in\mathbf{R},$$

由幂级数的逐项积分定理，得

$$\frac{2}{\sqrt{\pi}}\int_0^{\frac{1}{2}}e^{-x^2}dx=\frac{2}{\sqrt{\pi}}\sum_{n=0}^{\infty}(-1)^n\int_0^{\frac{1}{2}}\frac{x^{2n}}{n!}dx=\frac{2}{\sqrt{\pi}}\left[x-\frac{x^3}{3\times 1!}+\frac{x^5}{5\times 2!}-\frac{x^7}{7\times 3!}+\cdots\right]_0^{\frac{1}{2}}$$

$$=\frac{2}{\sqrt{\pi}}\left(\frac{1}{2}-\frac{1}{3\times 2^3}+\frac{1}{5\times 2!\times 2^5}-\frac{1}{7\times 3!\times 2^7}+\cdots\right)$$

$$=\frac{1}{\sqrt{\pi}}\left(1-\frac{1}{3\times 2^2}+\frac{1}{5\times 2!\times 2^4}-\frac{1}{7\times 3!\times 2^6}+\cdots\right),$$

取前四项之和作为所求的近似值，即

$$\frac{2}{\sqrt{\pi}}\int_0^{\frac{1}{2}}e^{-x^2}dx\approx\frac{1}{\sqrt{\pi}}\left(1-\frac{1}{3\times 2^2}+\frac{1}{5\times 2!\times 2^4}-\frac{1}{7\times 3!\times 2^6}\right)$$

$$\approx 0.56419(1-0.08333+0.00625-0.00037)$$

$$\approx 0.5205,$$

其绝对误差

$$|r_4|=\frac{2}{\sqrt{\pi}}\left(\frac{1}{9\times 4!\times 2^8}-\frac{1}{11\times 5!\times 2^{10}}+\cdots\right)\leqslant\frac{1}{\sqrt{\pi}}\times\frac{1}{9\times 4!\times 2^8}<\frac{1}{9\times 10^4}.$$

例4 求 $\int_0^{0.4}\sqrt{1+x^4}\,dx$ 的值.

解 由于

$$\sqrt{1+x^4}=1+\frac{1}{2}x^4-\frac{1}{8}x^8+\frac{1}{16}x^{12}-\frac{5}{128}x^{16}+\cdots,$$

取前四项之和作为所求的近似值，即

$$\int_0^{0.4}\sqrt{1+x^4}\,dx\approx\left[x+\frac{x^5}{10}-\frac{x^9}{72}+\frac{x^{13}}{208}\right]_0^{0.4}\approx 0.40102.$$

习题 12-6

1. 计算 e 的近似值，使误差小于10^{-6}.

2. 计算 $\sqrt[9]{522}$，使误差不超过 10^{-5}.

3. 写出 $f(x)=\sqrt[3]{x}$ 在 $x_0=8$ 处的二阶泰勒展开式，并估计 $x\in[7,9]$ 时的误差限.

4. 计算定积分$\int_0^1 \frac{\sin x}{x}\mathrm{d}x$的近似值，使其误差不超过$10^{-4}$.

5. 计算定积分$\int_0^{0.5} \frac{1}{1+x^4}\mathrm{d}x$的近似值，使其误差不超过$10^{-4}$.

第7节　傅里叶级数

自然界和工程技术中有大量的周期现象和问题．如电流可以用三角函数(正弦与余弦)来描述，更为复杂的如机械振动、电磁波和信息滤波等周期现象，则大都表示为周期性的方形脉冲函数和锯齿波函数(图 12-3)：

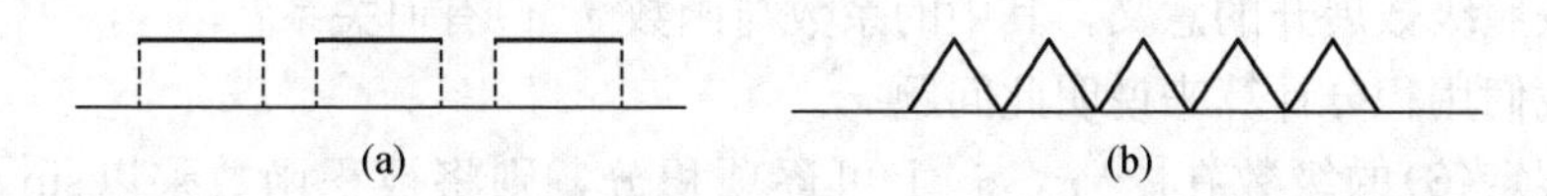

图 12-3

这里出现了无穷多的间断点或不可导点，幂级数显然不能适用．该如何进行类似研究？对此，法国数学家傅里叶(Fourier：1768—1830)开创了一类特殊的级数理论——傅里叶级数．

一、定义与形式

为方便讨论，先引入下面的概念．

1. 基本三角函数系

定义 1　函数列

$$1,\ \cos x,\ \sin x,\ \cos 2x,\ \sin 2x,\ \cdots,\ \cos nx,\ \sin nx,\ \cdots \quad (1)$$

称为**基本三角函数系**．

由于(1)中的函数均以 2π 为周期，不妨取作$[-\pi,\ \pi]$，而在此区间上，可以(由三角函数的积化和差公式)算得

$$\int_{-\pi}^{\pi} \sin mx \sin nx\,\mathrm{d}x = \begin{cases} 0, & m \neq n \text{或} m = n = 0, \\ \pi, & m = n \neq 0, \end{cases}$$

$$\int_{-\pi}^{\pi} \sin mx \cos nx\,\mathrm{d}x = 0,$$

$$\int_{-\pi}^{\pi} \cos mx \cos nx\,\mathrm{d}x = \begin{cases} 0, & m \neq n, \\ \pi, & m = n \neq 0, \\ 2\pi, & m = n = 0, \end{cases}$$

即在$[-\pi,\ \pi]$上，(1)中任意两个不同函数($m\neq n$)乘积的积分都是 0，而每个函数自乘($m=n\neq 0$)的积分不为 0——这与两个向量的内积颇为相似，故通常

称(1)具有正交性．

2. 三角级数

定义 2　由(1)中函数构成的如下级数

$$\frac{a_0}{2}+a_1\cos x+b_1\sin x+\cdots+a_n\cos nx+b_n\sin nx+\cdots \tag{2}$$

称为**三角级数**，其中的 a_0，…，a_n，…；b_1，…，b_n，…，均为常数．

3. 傅里叶级数

现在的问题是：假若某函数 $f(x)$能在$[-\pi,\ \pi]$上展开为形如(2)的三角级数，或者级数(2)在$[-\pi,\ \pi]$上能够收敛于某函数 $f(x)$，即

$$f(x)=\frac{a_0}{2}+a_1\cos x+b_1\sin x+\cdots+a_n\cos nx+b_n\sin nx+\cdots, \tag{3}$$

那么按照级数展开的意义，其中的系数与函数 $f(x)$有何关系？

我们用积分计算来说明此问题．

假定(3)的级数在$[-\pi,\ \pi]$上可逐项积分，则将被积函数乘以$\sin mx$，$\cos nx$后仍可逐项积分．

(1) 求 a_0：将(3)两边在区间$[-\pi,\ \pi]$上积分，得

$$\int_{-\pi}^{\pi}f(x)\mathrm{d}x=\int_{-\pi}^{\pi}\frac{a_0}{2}\mathrm{d}x+\sum_{n=1}^{\infty}a_n\int_{-\pi}^{\pi}\cos nx\mathrm{d}x+\sum_{n=1}^{\infty}b_n\int_{-\pi}^{\pi}\sin nx\mathrm{d}x=a_0\pi,$$

所以 $a_0=\dfrac{1}{\pi}\displaystyle\int_{-\pi}^{\pi}f(x)\mathrm{d}x$．

(2) 求系数 $a_k(k\geqslant1)$：以 $\cos kx$ 乘(3)两边并逐项积分，由(1)中函数的正交性，有

$$\begin{aligned}\int_{-\pi}^{\pi}f(x)\cos kx\mathrm{d}x&=\frac{a_0}{2}\int_{-\pi}^{\pi}\cos kx\mathrm{d}x+\sum_{n=1}^{\infty}\left(a_n\int_{-\pi}^{\pi}\cos nx\cos kx\mathrm{d}x+b_n\int_{-\pi}^{\pi}\sin nx\cos kx\mathrm{d}x\right)\\&=a_k\int_{-\pi}^{\pi}\cos^2kx\mathrm{d}x+\sum_{n\neq k}^{\infty}a_n\int_{-\pi}^{\pi}\cos nx\cos kx\mathrm{d}x+\\&\quad\sum_{n=1}^{\infty}b_n\int_{-\pi}^{\pi}\sin nx\cos kx\mathrm{d}x=a_k\pi,\end{aligned}$$

所以 $a_k=\dfrac{1}{\pi}\displaystyle\int_{-\pi}^{\pi}f(x)\cos kx\mathrm{d}x$，$k\geqslant1$．

(3) 求 $b_k(k\geqslant1)$：以 $\sin kx$ 乘(3)两边并逐项积分，由(1)中函数的正交性，得

$$\begin{aligned}\int_{-\pi}^{\pi}f(x)\sin kx\mathrm{d}x=&\frac{a_0}{2}\int_{-\pi}^{\pi}\sin kx\mathrm{d}x+\sum_{n=1}^{\infty}a_n\int_{-\pi}^{\pi}\cos nx\sin kx\mathrm{d}x+\\&b_k\int_{-\pi}^{\pi}\sin^2kx\mathrm{d}x+\sum_{n\neq k}^{\infty}b_k\int_{-\pi}^{\pi}\sin nx\sin kx\mathrm{d}x\end{aligned}$$

$$= b_k \pi,$$

所以 $b_k = \dfrac{1}{\pi}\displaystyle\int_{-\pi}^{\pi} f(x)\sin kx\,\mathrm{d}x$，$k \geqslant 1$．

注意到积分运算的结果是唯一的，故上述系数由函数 $f(x)$ 唯一确定．由此引出

定义 3　设 $f(x)$ 在 $[-\pi, \pi]$ 上可积，称

$$a_n = \frac{1}{\pi}\int_{-\pi}^{\pi} f(x)\cos nx\,\mathrm{d}x,\ n \geqslant 0 \text{ 与 } b_n = \frac{1}{\pi}\int_{-\pi}^{\pi} f(x)\sin nx\,\mathrm{d}x,\ n \geqslant 1$$

为函数 $f(x)$ 的傅里叶系数．以此为系数写成的级数(3)称为由 $f(x)$ 生成的傅里叶级数．记为

$$f(x) \sim \frac{a_0}{2} + \sum_{n=1}^{\infty}(a_n \cos nx + b_n \sin nx). \tag{4}$$

二、基本问题与结论

傅里叶级数主要讨论以 2π 为周期的可积函数．这里的基本问题是

(1) 形如(4)的级数是否一定收敛？

(2) 如果级数(4)收敛，是否与函数 $f(x)$ 相等？

一般而言，这些问题的答案是不能肯定的．为方便讨论，我们引入

定义 4　若函数 $f(x)$ 在 $[a, b]$ 上仅有有限个第一类间断点，则称该函数在 $[a, b]$ 上分段连续；如果 $f(x)$ 的导函数在 $[a, b]$ 上分段连续，则称该函数在 $[a, b]$ 上**分段光滑**．

并不加证明地给出如下的**收敛定理**

定理　设 $f(x)$ 是 $\mathbf{R}$ 上以 2π 为周期、在 $[-\pi, \pi]$ 上分段光滑的函数，则由 $f(x)$ 生成的傅里叶级数收敛，且对 $x \in [-\pi, \pi]$，

$$\frac{a_0}{2} + \sum_{n=1}^{\infty}(a_n \cos nx + b_n \sin nx) = \frac{1}{2}[f(x+0) + f(x-0)].$$

评注　① 这就同时回答了上面的两个基本问题．特别当 $x \in [-\pi, \pi]$ 是函数 $f(x)$ 的连续点时，按照左、右连续的定义，上式右边的平均值正是 $f(x)$，即

$$\frac{a_0}{2} + \sum_{n=1}^{\infty}(a_n \cos nx + b_n \sin nx) = f(x).$$

② 定理对函数展开的条件比之幂级数(要求函数无穷阶可导)要弱得多，当然这里增加了关于函数周期性的要求．

③ 定理限定在以 2π 为周期的区间上成立．但借助于周期性的延拓方法，不难将所得结果进行推广，以描述整体性的周期现象．

例　将下列函数展开为傅里叶级数．

(1) $f(x)=\begin{cases}x, & -\pi<x\leqslant 0,\\ 0, & 0<x\leqslant\pi;\end{cases}$　　　(2) $\varphi(x)=\begin{cases}0, & -\pi<x\leqslant 0,\\ 1, & 0<x\leqslant\pi.\end{cases}$

解　(1) 先将 $f(x)$ 拓展为以 2π 为周期的函数，如图 12 - 4 所示．由收敛定理，对于

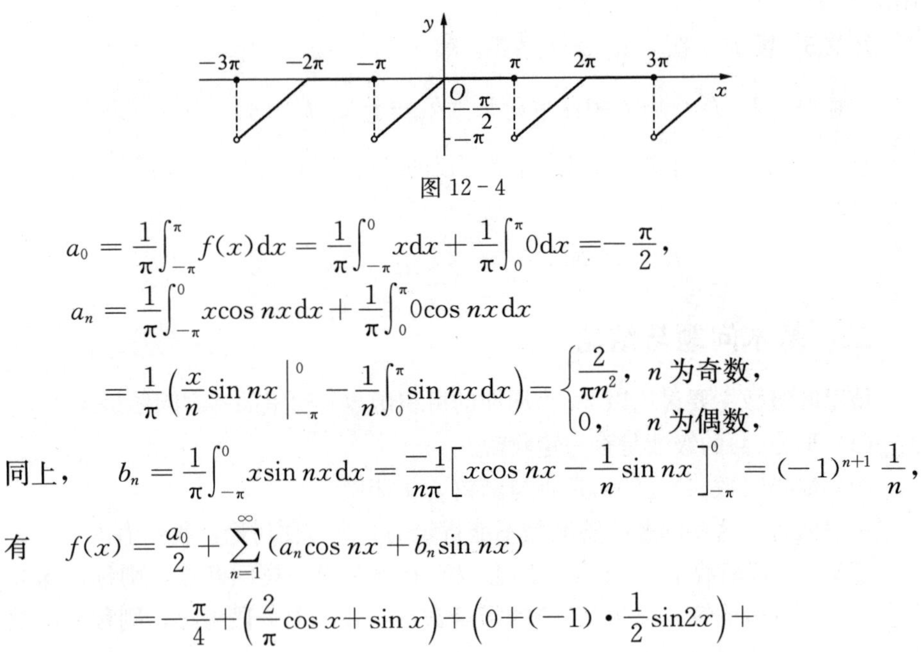

图 12 - 4

$$a_0=\frac{1}{\pi}\int_{-\pi}^{\pi}f(x)\mathrm{d}x=\frac{1}{\pi}\int_{-\pi}^{0}x\mathrm{d}x+\frac{1}{\pi}\int_{0}^{\pi}0\mathrm{d}x=-\frac{\pi}{2},$$

$$a_n=\frac{1}{\pi}\int_{-\pi}^{0}x\cos nx\mathrm{d}x+\frac{1}{\pi}\int_{0}^{\pi}0\cos nx\mathrm{d}x$$

$$=\frac{1}{\pi}\left(\frac{x}{n}\sin nx\Big|_{-\pi}^{0}-\frac{1}{n}\int_{0}^{\pi}\sin nx\mathrm{d}x\right)=\begin{cases}\dfrac{2}{\pi n^2}, & n\text{ 为奇数},\\ 0, & n\text{ 为偶数},\end{cases}$$

同上，　$b_n=\dfrac{1}{\pi}\displaystyle\int_{-\pi}^{0}x\sin nx\mathrm{d}x=\dfrac{-1}{n\pi}\left[x\cos nx-\dfrac{1}{n}\sin nx\right]_{-\pi}^{0}=(-1)^{n+1}\dfrac{1}{n},$

有　$f(x)=\dfrac{a_0}{2}+\displaystyle\sum_{n=1}^{\infty}(a_n\cos nx+b_n\sin nx)$

$$=-\frac{\pi}{4}+\left(\frac{2}{\pi}\cos x+\sin x\right)+\left(0+(-1)\cdot\frac{1}{2}\sin 2x\right)+$$

$$\left(\frac{2}{3^2\pi}\cos 3x+\frac{1}{3}\sin 3x\right)+\left(0+\frac{-1}{4}\sin 4x\right)+\cdots,\ x\in(-\pi,\ \pi).$$

在间断点 $x=\pm\pi$ 处，由于

$$f(-\pi+0)=-\pi,\ f(-\pi-0)=f(\pi-0)=0,\ f(\pi+0)=-\pi,$$

故级数收敛于

$$\frac{1}{2}[f(-\pi+0)+f(-\pi-0)]=\frac{1}{2}[f(\pi+0)+f(\pi-0)]=-\frac{\pi}{2},$$

对其余间断点 $x=k\pi$，$k=\pm 2$，± 3，…，均有与此相同的结果——这与原来函数的图像相比，仅在间断点处有所不同(图 12 - 5)．

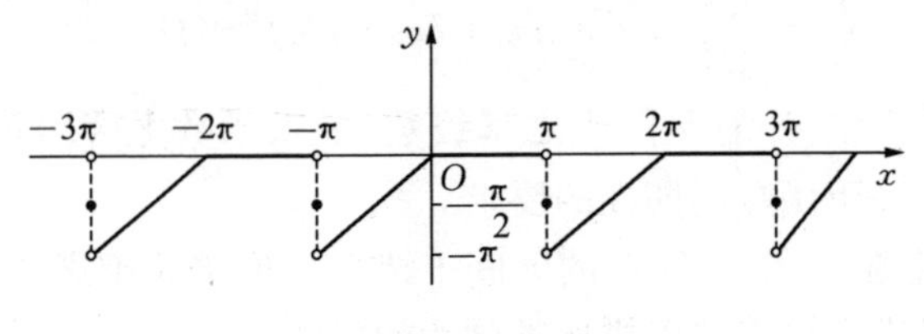

图 12 - 5

附注　由于函数 $f(x)$ 在 $x=0$ 连续，由收敛定理及上述结果，可得如下的数列求和公式

因为　$-\frac{\pi}{4}+\frac{2}{\pi}\left(1+\frac{1}{3^2}+\frac{1}{5^2}+\cdots\right)=-\frac{\pi}{4}+\frac{2}{\pi}\sum_{n=1}^{\infty}\frac{1}{(2n-1)^2}=f(0)=0$，

所以　$\sum_{n=1}^{\infty}\frac{1}{(2n-1)^2}=\frac{\pi^2}{8}$.

(2) 将 $\varphi(x)$ 拓展为以 2π 为周期的函数，如图 12-6 所示．由于

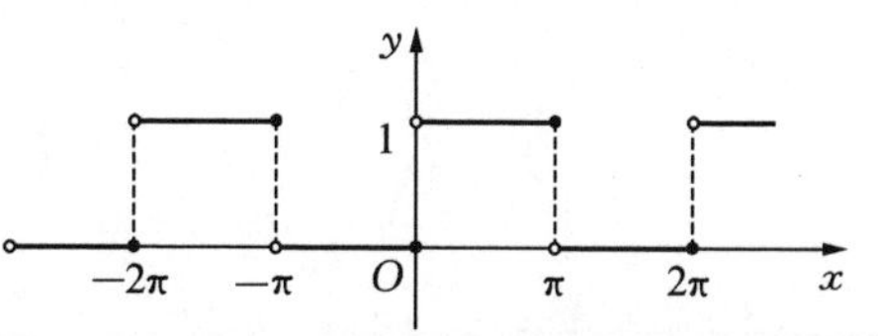

图 12-6

$$a_0=\frac{1}{\pi}\int_{-\pi}^{\pi}f(x)\mathrm{d}x$$

$$=\frac{1}{\pi}\int_{-\pi}^{0}0\mathrm{d}x+\frac{1}{\pi}\int_{0}^{\pi}\mathrm{d}x=1,$$

$$a_n=\frac{1}{\pi}\int_{0}^{\pi}\cos nx\,\mathrm{d}x=0\text{ ,}$$

$$b_n=\frac{1}{\pi}\int_{0}^{\pi}\sin nx\,\mathrm{d}x=\begin{cases}\frac{2}{\pi n}，& n\text{ 为奇数},\\ 0，& n\text{ 为偶数}.\end{cases}$$

由收敛定理，对 $x\in(-\pi,0)\cup(0,\pi)$，有

$$\varphi(x)=\frac{a_0}{2}+\sum_{n=1}^{\infty}(a_n\cos nx+b_n\sin nx)$$

$$=\frac{1}{2}+\left(0+\frac{2}{\pi}\sin x\right)+(0+0)+\left(0+\frac{2}{3\pi}\sin 3x\right)+\cdots$$

$$=\frac{1}{2}+\frac{2}{\pi}\left(\sin x+\frac{1}{3}\sin 3x+\frac{1}{5}\sin 5x+\cdots\right).$$

注意到 $x=0$ 是函数的第一类间断点，此时级数收敛于

$$\frac{1}{2}[\varphi(0+0)+\varphi(0-0)]=\frac{1}{2}(1+0)=\frac{1}{2},$$

而对于 $x=k\pi$，$k=\pm1$，±2，…，级数均收敛于

$$\frac{1}{2}[\varphi(k\pi+0)+\varphi(k\pi-0)]=\frac{1}{2}(0+1)=\frac{1}{2}.$$

延拓后的和函数的图像，如图 12-7 所示.

这与原来函数的图像相比，仅在间断点处有所区别．

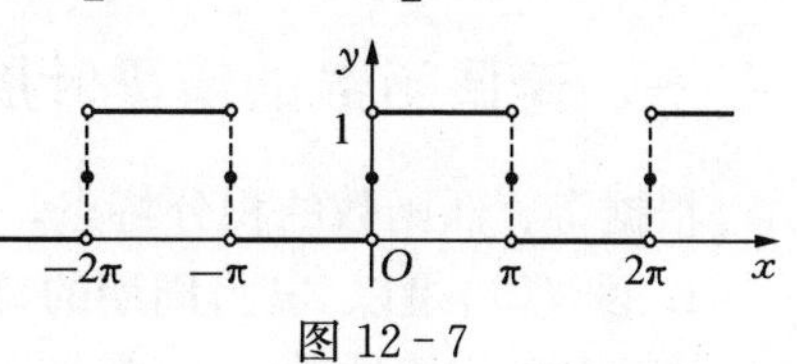

图 12-7

习题 12－7

练习题

1. 设函数 $f(x)=3x^2+1$，$x\in[-\pi,\pi)$且以 2π 为周期，试将其展开成傅里叶级数．

2. 函数 $f(x)=\begin{cases}1, & -\pi<x\leqslant 0,\\ x, & 0<x\leqslant\pi\end{cases}$ 的周期为 2π，试将其展开成傅里叶级数．

3. 填空题．

(1) 设 $x^2=\sum\limits_{n=0}^{\infty}a_n\cos nx$，$-\pi\leqslant x\leqslant\pi$，则系数 $a_2=$__________；

(2) 设 $f(x)=\pi x+x^2$，$-\pi<x<\pi$ 的傅里叶级数为 $\frac{a_0}{2}+\sum\limits_{n=1}^{\infty}(a_n\cos nx+b_n\sin nx)$，则系数 $b_3=$__________．

4. 设函数 $f(x)$在区间$[0,2\pi]$上递减，证明其傅里叶系数 $b_n\geqslant 0$．

5. 设 $f(x)=\begin{cases}2x, & -\pi<x\leqslant 0,\\ 3x, & 0<x\leqslant\pi,\end{cases}$ 且以 2π 为周期，将 $f(x)$展开为傅里叶级数．

6. 设 $f(x)=\begin{cases}-\frac{\pi}{2}, & -\pi\leqslant x<-\frac{\pi}{2},\\ x, & -\frac{\pi}{2}\leqslant x<\frac{\pi}{2},\\ \frac{\pi}{2}, & \frac{\pi}{2}\leqslant x<\pi,\end{cases}$ 且以 2π 为周期，将 $f(x)$展开成傅里叶级数．

第8节　正弦和余弦级数

一般说来，函数展开的傅里叶级数中既含有正弦级数，也含有余弦级数．但鉴于三角函数正交性的特点，对奇、偶函数展开的傅里叶级数会呈现出特殊现象，这就是本节讨论的内容．

一、奇偶函数的傅里叶展开

根据奇、偶函数的积分特点，分别讨论如下．

1. 设 $f(x)$是以 2π 为周期的奇函数

由函数的运算性质，$f(x)\cos nx$ 仍是以 2π 为周期的奇函数，而$f(x)\sin nx$

则是以 2π 为周期的偶函数，其相应的傅里叶系数是

$$a_n=\frac{1}{\pi}\int_{-\pi}^{\pi}f(x)\cos nx\mathrm{d}x=0,\ n\geqslant 0,$$

$$b_n=\frac{2}{\pi}\int_{0}^{\pi}f(x)\sin nx\mathrm{d}x,\ n\geqslant 1,$$

可见，奇函数的展开式中仅含有正弦函数的项——称之为**正弦级数**.

例 1　将下列函数展开为傅里叶级数.

(1) $f(x)=x,\ x\in[-\pi,\ \pi)$；　　(2) $\varphi(x)=\begin{cases}-1, & x\in(-\pi,\ 0],\\ 1, & x\in(0,\ \pi].\end{cases}$

解　(1) 这里 $f(x)=x$ 是 $(-\pi,\ \pi)$ 上的奇函数且满足收敛定理. 由于

$$a_n=0,\ n\geqslant 0,$$

$$b_n=\frac{2}{\pi}\int_{0}^{\pi}x\sin nx\mathrm{d}x=(-1)^{n+1}\frac{2}{n},\ n\geqslant 1,$$

故

$$x=\sum_{n=1}^{\infty}b_n\sin nx=2\sin x-\frac{2}{2}\sin 2x+\cdots+(-1)^n\frac{2}{n}\sin nx+\cdots$$

$$=2\left[\sin x-\frac{1}{2}\sin 2x+\cdots+(-1)^n\frac{1}{n}\sin nx+\cdots\right],\quad |x|<\pi.$$

附注　由此也可得到如下的数列求和公式：在上式中取 $x=\frac{\pi}{2}$，有

$$\frac{\pi}{2}=2\left(1-0-\frac{1}{3}+\frac{1}{5}-\frac{1}{7}+\cdots\right)=2\sum_{n=1}^{\infty}(-1)^{n+1}\frac{1}{2n-1},$$

所以

$$\sum_{n=1}^{\infty}(-1)^{n+1}\frac{1}{2n-1}=\frac{\pi}{4}\left(\text{或}\sum_{n=1}^{\infty}(-1)^{n-1}\frac{1}{2n-1}=\frac{\pi}{4}\right).$$

(2) 函数 $\varphi(x)$ 在 $x=\pm\pi$ 处为跳跃间断，此外均连续，故满足收敛定理，注意到 $\varphi(x)$ 是 $(-\pi,\ 0)\cup(0,\ \pi)$ 上的奇函数，则

$$a_n=0,\ n=0,\ 1,\ 2,\ \cdots,$$

$$b_n=\frac{1}{\pi}\int_{-\pi}^{\pi}\varphi(x)\sin nx\mathrm{d}x=\frac{1}{\pi}\int_{-\pi}^{0}(-1)\sin nx\mathrm{d}x+\frac{1}{\pi}\int_{0}^{\pi}1\cdot\sin nx\mathrm{d}x$$

$$=\frac{1}{\pi}\left[\frac{\cos nx}{n}\right]_{-\pi}^{0}+\frac{1}{\pi}\left[-\frac{\cos nx}{n}\right]_{0}^{\pi}=\frac{1}{n\pi}(1-\cos n\pi-\cos n\pi+1)$$

$$=\frac{2}{n\pi}[1-(-1)^n]=\begin{cases}\frac{4}{n\pi}, & n=1,\ 3,\ 5,\ \cdots,\\ 0, & n=2,\ 4,\ 6,\ \cdots,\end{cases}$$

所以

$$\varphi(x)=\frac{4}{\pi}\left(\sin x+\frac{1}{3}\sin 3x+\frac{1}{5}\sin 5x+\cdots\right),\ 0<|x|<\pi.$$

当 $x=\pm\pi$ 时，级数收敛于 $\frac{-1+1}{2}=\frac{1+(-1)}{2}=0$.

2. 设 $f(x)$ 是以 2π 为周期的偶函数

由函数的运算性质，$f(x)\cos nx$ 仍是以 2π 为周期的偶函数，$f(x)\sin nx$ 则是以 2π 为周期的奇函数．同上，有

$$a_n=\frac{1}{\pi}\int_{-\pi}^{\pi}f(x)\cos nx\,\mathrm{d}x=\frac{2}{\pi}\int_{0}^{\pi}f(x)\cos nx\,\mathrm{d}x，n\geqslant 0，$$

而
$$b_n=\frac{1}{\pi}\int_{-\pi}^{\pi}f(x)\sin nx\,\mathrm{d}x=0，n\geqslant 1，$$

由此可见，偶函数的展开式中只含有余弦函数，称之为**余弦级数**．

例 2　将下列函数展开为余弦级数．

(1) $f(x)=|x|$，$x\in[-\pi,\pi]$；　　(2) $\varphi(x)=x^2$，$x\in[-\pi,\pi]$.

解　(1) 这里 $f(x)=|x|$ 是 $[-\pi,\pi]$ 上的偶函数，其系数为

$$a_n=\frac{2}{\pi}\int_{0}^{\pi}x\cos nx\,\mathrm{d}x=\begin{cases}-\frac{4}{\pi n^2}，& n\text{ 为奇数，}\\ 0，& n\text{ 为偶数，}\end{cases}\quad\text{而 } b_n=0，n\geqslant 1，$$

注意到函数 $f(x)=|x|$ 在 $[-\pi,\pi]$ 上连续，故由收敛定理

$$|x|=\frac{a_0}{2}+\sum_{n=1}^{\infty}a_n\cos nx=\frac{\pi}{2}+\left(-\frac{4}{\pi}\cos x-\frac{-4}{\pi\cdot 3^2}\cos 3x-\frac{-4}{\pi\cdot 5^2}\cos 5x-\cdots\right)$$

$$=\frac{\pi}{2}-\frac{4}{\pi}\left(\cos x+\frac{1}{3^2}\cos 3x+\frac{1}{5^2}\cos 5x-\cdots\right)$$

$$=\frac{\pi}{2}-\frac{4}{\pi}\sum_{n=1}^{\infty}\frac{1}{(2n-1)^2}\cos(2n-1)x，|x|\leqslant\pi.$$

附注　由此产生的数列求和公式是：取 $x=\pi$，有

$$\pi=\frac{\pi}{2}+\frac{4}{\pi}\sum_{n=1}^{\infty}\frac{1}{(2n-1)^2}，\text{从而 }\sum_{n=1}^{\infty}\frac{1}{(2n-1)^2}=\frac{\pi^2}{8}.$$

(2) 同上，$\varphi(x)$ 是 $[-\pi,\pi]$ 上的偶函数，由于

$$a_0=\frac{2}{\pi}\int_{0}^{\pi}x^2\,\mathrm{d}x=\frac{2}{3}\pi^2，$$

$$a_n=\frac{2}{\pi}\int_{0}^{\pi}x^2\cos nx\,\mathrm{d}x=\begin{cases}\frac{4}{n^2}\cos n\pi=-\frac{4}{n^2}，& n\text{ 为奇数，}\\ \frac{4}{n^2}，& n\text{ 为偶数，}\end{cases}$$

而　　$b_n=0$，$n\geqslant 1$.

由收敛定理

$$x^2=\frac{a_0}{2}+\sum_{n=1}^{\infty}a_n\cos nx=\frac{\pi^2}{3}+\left(-4\cos x+\frac{4}{2^2}\cos 2x-\frac{4}{3^2}\cos 3x+\cdots\right)$$

$$=\frac{\pi^2}{3}-4\left(\cos x-\frac{1}{2^2}\cos 2x+\frac{1}{3^2}\cos 3x+\cdots\right),\ |x|\leqslant\pi.$$

附注　此处产生的数列求和公式是：分别取 $x=0$，π，由

$$0=\frac{\pi^2}{3}-4\left(1-\frac{1}{2^2}+\frac{1}{3^2}-\frac{1}{4^2}\cdots\right)，得\sum_{n=1}^{\infty}\frac{(-1)^{n-1}}{n^2}=\frac{\pi^2}{12},$$

及
$$\pi^2=\frac{\pi^2}{3}+4\left(1+\frac{1}{2^2}+\frac{1}{3^2}+\frac{1}{4^2}\cdots\right)，得\sum_{n=1}^{\infty}\frac{1}{n^2}=\frac{\pi^2}{6}.$$

二、关于奇偶延拓

上述系数公式建立在对称区间$[-\pi,\pi]$上，但假若函数仅在某半个区间上有定义时，该如何处理？常用的方法有如下两种：

1. 奇延拓

设 $y=f(x)$，$x\in[0,\pi]$. 令

$$F(x)=\begin{cases}f(x), & x\in(0,\pi],\\ 0, & x=0,\\ -f(-x) & x\in[-\pi,0),\end{cases}$$

并延拓成为以$[-\pi,\pi]$为周期性的函数(图 12-8)，则有如下特点：

(1) 函数 $F(x)$仅在 $x=0$，$\pm\pi$ 处(第一类)间断；

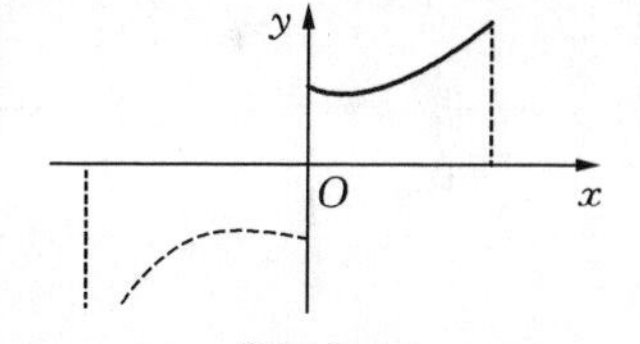

图 12-8

(2) 由 $F(x)$生成的傅里叶级数是正弦级数：

$$F(x)=f(x)\sim\sum_{n=1}^{\infty}b_n\sin nx,\ 0\leqslant x\leqslant\pi,$$

其中
$$b_n=\frac{1}{\pi}\int_{-\pi}^{\pi}F(x)\sin nx\,\mathrm{d}x=\frac{2}{\pi}\int_{0}^{\pi}f(x)\sin nx\,\mathrm{d}x,\ n\geqslant 1.$$

2. 偶延拓

设 $y=f(x)$，$x\in[0,\pi]$. 令

$$G(x)=\begin{cases}f(x), & x\in[0,\pi],\\ f(-x), & x\in[-\pi,0),\end{cases}$$

则具有更为明显的优点(图 12-9)：

(1) 保持了函数在 $x=0$ 的连续性，如果将周期性延拓到整个 $\mathbf{R}$ 上，还可保证函数在 $x=k\pi$，$k=\pm1$，±2，…处的连续性.

(2) 生成的傅里叶级数为余弦级数：

$$G(x)=f(x)\sim\frac{a_0}{2}+\sum_{n=1}^{\infty}a_n\cos nx,\ 0\leqslant x\leqslant\pi,$$

其中
$$a_n=\frac{1}{\pi}\int_{-\pi}^{\pi}G(x)\cos nx\,\mathrm{d}x$$
$$=\frac{2}{\pi}\int_{0}^{\pi}f(x)\cos nx\,\mathrm{d}x,\ n\geqslant 0.$$

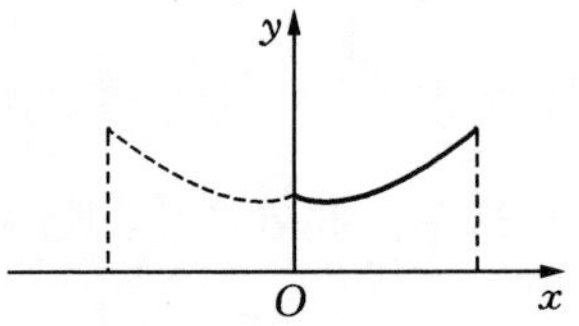

图 12 - 9

例 3　将 $\varphi(x)=x^2$ 在 $[0,\ \pi]$ 上分别展开成余弦级数和正弦级数.

解　参考例 2 中的(2)，即得偶式展开的余弦级数：

$$x^2=\frac{\pi^2}{3}-4\left(\cos x-\frac{1}{2^2}\cos 2x+\frac{1}{3^2}\cos 3x+\cdots\right),\ x\in[0,\ \pi].$$

下面给出奇式展开的正弦级数．令

$$f(x)=\begin{cases}x^2, & 0\leqslant x\leqslant\pi,\\ -x^2, & -\pi\leqslant x<0,\end{cases}$$

则有 $b_n=\frac{2}{\pi}\int_0^{\pi}x^2\sin nx\,\mathrm{d}x=(-1)^{n+1}\frac{2\pi}{n}+[(-1)^n-1]\cdot\frac{4}{\pi n^3},\ n\geqslant 1.$

由收敛定理

$$x^2=\left(2\pi-\frac{8}{\pi}\right)\sin x-\frac{2\pi}{2}\sin 2x+\left(\frac{2\pi}{3}-\frac{8}{\pi 3^2}\right)\sin 3x-\cdots,\ 0\leqslant x<\pi,$$

对 $x=k\pi$，$k=\pm1$，±2，…，该级数收敛于

$$\frac{1}{2}[f(k\pi+0)+f(k\pi-0)]=\frac{1}{2}(-\pi^2+\pi^2)=0.$$

延拓后的函数图像如图 12 - 10 所示.

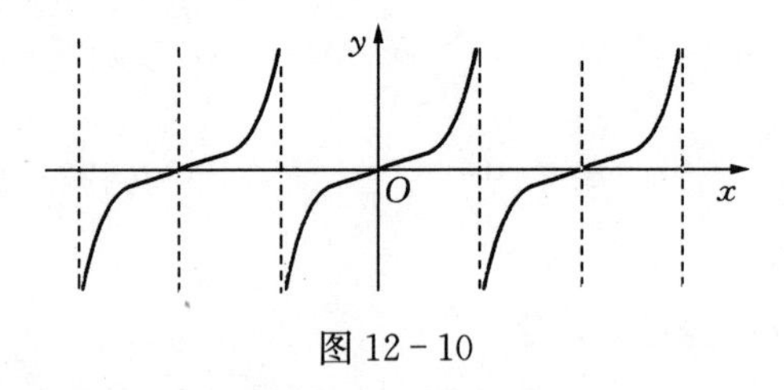

图 12 - 10

三、一般周期函数的傅里叶级数

上述结果还可推广到一般周期：$2l$，$0<l\in\mathbf{R}$ 的情形.

为借用前面的傅里叶系数公式，令 $x=\frac{l}{\pi}t$，即 $t=\frac{\pi}{l}x$．记 $f(x)=f\left(\frac{l}{\pi}t\right)=\varphi(t)$，$\varphi(t)$ 即以 2π 为周期．假设函数 $f(x)$ 在 $[-l,\ l]$ 上逐段光滑，

则$\varphi(t)$在$[-\pi, \pi]$上满足收敛定理，且有系数公式

$$
\begin{aligned}
a_0 &= \frac{1}{\pi}\int_{-\pi}^{\pi}\varphi(t)\,\mathrm{d}t = \frac{1}{l}\int_{-l}^{l}f(x)\,\mathrm{d}x, \\
a_n &= \frac{1}{\pi}\int_{-\pi}^{\pi}\varphi(t)\cos nt\,\mathrm{d}t = \frac{1}{l}\int_{-l}^{l}f(x)\cos\frac{n\pi}{l}x\,\mathrm{d}x,\ n\geqslant 1, \qquad (1)\\
b_n &= \frac{1}{\pi}\int_{-\pi}^{\pi}\varphi(t)\sin nt\,\mathrm{d}t = \frac{1}{l}\int_{-l}^{l}f(x)\sin\frac{n\pi}{l}x\,\mathrm{d}x,\ n\geqslant 1,
\end{aligned}
$$

从而
$$f(x) = \frac{a_0}{2} + \sum_{n=1}^{\infty}\left(a_n\cos\frac{n\pi}{l}x + b_n\sin\frac{n\pi}{l}x\right),\ |x| < l.$$

例 4　将 $f(x)=\begin{cases}0, & -2\leqslant x<0,\\ k, & 0\leqslant x<2\end{cases}$ $(k\neq 0)$展开为傅里叶级数.

解　这里$l=2$，代入系数公式(1)，有

$$
\begin{aligned}
a_0 &= \frac{1}{2}\int_{-2}^{2}f(x)\,\mathrm{d}x = \frac{1}{2}\int_{0}^{2}k\,\mathrm{d}x = k,\\
a_n &= \frac{1}{2}\int_{0}^{2}k\cos\frac{n\pi}{2}x\,\mathrm{d}x = \frac{k}{n\pi}\sin\frac{n\pi}{2}x\Big|_0^2 = 0,\ n\geqslant 1,\\
b_n &= \frac{1}{2}\int_{0}^{2}k\sin\frac{n\pi}{2}x\,\mathrm{d}x = \frac{k}{n\pi}[1-(-1)^n] = \begin{cases}\dfrac{2k}{n\pi}, & n\text{ 为奇数},\\ 0, & n\text{ 为偶数},\end{cases}
\end{aligned}
$$

故得 $f(x) = \dfrac{k}{2} + \dfrac{2k}{\pi}\left(\sin\dfrac{\pi}{2}x + \dfrac{1}{3}\sin\dfrac{3\pi}{2}x + \dfrac{1}{5}\sin\dfrac{5\pi}{2}x + \cdots\right),\ |x| < 2.$

习题 12-8

练习题

1. 将函数 $f(x)=\begin{cases}1, & 0<x\leqslant\dfrac{\pi}{2},\\ 0, & \dfrac{\pi}{2}<x<\pi\end{cases}$ 分别展开为余弦级数和正弦级数.

2. 设 $f(x)=x^2$，$x\in[0, \pi]$，将 $f(x)$展开为以 2π 为周期的傅里叶级数，并证明 $\displaystyle\sum_{n=1}^{\infty}\frac{1}{n^2}=\frac{\pi^2}{6}$.

3. 将 $f(x)=x^2$，$0\leqslant x<2$ 展开为正弦级数.

4. 证明 $\displaystyle\sum_{n=1}^{\infty}\frac{\cos nx}{n^2}=\frac{1}{12}(3x^2-6\pi x+2\pi^2)$，$0\leqslant x\leqslant\pi$.

5. 将函数 $f(x)=\dfrac{\pi-x}{2}$，$x\in(0, \pi]$展开成正弦级数.

总练习十二

1. 选择题．

(1) 若 p 满足条件(　　)，则级数 $\sum\limits_{n=1}^{\infty}\dfrac{1}{n^{p-2}}$ 收敛．

A. $p>2$；　B. $p<2$；　C. $p>3$；　D. $2<p<3$.

(2) 下列级数中发散的是(　　).

A. $\sum\limits_{n=1}^{\infty}\dfrac{1}{\sqrt{n^3}}$；　B. $0.01+\sqrt{0.01}+\sqrt[3]{0.01}+\cdots$；

C. $\dfrac{1}{2}+\dfrac{1}{4}+\dfrac{1}{8}+\cdots$；　D. $\dfrac{3}{5}-\left(\dfrac{3}{5}\right)^2+\left(\dfrac{3}{5}\right)^3-\left(\dfrac{3}{5}\right)^4+\cdots$.

(3) 下列级数绝对收敛的是(　　).

A. $1-\dfrac{1}{3^2}+\dfrac{1}{5^2}-\dfrac{1}{7^2}+\cdots$；　B. $\sum\limits_{n=1}^{\infty}(-1)^{n-1}\dfrac{1}{\sqrt{n}}$；

C. $\sum\limits_{n=1}^{\infty}(-1)^n\dfrac{1}{n}$；　D. $\sum\limits_{n=1}^{\infty}(-1)^n n^{-\frac{2}{3}}$.

(4) 设 $\sum\limits_{n=1}^{\infty}a_n$ 为正项级数，则下列结论正确的是(　　).

A. 若 $\lim\limits_{n\to\infty}na_n=0$，则级数 $\sum\limits_{n=1}^{\infty}a_n$ 收敛；

B. 若存在非零常数 λ，使得 $\lim\limits_{n\to\infty}na_n=\lambda$，则级数 $\sum\limits_{n=1}^{\infty}a_n$ 发散；

C. 若级数 $\sum\limits_{n=1}^{\infty}a_n$ 收敛，则 $\lim\limits_{n\to\infty}n^2a_n=0$；

D. 若级数 $\sum\limits_{n=1}^{\infty}a_n$ 发散，则存在非零常数 λ，使得 $\lim\limits_{n\to\infty}na_n=\lambda$.

(5) 函数 $f(x)=\dfrac{1}{\sqrt[3]{1+x}}$ 对 x 的幂级数的前三项是(　　).

A. $1-\dfrac{1}{3}x+\dfrac{2}{9}x^2$；　B. $-1+\dfrac{1}{3}x+\dfrac{2}{9}x^2$；

C. $1+\dfrac{1}{3}x+\dfrac{4}{9}x^2$；　D. $1-\dfrac{1}{3}x+\dfrac{4}{9}x^2$.

(6) 对 $x\neq0$，幂级数 $\sum\limits_{n=0}^{\infty}\dfrac{x^n}{n+1}$ 的和函数 $s(x)=($　　$)$.

A. $\ln(1-x)$；　B. $-\ln(1-x)$；

C. $\frac{1}{x}\ln(1-x)$；　　　　D. $-\frac{1}{x}\ln(1-x)$.

(7) 设幂级数 $\sum_{n=1}^{\infty}a_n x^n$ 的收敛半径为 3，则 $\sum_{n=1}^{\infty}na_n(x-1)^{n+1}$ 的收敛区间为(　　).

A. $-1<x<4$；　　　　B. $-3<x<3$；

C. $-2<x<4$；　　　　D. $-2<x<3$.

(8) 设 $f(x)=\begin{cases}x, & 0\leqslant x<\frac{1}{2},\\ 2-2x, & \frac{1}{2}\leqslant x<1,\end{cases}$ $s(x)=\frac{a_0}{2}+\sum_{n=1}^{\infty}a_n\cos n\pi x$，$x\in\mathbf{R}$，其中系数 $a_n=2\int_0^1 f(x)\cos n\pi x\mathrm{d}x$，$n=0, 1, 2, \cdots$，则 $s\left(-\frac{5}{2}\right)=$(　　).

A. $\frac{1}{2}$；　　B. $-\frac{1}{2}$；　　C. $\frac{3}{4}$；　　D. $-\frac{3}{4}$.

2. 判断下列级数的敛散性.

(1) $\sum_{n=1}^{\infty}(\sqrt{n+1}-\sqrt{n})$；　　　　(2) $\sum_{n=0}^{\infty}\frac{x^{2^n}}{1-x^{2^{n+1}}}$，$0<x<1$；

(3) $\sum_{n=1}^{\infty}\frac{1}{n(n+1)(n+2)}$；　　　　(4) $\sum_{n=1}^{\infty}\frac{n^{n+\frac{1}{n}}}{\left(n+\frac{1}{n}\right)^n}$；

(5) $\sum_{n=1}^{\infty}\ln\frac{n}{n+1}$；　　　　(6) $\sum_{n=1}^{\infty}\frac{1}{1+a^n}$，$a>0$；

(7) $\frac{1}{1\times3}+\frac{1}{3\times5}+\frac{1}{5\times7}+\cdots+\frac{1}{(2n-2)(2n-1)}+\cdots$；

(8) $-\frac{8}{9}+\frac{8^2}{9^2}-\frac{8^3}{9^3}+\cdots+(-1)^n\frac{8^n}{9^n}+\cdots$；

(9) $\frac{1}{3}+\frac{1}{\sqrt{3}}+\frac{1}{\sqrt[3]{3}}+\cdots+\frac{1}{\sqrt[n]{3}}+\cdots$；

(10) $\left(\frac{1}{2}+\frac{1}{3}\right)+\left(\frac{1}{2^2}+\frac{1}{3^2}\right)+\cdots+\left(\frac{1}{2^n}+\frac{1}{3^n}\right)+\cdots$.

3. 证明.

(1) 数列 $\{u_n\}$ 收敛 $\Leftrightarrow$ 级数 $\sum_{n=1}^{\infty}(u_{n+1}-u_n)$ 收敛.

(2) 设 $\lim_{n\to\infty}nu_n=a$，$\sum_{n=1}^{\infty}n(u_n-u_{n-1})$ 收敛，则级数 $\sum_{n=1}^{\infty}u_n$ 也收敛.

4. 求下列幂级数的收敛域.

(1) $\sum\limits_{n=1}^{\infty}\frac{(-1)^n}{n\cdot 8^n}x^{3n-1}$；　　(2) $\sum\limits_{n=1}^{\infty}4^{n^2}x^{n^2}$；　　(3) $\sum\limits_{n=1}^{\infty}\frac{e^n(x+1)^n}{n!}$.

5. 把下列函数展开成 x 的幂级数.

(1) $f(x)=3^x$；　　(2) $f(x)=\ln(x+\sqrt{1+x^2})$.

6. 把函数 $f(x)=\frac{1}{(x+2)(x-3)}$ 在 $x=1$ 处展开为幂级数.

7. 将函数 $f(x)=\cos x$ 展开成 $\left(x+\frac{\pi}{3}\right)$ 的幂级数.

8. 利用函数的幂级数展开式求 $\sqrt{e}$ 的近似值.

9. 求幂级数 $\sum\limits_{n=1}^{\infty}n2^{\frac{n}{2}}x^{3n-1}$ 的和函数.

10. 求级数 $\sum\limits_{n=2}^{\infty}\frac{1}{(n^2-1)2^n}$ 的和.

11. 将下列周期函数展开成傅里叶级数.

(1) $f(x)=3x^2+1$，$-\pi\leqslant x\leqslant\pi$；

(2) $f(x)=\begin{cases}bx, & -\pi<x<0,\\ ax, & 0\leqslant x<\pi\end{cases}$（$a$，$b$ 为常数，且 $a>b>0$）；

(3) $f(x)=2\sin\frac{x}{3}$，$-\pi\leqslant x\leqslant\pi$.

12. 将函数 $f(x)=2+|x|$ $(-1\leqslant x\leqslant 1)$ 展开成以 2 为周期的傅里叶级数，并由此求级数 $\sum\limits_{n=1}^{\infty}\frac{1}{(2n-1)^2}$ 与 $\sum\limits_{n=1}^{\infty}\frac{1}{n^2}$ 的和.

附录　练习题答案或提示

习题 8-1（练习题）

1. $(-2, 3, 0)$.

2. (1) $(4, 1, 1)$；　(2) $(7, -7, 8)$.

   (3) $(\sqrt{14}-3\sqrt{6}, 2\sqrt{14}+\sqrt{6}, -\sqrt{14}-2\sqrt{6})$.

3. $(-14, 31, 4)$.　4. $\left(\frac{3}{\sqrt{14}}, -\frac{1}{\sqrt{14}}, \frac{2}{\sqrt{14}}\right)$.

5. 2；$\left(-\frac{1}{2}, -\frac{\sqrt{2}}{2}, \frac{1}{2}\right)$；$\frac{2\pi}{3}, \frac{3\pi}{4}, \frac{\pi}{3}$.

6. $(\pm 1, 2, 2)$.　7. $(-1, 2, 8)$.　8. 2.

9. $(11, -13, -8)$；投影分别为-9，12，11.

10. $(-48, 45, -36)$.　11. $(3\sqrt{2}, 3, -3)$.

12. $\left(\frac{\sqrt{3}}{9}, -\frac{\sqrt{3}}{9}, -\frac{5\sqrt{3}}{9}\right)$.　13. $\left(\frac{1}{\sqrt{2}}, \frac{1}{\sqrt{2}}, 0\right)$或$(0, 0, -1)$.

习题 8-2（练习题）

1. (1) 2；(2) -219；(3) $\sqrt{5}$，$\sqrt{26}$，$\frac{2}{\sqrt{130}}$；(4) $\frac{\sqrt{26}}{13}$.

2. $\left(1, \frac{1}{2}, -\frac{1}{2}\right)$.　3. $-\frac{3}{2}$.　4. $\frac{2\pi}{3}$.

5. $\left(\frac{13}{3}, 3, \frac{1}{3}\right)$.　6. $4\sqrt{2}$.　7. ± 30.

8. $\sqrt{7}$，$\sqrt{13}$.　9. 40.

10. 11；$(0, -2, -1)$；$\frac{11}{3}$.　11. $\left(-\frac{1}{3}, -\frac{4}{3}, \frac{2}{3}\right)$，$\frac{\sqrt{21}}{3}$.

习题 8-3（练习题）

1. $(x-1)^2+\left(y-\frac{5}{2}\right)^2+\left(z-\frac{9}{2}\right)^2=\frac{5}{2}$.

2. $x^2+y^2+8z=16$.　3. $x^2-10z+25=0$.

4. (1) $x=3$在平面解析几何中表示直线，在空间解析几何中表示平行于

yOz 平面的平面；（2）$y=x^2+2$ 在平面解析几何中表示抛物线，在空间解析几何中表示母线平行于 z 轴的抛物柱面；（3）$x^2+\frac{y^2}{4}=1$ 在平面解析几何中表示椭圆，在空间解析几何中表示母线平行于 z 轴的椭圆柱面；（4）$x^2-y^2=1$ 在平面解析几何中表示双曲线，在空间解析几何中表示母线平行于 z 轴的双曲抛物面．

5. （1）$(x-2)^2+y^2+z^2=1$；　（2）$\frac{z^2}{4}-\frac{x^2+y^2}{9}=1$，$\frac{x^2+z^2}{4}-\frac{y^2}{9}=1$；

（3）$y^2+z^2=2px$，$z^4=4p^2(x^2+y^2)$；

（4）$9(x^2+z^2)=4(y-2)^2$．

6. （1）可由 $x^2+y^2=1$ 绕 x 轴或 y 轴旋转而成；（2）可由 $z=2x^2$ 或 $z=2y^2$ 绕 z 轴旋转而成；（3）可由 $\frac{x^2}{9}-\frac{z^2}{16}=-1$ 或 $\frac{y^2}{9}-\frac{z^2}{16}=-1$ 绕 z 轴旋转而成；（4）可由 $4x^2+z^2=36$ 或 $4y^2+z^2=36$ 绕 z 轴旋转而成．

7. $(x-14)^2+(y-5)^2+(z+4)^2=196$．

习题 8－4（练习题）

1. $\begin{cases}2x-14y-2z+1=0,\\4x-18z+33=0.\end{cases}$　　2. $\begin{cases}z=4-x^2,\\y=0,\end{cases}$ $x\in[-\sqrt{2},\sqrt{2}]$．

3. $\frac{x^2}{4}+\frac{y^2}{9}=\frac{5}{9}$．　　4. $5x^2-3y^2=1$．

5. $\begin{cases}x=\frac{3\sqrt{2}}{2}\cos\theta,\\y=\frac{3\sqrt{2}}{2}\cos\theta,\\z=3\sin\theta,\end{cases}$ $\theta\in[0,2\pi]$　　6. $y^2=2x+1$，$\begin{cases}y^2=2x+1,\\z=0.\end{cases}$

7. $\begin{cases}5x^2+5y^2-4x+2y+4=0,\\z^2=4(x^2+y^2).\end{cases}$　　8. $\begin{cases}z^2-4x=4z,\\y^2+4x=0.\end{cases}$

9. $x^2+y^2=1$；$\begin{cases}x^2+y^2=1,\\z=0;\end{cases}$ $\begin{cases}x=\cos\theta,\\y=\sin\theta,\\z=1-\sin\theta-\cos\theta,\end{cases}$ $\theta\in[0,2\pi]$．

10. $\begin{cases}x^2+y^2\leqslant 4,\\z=0;\end{cases}$ $\begin{cases}y^2\leqslant z\leqslant 4,\\x=0;\end{cases}$ $\begin{cases}x^2\leqslant z\leqslant 4,\\y=0.\end{cases}$

习题 8－5（练习题）

1. $y=-5$．　　2. $2x+2y-3z=0$．

3. $y-z+1=0$．　　4. $x+z-1=0$．

5. (1) $\frac{\pi}{4}$；(2) $\frac{\pi}{4}$.　　6. $\left(0, \frac{73}{12}, 0\right)$ 或 $\left(0, -\frac{73}{282}, 0\right)$.

7. $-3x+y=0$ 或 $x+3y=0$.　　8. $6x+2y+3z=\pm 42$.

9. $7x+8y-7z=0$.

10. $9x+2y+6z-15=0$ 或 $9x+2y+6z+29=0$.

习题 8-6（练习题）

1. $\frac{x+1}{-4}=\frac{y}{5}=\frac{z-2}{1}$.　　2. $\frac{x}{2}=\frac{y+8}{7}=\frac{z+4}{4}$，$\begin{cases} x=2t, \\ y=7t-8, \\ z=4t-4. \end{cases}$

3. $\frac{x-2}{1}=\frac{y-2}{1}=\frac{z+1}{-2}$.　　5. $\frac{\pi}{4}$.　　6. 0.

7. $(-2, 0, -5)$.　　8. $\frac{x-2}{1}=\frac{y-7}{-5}=\frac{z}{1}$.

9. $9x+19y-2z+1=0$.　　10. $\left(\frac{7}{2}, -2, \frac{3}{2}\right)$.

11. $-3x-14y+4z-5=0$.　　12. $\frac{5\sqrt{3}}{3}$.

13. $d=\frac{2\sqrt{3}}{3}$.　　14. $\begin{cases} 10x-12y-9z+46=0, \\ 3x-4y+z-1=0. \end{cases}$

总练习八

1. (1) C；　(2) B；　(3) C；　(4) A；　(5) C.

2. (1) $\{(x, y) \mid x^2+y^2\leqslant 1\}$；　(2) $(-8, -5, 1)$；　(3) $\sqrt{5}$；

(4) 36；　(5) $\lambda=2\beta$；　(6) $\frac{\sqrt{3}}{6}$；　(7) 0.

3. 102.　　4. $\frac{\pi}{3}$.　　5. 6.　　6. 3.

7. $y-z-1=0$.　　8. $2x+2y-3z=0$.

9. $\left(\frac{1}{2}-\frac{\sqrt{3}}{6}, \frac{1}{2}-\frac{\sqrt{3}}{6}, \frac{1}{2}-\frac{\sqrt{3}}{6}\right)$.

10. $x+y-z=0$.　　11. $-16x+14y+11z+65=0$.

12. $\frac{x}{-2}=\frac{y-2}{1}=\frac{z-2}{3}$，$\begin{cases} x=-2t, \\ y=t+2, \\ z=3t+2. \end{cases}$　　13. $\frac{x}{-2}=\frac{y-2}{2}=\frac{z-4}{1}$.

14. $\begin{cases}x^2+y^2=x+y,\\ z=0;\end{cases}$ $\begin{cases}2x^2+2xz+z^2-4x-3z+2=0,\\ y=0;\end{cases}$

$\begin{cases}2y^2+2yz+z^2-4y-3z+2=0,\\ x=0.\end{cases}$

15. $\left(-\dfrac{7}{3},\ -\dfrac{2}{3},\ \dfrac{4}{3}\right)$.

16. $\begin{cases}x=-3+t,\\ y=5+22t,\\ z=-9+2t.\end{cases}$

17. $x+2y+1=0$.

18. $\dfrac{x-2}{4}=\dfrac{y-1}{2}=\dfrac{z}{-1}$.

习题 9－1（练习题）

1.（1）为开集、非区域、无界集；导集为 $\mathbf{R}^2$，边界为 $\{(x,\ y)\mid x=0$ 或 $y=0\}$；

（2）为闭集、无界集；导集和边界均为$\{(x,\ y)\mid x+y=0\}$；

（3）为有界集；导集为$\{(x,\ y)\mid 1\leqslant x^2+y^2\leqslant 6\}$，边界为$\{(x,\ y)\mid x^2+y^2=6$，或 $x^2+y^2=1\}$；

（4）为开集、区域、无界集；导集为 $\{(x,\ y)\mid y\geqslant x^2\}$，边界为$\{(x,\ y)\mid y=x^2\}$.

2. $f(tx,\ ty)=t^2\left(x^2+y^2-xy\tan\dfrac{x}{y}\right)$.　3. $f(x,\ y)=\dfrac{1}{4}x^2+\dfrac{3}{4}y^2$.

4.（1）$\{(x,\ y)\mid x^2+y^2\neq 5,\ x^2+y^2<6\}$；

（2）$\{(x,\ y)\mid 0\leqslant y\leqslant x^2,\ x\geqslant 0,\ x\neq k\pi,\ k=0,\ 1,\ 2,\ \cdots\}$；

（3）$\{(x,\ y)\mid |x|\leqslant y^2$，且 $0<y\leqslant 2\}$；

（4）$\{(x,\ y)\mid 2k\pi\leqslant x^2+y^2\leqslant (2k+1)\pi,\ k=0,\ 1,\ 2,\ \cdots\}$.

5.（1）6；　（2）$\dfrac{5}{7}$；　（3）0；　（4）0；　（5）0；　（6）0.

7. 不连续.

习题 9－2（练习题）

1.（1）$\dfrac{\partial z}{\partial x}=y+ye^{xy}+y^2\sin(xy^2)$，$\dfrac{\partial z}{\partial y}=x+xe^{xy}+2xy\sin(xy^2)$；

（2）$\dfrac{\partial u}{\partial x}=\dfrac{1}{x+\ln y}$，$\dfrac{\partial u}{\partial y}=\dfrac{1}{y(x+\ln y)}$；

（3）$\dfrac{\partial u}{\partial x}=\dfrac{1}{y}z^{\frac{x}{y}}\ln z$，$\dfrac{\partial u}{\partial y}=-\dfrac{x}{y^2}z^{\frac{x}{y}}\ln z$，$\dfrac{\partial u}{\partial z}=\dfrac{x}{y}z^{\frac{x}{y}-1}$；

（4）$\dfrac{\partial u}{\partial x}=\dfrac{z(x-y)^{z-1}}{1+(x-y)^{2z}}$，$\dfrac{\partial u}{\partial y}=-\dfrac{z(x-y)^{z-1}}{1+(x-y)^{2z}}$，$\dfrac{\partial u}{\partial z}=\dfrac{(x-y)^z\ln(x-y)}{1+(x-y)^{2z}}$.

2.（1）$\dfrac{\partial^2 u}{\partial x^2}=\dfrac{x+2y}{(x+y)^2}$，$\dfrac{\partial^2 u}{\partial y^2}=\dfrac{-x}{(x+y)^2}$，$\dfrac{\partial^2 u}{\partial x\,\partial y}=\dfrac{\partial^2 u}{\partial y\,\partial x}=\dfrac{y}{(x+y)^2}$；

(2) $\frac{\partial^2 u}{\partial x^2}=\frac{2e^y-6x^4e^{3y}}{(1+x^4e^{2y})^2}$，$\frac{\partial^2 u}{\partial y^2}=\frac{x^2e^y-x^6e^{3y}}{(1+x^4e^{2y})^2}$，

$\frac{\partial^2 u}{\partial x\,\partial y}=\frac{\partial^2 u}{\partial y\,\partial x}=\frac{2xe^y-2x^5e^{3y}}{(1+x^4e^{2y})^2}$；

(3) $\frac{\partial^2 z}{\partial x^2}=\frac{4y}{x^3}\csc\frac{2y}{x}-\frac{4y^2}{x^4}\csc\frac{2y}{x}\cot\frac{2y}{x}$，$\frac{\partial^2 z}{\partial y^2}=-\frac{4}{x^2}\csc\frac{2y}{x}\cot\frac{2y}{x}$，

$\frac{\partial^2 z}{\partial x\,\partial y}=\frac{4y}{x^3}\csc\frac{2y}{x}\cot\frac{2y}{x}-\frac{2}{x^2}\csc\frac{2y}{x}=\frac{\partial^2 z}{\partial y\,\partial x}$；

(4) $\frac{\partial^2 z}{\partial x^2}=2y-y^4\cos(xy^2)$，$\frac{\partial^2 z}{\partial y^2}=36xy-2x\sin(xy^2)-4x^2y^2\cos(xy^2)$，

$\frac{\partial^2 z}{\partial x\,\partial y}=2x+18y^2-2y\sin(xy^2)-2xy^3\cos(xy^2)=\frac{\partial^2 z}{\partial y\,\partial x}$.

3. $f_x(1,-3)=-0.25$，$f_y(0,2)=0$，$f_x(0,0)=f_y(0,0)=0$.

4. $\left.\frac{\partial^2 z}{\partial x^2}\right|_{(1,-1)}=0$，$\left.\frac{\partial^2 z}{\partial x\,\partial y}\right|_{(1,-1)}=1$，

6. $\frac{\partial^2 u}{\partial x^2}=\frac{z(z-1)}{y^2}\left(\frac{x}{y}\right)^{z-2}$，$\frac{\partial^2 u}{\partial y^2}=\frac{z(z+1)x^2}{y^4}\left(\frac{x}{y}\right)^{z-2}$，

$\frac{\partial^2 u}{\partial z^2}=\left(\frac{x}{y}\right)^z\cdot\left(\ln\frac{x}{y}\right)^2$，

$\frac{\partial^2 u}{\partial x\,\partial y}=-z^2\left(\frac{x}{y}\right)^{z-2}\frac{x}{y^3}$，

$\frac{\partial^3 u}{\partial x\,\partial y\,\partial z}=-z\left(2+z\ln\frac{x}{y}\right)\left(\frac{x}{y}\right)^{z-2}\frac{x}{y^3}=\frac{\partial^3 u}{\partial y\,\partial z\,\partial x}=\frac{\partial^3 u}{\partial z\,\partial x\,\partial y}$，

$\frac{\partial^3 u}{\partial z^2\,\partial x}=\frac{z}{y}\left(\frac{x}{y}\right)^{z-1}\cdot\left(\ln\frac{x}{y}\right)^2+\frac{2}{y}\left(\frac{x}{y}\right)^{z-1}\cdot\left(\ln\frac{x}{y}\right)$.

7. $f(x,y)$在点(0，0)处不连续,但是有偏导数：0，0. 所以它说明函数$f(x,y)$可偏导不一定连续.

习题 9-3（练习题）

1. (1) $dz|_{(1,1)}=\left(\frac{2}{3}+e\right)(dx+dy)$；(2) $dz|_{(1,1)}=3dx+3dy$.

2. (1) $dz=\left(-\frac{y}{x^2}+y^2\right)dx+\left(\frac{1}{x}+2xy\right)dy$；(2) $du=\frac{1}{y}dy-\frac{1}{x}dx$；

(3) $du=y\cdot x^{y-1}dx+x^y\ln x\,dy$；

(4) $du=-yz\cdot\sin(xyz)dx-xz\cdot\sin(xyz)dy-yx\cdot\sin(xyz)dz$.

3. 全增量 $\Delta z\approx0.091$，全微分 $dz=0.1$.

4. $\sqrt{1.05^3+0.994^4}\approx1.459$，$\tan(0.998-1.02)\approx-0.022$.

5. $f_x(x,y)$在(0，0)处不连续，$f_y(x,y)$在(0，0)处不连续，但是

$f(x, y)$在$(0, 0)$处可微．

说明　函数$z=f(x, y)$的偏导$z_x(x, y)$，$z_y(x, y)$在点$(0, 0)$连续，仅是$z=f(x, y)$在点$(0, 0)$可微的充分条件．

习题 9－4（练习题）

1．(1) $\dfrac{du}{dt}=(\sin t)^{\tan t}(1+\sec^2 t\cdot\ln\sin t)$；

(2) $\dfrac{du}{dx}=\dfrac{e^{ax}(ax+1)(a^2x^2+1)}{x^2e^{2ax}+(ax+1)^4}$；

(3) $\dfrac{\partial z}{\partial x}=e^{x^2y^2-\frac{x}{y}}\left(2xy^2-\dfrac{1}{y}\right)$，$\dfrac{\partial z}{\partial y}=e^{x^2y^2-\frac{x}{y}}\left(2x^2y+\dfrac{x}{y^2}\right)$；

(4) $\dfrac{\partial u}{\partial x}=(xy)^{x^2-y^2-1}[y(x^2-y^2)+2x^2y\ln(xy)]$，

$\dfrac{\partial u}{\partial y}=(xy)^{x^2-y^2-1}[x(x^2-y^2)-2xy^2\ln(xy)]$.

2．(1) $\dfrac{\partial z}{\partial x}=2f_1+\dfrac{1}{y}f_2$，$\dfrac{\partial z}{\partial y}=3f_1-\dfrac{x}{y^2}f_2$；

(2) $\dfrac{\partial z}{\partial x}=\dfrac{yf'}{\sqrt{1-(xy)^2}}$，$\dfrac{\partial z}{\partial y}=\dfrac{xf'}{\sqrt{1-(xy)^2}}$；

(3) $\dfrac{\partial z}{\partial x}=ye^{xy}f_1-\sin x\cdot f_2$，$\dfrac{\partial z}{\partial y}=xe^{xy}f_1+2yf_3$.

3．(1) $\dfrac{\partial^2 u}{\partial x^2}=-2y\sin(x+y^2)-xy\cos(x+y^2)$，

$\dfrac{\partial^2 u}{\partial y^2}=-6xy\sin(x+y^2)-4xy^3\cos(x+y^2)$，

$\dfrac{\partial^2 u}{\partial x\partial y}=\cos(x+y^2)-2y^2\sin(x+y^2)-2xy^2\cos(x+y^2)-x\sin(x+y^2)$

$=\dfrac{\partial^2 z}{\partial y\partial x}$；

(2) $\dfrac{\partial^2 z}{\partial x^2}=6ye^{3xy}+9xy^2e^{3xy}$，$\dfrac{\partial^2 z}{\partial x\partial y}=6xe^{3xy}+9x^2ye^{3xy}=\dfrac{\partial^2 z}{\partial y\partial x}$，

$\dfrac{\partial^2 z}{\partial y^2}=9x^3e^{3xy}$.

4．$\dfrac{\partial^2 z}{\partial x^2}=f_{11}+2yf_{12}+y^2f_{22}$，$\dfrac{\partial^2 z}{\partial y^2}=4f_{11}+4xf_{12}+x^2f_{22}$，

$\dfrac{\partial^2 z}{\partial x\partial y}=2f_{11}+(x+2y)f_{12}+xyf_{22}+f_2$.

5．$\dfrac{\partial^2 z}{\partial x^2}=y^3\left(4x^2f_{11}-\dfrac{4}{x}f_{12}+\dfrac{1}{x^4}f_{22}\right)+2y^2\left(f_1+\dfrac{1}{x^3}f_2\right)$，

$$\frac{\partial^2 z}{\partial x\,\partial y}=y^2\left(2x^3 f_{11}+f_{12}-\frac{1}{x^3}f_{22}\right)+4xyf_1-\frac{2y}{x^2}f_2.$$

6. $\frac{\partial^2 u}{\partial x^2}=2f'(x^2+y^2+z^2)+4x^2 f''(x^2+y^2+z^2)$，

$\frac{\partial^2 u}{\partial x\,\partial z}=4xzf''(x^2+y^2+z^2)$，

$\frac{\partial^2 u}{\partial y^2}=2f'(x^2+y^2+z^2)+4y^2 f''(x^2+y^2+z^2)$.

8. (1) $\frac{\partial u}{\partial x}=f_1+yzf_2$，$\frac{\partial u}{\partial y}=f_1+xzf_2$，$\frac{\partial u}{\partial z}=f_1+xyf_2$；

(2) $\frac{\partial z}{\partial x}=f_1+\sin y f_2-yf_3\sin x$，$\frac{\partial z}{\partial y}=xf_2\cos y+f_3\cos x$；

(3) $\frac{\partial z}{\partial x}=-\frac{y}{x^2+y^2}$，$\frac{\partial z}{\partial y}=\frac{x}{x^2+y^2}$；

(4) $\frac{\partial z}{\partial t}=\frac{ts\mathrm{e}^t(t+2)}{\sqrt{1-s^2t^4\mathrm{e}^{2t}}}$，$\frac{\partial z}{\partial s}=\frac{t^2\mathrm{e}^t}{\sqrt{1-s^2t^4\mathrm{e}^{2t}}}$.

习题 9－5（练习题）

1. (1) $\frac{\mathrm{d}y}{\mathrm{d}x}=\frac{y\cos x+\sin(x-y)}{\sin(x-y)-\sin x}$；

(2) $\frac{\partial z}{\partial x}=-\frac{2xz}{x^2+4y^2z}$，$\frac{\partial z}{\partial y}=-\frac{4yz^2+1}{x^2+4y^2z}$.

2. $\frac{\mathrm{d}y}{\mathrm{d}x}=\frac{1}{1+\mathrm{e}^y}$，$\frac{\mathrm{d}^2y}{\mathrm{d}x^2}=-\frac{\mathrm{e}^y}{(1+\mathrm{e}^y)^3}$.

3. (1) $\frac{\partial z}{\partial x}=\frac{z}{x+z}$，$\frac{\partial z}{\partial y}=\frac{z^2}{(x+z)y}$，$\frac{\partial^2 z}{\partial x^2}=-\frac{z^2}{(x+z)^3}$，

$\frac{\partial^2 z}{\partial x\,\partial y}=\frac{z^2x}{y(x+z)^3}=\frac{\partial^2 z}{\partial y\,\partial x}$，$\frac{\partial^2 z}{\partial y^2}=-\frac{z^2x^2}{y^2(x+z)^3}$；

(2) $\frac{\partial z}{\partial x}=1$，$\frac{\partial z}{\partial y}=\frac{z-x}{(z-x)^2+y^2+y}$，$\frac{\partial^2 z}{\partial x^2}=0$，$\frac{\partial^2 z}{\partial x\,\partial y}=0=\frac{\partial^2 z}{\partial y\,\partial x}$，

$$\frac{\partial^2 z}{\partial y^2}=\frac{2(x-z)(y+1)\left[(z-x)^2+y^2\right]}{\left[(z-x)^2+y^2+y\right]^3}.$$

5. $\frac{\mathrm{d}y}{\mathrm{d}x}=-\frac{6xz+x}{6yz+2y}$，$\frac{\mathrm{d}z}{\mathrm{d}x}=\frac{x}{3z+1}$.

6. $\frac{\partial u}{\partial x}=\frac{\sin v}{\mathrm{e}^u(\sin v-\cos v)+1}$，$\frac{\partial v}{\partial x}=\frac{\cos v-\mathrm{e}^u}{u\left[\mathrm{e}^u(\sin v-\cos v)+1\right]}$，

$\frac{\partial u}{\partial y}=\frac{-\cos v}{\mathrm{e}^u(\sin v-\cos v)+1}$，$\frac{\partial v}{\partial y}=\frac{\sin v+\mathrm{e}^u}{u\left[\mathrm{e}^u(\sin v-\cos v)+1\right]}$.

7. $\dfrac{\partial^2 z}{\partial x^2}=\dfrac{6yze^z+18x^2y^2z}{(e^z-3x^2y)^2}+\dfrac{36x^2y^2z\ (e^z-3x^2y-ze^z)}{(e^z-3x^2y)^3}$,

$\dfrac{\partial^2 z}{\partial x\partial y}=\dfrac{6xze^z}{(e^z-3x^2y)^2}+\dfrac{18x^3yz(e^z-3x^2y-ze^z)}{(e^z-3x^2y)^3}$,

$\left.\dfrac{\partial^2 z}{\partial x^2}\right|_{\substack{x=\frac{1}{\sqrt{2}}\\ y=e^2/3}}=-24$,

$\left.\dfrac{\partial^2 z}{\partial x\partial y}\right|_{\substack{x=1/\sqrt{2}\\ y=e^2/3}}=-12\sqrt{2}\,e^{-2}$.

8. $\dfrac{\partial z}{\partial x}=\dfrac{yzF_1}{xyF_1-z^2F_2}$，$\dfrac{\partial z}{\partial y}=-\dfrac{z^3F_2}{y(xyF_1-z^2F_2)}$.

习题 9－6（练习题）

1. 切线方程为$\dfrac{x-2}{1}=\dfrac{y-3}{3}=\dfrac{z-2}{3}$，法平面方程为 $x+3y+3z-17=0$.

2. 切线方程为$\dfrac{x-1}{1}=\dfrac{y-2}{2}=\dfrac{z-1}{2}$，法平面方程为 $x+2y+2z-7=0$.

3. 切线方程为$\dfrac{x-1}{14}=\dfrac{y-1}{-13}=\dfrac{z-2}{2}$，法平面方程为 $14x-13y+2z-5=0$.

4. $(-1,\ 1,\ -1)$及$\left(-\dfrac{1}{3},\ \dfrac{1}{9},\ -\dfrac{1}{27}\right)$.

5. 切平面方程为 $x-2y-z=1$，法线方程为 $\dfrac{x-1}{-1}=\dfrac{y+1}{2}=\dfrac{z-2}{1}$.

6. 切平面方程为 $4x+12ey-ez=4e$，法线方程为

$$\frac{x-e}{-2}=\frac{y-\frac{1}{6}}{-6e}=\frac{z-2}{\frac{1}{2}e}.$$

7. $x+4y+6z=21$ 或 $x+4y+6z=-21$.

习题 9－7（练习题）

1. $\left.\dfrac{\partial u}{\partial \boldsymbol{l}}\right|_P=\dfrac{3\sqrt{5}}{5}$.　　　2. $\left.\dfrac{\partial u}{\partial \boldsymbol{l}}\right|_{(1,1,1)}=\dfrac{6\sqrt{14}}{7}$.

3. (1) $\mathbf{grad}[x\ln(x+y)]=\left(\ln(x+y)+\dfrac{x}{x+y},\ \dfrac{x}{x+y}\right)$；

(2) $\mathbf{grad}\,f(x,\ y,\ z)=[y\cos(xy)-z\sin(zx),\ x\cos(xy),\ e^z-x\sin(zx)]$；

(3) $\mathbf{grad}\,z(1,\ -2)=(-52,\ 73)$；

(4) $\mathbf{grad}\,f(1,\ -2,\ 1)=(5,\ -4,\ 10)$.

4. (1) $\alpha=\dfrac{\pi}{4}$；　(2) $\alpha=\dfrac{5\pi}{4}$；　(3) $\alpha=-\dfrac{\pi}{4}$或 $\alpha=\dfrac{3\pi}{4}$.

5. $\mathbf{grad}\, f(x, y, z)=(6x+6y, 3y^2+6x, 2z)$，在$(0, 0, 0)$与$(-2, 2, 0)$处，梯度均为$\mathbf{0}$.

6. 函数$f(x, y, z)=x^3-xy^2-z$在点$(1, 1, 0)$处沿$(-2, 2, 1)$方向函数值减少最快，在这个方向上的变化率为$-|\mathbf{grad}\, f(1, 1, 0)|=-|(2, -2, -1)|=-3$.

7. $\frac{11}{7}$.

习题 9-8（练习题）

1. (1) $f(1, 0)=-1$为函数的极小值，$f(-1, 0)=-1$为函数的极小值；

   (2) $z\left(\frac{\pi}{3}, \frac{\pi}{6}\right)=\frac{3}{2}\sqrt{3}$为函数的极大值；

   (3) $z(1, 1)=2$为函数的极小值；

   (4) $f(-2, 0)=-\frac{2}{e}$为函数的极小值.

2. $z=f(x, y)$在点$(-2, 0)$处取得极小值1，在点$\left(\frac{16}{7}, 0\right)$处取得极大值$-\frac{8}{7}$.

3. 长方体的长、宽、高分别为2 m，2 m，3 m时，长方体的容积最大.

4. 条件极大值1.　　5. $\frac{\sqrt{4a-1}}{2}$.　　6. $\frac{1}{3}$.

7. $\frac{63}{2}$，14.　　8. $z=0.0214\times1.3125^x$.

习题 9-9（练习题）

1. $f(x, y)=\ln(1+x+y)=x+y-\frac{1}{2}(x+y)^2+\frac{1}{3}(x+y)^3+R_3$，其中

$$R_3=-\frac{1}{4}\cdot\frac{(x+y)^4}{(1+\theta x+\theta y)^4},\ 0<\theta<1.$$

2. $x^y=1+2(x-1)+(x-1)^2+(x-1)(y-2)+o(\rho^2)$，其中$\rho=\sqrt{(x-1)^2+(y-2)^2}$；而$1.01^{1.999}\approx1.02009$.

3. $f(x, y, z)=-(xy+yz+xz)+o(\rho^2)$，其中$\rho=\sqrt{x^2+y^2+z^2}$.

总练习九

1. (1) $e^{-\frac{1}{2}}$；　(2) $2e\mathrm{d}x+(e+2)\mathrm{d}y$；　(3) $(0, 0)$和$(1, 1)$.

2. (1) A；　(2) B；　(3) D；　(4) B.

3. $\{(x, y) \mid |y|\leqslant|x|, x\neq0, x\leqslant x^2+y^2<2x\}$.

4. $f(x,y)=\dfrac{x^2(1-y)}{1+y}\ (y\neq -1)$.　　5. 0.

7. $\mathrm{d}z=\dfrac{x-y}{x^2+y^2}\mathrm{d}x+\dfrac{x+y}{x^2+y^2}\mathrm{d}y$.　　8. $\mathrm{d}f|_{(1,1,1)}=\mathrm{d}x-\mathrm{d}y$.

9. $\dfrac{\partial^2 f}{\partial x^2}=f_{11}+\mathrm{e}^{2y}f_{22}+y^2\mathrm{e}^{2z}f_{33}+2\mathrm{e}^y f_{12}+2y\mathrm{e}^z f_{13}+2y\mathrm{e}^{y+z}f_{23}$,

$\dfrac{\partial^2 f}{\partial x\,\partial z}=xy\mathrm{e}^z f_{31}+xy\mathrm{e}^{y+z}f_{32}+xy^2\mathrm{e}^{2z}f_{33}+y\mathrm{e}^z f_3$.

10. 0.　　12. $-\dfrac{F_{11}\cdot(F_2)^2-2F_1F_2F_{12}+F_{22}\cdot(F_1)^2}{(F_2)^3}$.

13. $\dfrac{x+1-\frac{\pi}{2}}{1}=\dfrac{y-1}{1}=\dfrac{z-2\sqrt{2}}{\sqrt{2}}$, $x+y+\sqrt{2}z-\dfrac{\pi}{2}-4=0$.

14. $\dfrac{x-3}{1}=\dfrac{y-1}{-3}=\dfrac{z-1}{-3}$, $x-3y-3z+3=0$.

15. $x+y-4z=0$, $\dfrac{x-2}{1}=\dfrac{y-2}{1}=\dfrac{z-1}{-4}$.

16. $z_{\max}=z(-3,4)=125$, $z_{\min}=z(3,-4)=-75$.

习题 10－1（练习题）

1. (1) $\iint\limits_D (x+y)^2\mathrm{d}\sigma\leqslant\iint\limits_D (x+y)^3\mathrm{d}\sigma$; (2) $\iint\limits_D (x+y)^2\mathrm{d}\sigma\leqslant\iint\limits_D (x+y)^3\mathrm{d}\sigma$;

(3) $\iint\limits_D \ln(x+y)^2\mathrm{d}\sigma\leqslant\iint\limits_D \ln(x+y)^3\mathrm{d}\sigma$.

2. (1) $\pi\leqslant\iint\limits_D (x^2+y^2+1)\mathrm{d}\sigma\leqslant 2\pi$;

(2) $-8\leqslant\iint\limits_D (x+xy-x^2-y^2)\mathrm{d}\sigma\leqslant\dfrac{2}{3}$.

3. (1) 成立;　　(2) 不成立.

习题 10－2（练习题）

1. (1) $\dfrac{1}{4}(\mathrm{e}-1)^2$;　(2) $\dfrac{5}{6}$;　(3) $\dfrac{13}{6}$;　(4) $\dfrac{9}{4}$;

(5) $\dfrac{3}{56}$;　(6) $\sin1-\cos1$.

2. (1) $\int_0^4\mathrm{d}x\int_{\frac{x}{2}}^{\sqrt{x}}f(x,y)\mathrm{d}y$;

(2) $\int_0^1\mathrm{d}y\int_{\arcsin y}^{\pi-\arcsin y}f(x,y)\mathrm{d}x+\int_{-1}^0\mathrm{d}y\int_{-2\arcsin y}^{\pi}f(x,y)\mathrm{d}x$;

(3) $\int_0^1 dy \int_{1-\sqrt{1-y^2}}^{2-y} f(x, y) dx$;

(4) $\int_1^4 dy \int_{\sqrt{y}}^{y} f(x, y) dx + \int_4^8 dy \int_2^y f(x, y) dx$.

3. $F(t)=\begin{cases} 0, & t<0, \\ \dfrac{1}{2}t^2, & 0\leqslant t<1, \\ 1-\dfrac{1}{2}(2-t)^2, & 1\leqslant t<2, \\ 1, & t\geqslant 2. \end{cases}$

6. $\dfrac{17}{6}$.

习题 10－3（练习题）

1. (1) $\pi(\cos 1-\cos 4)$;　(2) $\dfrac{\pi}{8}(2\ln 2-1)$;　(3) $\dfrac{\pi^2}{6}$;

(4) $\dfrac{\pi}{8}(\pi-2)$;　(5) $\dfrac{2\pi}{3}(b^3-a^3)$.

2. $\dfrac{3}{32}\pi a^4$.　3. $a^2\left(\dfrac{\pi^2}{16}-\dfrac{1}{2}\right)$.

习题 10－4（练习题）

1. (1) $\dfrac{3}{2}$;　(2) $\dfrac{1}{48}$;　(3) $\dfrac{1}{2}\left(\ln 2-\dfrac{5}{8}\right)$;

(4) 0;　(5) $\dfrac{1}{4}\pi R^2h^2$.

2. (1) $\dfrac{1}{8}$;　(2) $\dfrac{16\pi}{3}$;　(3) $\dfrac{\pi}{8}$;　(4) $\dfrac{\pi}{15}$.

3. (1) $\dfrac{128\pi}{5}$;　(2) $\dfrac{4a^2\pi}{3}$.

4. 4π.　5. $\dfrac{4\pi a^3}{3}(1-\cos^4\alpha)$.　6. $\dfrac{\pi R^4}{2}$.

习题 10－5（练习题）

1. $\sqrt{2}\pi$.　2. $\dfrac{16}{3}a^2\pi$.　3. $\dfrac{\sqrt{3}}{2}$.

4. $\left(\dfrac{3}{5}, \dfrac{3}{8}\right)$.　5. $\left(\dfrac{2a\sin\alpha}{3\alpha}, 0\right)$.　6. $\left(0, \dfrac{4b}{3\pi}\right)$.

7. $\bar{x}=\dfrac{35}{48}$, $\bar{y}=\dfrac{35}{54}$.　8. $I_x=\dfrac{72}{5}$, $I_y=\dfrac{96}{7}$.　9. $I_x=\dfrac{1}{3}$, $I_y=\dfrac{1}{3}$.

10. (1) $\dfrac{8a^4}{3}$;　(2) $\bar{x}=\bar{y}=0$, $\bar{z}=\dfrac{7}{15}a^2$;　(3) $I_z=\dfrac{112}{45}\rho a^6$.

总练习十

1. (1) 0；　(2) $\sqrt[3]{\frac{3}{2}}$；　(3) $x+\frac{1}{2}y$；　(4) $\frac{(a+b)\pi R^2}{2}$.

2. (1) D；　(2) B；　(3) D；　(4) A.

3. (1) $14a^4$；　(2) $\frac{2}{3}$；　(3) $\frac{\pi}{4}R^4+9\pi R^2$；　(4) $\frac{4\sqrt{2}}{3}$.

5. $f(x, y)=\sqrt{1-x^2-y^2}-\frac{2}{3}+\frac{8}{9\pi}$.

6. (1) $\frac{59}{480}\pi R^5$；　(2) $\frac{1024}{3}\pi$；　(3) $\frac{\pi}{10}$.

7. $\frac{\pi}{3}h^3+\pi hf(0)$.　8. $\frac{32}{9}$.　9. $\frac{1}{2}\sqrt{a^2b^2+b^2c^2+c^2a^2}$.

10. (1) $F(t)$ 在$(0, +\infty)$内单调递增.

习题 11-1（练习题）

1. (1) $2+\sqrt{2}$；　(2) 4；

(3) $\frac{1}{12}(5\sqrt{5}+6\sqrt{2}-1)$；　(4) $e^a\left(2+\frac{\pi a}{4}\right)-2$；

(5) $2a^2$；　(6) $\frac{\sqrt{3}}{2}(1-e^{-2})$；　(7) $\frac{256}{15}a^3$.

2. $a^2(2-\sqrt{2})$.　3. $\frac{2\pi a^3}{3}$.

习题 11-2（练习题）

1. (1) $-\frac{1}{20}$；　(2) $\frac{4}{3}ab^2$；　(3) $-\frac{\pi}{2}a^3$；

(4) 0；　(5) 0；　(6) $\frac{1}{3}k^3\pi^3-a^2\pi$；

(7) $\frac{3}{2}$；　(8) $\frac{4}{3}$；　(9) $\frac{1}{2}$.

2. $-\frac{8}{15}$.

3. $\int_L[\sqrt{2x-x^2}P(x, y)+(1-x)Q(x, y)]ds$.

4. $\int_L\frac{P+2tQ+3t^2R}{\sqrt{1+4t^2+9t^4}}ds$.　5. -2π.

6. $\xi=\frac{a}{\sqrt{3}}$，$\eta=\frac{b}{\sqrt{3}}$，$\zeta=\frac{c}{\sqrt{3}}$；$W_{max}=\frac{\sqrt{3}}{9}abc$.

习题 11－3（练习题）

1.（1）-1；（2）$\frac{1-e^{\pi}}{5}$；（3）$-2\pi ab$；（4）$\frac{1}{4}\sin 2-\frac{7}{6}$；

（5）$-\frac{a^5}{5}-b^5$；（6）$\frac{\pi^2}{4}$.

2.（1）$\frac{5}{2}$；（2）$\int_0^1\varphi(x)\mathrm{d}x+\int_0^1\psi(y)\mathrm{d}y$. 3. $-\pi$.

4.（1）$u(x, y)=x^2y$；（2）$u(x, y)=\frac{x^2}{2}+xe^y-y^2$；

（3）$u(x, y)=x^3y+4x^2y^2+12(ye^y-e^y+1)$；

（4）$u(x, y)=y^2\sin x+x^2\cos y$.

5.（2）π. 6.（2）$\varphi(y)=-y^2$.

7. $I=\frac{\pi}{2}a^2b+2a^2b-\frac{\pi}{2}a^3$.

习题 11－4（练习题）

1.（1）$\frac{\sqrt{2}\pi}{2}$；（2）$4\sqrt{21}$；（3）$\frac{3-\sqrt{3}}{2}+(\sqrt{3}-1)\ln 2$；

（4）$\frac{64}{15}\sqrt{2}a^4$；（5）$\frac{4\pi}{3}a^4$.

2. $I_z=\frac{4}{3}\pi a^4\rho$. 3. $\frac{3}{2}\pi$.

习题 11－5（练习题）

1.（1）$\frac{4}{15}\pi R^5$；（2）$\frac{1}{8}$；（3）$\frac{3}{2}\pi$；（4）$\frac{1}{\sqrt{3}}\iint\limits_S[3f(x, y, z)+1]\mathrm{d}S$.

2. $\iint\limits_S\left(\frac{3}{5}P+\frac{2}{5}Q+\frac{2\sqrt{3}}{5}R\right)\mathrm{d}S$. 3. $-\frac{\pi}{2}a^3$. 4. $\frac{3\sqrt{3}}{2}a^2$.

习题 11－6（练习题）

1.（1）$\frac{1}{8}$；（2）$\frac{2}{5}\pi$；（3）$\frac{3}{2}$；（4）$-\frac{1}{2}\pi$.

2. $\frac{1}{2}\pi a^2(2-a^2)$. 3. $f(x)=\frac{e^x}{x}(e^x-1)$.

习题 11－7（练习题）

（1）$-\sqrt{3}\pi a^2$；（2）-20π；（3）$-2\pi a(a+h)$；

（4）$\frac{\sqrt{2}}{16}\pi$；（5）-24.

总练习十一

1. (1) π;　(2) $\frac{3}{2}\pi$;　(3) $2\pi\left(1-\frac{\sqrt{2}}{2}\right)R^3$.

2. (1) C;　(2) B;　(3) C;　(4) B.

3. (1) 8;　(2) $\frac{2\pi}{3}$;　(3) $\frac{17}{15}$;　(4) $\frac{1}{35}$;

   (5) 0;　(6) -2π;　(7) $\frac{\sqrt{2}\pi}{16}$.

4. (1) $\frac{32\sqrt{2}}{9}$;　(2) $2\pi\arctan\frac{h}{R}$;

   (3) $-\frac{14}{3}\pi$;　(4) 34π.

5. $u(x, y)=\frac{1}{2}\ln(x^2+y^2)$.　6. $\frac{1}{4}\pi R^3$.　7. (2) $\frac{c}{d}-\frac{a}{b}$.

习题 12-1（练习题）

1. (1) 收敛，4;　(2) 收敛，0;　(3) 发散;（4）收敛，0;

   (5) 收敛，0;　(6) 收敛，e;

2. (1) $s_n=3\left(1-\frac{1}{3^n}\right)$，3;　(2) $s_n=\frac{1}{2}-\frac{1}{n+2}$，$\frac{1}{2}$.

3. (1) 收敛;　(2) 发散;

   (3) 提示：该题可拆分成两个收敛的等比级数的和，故收敛.

4. (1) $\frac{4}{5}$;　(2) 8;　(3) 4.

5. (1) 收敛.　(2) 发散.

习题 12-2（练习题）

3. (1) 收敛;（2）发散;（3）收敛;

   (4) 当 $0<a\leqslant 1$ 时，发散；当 $a>1$ 时，收敛.

4. (1) 收敛;（2）收敛;（3）收敛.

5. (1) 收敛;（2）收敛;（3）收敛.

6. 收敛.　7. 收敛.

8. (1) 收敛;　(2) 发散;

   (3) 当 $b<a$ 时收敛；当 $b>a$ 时发散；当 $b=a$ 时不能确定.

习题 12-3（练习题）

1. (1) 发散;　(2) 条件收敛;　(3) 条件收敛;　(4) 绝对收敛;

   (5) 绝对收敛;　(6) 绝对收敛;　(7) 发散;　(8) 条件收敛.

2. 未必收敛.

3. 收敛.

习题 12 - 4（练习题）

1. (1) $r=10$，$(-8, 12)$；　　(2) $r=1$，$(-1, 1)$；

(3) $r=\infty$，$x\in\mathbf{R}$.

2. (1) $|x|<\dfrac{1}{2}$时级数收敛，收敛域为$\left[-\dfrac{1}{2}, \dfrac{1}{2}\right]$；

(2) $r=0$，级数只在 $x=0$ 处收敛；

(3) $r=1$，收敛域为$[4, 6)$；

(4) $r=\sqrt{2}$，收敛域为$(-\sqrt{2}, \sqrt{2})$；

(5) $r=\sqrt{3}$，收敛域为$(-\sqrt{3}, \sqrt{3})$.

3. $+\infty$.

4. (1) $s(x)=\dfrac{1}{(1-x)^2}$，$-1<x<1$；

(2) $s(x)=\dfrac{1}{4}\ln\dfrac{1+x}{1-x}+\dfrac{1}{2}\arctan x-x$，$-1<x<1$.

习题 12 - 5（练习题）

1. $f(x)=\dfrac{1}{2}-\dfrac{(x-2)}{2^2}+\dfrac{(x-2)^2}{2^3}-\cdots+(-1)^n\dfrac{(x-2)^n}{2^{n+1}}+\cdots$，

当$|x-2|<2$ 时为绝对收敛，并且其和为$\dfrac{1}{x}$.

2. (1) $\displaystyle\sum_{n=1}^{\infty}\frac{x^{2n-1}}{(2n-1)!}$，$x\in(-\infty, +\infty)$；

(2) $\displaystyle\sum_{n=1}^{\infty}(-1)^{n-1}\frac{(2x)^{2n}}{2(2n)!}$，$x\in(-\infty, +\infty)$；

(3) $\displaystyle\sum_{n=0}^{\infty}\frac{\ln^n a}{n!}x^n$，$x\in(-\infty, +\infty)$；

(4) $\displaystyle x+\sum_{n=1}^{\infty}(-1)^n\frac{2(2n!)}{(n!)^2}\left(\frac{x}{2}\right)^{2n+1}$，$x\in[-1, 1]$.

3. $\displaystyle\sum_{n=0}^{\infty}(-1)^n\frac{(2x)^{2n}}{(2n)!}$，$x\in(-\infty, +\infty)$.

4. $x^2-\dfrac{x^4}{3!}+\dfrac{x^6}{5!}-\dfrac{x^8}{7!}+\cdots$，$x\in(-\infty, +\infty)$.

5. $\displaystyle\ln 2+\sum_{n=1}^{\infty}\frac{(-1)^{n-1}}{n}\frac{(x-2)^n}{2^n}$，$x\in(0, 4)$.

6. $\frac{1}{2x}\ln\frac{1+x}{1-x}-\frac{1}{1-x^2}$ $(x\neq 0)$.

习题 12－6（练习题）

1. $\mathrm{e}\approx\sum_{k=1}^{10}\frac{1}{k!}\approx 2.718282$，$|r_n|<\frac{1}{10\cdot 10!}=\frac{1}{3.6\times 10^7}$.

2. 2.00430.

3. $2+\frac{1}{12}(x-8)-\frac{1}{288}(x-8)^2$，误差限为 0.0004.

4. 0.9461.　　　　　5. 0.4940.

习题 12－7（练习题）

1. $\pi^2+1+12\sum_{n=1}^{\infty}\frac{(-1)^n}{n^2}\cos nx$，$x\in(-\infty,+\infty)$.

2. $f(x)=\frac{1}{2}+\frac{\pi}{4}+\sum_{n=1}^{\infty}\frac{(-1)^n-1}{n^2\pi}\cos nx+\sum_{n=1}^{\infty}\frac{(-1)^n(1-\pi)-1}{n\pi}\sin nx$，

$x\neq k\pi$，$k\in\mathbf{Z}$. 其余自行讨论.

3. (1) 1；(2) $\frac{2}{3}\pi$.

5. $f(x)=\frac{\pi}{4}+\sum_{n=1}^{\infty}\left[\frac{(-1)^n-1}{n^2\pi}\cos nx+(-1)^{n+1}\cdot\frac{5}{n}\sin nx\right]$，$x\neq(2k+1)\pi$，$k\in\mathbf{Z}$. 其余自行讨论.

6. $\sum_{n=1}^{\infty}\left[\frac{2}{n^2\pi}\sin\frac{n\pi}{2}+\frac{(-1)^{n+1}}{n}\right]\sin nx$，$x\neq(2k+1)\pi$，$k\in\mathbf{Z}$. 其余自行讨论.

习题 12－8（练习题）

1. 余弦级数：$f(x)=\frac{1}{2}+\sum_{n=1}^{\infty}\frac{2}{n\pi}\sin\frac{n\pi}{2}\cos nx$，$x\in\left(0,\frac{\pi}{2}\right)\cup\left(\frac{\pi}{2},\pi\right)$；

正弦级数：$f(x)=\sum_{n=1}^{\infty}\frac{2}{n\pi}\left(1-\cos\frac{n\pi}{2}\right)\sin nx$，$x\in\left(0,\frac{\pi}{2}\right)\cup\left(\frac{\pi}{2},\pi\right)$.

2. 作偶延拓：$\frac{\pi^2}{3}+4\sum_{n=1}^{\infty}\frac{(-1)^n}{n^2}\cos nx$，$x\in[0,\pi]$；令 $x=\pi$，即得$\frac{\pi^2}{6}$.

3. $\frac{8}{\pi}\sum_{n=1}^{\infty}\left\{\frac{(-1)^{n+1}}{n}+\frac{2}{n^2\pi^2}[(-1)^n-1]\right\}\sin\frac{n\pi x}{2}$，$x\in[0,2)$.

5. $\sum_{n=1}^{\infty}\frac{1}{n}\sin nx$，$x\in(0,\pi]$.

总练习十二

1. (1) C；　(2) B；　(3) A；　(4) B；　(5) A；　(6) D；
(7) C；　(8) C.

2. (1) 发散；　(2) 收敛；　(3) 收敛；　(4) 发散；　(5) 发散；
(6) 级数当 $0< a \leqslant 1$ 时发散，当 $a>1$ 时收敛；
(7) 收敛；　(8) 收敛；　(9) 发散；　(10) 收敛.

4. (1) $(-2, 2]$；　(2) $\left(-\frac{1}{4}, \frac{1}{4}\right)$；　(3) $(-\infty, +\infty)$.

5. (1) $\sum_{n=0}^{\infty} \frac{(\ln 3)^n}{n!} x^n$，$x \in (-\infty, +\infty)$；

(2) $x + \sum_{n=1}^{\infty} \frac{(-1)^n (2n-1)!!}{(2n+1)(2n!!)} x^{2n+1}$，$-1 \leqslant x \leqslant 1$.

6. $-\frac{1}{5} \sum_{n=0}^{\infty} \left[\frac{(x-1)^n}{2^{n+1}} + \frac{(-1)^n (x-1)^n}{3^{n+1}}\right]$.

7. $\frac{1}{2} \sum_{n=0}^{\infty} (-1)^n \left[\frac{1}{(2n)!}\left(x+\frac{\pi}{3}\right)^{2n} + \frac{\sqrt{3}}{(2n+1)!}\left(x+\frac{\pi}{3}\right)^{2n+1}\right]$，$-\infty < x < +\infty$.

8. 1.648.　　9. $\frac{\sqrt{2} x^2}{(1-\sqrt{2} x^3)^2}$.　　10. $\frac{5}{8} - \frac{3}{4}\ln 2$.

11. (1) $f(x) = \pi^2 + 1 + 12 \sum_{n=1}^{\infty} (-1)^n \frac{\cos nx}{n^2}$，$x \in [-\pi, \pi]$；

(2) $$f(x) = \frac{\pi}{4}(a-b) + \sum_{n=1}^{\infty} \left\{\frac{[1-(-1)^n](b-a)}{n^2 \pi} \cos nx + \frac{(-1)^{n+1}(a+b)}{n} \sin nx\right\}，x \in (-\pi, \pi)；$$

(3) $f(x) = \frac{18\sqrt{3}}{\pi} \sum_{n=1}^{\infty} (-1)^{n+1} \frac{n \sin nx}{9n^2 - 1}$，$x \in [-\pi, \pi]$.

12. $2 + |x| = \frac{5}{2} - \frac{4}{\pi^2} \sum_{n=1}^{\infty} \frac{\cos(2n-1)\pi x}{(2n-1)^2}$，$x \in [-1, 1]$；$\frac{\pi^2}{8}$；$\frac{\pi^2}{6}$.

主要参考文献

韩云瑞，2001. 高等数学典型题精讲 . 大连：大连理工大学出版社 .

华东地区高等农林水院校《高等数学》编写组 . 1992. 高等数学 . 合肥：安徽教育出版社 .

李春喜，等，1998. 生物统计学 . 北京：科学出版社 .

李心灿，2003. 高等数学 . 2 版 . 北京：高等教育出版社 .

梁保松，等，2007. 高等数学 . 2 版 . 北京：中国农业出版社 .

刘玉琏，等，2003. 数学分析 . 4 版 . 北京：高等教育出版社 .

苏德矿，等，2004. 微积分 . 北京：高等教育出版社 .

同济大学数学系，2007. 高等数学 . 6 版 . 北京：高等教育出版社 .

王家军，等，1998. 数学分析 . 乌鲁木齐：新疆科技卫生出版社 .

张国印，等，2006. 高等数学 . 南京：南京大学出版社 .

朱勇，等，1989. 高等数学中的反例 . 武汉：华中理工大学出版社 .

Dale Varberg，2003. Calculus(影印本). 8th Edition. 北京：机械工业出版社 .

Thomas，2004. Calculus(影印本). 10th Edition. 北京：高等教育出版社 .

图书在版编目（CIP）数据

高等数学．下册／叶彩儿，王家军主编．—3版．—北京：中国农业出版社，2018.11（2024.1重印）
普通高等教育农业农村部“十三五”规划教材　全国高等农林院校“十三五”规划教材　全国高等农业院校优秀教材
ISBN 978-7-109-24917-2

Ⅰ.①高…　Ⅱ.①叶…②王…　Ⅲ.①高等数学 高等学校 教材　Ⅳ.①O13

中国版本图书馆CIP数据核字（2018）第262558号

中国农业出版社出版
（北京市朝阳区麦子店街18号楼）
（邮政编码 100125）
责任编辑　魏明龙
文字编辑　魏明龙

三河市国英印务有限公司印刷　新华书店北京发行所发行
2009年7月第1版　2018年11月第3版
2024年1月第3版河北第4次印刷

开本：720mm×960mm　1/16　印张：15.75
字数：280千字
定价：32.00元